건축 텍스트북

건축공간론

Architect and Space

대한건축학회 편

기문당

발간사

대한건축학회는 1945년 창립 이래 모든 건축인의 협조와 관심으로 학술 · 예술 · 기술에 관련된 역량을 축적해 오면서 우리나라 건축계에서 으뜸가는 두뇌집단으로 성장하였고, 국제적으로도 우리나라 건축계를 대표하는 역할을 수행하여 국가와 사회에 봉사하는 학술단체 면모를 굳건히 하고 있습니다. 우리 학회에서 수행하고 있는 여러 사업 중에서 발간사업은 매우 중요한 것으로서 보다 활발해야 할 것으로 생각됩니다.

건축학은 종합예술, 종합기술이며 실용학문으로 학문적 이론과 학술연구 결과가 실무에 적용되도록 널리 보급되는 것이 바람직합니다. 더욱이 작금의 기술과 학문은 빠른 속도로 변화하고 있으며, 그에 따라 국제화, 정보화 시대에 경쟁력에 맞는 건축문화와 건축기술을 선진화하는 데 일각의 시간도 헛됨이 없어야 하겠습니다. 여기에 학술연구와 그 결과를 보급하기 위한 발간사업의 중요성이 강조되는 것입니다.

금번 우리 학회에서는 건축의 모든 분야를 다루는 「건축텍스트북 시리즈(12개 분야, 16권)」를 발간하게 되었습니다. 이것은 지난 1995년의 건축학전서 11권 발간에 이어 두 번째 총체적 발간사업입니다.

이번에 발간되는 「건축텍스트북 시리즈」는 대학교재로 활용할 수 있도록 각 분야별 전공 내용을 담았으며, 분야별 전공교수와 실무 전문가들이 참여하여 열과 성을 다하여 집필하였습니다. 이 책은 건축의 전공자뿐 아니라 건축기획, 건축실무, 정책의 수립과 집행 등에 관계되는 모든 분들에게 건축 전반에 대한 지침서로서도 훌륭히 역할을 할 수 있으리라고 믿습니다.

끝으로 이번 「건축텍스트북 시리즈」 발간에 애쓰신 우리 학회 출판부장 서붕교 교수와 각 권 집필 책임위원을 비롯한 집필위원 여러분께 감사드리며, 또한 좋은 책이 되도록 세심히 살펴주신 기문당 강해작 사장님과 출판사 관계자 여러분께 고마움을 표합니다.

2010년 3월

대한건축학회 회장 손장열

머리말

오늘날 공간이라는 단어는 다양한 분야에서 다양한 의미로 사용되고 있다. 오늘날 사회는 이데올로기가 사라지면서 다원화된 디지털이라는 키워드가 세상의 화두가 되고 추진동력이 된 지도 상당한 시간이 흘렀다. 또한 전 세계적인 자본의 순간적인 대규모 흐름과 축적, 글로벌화는 사람들이 살아가는 방식과 건축을 대하는 태도 및 현실상황에서의 인식에 대폭적인 수정이 불가피하게 되었다.

한편, 건축에 있어서도 디지털 공간과 디지털 툴의 발전은 건축을 계획하는 방식에 있어서도 근본적인 변화의 바람을 일으켰다. 오늘날의 공간은 다른 지식의 발전과 마찬가지로 기존의 고정관념을 초월하여 발전하고 있다. 건축계획의 교육에 있어서도 각론시설의 대폭적인 변화와 전 세계적으로 실시간 네트워크 작업은 기존의 교육방식과는 다른 양상의 작업양태가 벌어지고 있는 상황이다.

건축학회에서 건축전서를 편찬하고자 노력하는 작업은 새로운 시대상에 맞는 건축분야의 새로운 지식과 사상을 집대성한다는 면에서 매우 의미있는 작업이라고 하겠다.

그동안 건축공간론에서 건축공간을 바라보고 분석하는 기준은 사실, 전통적인 모더니즘의 시기와 그 이후의 현상학적인 면의 내용이 주류를 이루고 있었다. 기존의 틀로만 사고한다면 급격하게 변화하는 시대상과 건축공간 담론을 담아내지 못하게 된다는 단점이 있었다.

본 건축공간론은 이러한 고민에서부터 시작되었다. 건축학도들에게 기존의 건축공간론의 이론적 측면과 역사적인 흐름에서의 교훈 및 체험과 관련된 새로운 흐름을 소개하고 있다. 한편으로 새로운 디지털 공간과 건축분야에서 등장하고 있는 새로운 양상에 대해서도 소개하면서 다각적으로 분석하고 있어서, 새로운 시대의 건축공간론과 담론을 접할 수 있는 좋은 참고도서가 될 수 있으리라 생각한다.

가볍고 빠른 것만을 추구하는 시대에도 영원히 변하지 않는 가치와 정도를 지키면서 배워야 할 부분이 있고 새로운 부분을 적극 수용하고 빠르게 대처해야 하는 부분도 있다. 건축공간을 바라보고 체험하고 구현시키는 방법론을 습득하는 건축공간에 대한 담론에도 이러한 밸런스가 가장 중요하다고 하겠다.

본 서는 이러한 조화를 이룰 수 있는 구성을 통해 건축공간에 대한 조화로운 시각을 가질 수 있도록 전 집필진이 노력하였다. 아무쪼록 건축학도들이 건축공간의 가치있는 옛 지식과 새로운 흐름을 잘 습득하여 조화로운 시각을 가지게 되기를 기원해 본다.

2010년 봄

설계위원장 박항섭

집 필 진

제1장	건축공간의 개념과 역사	1-1	박상현 | 한밭대학교 건축공학부 교수
		1-2	황태주 | 서원대학교 건축학과 교수
		1-3	박항섭 | 경원대학교 건축학부 교수
제2장	건축공간의 체험과 생활적응	2-1	최윤경 | 중앙대학교 건축학부 교수
		2-2	이경훈 | 고려대학교 건축학과 교수
		2-3	정무웅 | 단국대학교 건축학과 교수
		2-4	임채진 | 홍익대학교 건축공학부 교수
제3장	건축공간의 미학	3-1	김화경 | HAWOO E&C 이사
		3-2	김주원 | 홍익대학교 건축학부 교수
		3-3	이용재 | 순천향대학교 건축학과 교수
		3-4	이용재 | 순천향대학교 건축학과 교수
제4장	새로운 건축공간의 양상과 실험	4-1	송규만 | 홍익대학교 건축학부 교수
		4-2	김원갑 | 경일대학교 건축학부 교수
		4-3	임기택 | LH 도시재생사업단 선임연구원
		4-4	장정제 | 건축이론가

집필책임 박항섭 | 경원대학교 건축학부 교수
편집위원 정무웅, 황태주, 이용재, 장정제, 임기택

차 례

1 장

건축공간의 정의

1-1 건축의 본질로서의 형태, 기능, 공간

1-2 기하학과 건축공간: 공간구성 도구, 기하학

1-3 인간화 공간구축

1장 건축공간의 정의

1-1 건축의 본질로서의 형태, 기능, 공간

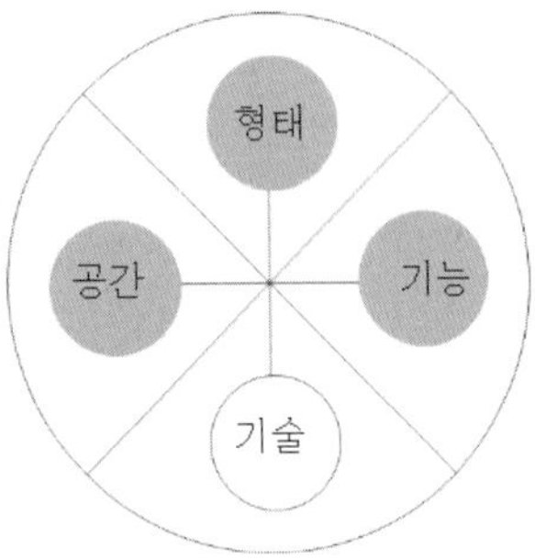

그림 1-1 | 형태, 공간, 기능, 기술

건축은 그 목적이나 기능에 대한 요구, 정신적 즐거움을 주는 쾌적성과 이를 가능케 하는 구조체의 형태나 강성에 대한 다양한 요구에 대응하기 위해, 지금까지 여러 용도와 규모, 형태를 갖는 구조체를 수단으로 조형되어 왔다. 이를 역사적인 흐름에서 살펴보면 지역적, 민족적, 시대적으로 특유한 형태를 지니게 되는데 이를 양식(style)이라고 한다. 이렇듯 건축양식은 다양한 변천과정 속에서 새로운 건축공간과 형태를 창조하고 있는 것이다. 따라서 각 양식들의 기본을 이루는 형태, 기능 그리고 공간을 살펴보는 것은 새로운 조형의 창조에 매우 중요한 것이다.

건축은 문화적 맥락 속에서 축적된 기술의 도움으로 심미적인 형태, 합목적적 기능과 더불어 인지적인 공간을 통해 완성되는 종합적 구현물이다.

1-1-1 형태(form)

(1) 형태의 기본 개념

에드먼드 N. 베이컨(Edmund N. Bacon)은, "건축에 있어서 형태는 매스와 공간이 만나는 점이라 할 수 있다. 건축형태, 질감, 재료, 음영, 색 등은 모두 건축공간에 영감과 질을 부여하기 위해 결합한다. 건축의 형태는 내부공간과 그것을 둘러싼 주위 환경에서 이러한 요소들을 조화시키는 디자이너의 기술에 의해 좌우된다."라고 하였다.

형태는 여러 의미를 지니는데, 그것은 일단 인식될 수 있는 외관에 관한 것으로 예를 들어 의자형태나 거기에 앉아 있는 인체를 들 수 있다. 형태는 또한 어떤 것의 행동이나 자체의 존재를 증명하는 특별한 상황을 암시한다. 마치 우리가 물에 대해 이야기할 때, 수증기나 얼음 등의 형태를 떠올리듯 말이다.

형태는 크게 이념적 형태와 현실적 형태로 분류할 수 있다. 이념적 형태의 경우, 기하학의 정의에 따른 점, 선 등은 크기 또는 폭이 없으므로 직접 지각될 수 없게 되는데, 만약 점에는 크기가 있고 선에는 폭이 있다고 가정하여 표시하면 이들은 지각될 수 있다. 이를 순수형태라 하고 그러한 순수형태는 현실적 형태와 같이 공간구성의 요소로서 취급될 수 있다.

현실적 형태의 경우 크게 자연형태, 추상적 형태, 인위적 형태로 나눌 수 있다. 자연형태란 인간 주변의 자연물 또는 질서 있는 자연변화 형태이고 추상적 형태는 자연의 구상형태를 인간의 감정을 전달할 수 있는 시각적 형태로 추상화하여 표현한 것을 말한다. 마지막으로 인위적 형태란 자연물이 아닌 인공물, 즉 인간이 창조한 모든 형태를 말한다.

형태를 만드는 가장 기본적 요소로 점, 선, 면 그리고 볼륨을 들 수 있다. 점은 형태의 기점으로, 점이 연속되면 선이 생기고, 선은 면을 만들어낸다.

형태는 크게 아래와 같이 7가지의 구성요소들로 이루어진다.

첫 번째로 '형상'은 특징적인 테두리나 특별한 형태의 표면 윤곽으로 이것은 형태의 표면과 모서리를 조합한 결과이다.

두 번째로 '크기'는 형태의 사실적 길이, 넓이, 깊이로 이것은 형태의 비례를 결정하는데, 그 척도는 다른 형태와 비교되어 결정한다.

세 번째로 '색깔'은 표면의 명도, 채도, 색상에 관한 개념으로 이것은 주위 환경에서 물질의 형태를 가장 확실히 구분시키는 요소이다. 그것은 형태의 시각적 무게에도 영향을 준다.

네 번째로 '질감'은 형태의 표면특성으로 표면의 촉감과 반사성질에 영향을 준다.

다섯 번째로 '위치'는 주위 환경이나 시각적 영역에 관계된다.

여섯 번째로 '방향'은 지평면, 나침바늘, 관찰자와의 관계에 의해 나타난다.

마지막으로 '시각적 관성'은 형태의 집중도와 안정도로 형태에서는 그것의 기하학적 형태뿐만 아니라 지평면과 관찰자의 시야 방향에 의존한다.

시각적인 형태원리는 형태로서 인식하는 '그림'과 그 배후인 '배경'으로 이루어진다. 어떤 조형을 볼 때, 주위와의 관계에 의해서 다르게 보이는 것이 그 예이다. 그 외에도 '시점 높이와 시야범위'와 '착시'의 원리가 있는데, 그 예로 '뮬러리어의 도형'(같은 길이이지만 동일하게 보이지 않음)과 '벽의 각도에 의한 착시'(같은 면적이라도 형태의 차이나 시점에 의해 넓이나 거리를 착각) 등을 들 수 있다.

(2) 기본 형상

형태심리학에서는 사람이 시각적 환경을 이해하기 위해 그것을 단순화하려는 경향이 있다. 주어진 형태구성에서, 우리는 가장 단순하고 가장 규칙적인 형상을 찾으려고 노력한다. 단순하고 규칙적인 형상일수록 더 쉽게 인식되고 이해되기 때문이다.

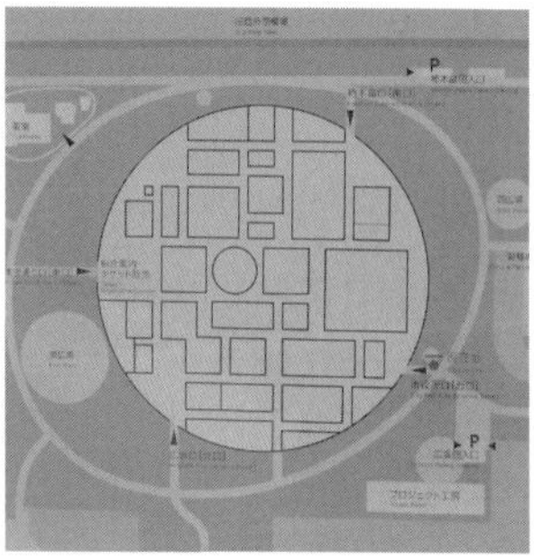

그림 1-2 | 21C미술관(Art Museum), 가즈요 세지마, 일본 가나자와

기하학적으로 가장 기본적인 형상에는 원, 삼각형, 사각형이 있다. '원'은 안정적이고 스스로 중심을 향하는 내향적 구심성을 갖는다. 하나의 예로 바닥의 중심에 원을 위치시키면 중심성을 강화시키는 역할을 한다. 또는 직선, 다각형과 조합하거나 원주를 따라 각 요소가 배치됨으로써 회전운동의 성격이 명확하게 부각된다.

'삼각형'은 안정성을 나타내는데 한 면이 바닥에 닿아 있을 때 그것은 매우 안정되어 보인다. 그러나 한 모서리를 바닥에 세웠을 때에는 매우 불안정하게 되고 어느 한쪽으로 넘어지려는 경향을 갖게 된다.

'사각형'은 순수하고 합리적인데 그것은 한쪽 방향으로 치우치지 않고 정적이며 중립적인 성격을 갖는다. 모든 직사각형은 정사각형에 높이와 넓이를 덧붙여 파생된 것으로, 삼각형과 같이 한 면이 바닥에 닿아 있을 때는 안정적이고, 한 모서리가 닿아 있을 때는 역동적이다. 가즈요 세지

마는 가나자와 21세기 미술관에서 도시의 맥락을 프로그램화 하여 배치계획에 있어 원형과 사각형의 기하학적 형태의 조화로 비물질적 공간을 형상화 하였다.

(3) 기본 입체

기본도형은 명확하고 규칙적이며 쉽게 인식될 수 있는 부피형태나 입체로 만들어지기 위해 확장되거나 회전될 수 있다. 원은 구나 원통형을, 삼각형은 원추형과 피라미드로 발전할 수 있다. '구'는 반원을 지름축으로 해서 회전시키면 얻을 수 있는 입체인데, 구의 표면은 중심에서부터 모두 같은 거리에 있다. 구는 구심적이고 고밀도의 형태로 그것을 파생시킨 원과 같이 자기중심적이고 환경에 대해서는 안정적이다. 그것은 경사면에서는 구르려는 성질이 있고 어느 쪽에서 보더라도 원형이다. '원통'은 두 원의 중심을 공통적으로 뚫는 축을 가지며 그 축을 따라 쉽게 확장된다. 원통은 한 개의 원이 바닥에 닿아 있을 때 안정된 상태가 된다. '원뿔'은 이등변 삼각형을 수직축 중심으로 회전시킬 때 생기며, 원통과 같이 원의 면이 바닥에 닿아 있을 때는 안정적이고 수직축이 기울어져 있을 때는 불안정해진다. '피라미드'는 원뿔과 비슷한 성질을 갖지만 모든 면이 평탄하기 때문에 항상 안정감을 주는 입체이다. 원뿔이 부드러운 형태라면 피라미드는 단단하고 각이 있다. '육면체'는 6개의 같은 면과 길이가 같은 12개의 선분으로 구성된다. 각각의 치수가 같기 때문에 명확한 운동성이나 방향성이 결여된 정적 형태이다. 이 입체는 모서리나 꼭짓점으로 세우지 않는 한 안정적이다. 비록 옆면이 보는 이의 시야에 의해 영향을 받기는 하지만, 육면체는 우리에게 쉽게 인식될 수 있는 형태이다. 프랑스의 건축가 도미니크 뻬로(Dominique Perrault)는 순수한 기하학적 형태를 통해 현대건축에 대응하고 있다. 이태리 밀라노 피에라 옆에 위치한 트윈 타워인 NH호텔은 약간 기울어진 사각형의 매스와 그 사이에 놓인 원통형의 매스의 상호조화에 의해 N타워와 H타워 그리고 공용로비 부분을 프로그램 속에 담아서 표현하였다.

그림 1-3 | 밀라노 피에라 NH호텔(NH Fieramilano Hotel), 도미니크 뻬로, 이태리 밀라노

(4) 규칙적·불규칙적 형태

그림 1-4 | 또레 벨라스카, BBPR, 이태리 밀라노

규칙적 형태는 일관성이 있고 질서 있게 서로 관련된 형태를 뜻한다. 그것들은 일반적으로 한 개 이상의 축에 자연스럽고 대칭적으로 안정되어 있다. 구, 원통, 원추형, 피라미드는 이러한 형태의 대표적인 예이다. 형태는 부피의 변형이나 내부요소들의 첨가, 삭제가 일어날 때에도 규칙성을 갖는다. 따라서 이것의 일부가 삭제되거나 첨가될 때에도 우리는 이상적 모형을 만들 수 있다.

불규칙 형태는 일관성이 없게 서로 관련되어 부분간의 유사성이 결여된 형태를 말한다. 그것은 일반적으로 비대칭적이라서 규칙적 형태보다 훨씬 더 역동적이다. 말하자면 불규칙한 요소가 없어져 버린 규칙적 형태이거나 규칙적 형태의 불규칙한 구성이라 할 수 있다. 이태리 밀라노 두오모 성당의 고딕양식의 형태적 특성을 빈영한 또레 벨라스카(Torre Velasca)는 기단부가 크고 안정적이라는 기존의 관념을 뛰어넘어서 고딕 성당의 구조 및 형태적 요소인 플라잉 버트레스를 용용하여 더 큰 매스를 상부에 두는 발상의 전환을 하였다.

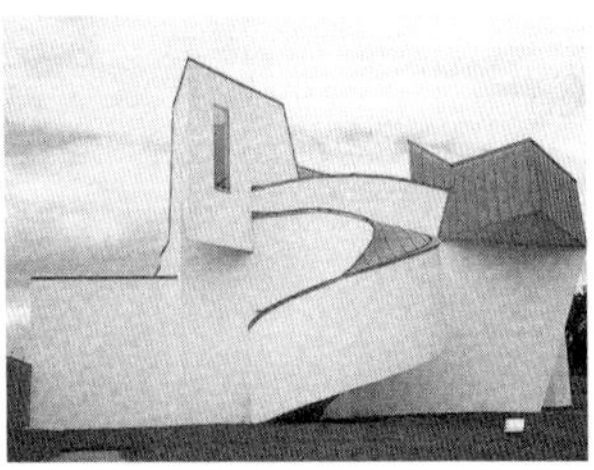

그림 1-5 | 비트라 미술관, 프랭크 게리, 독일

(5) 형태의 변형

모든 형태는 각 요소들을 첨가하거나 삭제함으로써 나타나는 이상적 입체의 변화로 이해될 수 있다. 형태를 3가지의 변형으로 생각해보면 첫 번째로 '차원의 변형'은 형태를 하나 이상의 차원변화에 의해 변형시키는 방법으로, 예를 들어 육면체는 높이, 넓이, 길이를 변형시킴으로써 사각기둥 형태로 변형이 가능하고, 또 그것을 선형이나 평면형으로도 바꿀 수 있다.

그림 1-6 | 밀라노피에라, 마시밀리아노 푹사스, 이태리

독일에 있는 비트라 미술관(Vitra Museum)은 건축가 프랭크 O. 게리(Frank O. Gehry)에 의해서 설계된 건물로 내·외부 공간구성에서 조직적 형태감이 돋보이는 건물이다. 일정한 형태가 아니라 변형과 왜곡을 사용한 것이 특징이다.

두 번째로 '삭제시킨 변형'은 입체의 한 부분을 삭제함으로써 형태를 변형시키는 방법으로, 삭제 정도에 따라서 원래 형태의 보존이 가능한지,

그림 1-7 | 누오보 폰테 델 아카데미아, 산티아고 칼라트라바, 이태리 베네치아

그림 1-8 | 보꼬니 대학
Grafton Architects(Shelley McNamara & Yvonne Farrell), 이태리 밀라노

그림 1-9 | 테네시 수족관(Cambridge Seven), Tennessee, USA

아니면 다른 형태로 바뀌는지가 결정된다. 예를 들어, 육면체는 일부를 제거할 경우에는 육면체의 형태를 유지하지만, 삭제하면 할수록 구와 비슷해진다. 끝으로 '첨가 변형'은 형태에 입체의 요소들을 첨가함으로써 변형시키는 방법으로, 첨가과정과 첨가요소의 수, 크기는 기존 형태가 완전히 바뀌는지 아니면 보존되는지를 결정하게 된다.

이태리 밀라노에 들어선 박람회장인 피에라 신건물은 강구조공법을 이용한 비정형적 디자인을 통해 하이테크한 느낌을 표현하였다. 하지만 비정형적인 형태 역시 자세히 들여다보면 삼각형의 정형적인 요소들의 집합임을 알 수 있다.

운동감과 역동적 속도감을 표현하는 데 있어서는 직선보다는 곡선이 더욱 효과적이다. 특히 최근의 일부 현대 건축가들은 비정형을 넘어 디지털 도구를 이용한 유기적인 자유 형상을 과감하게 도입하고 있는 추세이다.

(6) 삭제된 형태

우리는 규칙적이고 연속된 가시적 형태를 찾는다. 만일 이상적 입체가 우리 시야에서 일부 가려져 있다면, 우리는 볼 수 있는 형태만 생각하게 된다. 이와 마찬가지로 기존 입체에서 잘려진 규칙적 형태조각을 갖고 있다면, 그것들은 형식적 동일성을 갖고 있을 것이다. 이런 불안전한 형태를 우리는 삭제된 형태라고 한다.

만일 입체 내에서 모서리, 테두리 등을 없애지 않은 채 삭제가 이루어진다면 형태적 동일성을 유지할 수 있지만, 모서리가 삭제되어 형태의 변형이 이루어진다면 형태적 동일성이 모호해지는 문제가 생긴다.

기존 도시 가로체계에 순응하면서 공공에게 지층부를 개방한 것이 특징인 밀라노 보꼬니 대학(Bocconi University)의 신건물은 삭제된 사각형의 반복과 변화를 통하여 강력한 형태적 제스처를 취하고 있다. 특히 즉물적인 형태와 재료의 표현은 있는 그대로의 기능을 솔직하고 담백하게 표현하였다. 대강의실 경사면의 역동성이 그대로 형태로 표출되어 가로 모서리에서 강한 시각적 인상을 부여하고 있다.

미국의 테네시 수족관(Tennessee Aquarium) 건물은 정원 속에서 변화감을 보고 느끼도록 기하학적 공간구성으로 설계한 건물이다. 지상 5층 구조로 두 개의 삼각형 형상의 전시공간으로 나눠지고 단면구성에서는 다양한 높이의 공간감을 느끼도록 설계되었다.

르 코르뷔지에는 형태를 4가지의 과정으로 설명했다.

첫 번째는 '축척된 구성'(덧붙여진 형태/비교적 쉬운 형태/그림 같은 생동감/분류와 위계의 완전한 조합), 두 번째는 '입체구성'(정신적인 만족의 어려움), 세 번째는 '편리한 조합', 마지막으로 '삭제된 형태'(포괄적 공간/외부공간의 건축적 의지/내부공간의 기능적인 욕구)이다.

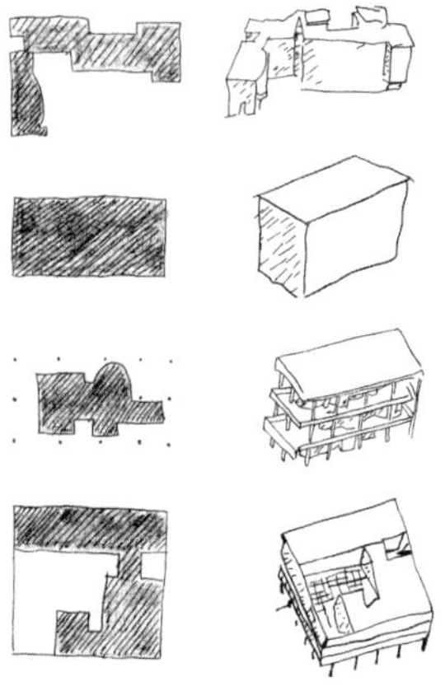

그림 1-10 | 르 코르뷔지에의 4가지 형태구성 원리

(7) 첨가적 형태

서로 다른 요소들을 덧붙인 입체형태는 일반적으로 다른 형태와의 조합이나 확장에 의해 더욱 특이한 형태가 될 수 있다. 이렇게 덧붙인 입체형태가 통일적 구성으로 인식되기 위해서는 형태의 구성요소들이 조리있게 연결되어야 한다. 그 구성은 아래와 같은 5가지로 설명할 수 있다.

첫 번째로 구심형은 부차적인 요소들이 중심부 둘레에 접합된 형태로 구심형태는 구, 원통, 다면체 등과 같이 규칙적이고 구심적인 성격을 갖는다. 이러한 구심성 때문에 형태는 점과 원처럼 자기중심적인 성격을 갖으며 자유롭게 서있는 구조체나 환경 속의 독립체, 공간 내의 한 점, 한정된 영역의 중심을 차지하는 존재로 인식된다.

그림 1-11 | 아레나 디 베로나(Arena di Verona), 이태리

고대 로마 유적을 그대로 보존하여 활용하고 있는 이탈리아 베로나의 아레나 원형극장에서는 원형과 타원형 및 아치의 요소들을 쉽게 찾아볼 수 있다. 특히 무지개 형상의 설치조각 작품 역시 반원형을 취하고 있어 전통과 현대의 조화와 공생을 엿볼 수 있다.

그림 1-12 | Porta IUAV, 까를로 스카르파, 이태리 베네치아

두 번째로 선형은 일직선상에 연속적으로 배열하는 것으로 이것은 선을 따라 움직이는 형태의 연속적 배열이나 형태 차원의 비례 변형으로 얻어질 수 있다. 형태의 연속적 배열에서의 이 연속은 반복적인 것일 수도 있고, 벽이나 통로처럼 이질적이고 분리된 요소로 된 다른 것일 수도 있다.

수공예적인 장인 건축가로 잘 알려진 까를로 스카르파(Carlo Scarpa)

는 베니스건축대학의 입구 디자인에서 직선을 주된 사용을 통해 사선적인 형태감을 동시에 표출하고 있다. 이는 단일 특성을 갖는 요소들의 입체적 반복을 통해 역동적인 형태 역시 만들어낼 수 있음을 시사하고 있다.

세 번째로 방사형은 일반적인 시각특성에 의해 집합된 형태로 이것은 중앙 코어에서 외부로 뻗어가는 선형으로 구성된다. 그것은 구심성과 선형성을 하나의 구성체로 결합시키며 코어는 구성체의 상징적, 기능적 중심이 된다. 그 중심은 시각적으로 우세한 형태로 나타나거나 방사형 가지에 대해 보조적 역할을 한다. 방사형 가지는 선형형태와 비슷한 성질을 갖고 있다.

네 번째로 집합형은 일반적인 시각특성에 의해 집합된 형태로써 그것의 조직은 내부구조의 크기와 모양에 있어 일관성을 가진다. 집합형 조직은 기하학적 규칙성이나 구심성이 약하지만, 다양한 모양, 크기 등을 조합한다는 점에서 구조 지향성을 띠는 유동적인 구조이다.

마지막으로 격자형은 3차원 격자에 의해 규제되는 모듈형태이며, 격자는 규칙적인 평행선이 두 개 이상 교차되면서 생기는 것이다. 그것은 규칙적인 간격으로 격자가 교차되는 곳에서 기하학 패턴을 나타내며 규칙적인 영역을 나타낸다.

그림 1-13 | 구겐하임 미술관, 프랭크 로이드 라이트, 미국 뉴욕

(8) 형태의 분절

형태의 분절은 그것의 형상이나 볼륨을 규정하기 위해 표면을 접합시키는 방법을 말한다. 분절된 형태의 경우에는, 그것들이 만나는 모서리와 모퉁이가 분명히 드러나게 된다. 여기에서 표면은 뚜렷한 평면으로 나타난다. 분절된 형태의 입체들은 전체 모양을 쉽게 인식시키고 그들의 개성을 시각적으로 표현하기 위해 구성요소들 사이의 연결부를 강조하는 형태를 띤다. 프랭크 로이드 라이트는(Frank Lloyd Wright)의 구겐하임 미술관(Guggenheim Museum)은 분절된 형태의 좋은 예이다.

형태의 분절은 표면이 어떻게 서로 접하고, 모퉁이가 어떻게 서로 만나는지에 따라 크게 좌우되므로, 모퉁이는 형태의 규정과 명확성에 중요한 영향을 끼친다고 할 수 있다. 모퉁이는 두 면이 만나 생기는 것으로, 만일 두 개의 평면이 단순히 만나고 아무 장식이 없다면 모퉁이의 윤곽은 인접 표면의 시각처리에 의존하게 된다. 이런 모퉁이는 형태의 볼륨을 강조한다. 모퉁이는 표면과 달리 첨가요소에 의해 시각적으로 부각될 수 있다.

선은 모퉁이를 분절시키고 주변 표면의 모서리를 규정하는데, 이는 입체의 형태를 적극적인 것으로 만든다. 만일 한 모퉁이가 개방되어 있다면, 벽면 중 하나가 다른 벽면을 가로질러 나타날 수 있고 이러한 개구부는 모서리를 강조하지 못하는 대신 인접표면을 강조하게 된다.

만일 모든 면이 모퉁이를 만들지 않는다면, 여기에 모퉁이를 대신하는 공간 볼륨이 생긴다. 이러한 모퉁이는 완전한 형태가 결여된 상태로, 외향적인 내부공간을 허용하게 되고 공간 내 평면으로서의 벽 표면을 드러낸다. 모퉁이를 둥글게 처리한 경우는 형태 표면의 연속, 볼륨의 조밀성 그리고 윤곽의 부드러움을 강조한다. 이 경우는 반경이 너무 작으면 시각적으로 잘 인식되기가 어렵고, 반대로 너무 크면 그것이 감싸는 내부공간에 영향을 주게 된다.

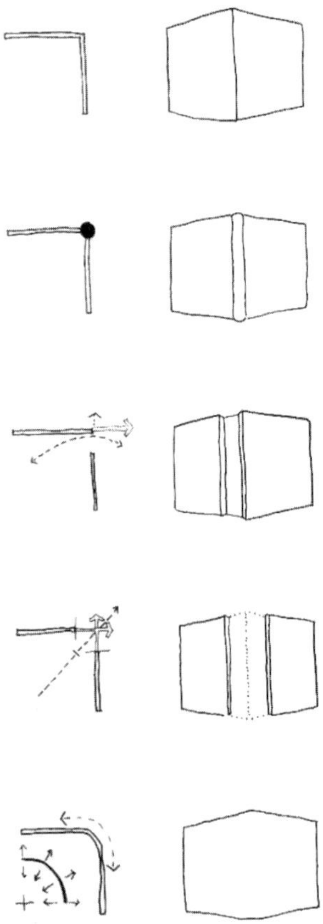

그림 1-14 | 모퉁이의 변화에 따른 형태의 변화

1-1-2 기능(function)

(1) 기능의 기본개념

어떤 기능이 건축형태에 영향을 주는 범위와 그 밖의 다른 건물 용도를 생각할 때 어떻게 일정한 형태의 활동이 건물의 형태를 형성하는지 명백해진다. 문제는 형태와 기능의 일치에 있다. 만약 이 일치가 허용되지 않는다면 그 결과는 실속 없는 형태와 불만족스러운 생활환경이 될 것이다.

기능은 모든 건축 표현을 위한 중요한 출발점이다. 건물의 모든 기능적 조건을 재치 있게 수행하고 가능한 한 합리적으로 순환을 조직하는 것이 건축가의 의무라는 점을 더 이상 논할 필요는 없다. 전형적인 결점들은 부적당한 조직과 불충분한 평면계획에서부터 비롯된다.

움직이지 않고 삐걱거리는 문, 좋지 않게 배치되어 팔꿈치를 멍들게 하는 화장실의 두루마리 휴지 받침대, 물을 바지에 튀게 하는 작은 세면대 등과 같은 예는 셀 수 없이 많다. 자신의 고객에게 이런 종류의 불편을 덜어주는 것이 건축가의 작지만 소중한 의무이기도 하다.

(2) 건축에서의 기능

기능의 연속된 합리적, 논리적 사고를 바탕으로 건물을 설계하는 것이 건축가의 가장 중요한 관심사임에 틀림없다. 그러나 그것은 단지 출발점에 불과하다. 주택에 거주하는 것은 쾌락, 만족, 즐거움을 주어야만 한다. 아무도 이 당연한 진술에 이의를 제기할 수 없으나 그것은 비전문가는 할 수 없는 중요한 관념적 논쟁을 전문가들 사이에 일으키게 한다. 사람의 개인적인 거주의 선호도를 확인하는 것은 실로 대답하기 곤란한 문제이다. 모든 인간은 자기 고유의 정신적, 지적 행동양식에 따라 이 질문에 답해야 한다. 그러나 경험 많고 노련한 건축가는 개별적으로 주문에 따라 맞추어 놓은 설계계획의 해결책은 단지 하나의 삶만이 있다는 것을 알고 있다. 소유주가 바뀔 때 새 소유주는 그 자신의 생활환경을 창조하는 것이 구조적으로 가능한 한 전임자의 생활환경을 따르든지 자신의 새 집의 벽을 부수기 시작하든가 하는 두 가지 선택권이 놓여진다.

그림 1-15 | 유니테 다비타시옹, 르 코르뷔지에, 프랑스 마르세유

이 점에서 우리는 명확한 분별력으로 오랫동안 건축에 타당하다고 인정되어 왔던 이론을 명백히 서술할 수 있다. 즉, 규칙에 얽매이지 않은 설계도와 잘 어울리는 규모는 방의 용도에 더 큰 유용성을 제공해 준다는 것이다. 전쟁 당시의 사회적 고난은 형편없는 주택구획을 만들게 했다. 그 당시의 가장 훌륭한 건축가만이 인간의 위엄을 손상시키지 않고 방 치수를 줄이는 문제를 해결하였다. 가혹한 경제적 구속에도 불구하고 르 코르뷔지에는 몇몇 어린이가 있는 한 가족을 위해 일반 주택의 두 배 높이의 거실이 지닌 편안함을 즐겼던 그의 유니테 다비타시옹(Unite d'habitation)에 작은 거실을 고안하였다. 이것은 그 당시 공동주택을 막대하게 늘리게 했던 르 코르뷔지에의 하나의 큰 업적이었다.

르 코르뷔지에는 건축을 필수품으로 간주하였으며, 사용하는 데 있어 쾌적함을 자연스럽게 요구하고 있다. 이 기본 요구사항을 기능성과 결합시키는 것은 부유한 사람들에 의해 당연하게 간주되었던 생활양식의 예술을 고무하는 것이었다. 부유층에게 있어 그들의 일상생활을 교양으로 풍성하게 채우는 것은 쉽다.

가끔 우리는 이른바 원시인들의 이름 모를 건물에도 감탄하곤 한다. 그들의 원시적인 방법에도 불구하고 그들의 가옥과 생활도구는 최고의 취향(기능적이면서 예술적인)을 보여주고 있다. 이런 고도의 특성 중 하나는 오래되면서도 단절되지 않은 전통과 작품의 지속적인 향상과 세련미를 보증하는 것에 기인하며, 또 다른 하나는 손으로 만들어낸 각 품목의 우수성이다. 사람들은 어떤 물건이 만들어진 공정을 이해하고 있다. 그들은 작은 규모의 지역 공동체에 살았으며, 따라서 그들 바로 이웃 사람들의 작업실에서 어떤 일이 일어나는지를 알고 있는 것이다. 그러나 오늘날 우리는 생산되는 일상품의 생산방법에 대해서는 잘 알고 있지 못하다. 새로운 주택에 사는 그리 많지 않은 사람들은 건축을 모르거나 또는 전혀 접할 수조차 없다. 가구, 램프, 컵 그리고 접시에 대한 도면들은 여전히 익명인 채로 남아 있다. 단지 예술을 사랑하는 사람들, 감정가, 속물들만이 매킨토시 또는 호프만의 의자, 바우하우스의 도자기 그리고 비슷한 종류의 물건들을 경매를 통해 입찰한다. 오늘날 백화점에 전시되어 있는 일상품의 대부분은 원시적인 판매전략의 이익만을 충족시키는 것으로, 우리의 미적 감각에 대한 일종의 모욕이다. 이같이 무미건조한 인공물들이 다가오는 몇 년 내에 계속 잘 팔릴지 아닐지는 아무도 예측할 수 없다. 어찌되었건 소비자들은 그렇게 무감각하거나 어리석지는 않다.

(3) 기능의 질서

건물에 있어 기능의 질서는 일반적인 생산품에 있어서의 그 디자인의 좋고 나쁨과 같은 비교만큼 명확하게 묘사될 수는 없다. 그러나 문제는 많은 주택도면들을 비교함으로써 그리 어렵지 않게 강조될 수는 있다. 바르셀로나 파빌리온과 같이 건립 당시부터 기능적 요구조건이 존재하지 않았던 건물이 있는가 하면, 파르테논 신전과 같이 현재에는 그 기능이 존재하지 않는 건물들의 예도 있다. 그러나 대부분의 건물들은 어떤 방식으로든 기능을 수행해야 한다는 전제 하에 존재한다. 문제는 많은 경우에 있어서 사람들은 용도(use, utility)와 기능(function)이라는 단어를 명확

그림 1-16 | 밀라노 대학교(Universita' degli Studi di Milano)(구 Ospedale Maggiore), 이태리 밀라노

히 구분하지 않고 있다는 것이다.

지금부터 거의 600년 전에 세워진 대규모 병원 건물이 2차 대전 이후 현재까지도 국립대학교로 사용되는 이태리의 사례는 형태, 기능 그리고 공간 간의 상관관계를 이해하는데 있어 적잖은 실마리를 제공한다. 얼음 정원, 장작정원 등을 포함한 9개의 다른 기능을 가진 중정 역시 현재의 테마 정원 못지않은 당시 병원으로서의 기능에 충실한 합목적성을 갖는다. 그림 1-16은 현재 대학 도서관 열람실로 사용되고 있는 내부의 모습을 보여준다.

비트루비우스는 그의 저서 건축십서(建築十書)에서 건축의 원칙으로 적당한 재료를 사용해서 튼튼하게 만들고(firmitas), 방들이 사용하기 편하게 배치되어야 하고(utilitas), 우아하고 아름다운 비례를 가져야 한다(venustas)는 세 가지를 제시하였다.

(4) 기능의 강조

기능이 건축의 가장 중요한 개념으로 부각되게 된 것은 루이스 설리반의 역할이 크다. 그가 주장한 "형태는 기능을 따른다(Form follows function)."는 기능주의 건축의 모토가 되었다. 이 문장을 그냥 피상적으로 이해한다면, 건물을 이루는 방들을 용도별로 배치하고 나면 건물이 자동적으로 완성된다는 것이다. 따라서 구체적인 용도가 없는 장식적인 것들은 모두 배제해야 한다는 것이다. 그러나 이것은 설리반의 의도와 전혀 다른 해석이었다. 그는 생물체의 기능이 형태로 표현되는 것처럼 고층건물의 각 부분도 용도의 조건에 따라 구분이 되어야 하고, 그래서 저층부, 몸통, 고층부의 구분이 자연스럽다는 것이다.

르 코르뷔지에는 "주택은 살기 위한 기계다."라는 기능주의의 교조로 추앙되는 슬로건을 내걸었다. 여기서 중요한 것은 기계에 의해 드러난 새로운 미의식을 강조한 것이 아니라 건물은 기계와 같은 개념에서 시작해야 한다는 것이었다. 기능주의는 특정한 양식을 지칭하는 단어로 사용되기에 이르렀다. 고전적인 장식이 없는 흰 벽의 네모난 건물들을 일컫는 단어가 된 것이다. 르 코르뷔지에 역시 자신이 쓴 책을 통해 기능주의자로 거론되면서 이 단어는 널리 퍼져 나갔고 장식이 완전히 삭제된 건축적 경향을 일컫는 단어로도 사용되었다. 주목할 점은 기능이라는 단어가 비로소 1930년대에 이르러서야 건축가들이 흔히 사용하는 일상성의 단어가 되었다는 것이다. 용도를 완전히 대체한 것이다.

(5) 기능의 연결

기능은 자연과의 새로운 연결점을 제공하기도 한다. 자연이 유기체로서 작동하는 방법이 바로 기능이다. 자연의 모습은 기능의 결과인 것이다. 기능은 비례를 넘어서 자연을 건축에 결합시킬 수 있는 유효하고 전략적인 단어였다. 자연의 유기체는 외부의 조건에 맞춰 자신을 조정해 나간다. 설리반이 형태는 기능을 따른다는 문장을 사용한 것은 모두 이런 생물적인 내용을 지적한 것이었다. 즉, 생물들의 경우는 모두 형태가 기능적인 이유를 갖고 있으며 불필요한 것은 하나도 없다는 것이었다.

그림 1-17 | 공동주택의 한 부분, 이태리 베네치아

그림 1-17은 형태와 기능의 밀접한 관계를 보여준다. 르 코르뷔지에는 필로티를 즐겨 쓰면서 땅으로부터 들어 올려진 그 공간을 자동차의 주차공간이나 보행자의 통행로 등으로 설명하고 있다. 그와 유사하게 그림에서는 한 공통주택의 말단부의 필로티 공간을 보여준다. 하지만 베네치아라는 입지적 특성에 맞게 그곳은 자동차 대신 소형 배가 정박되어 있고 원형기둥이 매스와 만나는 방식 또한 특이하다.

기능이 건축의 주요한 개념이 되는 데는 기계 또한 중요한 역할을 했다. 인간이 만든 구조물로 가장 자연의 메커니즘과 유사한 것은 기계였다. 기계가 작동하는 방식은 그간 건축을 표현하던 용도라는 단어로는 규정하기 어려운 것들이었다. 기계는 자연과 같은 아름다움이 아니라 이전에 경험하지 못하던 새로운 아름다움, 숭고함, 혹은 신기함과 같은 새로운 미적 가치를 제시하였다. 인공물이라는 점에서 건물은 자연보다는 기계에 가까웠다.

(6) 기능의 의지

건축에서의 '기능'은 '용도'를 치환한 단어이다. 기존의 '용도'는 이용자의 요구를 반영하여 이들이 이용할 수 있도록 방을 만든다는 의미를 갖고 있다. 그러나 건축가들은 건축주나 사용자들의 요구를 반영하는 건물을 만들겠다는 것을 넘어섰다. 그 의지가 실린 단어가 바로 '기능'이다. 기능과 기능주의는 20세기 이후의 건축을 설명하는 가장 중요한 단어의 하나가 되었다. 이 기능은 비례를 통한 자연과의 연결이 무력화된 지점에서 건축을 자연과 연결시키는 중요하고도 새로운 단서가 되었다. 그러나 이러한 자연과의 연결보다 더 중요한 것은 건축이 사회적 적극성을 표방하게 되었다는 점이다. 기능은 단순히 건물을 만드는 방식과 가치관을 새롭게 규정하는 것을 넘어 건축가들의 사회적 책임과 위치를 규정하는 새로운 단어였고, 이 가치는 20세기 건축의 새로운 의미에 대한 발견이라 할 수 있다.

그림 1-18 | 비토리오 임마누엘 2세 갈레리아(Galleria di Vittorio Emmanu - ele 2), 이태리 밀라노

밀라노 두오모 광장과 스칼라 극장을 연결하는 축선 위에 놓여있는 갈레리아 역시 기능적 관점에서 주목할 만하다. 단순히 도심부 대규모 건물들 사이의 가로였던 공간이 유리와 철을 접목시킬 수 있는 기술의 도움에 힘입어 현재의 쇼핑몰의 시초가 되었고, 도심의 중간영역을 형성하여 사람들을 접객시키고 체류할 수 있게 하는 명소로 자리매김하였다.

호레이셔 그리노프(Horatio Greenough)는 이전의 건축양식의 모방을 거부하면서 건축가에게 동물의 골격과 피부를 관찰하여 효용과 필요의 적응법칙이 어떻게 표현성과 미를 나타내는지 주목해 보라고 하였다. 그는 미는 기능에서 나온다는 원리에서 침대 틀로부터 대성당에 이르는 모든 구조에 적용될 하나의 이론을 발견하였다.

랄프 왈도 에머슨(Ralph Waldo Emerson)은 미의 가장 즐거운 매력은 사물들의 구성 속에 그 뿌리를 가진다. 그리고 목적에 답하는 가장 완전한 형식은 바로 그만큼 아름답다고 하였다. 이는 건축의 모든 부분은 그 목적과 기능에 따라 설계되어야 한다는 근대건축의 대표적인 사조와 연결된다.

루이스 설리반(Louis Sullivan)은 자연속의 모든 사물은 모두 하나의 형상을 지니고 있는데, 이 모든 형태는 기능에 따르고 있으며 이것은 하나의 법칙으로 존재하고 있다고 하여 기능주의 건축분야에서 선구자가 되었다.

오토 바그너(Otto Wagner)는 건축을 현대의 요구에 적합한데까지 진전시킬 건축사상의 근본적인 혁신이 필요하다고 강조하였고, 당시 지배적이던 역사적 양식 건축을 비판, 공격하였다. 그는 건축의 원칙을 제시하였는데 그것은 첫째 목적, 둘째 재료, 셋째 구조, 넷째 위의 3요소에서 얻어지는 필연의 형식, 즉 필요양식이다. 그는 예술의 유일한 지배자는 필요이며, 이때 필요라는 의미는 글자 그대로 필요 이외의 다른 것일 수가 없다고 주장하였다. 또 유일한 가능성을 가진 예술창조의 출발점은 현대 생활 그 자체이다. 근대적인 형태의 모든 것은 현대의 새로운 요구에 조화되어야 한다. 실제적이 아닌 것은 미가 될 수 없다고 하였다.

즉, 실용적인 것은 아름다울 수밖에 없다는 것이다. 그는 기능, 재료, 새로운 시대의 구조형태에서 그 표현적 인상을 유도해낸 순수화된 양식을 옹호하여 새로운 예술의 탄생을 예언하였다.

또한 젬퍼(Gottfried Semper)는 예술은 유일한 주인을 알고 있는데 그것은 필요인 것이라고 하였다. 예술의 형성은 필요, 즉 기능, 목표에 의한 것이라는 주장이다.

쥬르코(De Zurko)는 건축형태가 기능에만 충실하고 철저히 기능적일 때 미는 그 결과로 생겨난 경우라고 하였다. 즉, 미는 자립적으로 존재하는 것이 아니라 항상 기능에 제약을 받는 것이다.

요한 볼프강 괴테(Johan Wolfgang Von Goethe)는 건축의 영위가 예술의 이름 아래 가치뿐만 아니라 필연과 유용을 병행하여 감각적 조화적인 것을 만들어내야 한다고 하였다. 이것은 필연과 유용, 즉 기능을 미적인 것을 만들어 내는 근본으로 보고 있는 것이다. 그는 건축의 목적은 처음부터 부여되는 것이고 더욱이 그 목적은 위계성을 갖고 있음을 주장하였다.

그림 1-19 | 밀라노 피에라 NH호텔 (NH Fieramilano Hotel, Massimiliano Fuksas), 이태리 밀라노

이태리 밀라노 피에라 지구 내 NH 호텔의 주출입구는 기존의 건물로 들어가는 문, 방풍실에 대한 선입관에 대한 정면 도전으로 해석된다. 흔

그림 1-20 | 폰테 디 리알토(Ponte di Rialto), 이태리 베네치아

그림 1-21 | 폰테베키오(Ponte Vecchio), 이태리 플로렌스

히 입구의 인지성을 강조하기 위해 누구나 식별 가능하고 쉽게 들어올 수 있어야 한다는 생각과는 달리, 여기서는 가까이 다가가야만 자동으로 폐쇄적으로 닫혀있던 문이 열리게 되면서 로비가 나타나게 된다. 그렇다고 해서 입구로서의 기능을 상실하거나 저하했다고 보기는 힘들다. 오히려 현대인들의 호기심과 낯선 공간으로의 여행을 꿈꾸는 이들에게는 더욱 신비한 체험을 제공해주는 자극제가 될 것이다.

이태리의 두 도시의 명소인 두 개의 다리에서도 기능에 대한 좋은 교훈을 얻을 수 있다. 원래 다리는 강을 건너는 수단으로 안전하게 강을 통과하여 자기가 원하는 목적지로 가기 위한 기능을 갖는다. 하지만 베네치아의 리알토 다리와 피렌체의 폰테베키오는 물론 그런 기본적인 기능을 하면서도 동시에 상업적 프로그램까지도 포함하고 있다는 점에서 주목할 만하다. 또한 통과의 의미뿐 아니라 머무름과 여유를 담아내고 있다는 점도 복합적 기능에 의한 시너지 효과를 보여준다.

(7) 기능적 융통성

건축에 주어지는 어떤 기능도 영구적이지 못하다는 생각은 기능주의 건축 이후 보편화되었다. 기능이 형태를 결정한다는 기능결정론도 형태와 기능의 일의성이 퇴색하여 궁극적으로 현대의 해체주의 건축에 와서는 기능 해체에 이르게 된다. 그러나 어떤 해체주의 건축가들도 기능을 배제하거나 무시하지는 않는다. 다만 그들은 기능과 형식 사이의 어떤 연관성에도 얽매이지 않으려고 노력할 뿐이다.

이는 유니버설 스페이스의 개념과는 또 다른 이해이다. 공간이 유니버설할 수 있다는 것은 가능한 넓은 기능적 수용을 가능하게 한다는 의미이지만, 기능적 적합성과는 직접적이지 않다. 오히려 거기에는 기능적 융통성을 압박하는 엄정한 형식적 규범이 있었다. 그 규범을 근거로 하는 융통성은 모듈러와 시스템화라는 원초의 형식적 질서에 순응해 주어야만 가능한 것이다.

기능에 대한 어떤 정의에도 불구하고 그보다 기능은 훨씬 융통성이 있기 마련이다. 한 시대로서는 분명히 퇴장하였어야 할 역사적인 유산이 건축적으로 회생 가능한 것도 이러한 기능적 융통성 때문이다. 역사양식은 물론 형식미를 근거로 하지만, 그 형식미도 기능을 한정하는 것은 아니었다.

(8) 기능과 형식

궁정건축이 박물관이 되는 것은 기능과 형식 사이에는 그렇게 절대적인 인과관계는 없다는 것을 말한다. 그러한 뜻에서 재생의 의미를 넓히는 일은 기능과 형식 사이의 인과관계를 벗어내는 것부터 시작된다.

그림 1-22 | 밀라노 중앙역, 이태리

밀라노 중앙역(Stazione Centrale di Milano)의 외관은 궁전 내지는 공공관청을 연상시킨다. 하지만 내부 플랫폼을 덮는 철과 유리로 된 장스팬 대공간은 역사적으로도 오래되고 당시로는 획기적인 하나의 사건이었다.

유럽의 도시에서 아직도 만나게 되는 많은 궁정건축은 그의 봉건주의 시대가 종식되며, 새로운 기능으로 전환되어 우리를 맞는다. 대체로 궁정건축은 종교건축과 함께 그 시대가 도모할 수 있는 최고의 건축적 양태이기 마련이었다. 이 역사시대의 최고의 양식미가 근대 이후 미술관 기능으로 재생되는 것에는 어떤 상관성이 있는가를 살펴보면 그것은 대부분 사회적 이유에서 시작된다. 봉건계급이 점유하던 최고의 가치들을 사회에 돌리는 것이다.

그림 1-23 | 카스텔베키오 박물관(Castelvecchio Museo), 카를로 스까르빠(Carlo Scarpa), 이태리 베로나

특히 1920년대, 기능을 강조하는 디자인 원리, 즉 기능적 요소들의 외재화를 통해 건물의 형태를 구성함으로써 기능적 투명성을 표현하는 경향에도 주목할 필요가 있다.

중세시대의 봉건영주의 성이 세계 모든 사람들의 발길을 끊이지 않게 하는 박물관 기능으로 변화된 예 중 대표적인 것이 바로 스까르빠가 설계한 카스텔베키오이다. 또한 기존의 것과 최대한 마치 원래 그 자리에 그 모습으로 있었던 것처럼 섬세하게 디자인된 모습에서 공간, 형태, 기능이 하나로 어우러진 모습을 쉽게 발견할 수 있다.

1-1-3 공간(space)

(1) 공간의 기본개념

공간개념의 출발점은 고대 그리스 이래의 철학에서 다양하게 이루어진 개념은 아니다. 또 수학적 공간의 이해도 아니다. 건축공간은 대상 그 자체, 결국 건축물 자체에 의해 경험할 수 있는 공간이다. 그래서 어떤 법칙에 따라 건물이 공간을 포함하는지 또는 공간이 어떻게 건물을 성립시키는지를 알 수 있다. 다시 말하면 건축학에서의 공간이란 우리가 지각할 수 있는 대상이 되는 공간이다.

'공간'이란 건축뿐 아니라 수학, 물리학, 자연철학의 일부분으로 다루어질 수 있는 개념으로, 공간관은 인간의 사상사 속에서 끊임없이 변화하여 왔다. 공간에 대한 인식이 각 시대의 사회사상과 세계관에 따라 변천하여 온 만큼, 공간에 대한 논의의 전개과정도 철학과 자연과학에서의 공간관을 고찰하는 것이 중요하다.

아리스토텔레스의 공간개념은 공간을 모든 장소의 총화로 해석하는 한편, 방향성이라는 특성과 함께 동적인 장으로서의 장소이론을 제시하여 고대의 세계관 형성에 지대한 영향을 미쳤다. 그리고 뉴턴은 눈에 보이고 만질 수 있는 실재만을 진실로 간주했던 플라톤 이후 유클리드기하학에 바탕을 둔 절대적 공간개념의 형성에 결정적인 영향을 끼쳤다.

(2) 공간의 학문적 이해

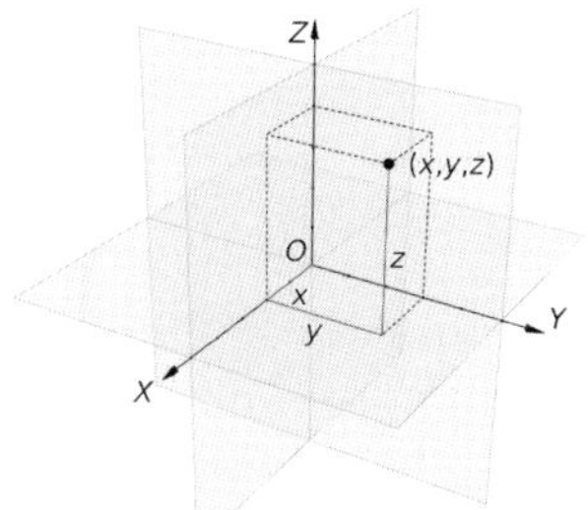

그림 1-24 | 유클리드 기하학

공간의 의미는 학문의 특성에 따라 다르게 인식될 수 있다. 심리학적 관점에서는 인간의 심리적인 작용과 반응을 동반한 지각과 인지적 대상인 표상을 중심으로 공간을 파악하며, 철학적으로는 공간좌표상에서 발생된 경험적 공간과 어떤 특별한 요소에 의해서 성격이 부여된 형이상학적 차원의 선험적 공간으로 파악되기도 한다.

기하학은 무한한 공간 내의 질서를 부여하고자 시도되었으며, 역사와 더불어 그 공간적인 개념이 변모해왔다. 고대에서 근대에 이르는 긴 시간 동안에는 2차원과 3차원의 유클리드 공간개념이 중심을 이루었으나 근대를 넘어서 현대에는 유클리드 공간(Euclidean space)의 평행선의 공리에 대한 의문을 탐구하고, 그 공리를 수정한 로바체프스키(Lobachevsky)기하학[1], 리만(Reimann)기하학[2] 등의 비유클리드 공간(Non-Euclidean space) 이론이 제시되고 있다.

유클리드 공간은 데카르트의 해석기하학에 힘입어 수를 도구로 하여 해석 · 연구되어 왔다. 공간은 해석학의 입장에서 판단되고 탐구되어 옴으로써 해석학의 대상이 공간적으로 표현되었고, 이에 따라 공간의 개념이 n차원까지 확장되었다.

리만 공간과 함께 비유클리드 공간의 연구가 발전되어 유클리드 공간과 더불어 벡터 공간론[3]이 되고, 무한차원의 벡터 공간으로 생각되었던 힐베르트 공간[4]은 양자역학의 연구에 필수적인 이론이 인식되었다.

한편, 물리학에서는 통일장이론[5]의 연구에 각종 접속공간을 도입하고 있으며, 현대 수학에서는 일반적인 집합을 공간으로 정의하여 다루고 있다. 원소를 점으로 하는 추상적인 공간을 대상으로 탐색해 왔으며, 최근에는 위상의 개념을 도입한 위상공간[6], 선형공간, 함수공간 등이 중요한 개념으로 다루어지고 있다.

---

1) 19세기 초 N. I. 로바체프스키와 J. 보여이는 각각 독립적으로 유클리드의 〈기하학 원본〉의 제5공준을 부정하고, 평면 위에서 직선 밖의 한 점을 지나 이 직선에 평행한 직선은 적어도 2개가 존재한다는 것을 공리로 채택하여, 이것과 〈기하학 원본〉의 다른 공리로부터 3차원 유클리드 공간 내에서의 비유클리드기하학을 창시하였다.

2) G.B. 리만은 1854년 그 자신의 복수함수론과 물리학 연구에 근거하여 2차미분 형식 ds^2만에 의한 공간을 정의하고, 일반적인 n차원으로 확장해서 이것을 추상화시켰다. 이것이 n차원 유클리드 공간에서 n차원 리만공간으로의 확장이고, 이것을 다루는 기하학이 리만기하학이다.

3) 군(group), 환(ring), 체(field) 등과 같은 대수적 구조 중의 하나로 대수학 특히 선형대수학에서 중요하게 다루어지는 개념이다.

4) D. 힐베르트가 1906년 적분방정식의 이론에 응용하기 위해 도입한 새로운 개념이다. 힐베르트 공간 및 그 연산자의 이론은 적분방정식 · 미분방정식 이론을 비롯하여 해석학 전반에 걸쳐 광범위하게 응용된다.

5) 통일장이론(unified theory of field)은 중력현상과 전자기현상을 결합시키기 위해 전자기장도 만유인력장과 동일하게 물리적 공간의 어떤 성질에 귀착시키려는 장 이론이다.

6) 수학용어로서 해석학상의 위상공간이란 위상이 정의된 공간이다. 즉, 하나의 추상공간에 극한이라든지 연속 등의 개념을 나타내는 구조가 주어졌을 때, 이 구조를 위상이라 하고, 위상이 정의되어 있는 공간을 위상공간이라고 한다.(두산 세계대백과사전 참조)

(3) 공간의 인식

공간의 인식에 있어서 공간은 사물과 사물 간의 상관관계에 의해 인식되며, 사물은 다시 인간에 대해 정신적 영향을 발생시킨다. 공간은 그저 비어있는 단순한 공허이거나 무제한적인 용기가 아니며, 지각할 수 있는 사물의 존재를 전제로 하여 성립하고 이러한 사물들 간의 관계를 통해 공간에 대한 인식의 틀이 형성된다. 따라서 공간을 볼륨으로 파악하는 과정에서 주변 대상물들 간의 상관적인 역학적 작용에 의해 크기와 방향, 밀도 등을 가진 하나의 총체적인 힘으로 느끼게 되는 것이다. 즉, 우리가 공간을 경험할 때 공간을 개별적인 요소로 지각하는 것이 아니라 통합된 힘으로 인지하게 된다는 의미이다. 인간의 공간행태는 그 움직임이 너무나 다양하고 그 변화가 급전하므로, 공간의 인식은 그 당시의 상황에 부합되어 다양한 양상을 띠게 된다. 따라서 인간이 느끼는 공간적 체험이란 자신이 놓인 상황과 실존적 공간 사이에서 생기는 긴장 속에서 존재하는 것이다.

그림 1-25 | 카스텔베키오 박물관(Castelvecchio Museo), 카를로 스까르빠(Carlo Scarpa), 이태리 베로나

공간감을 극대화하기 위한 건축가들의 노력들을 살펴보면 얼마나 많은 고민과 연구를 통해서 의도된 전략적 연출을 도모하고 있는지를 알 수 있다. 카스텔베키오의 정수라 할 수 있는 기마상이 있는 부분은 이런 의도된 공간연출의 대표적 사례라 할 수 있다. 관찰자의 다양한 위치에서의 시점을 고려한 시선의 설정은 하나의 회화적인 구도와도 유사하면서 보는 이에게 탄성을 자아내게 하는 강력한 힘을 지니고 있다.

(4) 공간의 특성

공간의 특성에 있어 인간의 '공간의식'이 사물의 체험에 의해 단계적으로 형성된다고 볼 때, 실존적 공간은 다음과 같은 몇 가지 특성을 갖는다.

첫째, 중심과 장소로서의 공간은 개별적으로 독자적인 관계에 의해 형성됨으로써 비로소 장소로서의 성격을 갖게 된다. 인간의 공간지각이 자발적으로 이루어진다는 점에서 공간은 지각의 주체인 인간을 축으로 하여 중심화 된다.

'장소'는 중심이 있고 내부로 향한 힘이 느껴지는 면적이 있는 공간으

그림 1-26 | 카스텔베키오 박물관의 한 계단(Castelvecchio Museo), 카를로 스까르빠(Carlo Scarpa), 이태리 베로나

로, '넓이'와 '중심성'이라는 두 가지 구성요소를 갖는다. 장소의 또 다른 특징으로는 그것이 어떤 일정한 '크기'로 규정된다는 것이며, 그것을 공간적으로 둘러싸고 있는 외부와 대조를 이루는 '내부'의 개념이 발생한다는 점이다. 그래서 우리는 아무런 성격도 갖지 않는 중성적이고 무한정한 공간을 장소라 하지는 않는다. 장소는 단순한 무목적성의 공간이 아니며, 물리적 공간과 주체간의 상호작용에 의해 인식되고 질서가 부여된 내향적 공간으로 체험되는 상징적·심리적 공간이다.

둘째, 방향과 통로로서 모든 장소는 '방향성'이 있다. 그 장소가 갖는 방향성에 의해 그 공간에 특별한 의미가 부여되기도 한다. 그리고 방향으로 나아가는 과정적 공간이나 방향과 방향 간의 경계는 '통로'로 규정된다. 즉, '방향'과 '통로'는 장소라는 이름의 한 공간과 다른 공간을 '선'의 개념으로 연결하여 구조화하는 것으로 공간 간의 관계성 형성에 기초가 된다. 즉, 장소가 통로를 요구하고, 통로가 새로운 장소를 발생시키는 연쇄적인 관계를 이루는 것이다. 또한 위계는 통로에 '방향성'을 부여한다. 실존적 공간에서 방향의 성격은 주로 인간의 공간의식과 행위에 의해 결정되지만, 자연적 방위에 의한 축도 공간인식에 영향을 미치는 주된 요인이 된다.

공간연출에 있어서 미시적으로는 요소별 디자인도 매우 중요하다. 카스텔베키오의 종탑부로 향하는 곳에 설치된 철제 계단은 거친 조적의 벽면과 강한 대비감을 통해 공간 속에서 강력한 요소로 작용한다. 여기서 계단은 사람들의 동선을 유도하는 요소이므로 이동하면서 그 공간에 대한 느낌을 가장 잘 전달할 수 있는 장치이다.

셋째, 구역과 영역으로서의 공간적 범위를 기호화, 구획화시켜 주는 경계에 의해 성립되는 것으로, 어떤 활동이 어떤 공간에서 일어날 수 있는지에 관한 태도, 감정, 행동이 관련되어 발생하는 복합적인 체계이다. 사람들이 자신에게 주어진 물리적·사회적 환경에서 취하는 모든 '행태(behavior)' 자체가 영역이며, 이러한 공간행태들의 군집이 이루는 행태적 환경을 영역간의 경계가 구조화시킴으로써 인간과 공간 간의 관계성이 비롯되는 것이다.

(5) 공간인식의 변화

그리스의 철학자들은 공간을 반성의 대상으로 삼았다. 파르메니데스는 공간은 그 자체로는 상상할 수 없으며, 실재하지 않는다고 주장함으로써 과도기적인 입장을 나타냈다. 그러나 레우시포사스는 공간은 비록 실체적인 존재는 아니라 하더라도 하나의 현실이라고 생각하였다. 플라톤은 이러한 문제를 발전시켜 공간과학으로서의 기하학을 도입하였으며, 아리스토텔레스는 장소(topos)이론을 전개했다.

그림 1-27 | 알도 반 아이크 : 천국의 수레바퀴(1966)/아리스토텔레스:"장소는 용기, 즉 물체를 담는 용기처럼 생각된다."

아리스토텔레스에 의하면, 공간이란 모든 장소의 총화, 즉 방향과 정성적인 특성을 갖춘 동적인 장(field)의 개념으로 설명된다. 이와 같은 아리스토텔레스의 접근은 원시적인 실용적 공간개념을 체계화하려는 시도라고 생각할 수도 있으나, 오늘날의 개념과도 연관되는 내용을 앞서 보여준 것으로 이해된다.[7)]

이후에 전개된 공간개념들은 아리스토텔레스보다도 유클리드 기하학에 기초를 두고 있었다. 공간은 무한하고 균질한 것, 세계를 구성하는 기본적인 차원의 하나로서 정의되었다. 루크레티우스는 전체로서의 자연은 물체와 그 물체가 장소를 차지하고 이동할 수 있는 허공의 두 가지에 기본을 두고 있다고 하여 물질과 공간의 개념을 분리하였다.

이로부터 1800년 후, 칸트는 공간을 인간의 오성에 대한 기본적이고 선험적인 범주의 하나로 보았다. 질료와도 다르며, 질료로부터 독립된 것으로 인식했다.[8)]

유클리드적 공간개념은 17세기 데카르트가 도입한 직교좌표체계에 의하여 명확한 도구적 개념인 공간을 다루는 물리적·수리적 개념으로 정착되었다. 그러나 이와 같은 유클리드 기하학에 대한 신뢰는 19세기의 비유클리드기하학의 성립과 상대성 이론에 의하여 무너졌다. 새로운 기하학이 유클리드 기하학보다도 물리적 공간의 근사치를 보다 분명히 설명할 수 있다는 것이 실증되었던 것이다. 뿐만 아니라 어떠한 기하학이라도 그것은 자연 속에서 발견되는 것이 아니라 오히려 인간이 구축하는 것이

---

7), 8) C. N. Schulz, 실존·공간·건축, 김광현 역, 산업도서출판공사, 1980. pp.15~16

라는 사실이 확인되었다는 점이 매우 중요하다.[9]

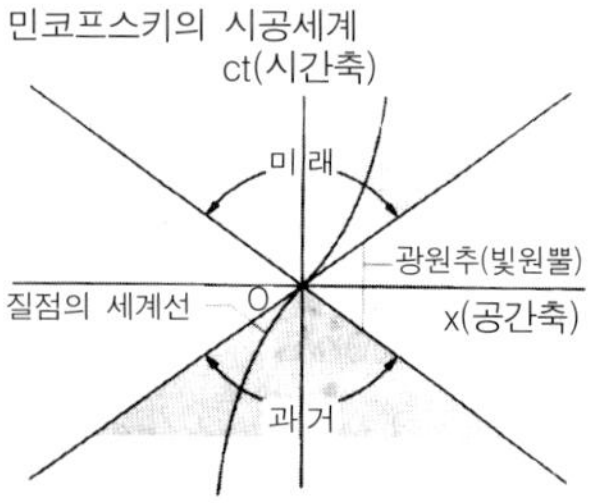

그림 1-28 | 민코프스키의 시공세계: 아인슈타인이 1905년 발표한 특수상대성이론의 기하학적 표현수단으로 1908년 수학자 H. 민코프스키가 도입한 공간이다. 관성계의 좌표를 로렌츠 변환하였을 때 3차원의 공간좌표와 1차원의 시간좌표를 허수를 사용하여 표현하면 4차원 공간 내에서의 1차 변환처럼 다룰 수 있다.

하나로 통일된 공간에 대한 고대의 개념은 구체적인 물리적 공간과 어느 정도 근사치에 가깝게 물리적 인간을 설명하기 위해서 인간이 발명한 추상적 · 수학적 공간 등 몇 가지 공간개념으로 구분되어지게 되었다. 즉, 상대성 이론은 공간에 대한 생각들을 더욱 발전시켜 3차원적인 공간 속에 수많은 물체가 존재한다는 이전의 개념을 4차원적인 시공(시간–공간) 속에서 일어나는 일련의 사건들로 대체시켰던 것이다.[10]

물리적 · 수학적 공간은 정위에 대한 인간의 근원적인 요구의 일부만을 만족시킬 수 있는 개념이다. 비록 도구적 개념으로 다양하고 전체적인 체험을 계량화함으로써 추상적인 관계로 이루어진 공간의 논리적 이해를 가능하도록 하였으나, 이러한 해석은 거의 일상생활과는 직접적인 관계를 갖지 못했다. 여러 가지 공간의 개념들을 직관적 · 정서적 측면을 고려한 별도의 개념으로 보완시켜야 할 필요성이 있는 것이다.[11]

(6) 공간의 질서

인간이 공간에 관하여 흥미를 가지는 것은 인간이 실존하고 있기 때문이다. 그것은 인간이 환경 속에서 생의 관계를 이해하고, 사건이나 행위의 세계 속에서 의미와 질서를 표현하려는 요구에서 생긴 것이다. 기본적으로는 인간이 바라보고 느끼는 대상(object) 대하여 판단하게 된다. 말하자면, 의미(meanings)를 파악하는데, 이때 의미는 커뮤니케이션을 목적으로 만들어진 다양한 언어를 통하여 전달된다. 인간 행위의 대부분은 정위의 대상이 안과 밖, 멀고 가까움, 분리와 결합의 관계에 따라 배열된다는 의미에서 공간적인 측면을 가지고 있다.

동물의 실용적 공간(pragmatic space)은 타고난 본능에 의하여 결정되는 것이지만, 인간은 행위하기 위하여 어떠한 정위가 필요한지를 학습하지 않으면 안 된다. 초기 문명이나 혹은 미개 문명의 언어로부터 위와

---

9) C. N. Schulz, 실존 · 공간 · 건축, 김광현 역, 산업도서출판공사, 1980. p.16
10) C. N. Schulz, 실존 · 공간 · 건축, 김광현 역, 산업도서출판공사, 1980. p.17
11) C. N. Schulz, 실존 · 공간 · 건축, 김광현 역, 산업도서출판공사, 1980.

아래, 앞과 뒤, 왼쪽과 오른쪽과 같은 공간적 관계를 표현하고 전달하는 용어를 발견하게 되는 까닭이 여기에 있다.

그러나 이들의 용어는 추상적인 것이 아니라 오히려 인간 자신이나 인간이 놓여 있는 환경과 직접적인 관계를 가지고 있으며 세계 속에 놓인 자신의 위치를 표현하고 있다.

건축에서 많은 비평가가 공간의 문제에 관하여 관심을 기울이고 있다. 지그프리드 기디온(Sigfried Giedion)은 그의 저서 『공간, 시간, 건축』에서 3가지 공간의 기본개념을 설명했다. "최초의 건축 공간개념은 다양한 볼륨으로부터 발생하는 볼륨과 볼륨 사이의 관계 및 그 상호작용으로 관련되어 있다". 브로노 제비(Bruno Zevi)는 건축은 공간예술이라고 정의하고 있으며, 조르겐 조딕(Jurgen Joedicke)은 '건물은 공간으로 이루어지며, 따라서 건축공간은 존재하며 건축적 공간은 체험적 공간이고 인간의 지각작용에 결부되어 있다.'고 말하고 있다. 건축과 관련된 공간개념에 대한 연구가 추상적인 기하학을 논함으로써 인간을 제외시키고, 공간과 건축을 각각의 연구대상물로 파악하였다. 따라서 자연스럽게 인간과 환경과의 관계로서의 공간은 잊혀져 왔다.

데카르트 체계는 공간의 어떤 점이라도 X, Y, Z의 축으로써 정확히 위치를 결정할 수가 있으나 모든 점을 모두 균질한 것으로 하여 버린다. 우리들의 도시가 고층화하고 있다는 것은 한편으로는 정확한 데카르트의 좌표의 취급법에 준거하여 정위를 확인하는 것이다. 우리들이 출발점으로 한 신체를 중심으로 하는 감각을 포함한 공간의식과는 아무런 관계가 없다.

공간은 기본적으로 하나의 물체와 그것을 지각하는 인간과의 사이에 생기는 상호관계에 의해서 형성된다. 이 상호관계는 주로 시각에 의해서 규정되나, 건축공간으로서 생각할 경우에는 후각 · 청각 · 촉각 등도 함께 관계된다. 같은 공간이라도 비 · 바람 · 햇볕에 따라 인상이 크게 달라지는 경우도 있다. 일상생활에서도 흔히 아무런 뜻 없이 공간을 만들어내는 경우가 많이 있다. 예를 들면 야외에 가서 들판에 돗자리 등을 까는 경우 그곳에 돗자리를 깔게 됨으로써 자연 속에 가정적인 장소가 생긴다. 그것을 걷어내면 또 원래의 들판으로 되돌아가 버린다. 또 빗속을 연인이 함께 걸을 때 우산을 펴면 그 밑에는 두 사람만의 세계가 생기나 마찬가지로 우산을 접으면 두 사람만의 공간은 없어져 버린다. 또한 옥외에서 연설하는 사람 주위에 모인 군중에 의해 연설하는 사람을 중심으로 하나의 긴장된 공간이 생기나 연설이 끝나 군중이 흩어져버리면 이 긴장된 공간도 사라져 버린다.

1-1-4 건축공간

(1) 건축의 어원

건축의 어원은 희랍어의 architecton, 그리고 라틴어의 architectura에서 나온 것으로, 어느 것이나 아키텍투라(Archi/Tectura:기술)를 의미한다. 그래서 건축가는 모든 기술을 지도하는 역할을 하였다. 한편, 건축은 형태를 취급하는 학문으로서 아름다운 형태를 구성하기 위해서 예술적 지식이 총동원되기도 하여 "예술(art)과 기술(technique)을 종합시키는 방법"으로 발전하고 있다.

그러므로 archi는 형태의 종합을 뜻하며, 건축의 창조적 의미는 곧 형태의 구성을 말한다.

근대건축의 대표적인 선구자이며 국제적으로 가장 큰 영향력을 가진 프랑스의 건축가 르 코르뷔지에(Le Corbusier)는 저서 『새로운 건축을 향하여』에서 다음과 같이 기술하고 있다.

".....건축이란, 순수한 재료를 사용하여 우리를 감동시키는 관계를 만들어내는 것이다. 건축이란, 효용성의 저편에 있다. 건축은 조형적인 것이다. 질서의 정신, 의도의 통일, 관계에 대한 감각, 건축은 매스를 처리하는 것이다. 정열은 생명이 없는 돌에서 드라마를 만들어낸다."

르 코르뷔지에가 말했듯이 건축은 인간생활을 담는 용기이다. 외부로부터의 위협, 비바람, 지진 등의 기상이나 화재와 같은 인위적인 위협에 대하여 안전한 건축을 만드는 것이 건축의 목적이다. 이 목적을 충족시키도록 적절한 계획과 새로운 구조와 재료를 구사한 설계가 필요하게 된다.

이러한 조건을 뒷받침하기 위하여 고도의 과학과 기술의 학습, 효용성에 입각하여 조형적으로 세련된 디자인이 요구되고 있는 것이다.

(2) 건축공간의 의미

건물이 이렇듯 사회적 산물이고 이용자들 상호간의 교류를 가능하게 하는 장치라면, 이는 건물이 가진 다른 무엇보다도 공간의 차원에서 이해되어져야 할 문제일 것이다. 건물의 외관이나 시각적 효과와 같은 물리적 특성을 통해 사회적 의미를 논하는 것이 불가능하지는 않더라도, 이러한 논의보다는 공간을 통한 논의가 보다 더 가치가 있을 것으로 전제한다. 왜냐하면, 공간을 통해 사회적 관계성이 실현되기 때문이며, 사회가 건물을 통해 실현하고자 하는 이념이 공간을 통해 가장 구체적인 방식으로 실천되기 때문이다. 또한 푸코(Foucault)가 지적하듯이 "공간은 집단적 삶이 가지는 모든 형태의 근본"12)이기 때문이다. 더 나아가서, 공간에 대한 논의를 통해 건축의 본질에 좀 더 가까이 접근할 수 있기를 기대하기 때문이다.

건축공간이 가진 사회적 의미를 이해하기 위해서는 공간 하나 하나가 아닌 공간 상호간의 관계성에 주목할 필요가 있다. 건물은 기본적으로 방(room)들과 이들을 연결하는 공간들의 조합 혹은 단위공간들의 조합으로 구성된다. 그런데 건물을 통해 재현되고 전달되어지는 의미는 개개의 단위공간보다는 이들의 상관관계의 차원에서 이루어진다고 할 수 있다. 이는 마치 언어에서 개별 음소가 의미를 가지기보다는 음소들의 조합으로 만들어지는 단어가 의미를 가지는 것과 같은 이유에 근거한다. 이러한 차원에서 보면 건물은 개별 단위공간들이 조합되고 구성되는 방식에 의해 조장되어지는 하나의 의미체계이다.

그림 1-29 | 최초의 오두막(추정)

특히 건축공간의 사회적 의미를 이해하기 위해서는 공간의 관계성이 더욱 중요한 역할을 한다. 개별 단위공간이 만들어내는 상관관계의 양상을 통해 공간을 사용하는 사람들 상호간의 관계가 재현되기 때문이며, 또

12) Foucault, M.space, knowledge, and power: Interview with P.Rabinow. Skyline.March 1982, p.20

한 이를 통해 이것이 조장하고자 하는 사회적 교류에 보다 가깝게 접근할 수 있기 때문이다. 에반스(Evans)는 건물이 가지는 단위공간의 상관관계를 가장 잘 보여주는 대표적 표상체계인 평면도를 통한 분석의 중요성을 강조하면서, 평면도야말로 인간 관계성의 본질을 보여준다고 주장한다.[13] 왜냐하면 평면도는 벽, 문, 창문, 계단 등의 요소를 통해 거주공간을 분할하고 이를 조합하는 과정, 즉 공간의 분할과 연결의 구조를 보여주기 때문이다. 마커스(Markus)는 더 나아가서 평면도가 형태와 언어의 관계를 보여주는 가장 유능한 도구라는 사실을 지적한다.[14] 건물이 사회적 산물이듯이, 언어 역시 사회적 산물이다. 언어가 의미를 가지는 것은 언어소통에 관여한 사람들이 그들이 공통으로 사용하는 문법체계를 공유하기 때문이다. 그런데 언어가 가진 의미가 보다 정확하게 전달되기 위해서는 문법체계와 함께 일종의 사회적 약속이 전제되어야 한다. 한 지역에 속한 집단 간에도 이러한 사회적 약속이나 인식이 공유되지 않으면 의사소통에 어려움이 발생한다.[15] 건물의 경우도 마찬가지이다. 사용자들이 건물을 경험하는 과정에서 건물은 일종의 의미체계를 가지며, 사용자와 건물은 공통의 사회적 상황 속에 공존한다.

사회적으로 공유되는 의미체계에 대한 이해는 이를 통한 문화적 속성과 그 차이에 대한 인식으로 확장될 수 있다. 언어소통에 대한 이해와 마찬가지로 사회제도 역시 사회적 약속을 전제로 한다. 같은 사회제도라고 해서 모두 같은 방식으로 작용하지 않는 것처럼, 사회제도의 작동에도 문화적 차이가 있다. 이를 유지하는 장치로서 건물과 그 공간조직 역시 이러한 문화적 상황과 인식을 반영한다. 힐리어(Hillier)와 한슨(Hanson)이 지적하듯이, "공간적 질서(spatial order)야말로 문화적 차이의 존재를 인식하는 가장 중요한 도구의 하나이며, 여기서 문화적 차이란 특정 사회의 구성원들이 살아가는 방식이며 그들의 사회적 존재를 재생산하는 방

---

13) Evans, R. figure, doors and passages, Architectural Design.48(4), 1978, pp.267~278

14) Markus, T.Building as classify devices, environment and Planning B: Planning & Design, 14(4), 1987, pp.467~484

15) Markus, T.Building & Power: Freedom & Control in the Origin of Modern Building Types, London: Routledge, 1993, pp.3~5

식을 의미"[16]하기 때문이다.

요약하면, 공간조직을 통해 건물은 사회적 현실을 구성하고 재현한다. 그리고 건물을 통해 구현된 공간조직은 관련 집단 혹은 구성원 상호간의 교류의 양상을 조장하는 협의의 사회환경을 조성하는 주체이며, 이를 통해 생산되는 다양한 사회적 관계성의 양상이 폭넓게는 건물이 속한 사회의 문화적 속성, 그리고 보다 구체적으로는 건물 자체가 가지는 문화적 속성에 대한 이해를 제공해 줄 것이다.

(3) 건축공간의 유형

슐츠는 자신의 저서 『실존 · 공간 · 건축 Existance · Space · Architecture』에서 5가지 공간개념을 구별했다.[17] 즉, 육체적인 행위에 의한 실용적 공간, 직접적인 정위를 가능케 하는 지각적 공간, 환경에 대하여 인간에게 안정된 이미지를 형성하게 하는 실존적 공간, 물리적 세계에 대한 인식적 공간, 순수한 논리적 관계에 의한 추상적 공간 혹은 논리적 공간 등이 그것이다.

실용적 공간은 인간을 자연적이고 유기적인 환경과 직접적으로 관련시키며, 지각적 공간은 한 개인으로서의 동일성을 획득하는 공간인식의 경향이다. 실존적 공간은 인간을 사회적 · 문화적 전체로 귀속시키며, 인식적 공간은 인간이 공간에 관하여 사고할 수 있는 공간개념이다. 마지막으로 추상적 공간은 다른 여러 가지 공간들을 기술하는 도구개념으로 적용된다.

여기에서 제외된 또 다른 하나의 개념을 생각해볼 수 있다. 인간은 훨씬 오래 전부터 공간에서 생활하고 지각하며, 공간에서 존재하고 공간에 대하여 생각해왔을 뿐만 아니라 오히려 스스로의 세계에 대한 인식의 구조를 현실의 세계상으로 나타내기 위해 공간을 창조해왔다. 이렇게 하여 만들어진 순수한 공간을 표현적 공간 또는 예술적 공간이라 부를 수 있다. 인식적 공간과 함께 상위의 공간개념에 속한다고 할 수 있다.

---

16) Hillier & Hanson, 1984, p.27.

17) C. N. Schulz, 1980, pp.20~21

표현적 공간을 인식적 공간과 함께 기술하기 위해서는 보다 추상적인 구성, 표현적 공간이 갖는 가능한 특성을 함께 설명할 수 있는 하나의 공간개념이 필요한데, 이를 미학적 공간이라고 부를 수 있다. 표현적 공간의 창조는 항상 건설업자나 건축가, 계획가 등 전문가들의 역할이었으나 그 반면에 미학적 공간은 건축 이론가와 철학자들에 의하여 연구되어 왔다고 볼 수 있다.

건축적 공간은 위에서 설명한 환경에 대한 인위적 동화와 조절이 이루어진 공간이기 때문에 지각과정을 통해 손쉽게 자신의 정위를 인식할 수 있으며, 동시에 사용자의 행위가 요구하는 바에 따라 스스로 적응된다. 구체적인 재료를 사용하여 데카르트의 직교좌표체계를 조립할 때와 같이 공간에 관한 어떤 인식적인 이론을 구체화할 수도 있을 것이다. 그러나 건축적 공간은 무엇보다도 인간의 개인적 · 사회적인 세계에 대한 공간 스키마와 관련되어 있다. 인간의 스키마는 기존의 건축적 공간과 상호 작용함으로써 형성되어가고, 그 스키마가 만족스럽지 못해서 이미지가 혼란스럽거나 지나치게 불안정한 상태라면 건축적 공간을 변화시키지 않을 수 없게 될 것이다. 따라서 건축적 공간이란 실존적 공간을 구체화한 것이라 할 수 있다.

(4) 건축적 공간과 자연적 공간

건축공간은 지각적 공간으로 설명되기도 한다. 공간은 그 경계에 따라서 크기나 형상이 지각되며 경계, 물리적인 장치들에 의해 구체적인 상황이 형성될 수 있다. 건축공간은 공간의 성격을 규정하는 것들을 통해서 지각이 이루어지고, 이를 바탕으로 구체적인 공간이 지각되는 것이다.

공간의 경계나 기준이 되는 물리적 요소는 매우 다양하며, 이러한 요소의 특성에 따라서 건축적 공간과 자연적 공간을 구분하기도 한다. 자연적 공간이라는 용어는 다소 생소한 감이 있으나 인위적 요소에 의해 경계가 설정되는 인위적 장소만이 공간으로 지각되는 것이 아니라 잔디, 나무, 숲 등에 의해 경계가 한정된 정원과 같은 자연적 공간도 중요한 공간

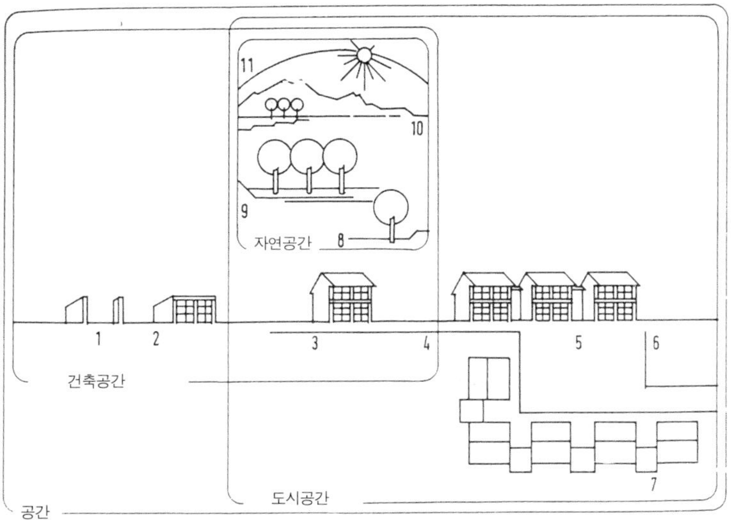

그림 1-30 | 1. 건축요소, 2. 건축요소의 그룹, 3. 건물, 4. 가로, 5. 공공광장, 6. 건물의 그룹, 7. 지구, 8. 자연요소, 9. 자연요소의 그룹, 10. 지평선, 11. 하늘

으로 지각될 수 있다.

공간의 경계를 한정하는 이러한 요소들 중 건축적 공간을 한정하는 요소가 있다. 기본적인 요소로서 벽, 천장, 마루, 기둥, 발코니 등과 같은 일상적인 건축물들의 요소들을 들 수 있다. 이 요소들은 개별적으로 건물 내의 작은 공간들을 형성한다. 그리고 이러한 작은 공간들이 모여서 큰 공간의 단위를 만들고, 공간단위들이 모여서 하나의 건축물을 형성한다. 건축물은 서로 인접하여 배열되는 등의 관계를 통해 가로 및 광장의 공간을 형성하는가 하면 다른 건축물들과 함께 일련의 건물군을 형성하고, 나아가 도시공간을 형성하게 된다.

그림 1-31 | 안동 하회마을

이와 유사하게 자연적 공간을 형성하는 개별적인 요소는 수목이나 숲, 지형과 바위 등의 자연적인 요소들이 있다. 자연적 공간의 전체적인 모습은 이들의 개별적인 요소들이 서로 연관되어 형성하는 경관과 큰 관계를 가지며, 인공적인 형태 및 공간과 함께 어우러지면서 마을이나 도시의 경관을 형성하게 되는 것이다. 그러나 그 척도에 있어서 자연적 공간은 보다 큰 규모의 지평선, 산이나 하늘, 구름 등과 연관되어 더욱 확대될 수

있다.[18)]

또한 높은 산에서 경험하게 되는 운무나 깊은 산속에서 볼 수 있는 원시적인 자연경관 등에서는 순수한 자연적 공간의 모습을 볼 수 있으며, 바다 및 하늘에서 느낄 수 있는 광활한 공간이나 하늘의 구름 위의 공간에서도 자연적 공간을 체험할 수 있다.

(5) 건축적 공간과 도시공간

그림 1-32 | 도시공간과 자연공간

건축의 볼륨을 한정하는 면은 공간의 경계를 형성하고 크기를 한정한다. 건축에 있어서 면에 의한 공간구분은 매우 자연스러운 현상이다. 따라서 건물의 내벽에 의해 한정되는 내부공간뿐만 아니라 건물의 외벽 및 도시 환경요소에 의해 형성되는 외부공간 또한 모두 건축적 공간이 되는 셈이다. 교량이나 기념탑, 분수대, 도심의 조형물 등은 내부공간이 있는 건축물에 의해 조성된 공간이 아님에도 불구하고 건물들의 파사드와 함께 도시공간의 성격을 형성하는 매우 중요한 건축물로 인식될 수 있는 것이다.

건축공간에 대한 체험은 도심광장이나 가로, 공원과 운동장 등 경계가 한정된 내부공간뿐만 아니라 단순히 몇 개의 면으로 경계 지어진 공간들, 예를 들어 지붕이 없는 안뜰이나 광장도 건축적으로 매우 중요한 의미를 가지는 공간이다. 조경이나 조형물, 둑이나 제방 등에 의해 경관이 형성되는 무수한 도시공간도 모두 건축공간으로 볼 수 있다.

(6) 건축공간의 한정요소

건축공간은 건물들과 여러 경계면들 사이에서 생겨난다. 이들 경계면은 그 자체로 오브제 특성을 지니지 않지만 건축의 한계를 규정한다. 이러한 한계들은 다소 명시적일 수도 있으나 그렇지 않고 연속된 면들로 모호하게 구성될 수도 있다. 또한 그 반대로 관찰자들이 가상적 경계로 해석할 수 있도록(예를 들면 네 개의 기둥들과 같이) 몇몇 지표들만으로 구

18) J.Joedicke, 건축의 공간과 형태, 윤재희 역, 세진사, 1999, p.18

성될 수도 있을 것이다. 건축가들은 경계면 위의 모든 부분들이 동일한 역할을 수행한다고는 보지 않는다.

고립된 면의 가장자리들 그리고 여러 경계 면들이 교차하는 모서리는 방향을 이해하는데 보다 중요한 지표를 제공한다. 사람들은 자신이 방문하거나 살고 있는 공간의 전체 개념을 갖기 위해 존재하는 모든 단편들을 선형적으로 기억하지 않는다. 우리는 시지각 외에도 다른 감각(청각, 촉각)을 사용한다. 지각이라는 주관적인 필터를 통과한 살아있는 지공간이다.

이 필터는 이전에 겪은 경험, 언어 그리고 문화 등에 의해 조건 지어진다. 여기서 가상의 경계면들은 구체적인 지표들을 통해 형성되어, 이런 가상 면들의 잠재력을 보여 주고 있다.

그림 1-33 | 바자리통로(Corridoio Vasariano), 이태리 피렌체

피렌체의 우피치미술관과 폰테베키오를 연결하는 아르노 강변의 바자리 통로의 남아있는 부분을 보면 회랑에 의한 열주공간임을 알 수 있다. 이러한 열주공간은 많은 유럽의 도시공간에 있어서 건축과 도시를 연결시켜주는 매개체로 작용한다. 이처럼 열주들은 명확한 공간을 정의해 준다. 빈 공간이 기둥면적보다 더 클 경우에도 그렇다. 기둥들이 일렬로 늘어서 있을 경우, 우리는 분리되는 경계를 인식한다. 그리고 필터와 같이 느끼게 된다. 그래서 알베르티는 열주를 부가된 벽체와 다름없다고도 하였다.

그림 1-34 | 비토리오 임마누엘 2세 갈레리아(Galleria di Vittorio Emmanuele 2), 이태리 밀라노

(7) 건축공간의 깊이·밀도

공간의 깊이를 지각시키는데 가장 공통적이면서 가장 효과적인 방식은 두 가지다. 하나는 원근감으로 여기에 다른 특성이 가미되면 더욱 효과적이다. 다른 하나는 하나의 오브제가 또 다른 오브제를 가리면서 앞에 놓여 있을 때이다. 도시가로, 광장 그리고 회화의 내부공간에서 깊은 원근감을 강조시키기 위해 고전건축은 텍스처의 정도를 보강하는 몰딩 장식과 소실선을 두고 있다.

회화에서 이 두 가지 현상은 깊은 공간과 얕은 공간의 환영을 불러일으키는 방법으로 사용되었다. 르네상스 시대부터 19세기에 이르기까지 화가들은 원근감과 깊은 공간을 매우 선호하였다. 건물 파사드에 이 얕은 깊이의 공간들을 여러 층들로 구성하는 원리는 특히 코모에 쥐세페 테라니가 설계한 프리제리오(Frigerio) 주택, 르 코르뷔지에가 설계한 가르쉬의 슈타인 주택 그리고 카를로 스까르빠가 베로나에 지은 카스텔베키오의 벽들과 창들의 분절에서 매우 잘 나타난다.

건축가에게 공간은 깊이뿐만 아니라 밀도도 갖는 것으로 보인다. 밀도가 매우 높은 공간이 필요하다고 생각할 때, 건축가는 몇 가지 중간단계의 깊이를 집어넣어 그 거리들을 조정하려 든다. 얕은 깊이의 공간을 가지고 작업하면서 깊이 있는 공간과 밀도를 만들고자 할 때, 일반적으로 이런 방법을 사용한다.

밀라노 두오모 광장과 스칼라 극장을 연결하는 갈레리아의 경우, 도시공간에 있어서 원근법에 의한 투시도 효과를 보여준다. 또한 내부와 외부 공긴의 중간영역의 성격을 갖고 있어 기후에 상관없이 공간의 밀도를 일정하게 유지하는 특징을 보이고 있다.

(8) 건축공간의 개방

건축공간에는 두 가지 유형들이 존재한다. 그들을 구분하는 근본적인 기준은 공간이 닫혀있고, 내향적이고, 공간 자체에 집중되느냐, 아니면 열려있고, 외향적이고, 원심적이냐는 것이다. 매스는 집중되는 반면 공간은 닫혀있다. 한 공간의 닫힌 정도는 개구부의 크기와 수에만 의존하지 않는다. 외부로 열려있는 공간을 만들고자 할 경우, 그 공간을 보다 덜 명확하게 규정해야 한다. 물론 개폐의 정도와 공간의 명료성 사이에는 직접적인 관계가 존재한다. 그래서 이 두 가지 가운데 하나의 원리를 실현시키기 위해 또 다른 하나를 이용할 수 있다. 문과 창은 내력벽 구조에서 개구부를 마련하는 고전적 수법이다. 이것들은 사람들이 지나다니고, 구멍이 뚫려있고, 빛과 공기를 들어오게 하는 곳이다. 이 개구부의 상대적인 크기와 위치 그리고 그 형태 자체는 공간을 구축하고, 공간에 방향을 부여하며, 또한 건물 외피의 성질(예를 들면 벽체의 두께)에 대해 알려준다. 이 개구부들을 더 크게 하면 할수록 그것은 '벽체의 사라짐'을 의미하게 된다. 특히 모서리를 열어 놓을 경우, 벽체에 구멍 뚫린 것이라는 개

그림 1-35 | 스포르체스코 성, 이태리 밀라노

구부 본래의 개념은 상실해 버리고 공간은 열리게 된다. 공간과 파사드는 하중으로부터 해방되었으며, 새로운 역동성을 가지게 되었다.

이태리 밀라노의 스포르체스코 성(Castello Sforzesco)에 있는 중정 공간을 보면 건물에 의해 위요된 외부공간이 주는 공간감을 느낄 수 있다. 또한 그 공간감은 식재, 수경요소, 조형물 등의 요소들과 하나가 되어 방문자들에게 일관성 있는 공간체험을 유도한다. 이렇듯 역사적으로 건축가들은 내부와 외부간의 관계들을 규명하기 위하여 병치와 상호관입의 수단들을 사용해왔다. 또한 그들은 이들 두 가지 사이에 전이공간을 마련하기도 한다.

(9) 건축공간의 상호관계

공간을 한계 짓는 요소들과 개구부들이 공간관계의 유형을 특징짓는다. 즉, 독립된 공간인지 아니면 다른 공간과 연관된 공간인지를 결정한다. 우리는 공간을 관계 짓는 근본형식들을 두 가지로 구분할 수 있다. 하나는 병치이고, 또 다른 하나는 공간적 상호관입이다.

병치는 독립성을 강조한다. 일상의 언어에서도 닫혀진 공간에만 원칙적으로 적용될 수 있는 많은 어휘들을 포함하고 있다. 방, 침대, 작은방, 거실, 홀, 복도 등이 그 예이다. 이 모든 것들은 프라이버시를 확보하고 있고, 그래서 다른 공간들과는 배타적인 관계를 가진다. 이웃한 공간들과의 연계는 벽체에 난 문과 창 그리고 좁고 통제된 통로를 통해 이루어진다.

이 경우 모서리는 삭제되지 않는 채 그대로 남게 된다. 하나의 공간이 그것을 둘러싸고 있는 건물 외피와 일치하지 않을 때, 사람들은 다른 공간이 있을 것이라고 추정하게 된다. 그들은 일련의 부가나 구분을 통해 구성된다. 그리고 이런 공간들을 통합하거나 분배하는 방식은 건물 전체를 구조화하는 중요한 요소가 된다. 실들을 일렬로 두거나 편복도 또는 중복도를 두거나 중앙 홀을 두는 방식이 여기서 결정된다. 과거 구축방식들은 대부분 내력벽으로 되어 있고, 건축재료들이 압축력을 저항하는 방식으로 세워져 있다. 그래서 일반적으로 단위 실들의 전체가 병치된 공간으로 명확하게 규정되었다.

그림 1-36 | 카우프만 하우스(낙수장), 프랭크 로이드 라이트, 미국 펜실베이니아

이에 비해 공간적 상호관입은 하나의 공간에서 다른 공간으로 연속되면서 이루어진다. 그것은 벽, 천장, 바닥과 같이 공간을 규정하는 요소가 시각적으로 여러 개의 공간에 소속되면서 만들어진다. 공간을 분리시키는 면이 보다 가상적으로 되고, 암묵적인 구분만이 존재하게 된다. 이 암묵적인 구분이 실제로 공간을 닫지 않으면서도 공간을 닫게 한다. 개구부 위에 있는 상인방, 기둥, 대형 유리창틀, 벽의 상부, 벽면의 질감의 차이 등이 그런 역할을 한다. 공간적 연속성이라는 주제는 감춰진 것과 보이는 것, 현재와 미래 사이의 모호함에 의해 놀라움을 주면서 모서리와 통로에 역동성을 부여한다.

프랭크 로이드 라이트가 설계한 카우프만 하우스(Kaufmann House)의 거실 옆에서 허공의 공간으로 돌출되는 발코니 공간에서 강한 공간감을 느끼게 한다.

(10) 건축공간의 기하학

건축은 구조적인 경제성을 위해 규칙성, 조밀한 공간조합 그리고 합리성을 추구할 수밖에 없다. 이 때문에 기하학은 건축 프로젝트를 수행하면서 최고로 필요한 덕목이 된다.

정사각형은 숨겨진 힘의 장들을 지닌다. 모서리, 가장자리, 대각선, 중간선, 중심선이 바로 그것이다. 이 같은 인식을 통해 정사각형의 고유한 특성들을 강화시키거나 약화시키기 위하여 어느 부분을 손대야 하는지를 알 수 있다.

위에서 내려다 볼 수 있는 두 개의 정사각형 예들에서 힘의 장들은 기본형태와는 아주 다르게 해석된다. 모서리가 분명한 경우에 공간은 내부에서 폭발된다. 그 암묵적으로 나타나는 세부 공간들 역시 정사각형이며, 그것들은 그 유사성에 의해 원래 형태를 강화시킨다. 그렇지만 모서리들이 명확하지 않고 암시적일 경우, 그것은 외부로 향해 확장된다. 그리고 기본형태는 덜 결정적으로 보인다. 이 두 가지 보조적인 예들에서 원심적인지 혹은 구심적인지에 따라 중심이 어떻게 달라지는가를 알 수 있다.

정사각형을 수직적으로 확장시킬 경우 입방체, 사면체 또는 프리즘이 된다. 2차원에서 나타난 원리들이 3차원에서도 적용되어질 수 있다. 그러나 지각은 객관적이지 않아서 완벽한 입방체는 보다 높고 넓게 보이는 경향을 갖는다.

정사각형 평면 위에 지어진 건물은 그것이 가지는 밀도 때문에 건축가를 매혹시켰다. 직각 모서리에 나타나는 방향성과 함께 그것은 보편적인 디멘젼을 가지게 된다. 그렇지만 현실적으로 모든 건물들이 정사각형으로 설계될 수 없다.

건물들은 일반적으로 여러 개별 실들을 비교적 단순하고 조밀한 전체 형태로 조직하게 되는데, 구조의 규칙성과 각 실의 동선체계를 고려할 경우, 합리적인 건축배치는 불가피하다. 여기에서 몇 가지 기본원리들을 살펴보기로 하자.

'선형적인 조직'은 가장 흔하고 기본적인 공간조합방식이다. 그것은 길과 복도와 같은 선형적인 동선체계를 내포한다. 주로 경제적 이유 때문에 내력벽의 배치는 선형으로 확장되는 방향과 직각으로 설치된다. 이로 인해 각 개별 실들의 위치, 개구부들의 성격 그리고 건축의 변형과 확장 가능성 등이 영향을 받게 된다. 즉, 이 내력벽들이 각 개별 실들을 분리하는 칸막이벽과 일치할 경우, 파사드상의 벽면을 디자인하는데 커다란 자유를 갖게 된다. 반대로 내력벽들이 외부 파사드와 일치할 경우, 그것은 내부공간, 특히 그것의 공간 변화에 자유를 줄 수 있다.

'구심적 조직'은 최대한의 조밀성을 가지며, 하나의 위계를 내포한다. 중심공간은 지배적이고, 그것을 둘러싸는 이차적인 공간들을 분배한다. 중심공간을 둘러싸도록 가장자리에 보다 작은 공간들을 배치해 놓을 경우 경이로운 전체가 만들어진다. 거기에는 하나의 위계가 성립된다.

'방사형 조직'은 여러 연속적인 선형 공간들이 하나의 중심이나 중심 뼈대로부터 뻗어나간다는 점에서 선형조직과 구심성 조직을 조합한 것이라고 할 수 있다. 특히 여기서 중심 뼈대에 해당하는 부분은 매우 특별한 위계를 가지고 있다. 그것은 어떤 의미에 있어 모든 것의 시작점이 된다. 그렇지만 이런 유형은 별로 일반적이지 않고 다루기도 무척 까다로운 조직형태이다. 특히 향의 문제와 그 날개들 사이에 남겨진 찌꺼기 같은 공간들 때문에 더욱 그렇다. 중심의 위치는 잘 파악되지만, 어떤 날개부분에 위치해 있는가를 파악해 내기는 쉽지 않다. 더욱이 선형요소들을 바깥쪽의 모든 방향으로 확장될 수 있다는 가능성 때문에 다른 도시조직과 연계되기가 쉽지 않다.

'격자형 조직'은 격자로 된 동선체계 속에 각 개별 실들을 모아 놓은 것이다. 이 원리는 대규모의 주거단지에 특히 유용된다. 그렇지만 격자구조를 가지고 각각의 개별 실들을 조합하기에 적합지 않다. 그래서 그것은 제한된 영역들에 사용되어야 한다. 즉, 제한된 영역 내에서 그것의 내적 조직과 사용목적이 이미 사람들에게 알려져서 다른 공간적 해석들이 가능할 경우에만 사용할 수 있다.

'벌집조직'은 실들을 인접되도록 모은다. 그런 점에서 그것은 위상기하학적 형태를 가진다. 이것은 형태와 크기와는 상관없이 자연발생적으로 구성되는 것이다. 그것은 인간이 의도적으로 만든 개념이라기보다는 역사적으로 우연하게 부가되면서 성장한 것이다.

그것을 통해 건축가들은 주거용 기계, 단조로움, 기술적 반복, 대규모 건설들을 거부하고, 활기찬 형태들과 공간들을 창조하고자 하였다. 그렇다면 무엇이 활기차다는 것일까? 당시 건축가들은 오랜 시간에 걸쳐 만들어진 자연스런 풍경을 인공적으로 재생산할 수 있다고 믿었다. 낭만적 환상에 호소하지 않고, 역사적 유물들을 모방하지도 않으면서 이런 생각들은 몇몇 도시에서 공동체의 친밀한 조합방식을 만들어냈다.

그림 1-37 | 롱샹교회(The chapel of Notre Dame du Haut in Ronchamp), 르 코르뷔지에, 프랑스

(11) 빛과 그림자

건축적 공간은 경계면과 사물에 빛이 비춰지면서 존재하게 된다. 그것은 또한 음향적 울림과 촉각 그리고 냄새를 통해 보충된다. "건축은 빛 아래 볼륨들의 지혜롭고, 정확하고, 장대한 유희다. 빛과 그림자는 형태들을 드러낸다."라고 르 코르뷔지에는 말했다. 변화하는 빛 덕분에 건물의 얼어붙은 물체들은 갑자기 생기를 띤다. 각 개별 실들은 일출 때, 정오 혹은 일몰 때 인가에 따라 기하학적으로 동일할지라도 달라진다. 시간과 계절의 변화에 따라 달라지는 광경을 연출하는 것이다.

우리는 빛에 대한 네 가지 전형적인 조건들로부터 이 문제를 다루고자 한다. 그것은 '빛과 공간', '오브제의 특성을 소유한 빛', '일련의 연속된 오브제들로 된 빛', '표면에 드리워진 빛'이다.

'빛과 공간'은 한 부분의 공간이 매우 밝은데 비해 그 나머지 부분이 어렴풋한 어둠 속에 남겨졌을 때 발생하는 가상적 공간이다. 경계들은 허구적이지만 완전하게 지각될 수 있다. 만일 관찰자가 밝은 구역 바깥에 위치해 있다면 그는 그것을 커다란 상자 안에 투명한 상자가 들어 있는 것처럼 느끼게 된다. 그 작고 밝은 상자는 주의를 집중시킨다. 만일 관찰자가 그 작고 밝은 상자의 내부에 위치해 있다면, 그 바깥에 있는 어둠속의 공간은 더 이상 존재하지 않는 것처럼 캄캄해져 버린다. 이것은 건축적으로 매우 유용하다. 그것은 어떤 장면들이 마치 극장, 서커스, 박물관 속에 있는 것처럼 보이게 해준다. 또한 밝은 구역에 있는 사람들이 더욱 집중할 수 있도록 고립시켜 준다. 마치 우리가 책상 앞에 스탠드를 켜 둔 것처럼 나머지 공간은 점점 사라져 버린다.

'오브제적 특성을 가진 빛'은 어두운 공간 속에 국부적으로 조명되는 오브제나 사람, 단일 창, 고립된 창, 방 안에 켜져 있는 한 개의 촛불 등을 가리킨다. 이것은 형상과 바탕의 관계처럼 광원과 공간 사이의 의존관계를 성립시킨다. 공간 외피에 비해 광원의 크기가 비교적 작을 경우 광원은 매혹적으로 되며 눈부시게 된다.

그렇지만 광원으로부터 등을 돌리면 공간 지각은 완전히 바뀐다. 왜냐하면 벽, 바닥, 천장은 미약한 광원이 되고 그 표면은 넓고 에워싸는 것이 되기 때문이다.

'일련의 연속된 오브제로 된 빛'은 창들과 스포트라이트 그리고 촛불들이 연속적으로 줄지어 서있는 것을 가리킨다. 그것은 빛을 발하는 오브제들의 형태적 특성과 그것에 의해 밝혀진 공간 바탕 사이에 균형과 역전의 가능성을 성립시키는 경향이 있다.

규칙적으로 뚫린 일련의 창들과 띠창은 공간의 경계를 설정하는데 능동적으로 참여한다. 그리고 축상에 있는 창문이나 방의 중심선 위에 설치되어 있는 조명등은 그 공간의 기하학을 분명하게 드러내준다. 광원들을 자유롭게 배치할 경우, 균형원리에 의해 조정되어야 한다.

'표면들에 드리워지는 빛'은 벽, 천장, 바닥이 보이지 않는 틈새들에 의해 밝혀지는 것을 말한다. 이 경우 공간의 경계면들은 광원에 가까울 경우 명확하고, 멀리 떨어져 있을 경우 어둡게 느껴지는 여러 단계로 된 거대한 광원체가 되어버린다.

그림 1-38 | 카스텔베키오 박물관, 카를로 스까르빠, 이태리 베로나

이처럼 공간감의 표현에 있어서 빛의 역할은 지대하다. 카를로 스까르빠 역시 카스텔베키오에서 옛 성의 개구부를 통해 빛을 내부로 유입시키는데 있어서 신구의 만남이라는 차원에서 개구부에 이중 켜를 두어 필터링된 자연채광과 내부의 인공적 부분조명을 함께 사용하여 더욱 온화한 실내공간 분위기를 연출하였다.

그림자는 항상 빛과 함께 한다. 형체들의 조형성을 알려주는 것은 명암의 점진적 변화를 통해서이다. 빛이 한 방향에서 들어와서 심한 콘트라스트를 일으킬 때, 그 오브제에 대한 정보는 줄어든다. 각 맥락마다 또 각 오브제마다 콘트라스트와 균질성이 균형을 이루며 가장 뛰어난 조형성을 드러내는 조명방식이 존재한다.

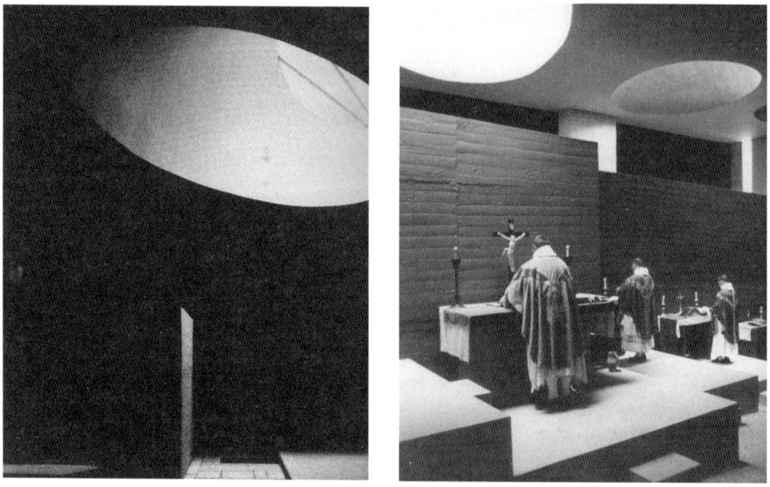

그림 1-39 | 라 뚜렛 수도원, 르 코르뷔지에, 프랑스

빛처럼 그림자는 물체와 공간의 가장자리와 형태들을 그려내면서 그것을 강조하도록 돕는다. 코니스의 윤곽에 드리우는 그림자는 건물 파사드의 상단부를 강조시킨다. 그래서 요철이 절제되고 또한 창문이 외벽에 바짝 붙어 있을 때, 코니스로 된 건물 틀은 우아한 선을 만들어낸다. 반면 요철이 두드러질 경우 그것의 그림자 띠는 외관상 건물의 무게와 조형성을 부각시킨다. 또 창틀과 벽 사이의 패인 결합부위가 분절을 드러내게 된다.

(12) 바닥, 벽체, 천장

건축에 있어 바닥, 벽체, 천장은 근본적으로 다른 것들로, 공간 내부에 있는 특별한 장소들이다. 땅 위에서 사람은 우선 중력에 관계하여 방향을 잡는다. 그러므로 수직과 수평은 동일한 힘을 갖는 것이 아니다. 올라가는 것, 높이 있는 것, 내려다보는 것 등이 회전하고, 좌우를 둘러보고 앞으로 나가고, 뒤로 물러서는 것보다 더욱 중요한 동작이다.

우선 벽이나 천장보다 바닥은 실용적 의미를 갖는다. 우리가 거기에 물건들을 둘 수 있어야 하며 또한 돌아다닐 수 있어야 한다. 바닥은 중력에 저항하여 물건들과 삶을 지탱하는 역할을 부여받았다. 질감의 다양성은 바닥에 특별한 중요성을 부여할 수 있다. 그러나 바닥은 대부분의 건축공간에서 일어나는 동작과 다양한 기능들을 확보하기 위해서 수평으로 남아있어야 한다. 그런 맥락에서 높이차나 계단은 커다란 중요성을 갖는다. 바닥은 벽체나 천장에 비해 다루기가 쉽지 않다. 그것은 공간의 다른 부분들을 규합하고 안정시키는 역할을 갖기 때문이다.

벽체와 수직구조물은 천장을 지지하고, 우리의 이동을 안내하며, 우리의 활동들과 오브제 그리고 도구들을 포용하며, 우리를 받아들이고, 우리를 한 장소에서 다른 장소로 움직이도록 한다. 벽들은 건축공간을 분리시키고 구축한다. 벽체는 경계를 만들고 보호하므로 우리를 거주하도록 해준다. 하이데거는 거주하는 것이란 만족스럽고 평안함을 의미하고 평안함이란 자유로운 것을 의미하며, 자유로움이란 사고와 위험으로부터 보호하는 것을 의미한다고 하였다. 우리가 벽체를 만지는 일은 드물다. 마치 한 오브제가 서 있을 경우, 그 주위를 돌면서 하나의 주변공간을 만들어 내며 그곳에 직접 접근하지 않듯 말이다. 그 벽들은 우리 눈앞에 있다. 벽체의 몰딩, 텍스처 그리고 거기에 담긴 메시지는 한 장소의 특성과 분위기를 결정하는 데 중요한 역할을 한다. 또한 벽체와 천장 사이에 쉽게 도달할 수 없는 높은 칸막이벽이 설치될 수 있다.

천장은 바닥의 반대되는 것이면서 동시에 바닥을 항상 따라다닌다. 그것은 그 구축상 필요하고, 또는 비바람을 막아주기 때문에 실용적인 의미를 갖는다. 그 외에도 천장은 형이상학적인 의미들을 수할 수 있다. 그들은 꿈과 이상과 숭고함을 표현하는 수단이 된다. 그것이 주의 깊게 처리되었을 경우, 대개 구조미학을 성취하기 위해서였다. 외관상 드러나는 지붕골조가 바로 그것이다. 아이 엠 페이(I. M. pei)가 설계한 이스트 갤러리(East gallery)의 내부공간에 설정된, 동선기능으로서의 오버 브리지(over bridge)는 그 둘레가 허공의 공간으로 둘러싸이도록 설계되어져서 강한 공간감을 자아내는 효과를 낳고 있다.

그림 1-40 | 이스트 갤러리, 아이 엠 페이, 워싱턴D.C

1-2 기하학과 건축공간: 공간구성 도구, 기하학

1-2-1 도형 개념에서 공간 개념으로의 사고 전환

건축은 과학적 합리성과 예술적 상상력을 필요로 하며, 이를 통해 구현되는 학문 분야로서 예로부터 예술과 과학의 중간 위치에서 평가되어 왔다. 예술과 과학은 다른 모든 학문과 마찬가지로 불변의 보편적 진리를 다루고 있으며, 자연의 실재를 정확하게 재현하고 설명하고자 노력해 왔다. 그리고 이것은 기하학이라는 추상적 도구를 통해 성취될 수 있었다. 자연법칙에 관한 관념은 고대에서 현재에 이르기까지 서구의 지배적인 관념으로 생각되었으며, 모든 시대에 걸쳐 자연을 연구하는 합리적 도구로서 기하학이 제시되었다. 따라서 모든 자연법칙은 기하학으로 서술되어 표현될 수 있었다.

고대 이집트의 토지측량기술로 시작된 기하학은 그리스적 공간관에 의해 논리와 이성의 대상이 되었고, 유클리드 기하학으로 체계화되었다. 초기의 그리스 기하학은 자와 컴퍼스만을 이용한 작도의 문제로 제한했으며, 따라서 그리스의 기하학은 도형의 변환이라는 합동과 닮음뿐인 정적인 것이었다. 그러나 17세기에 이르러 데카르트(Rene Decartes)는 수직선의 의미를 밝히고 좌표를 도입하여 도형을 대수식으로 표시하는 해석기하학을 발견하였다. 그리고 줄기차게 자유를 갈망한 인간은 도형을 합동이나 닮음의 상태에서 보다 유연한 변환을 다루었으며, 이것은 투영의 개념을 통해 사영기하학의 발견에 이르게 하였다. 이로써 그리스인들이 이성적인 대상이 아니라고 거부했던 무한의 개념이 사영기하학에 의해 현실공간에 도입되었고, 19세기에는 가우스(Karl F. Gauss), 보요이(Jaons Bolyai)와 로바체프스키(Nikolai Lobachevski), 리만(Georg Friedrich B. Riemann) 등에 의해 수학사상 가장 중요한 사건 중의 하나인 비유클리드기하학이 발견되었다. 비유클리드기하학의 발견은 공리를 자명한 명제로만 여겨왔던 기존의 사고방식에 혁명적인 변혁을 가져오게 했으며, 평행선은 아무리 연장해도 만나지 않는다는 물리적 세계에 대한 인간의 생각을 변화시켰다.

19세기말에는 푸앙카레(Henri Poincarè)를 중심으로 발전된 위상기하학이 형성되어 자유분방한 변환도 가능할 수 있는 도형의 본질, 즉 도형의 연속성의 문제가 구명되었다. 1975년 만델브로트(Benoit Mandelbrot)는 점, 선, 면 등의 도형을 사용하는 고전적 기하학으로는 불규칙적인 자연현상을 설명하는데 한계가 있다는 것을 인식하고 자연을 모델링하는 새로운 도구로서 프랙탈기하학을 소개하였다. 프랙탈기하학은 유클리드기하학보다 자연현상을 더 잘 표현할 수 있었다.

이제 인간의 행동반경과 공간은 그리스인들이 가진 것과 비교되지 않을 만큼 넓은 우주공간은 물론, 디지털기술의 발전과 함께 인간 정신의 비현실적 현실공간인 가상공간까지 형성하게 되었다.

유클리드기하학으로부터 최근의 프랙탈기하학에 이르기까지 기하학의 변화와 발전은 단지 수학이론상의 논리적 귀결이 아니라 자연과 우주를 바라보는 세계관의 변화와 발전을 같이하고 있다. 그것은 또한 건축의 공간과 형태에 대한 지각의 변화를 가져왔고, 이는 자연의 묘사에 관한 방법적인 문제와 관련이 있다. 기하학이 건축적 사고에 존재하는 이유는 건축의 중요한 문제 중 하나가 공간 창조의 기초가 되는 추상적 원리를 결정하는 일이며, 건축가들은 이러한 원리들로 인해 훌륭한 건축을 설계할 수 있다고 생각하기 때문이다. 따라서 고대 그리스 이후 건축의 기본원리가 기하학적이어야 한다는 것은 당연했었던 것 같다.

기하학은 공리화와 논리성으로 생명을 유지하는 학문으로 그 발전단계에 따라 변화된 공간개념을 형성시켜 왔으며, 기하학의 발전에 따라 공간관도 변화되어 왔다. 인간은 시대와 지역에 따라 나름대로 충실하게 물질적 대상을 묘사하려고 노력해 왔다. 그리고 자신도 모르는 하나의 시대적인 공간상이 존재하고 있기 때문에 그 영향을 받은 조형의 세계는 시대와 장소에 따라 같을 수는 없다. 그리고 인간은 자신들의 조형활동에 있어서 무의식중에 자신의 공간개념을 반영시켰다. 이러한 공간관을 논리적으로 다듬어 놓은 것이 기하학이라 할 수 있다.

1-2-2 우주 및 자연에 내재된 기하학 정신

우주와 자연에 질서를 끌어들여 그것을 이해하려는 그리스 철학자들의 노력은 플라톤(Plato)과 아리스토텔레스(Aristoteles)에 이르러 서양사상의 불멸의 기원을 형성하는 일련의 일반적 관념들을 정의했다. 고대 그리스 철학자들은 자연현상들의 설명을 통해 사물 일반의 본성을 규명하고자 하였다. 탈레스(Thales) 등 밀레토스 학파의 철학자들은 사물의 구성원질을 사물의 본성으로 인식하였던 반면, 피타고라스(Pythagoras)는 사물의 구조를 통해 그 본성을 파악함으로써 대조적 입장을 보였다.[19] 피

19) 이는 질료와 형상의 문제에 관한 입장의 차이로 설명된다. 밀레토스학파는 관찰과 합리적 사고를 근거로 살아있는 생명을 가진 원리가 질료 자체에 있다는 물활론을 발전시켰다. 이에 비해 피타고라스와 그의 제자들은 질료가 아닌 세계의 형상에 관한 문제가 관찰의 중심에 있었다. 피타고라스학파는 규칙적이며 표현 가능한 사물의 성질이 본질을 형성한다는 생각과 사물의 질서 있는 형상이 사물의 목적을 의미한다는 생각을 결합시키고 있었다.

타고라스학파는 사물의 근본물질은 우주에 내재되어 있으며, 내재된 법칙은 수에 근거한 것이라 믿고 있었다. 또한 그들은 처음으로 우주의 근본물질을 형태적이며 양적인 것으로 파악하여 자연을 정량적이고 수학적으로 탐구하기 시작하였다.

이러한 측면을 계승한 플라톤은 자연현상을 기하학으로 설명하면서 우주의 근본물질과 구성 역시 기하학으로 되어 있음을 주장하였다. 기하학은 플라톤 철학을 대표하게 되었고 관념 세계를 다루는 형이상학으로 발전되었다. 따라서 기하학 정신은 그리스의 모든 사고를 지배하게 되었고, 우주관과 건축, 미술 등은 모두 기하학적 비례(proportion)와 대칭(symmetry)을 바탕으로 형성되었다. 플라톤은 「소피스테스」(Sophistes; 이데아 상호간의 관계에 관하여)에서 존재의 본질이 다른 존재의 원인작용 속에 포함되어 있는 '작용의 주체인 동시에 수용자'라고 정의하였다. 플라톤은 존재의 본질에 속하는 자연법칙은 본래부터 있었다는 내재설을 제기하면서, 이러한 내재된 자연법칙의 해석을 기하학에 근거하였다.

또한 플라톤은 「티마에우스」(Timaeus ; 자연철학)에서 본질적으로 기하학 형태를 지니고 있지 않은 수용자 개념을 등장시키고 있다. 여기서 그는 수용자를 충만시키고 있는 다양한 성질 또는 힘에 정사면체, 정육면체, 정팔면체, 정이십면체를 대응시켜 이러한 형태가 주어진 것을 각각 불, 흙, 공기, 물 등의 4원소라 하고, 이들을 통해 사물의 생성과 변화를 설명하였다. 또한 각 원소의 해체·재구성·상호변환이 가능하다고 생각하고, 각각의 원소보다 더 궁극적인 물질적 요소로서 정삼각형과 직각이등변삼각형을 이용하여 정다면체의 4원소를 구성하였다.[20] 따라서 존재의

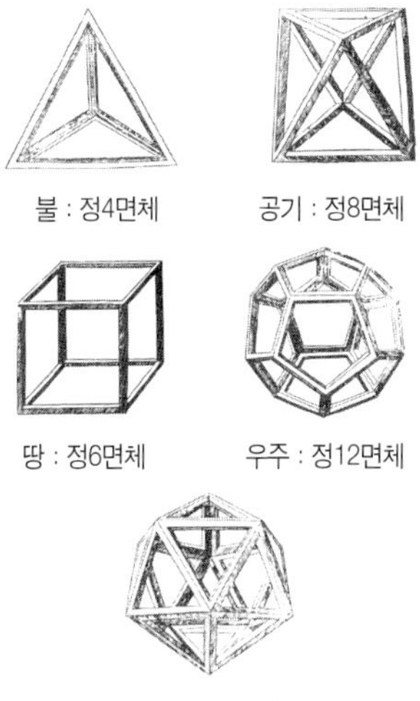

그림 1-41 | 레오나르도 다 빈치에 의해 묘사된 다섯 가지 플라톤 입체

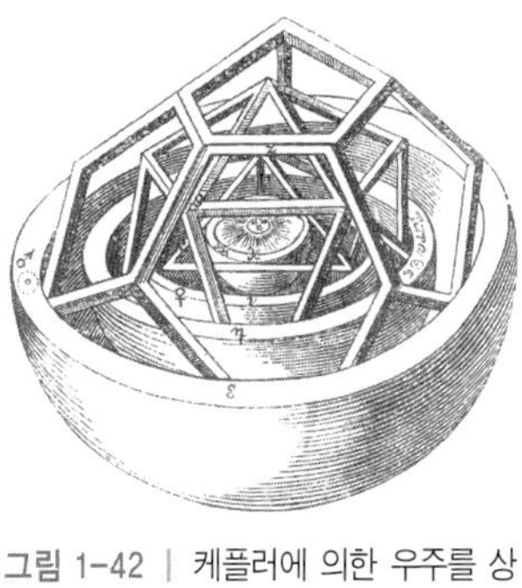

그림 1-42 | 케플러에 의한 우주를 상징하는 다섯 가지 플라톤 입체(상세)

물질세계에 대해 플라톤은 모든 물질적인 대상을 기하학적 입체로 표현했다. "물, 불, 흙, 공기 등은 물질이며, 모든 물체가 입체라는 것은 누구에게나 주지의 사실이다. 그는 우주를 포함한 물질세계를 정다면체와 동일시했다."(알베르티)

Curt Friedlein, Geschichte der Philosopie, 강계삼 옮김, 서양철학사, 서광사, 1986, pp.34~39.

20) 근본물질을 기하학적 도형으로 제시한 점에서 이전 철학자들과 플라톤은 공통점을 보이지만, 중요한 차이점은 플라톤의 근본물질은 변환이 일어난다는 것이다. 이러한 사실은 우리의 일상경험과도 일치했는데, 물이 끓으면 증기(공기)가 되고, 이것을 응축시키면 다시 물이 되는 현상이 근본물질들 사이에 변환이 일어나는 것으로 보였던 것이다.
송성수 외, 인물로 보는 서양 과학사, 녹두, 1994, p.43.
기본 삼각형을 이용한 정다면체의 구성과 변환은 개리 스티븐슨, 과학과 수학으로 본 건축론, 조대성 외 역, 태림출판사, 1995, pp.83~91 참조.

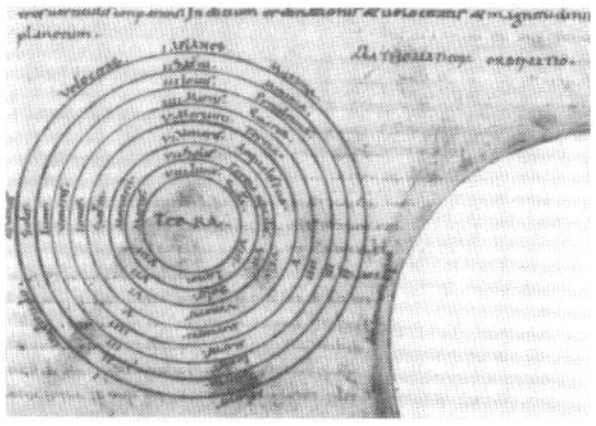

그림 1-43 | 프톨레마이오스의 우주론. 프톨레마이오스 체계의 우주. 가운데에 지구가 있고 그 밖으로 달, 태양, 수성, 금성, 화성, 목성, 토성의 천구가 차례대로 있고, 가장 밖에 있는 것이 항성들의 천구이다.

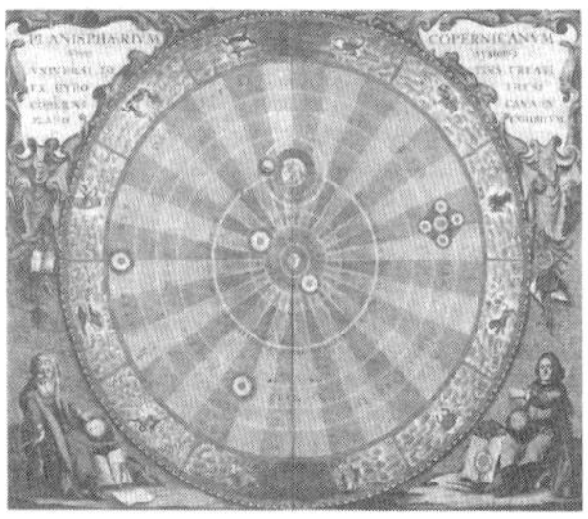

그림 1-44 | 코페르니쿠스의 우주론

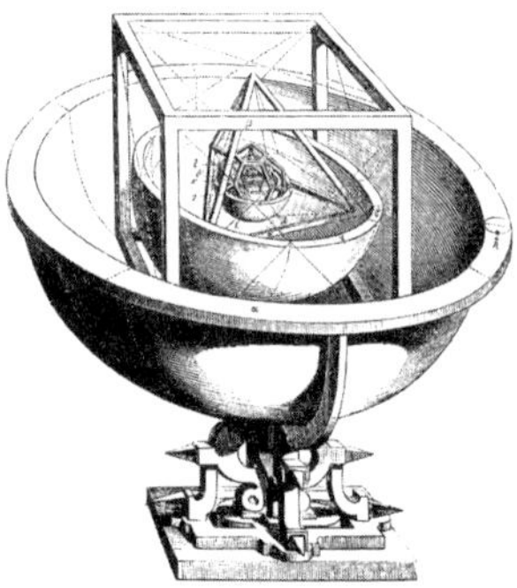

그림 1-45 | 케플러에 의한 우주를 구성하는 플라톤 입체

본질인 수용자 자체는 그 성질에 대응하는 기하학 형태와는 무관한 것이며, 어떤 물질의 공통적 성질에만 기하학 형태가 주어지게 된다. 이로써 플라톤은 자연법칙의 내재설과 관련된 여러 사물의 성격이 결국 사물들 사이의 상호연관의 결과이며, 사물의 상호연관은 사물들의 성격의 결과라고 하는 설득력 있는 형이상학을 구축하였다.(그림 1-41), (그림 1-42)

이러한 구성요소간의 상호작용은 사물의 단순한 수적 관계가 아닌 기하학 작도에 의한 비례개념을 최상의 이상적 조화로 하는 건축관을 제시하였다. 우주는 기하학을 도구로 하여 과학적 관찰의 대상이 되어 왔다. 유클리드(Euclid)의 물리적 공간 법칙은 바로 기하학의 정리이기도 했다. 프톨레마이오스(Ptolemaios), 코페르니쿠스(Nicloaus Copernicus), 케플러(Johannes Kepler)는 천체운동을 기하학적 언어로 설명하였고, 갈릴레이(Galileo Galilei)는 자신이 만든 망원경을 통해 기하학이 대우주에까지 적용될 수 있다고 생각하였다.

뉴턴(Isaac Newton)은 자신의 미적분으로 우주를 간단히 수학공식화했으며, 보요이-로바체프스키, 리만 등도 각각의 여러 기하학 세계를 만들어냈다. 아인슈타인(Albert Einstein)은 이러한 결과를 이용해서 물리적 세계를 4차원의 수학적 세계로 맞추었다. 그리하여 중력·물질·시간·공간은 모두 기하학적 구조의 한 부분에 불과한 것임이 밝혔다. 따라서 실재하는 모든 것이 기하학으로 이해될 수 있다는 고대 그리스의 믿음과 르네상스의 믿음 그리고 '물체와 운동의 현상은 기하학으로 설명될 수 있다'는 데카르트의 믿음은 모든 시대에 있어서 우주가 기하학으로 결정된다는 측면에서 아직까지 모두 유효한 것이다.

1-2-3 고대 그리스의 논리적 기하학

인간은 유치한 인식단계로부터 시작하여 오랜 세월이 지난 후 마침내 추상적인 도형개념에 도달하게 되었고, 기하학적 도형의 아름다움을 가장 먼저 인식한 그리스인들은 가장 이상적인 도형을 그리려고 노력하였다. 그들은 직선과 원의 아름다움을 자와 컴퍼스를 사용하여 이상적인 상태가 되도록 정확하게 재현하고자 노력하였다. 이렇게 인간은 자연이 지니고 있는 모양으로부터 도형의 개념을 인식하였다.

진정한 의미에서 논증적이고 연역적인 기하학은 피타고라스와 함께 시작되었다. 피타고라스의 업적은 피타고라스 정리를 비롯하여 직각을 3등분하는 방법, 원에 내접하는 정오각형의 작도, 황금분할(golden section)의 연구, 다면체, 원추·원기둥의 연구, 현재까지 우리가 쓰고 있는 두 가지 삼각자의 발명 등 다양하였다.

그리스에서 가장 오래된 학문은 본래 기하학이 아니라 수론, 즉 자연수에 관한 이론이었다. 탈레스는 수를 1의 집합이라고 규정하였다. 그것은 우리가 알고 있는 추상적인 수 1이 아닌, 실제로 얼마만큼의 크기를 가지고 있는 형상을 지니고 있는 수였다. 피타고라스가 생각한 수 역시 이러한 성질을 지니고 있었다. 즉, 피타고라스가 존재하는 것은 모두 수라고 주장했던 수는 공간 속에 실제로 존재한다고 생각되는 것이었다.[21]

서구인의 논리적 사고는 고대 그리스의 기하학에서부터 시작되었다. 기하학의 기초는 탈레스, 피타고라스 등의 노력으로 다져졌으며, 그 완성은 소피스트들에 의해 이루어졌다. 대화를 통해 문제를 해결해야 했던 그리스 민주사회에 있어서 상대를 설복시키기 위한 유일한 무기는 권위가 아니라 사람들을 납득시킬 수 있는 변론술이었다. 따라서 그리스 민주주의에 살았던 사람들은 이치를 따져서 상대방을 설득시키는 기술이 필요

---

21) 이러한 수 개념은 '정사각형의 1변과 대각선의 비는 정수의 비(유리수)로 나타낼 수 없다'는 놀라운 사실의 발견으로 커다란 충격을 주게 되었다. 왜냐하면 소위 '피타고라스 기하학'에서 線이란 같은 크기의 점이 이어 붙어서 이루어진 것이기 때문에 어떤 두 선분 사이에서도 그 길이의 비는 각 선분 속에 포함되어 있는 유한개의 原子(點)의 수의 비에 지나지 않았지만, 정수의 비로 나타낼 수 없는 수가 존재함을 알았기 때문이었다. 피타고라스학파는 이 발견을 비밀로 하기로 했으나 1세기도 지나지 않아 일반에게 널리 알려지게 되었다. 이제 정수의 비로 나타낼 수 없는 양, 즉 무리수(양)의 존재가 알려진 이상 '수가 우주를 지배한다'고 하는 피타고라스의 주장은 설득력이 없어질 수밖에 없었고, 이때부터 도형의 연구(기하학)와 수의 연구(수론)가 분리되기 시작했다. 왜냐하면 수의 세계와 기하학적 도형의 세계가 완전한 조화를 이루지 못하였기 때문에 수가 우주를 지배한다는 주장은 헛된 것이 되고 말았기 때문이었다.
수론에서는 여전히 자연수의 범위 안에서 이른바 불연속적인 양만을 대상으로 연구했지만, 기하학은 수에 생각을 두지 않는 연속적인 양을 연구하게 되었다. 또한 이에 따라 기하학에서는 피타고라스학파가 혼동하고 있었던 기하학적인 도형과 실재하는 보고 만질 수 있는 물체를 구별하게 되었다.

하였고, 이러한 사회적인 사정은 변론술을 연구하고 그것을 가르치는 소피스트를 필요로 하게 되었다. 소피스트들은 변론술을 위해 언어를 분석할 필요가 있었고, 기하학 논리가 가장 훌륭한 수단이라는 것을 깨닫게 되었다. 플라톤이 아카데미아 정문에 '기하학을 모르는 자는 들어오지 마라'는 문구를 건 이유도 기하학이 철학을 배우는데 가장 중요한 무기가 되기 때문이었고, 그 결과 그리스에서는 기하학에 대한 많은 관심과 연구 업적을 이룩하게 되었다.

피타고라스학파는 정다면체의 연구에도 많은 업적을 남겼다. 고대 이집트인들도 정사면체, 정육면체, 정팔면체를 알고 있었으나, 피타고라스학파는 이 문제를 계속 연구하여 정12면체와 정20면체를 발견하였고,

그림 1-46 | 라파엘의 아테네 학당

문 앞의 두 사람은 플라톤과 아리스토텔레스이다. 천상의 이데아를 지향했던 플라톤의 손가락은 하늘을 향하고 있으며, 현실의 문제를 놓고 철학을 했던 아리스토텔레스의 손바닥은 땅을 향한다. 플라톤의 손에는 '티마에우스'가 들려 있고 아리스토텔레스의 손에는 '윤리학'이 들려 있다. 하나는 세계의 본질이 놓이는 형이상학이며, 다른 하나는 인간의 지혜로운 처신을 논한다. 예술과 신화의 시대에 종지부를 찍고 합리적인 철학의 시대를 열었던 이 두 철학자의 손이 가리키는 방향은 각각 '하늘'과 '땅'으로 대조를 이루고 있다.

정다면체가 이 다섯 종류밖에 존재하지 않음을 증명하였다.

그러나 그들이 정다면체를 연구하게 된 동기는 사실상 순수한 수학상의 문제를 위한 것이 아니라 그들의 우주관이 옳다는 것을 입증하기 위해서였다. 그들은 우주가 불, 흙, 공기, 물 등의 네 가지 원소로 이루어져 있다고 믿고 있었고, 이러한 믿음이 정다면체의 연구와 결부되어 네 가지 원소가 정다면체의 모양을 가지고 있다는 사상으로 변화되었다. 즉, 불은 정사면체, 흙은 정육면체, 공기는 정팔면체, 물은 정20면체 그리고 이 네 가지의 원소를 모두 포함하는 정12면체는 대우주의 상징으로 생각되었다.[22)]

표 1-1 • 정다면체와 우주의 상징

한 꼭짓점에 모이는 다각형 수 / 각 면의 모양	3 개	4 개	5 개
정삼각형 (내각 60°)	정사면체(불) 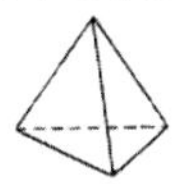	정팔면체(공기) 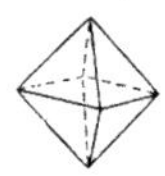	정20면체(물) 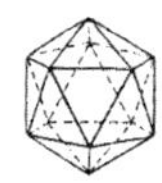
정사각형 (내각 90°)	정육면체(흙) 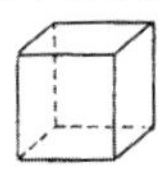		
정오각형 (내각 108°)	정12면체(대우주) 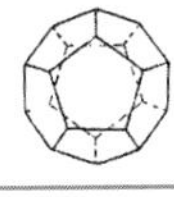		

22) 우주의 상징으로 정12면체를 중요시한 피타고라스는 이 도형의 각 면이 모두 같은 크기의 정오각형으로 되어있다는 사실에 주목하였다. 정오각형의 각 변을 연장하면 팬타그램(pentagram)이라는 별 모양의 오각형을 만들 수 있는데, 피타고라스는 정오각형의 아름다움에 감동하여 그것을 피타고라스학파의 상징으로 삼았다.
팬타그램은 정오각형을 내포하는 별모양을 말하며, 원주 상에 등간격으로 놓인 꼭지점을 하나씩 건너서 직선으로 이으면 최초의 출발점으로 되돌아 와서 5개의 꼭지점을 갖는 별모양이 되는 형태이다. 이 도형은 고대로부터 존재하여 덕의 상징 혹은 원만의 화신으로 간주되었다. 중세에는 그 신비성을 한층 강조하여 기적을 낳는 부적화되어 점성술사들의 문장이 되었다. 특히 고딕 사원의 건축에 종사한 중세의 석공조합 프리메이슨의 문장은 모두 팬타그램에서 유도된 도형이며, 오늘날의 비밀결사 프리메이슨의 마크에 아직까지 전승되고 있다.

1-2-4 유클리드기하학과 수의 도형화

유클리드의 기하학 〈원론〉(Elements)[23]이 지난 19세기까지 2천년 이상 기하학 교과서로서 그리고 유일한 기하학으로 군림했던 것은 그것이 다루고 있는 내용만큼 그 내용을 전개한 형식의 중요성 때문이었다. 이 책은 B.C.330~320년경에 쓰인 것이었지만 놀라울 정도의 논리적 구조로 짜임새 있는 이론으로 꾸며져 있기 때문에 오랜 동안 학문의 성전 역할을 맡아왔다.[24] 기하학 〈원론〉은 총 13권의 책으로 되어 있고, 거기에 모두 465개의 명제들이 수록되어 있으며, 기하학뿐만 아니라 수론과 약간의 대수도 다루고 있다.

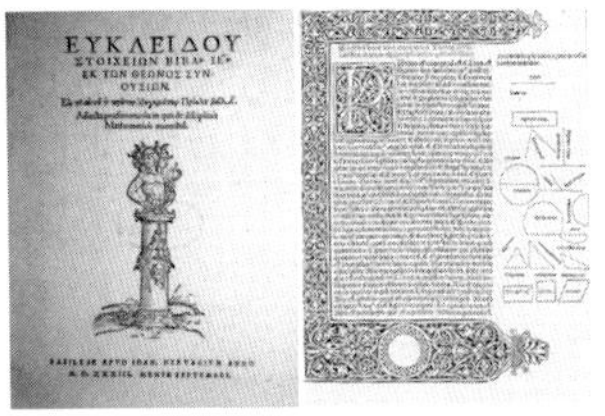

그림 1-47 | 유클리드의 기하학 「원론」

유클리드의 〈원론〉이 지금과 같이 유클리드기하학이라고 불리게 된 것은 19세기 중엽부터 〈원론〉과 다른 특성의 기하학이 나타나게 되었기 때문이다. 이전까지 하나뿐이었던 기하학이 여러 개의 기하학으로 늘어나면서부터 다른 기하학과 구별하기 위해 '유클리드기하학'이라는 불리게 된 것이다. 그러나 기하학을 단순히 도형에 관한 학문으로 생각하지 않고 하나의 체계적인 학문으로서의 존재가치를 따진다면 〈원론〉은 앞으로도 계속 존속할 것이며, 이는 유클리드기하학 이외의 모든 기하학이 모두 〈원론〉을 바탕으로 하여 생겨난 것이기 때문이다.

---

23) 우리가 현재 '原論'이라고 부르고 있는 이 단어의 뜻은 본래 그리스어로 '스토이케이아'(στοιχεία, stoicheia)라고 하는 '입문' 또는 '초보'를 의미하는 말이었으나, 로마인들이 이것을 '엘레멘타'(Elementa)라고 번역했고, 이것은 다시 영어로 '엘리먼츠'(Elements)로 번역되었다. 송성수 외, 앞의 책, p.62.

24) 탈레스 이후 모든 학문 분야에 나타난 공통적인 현상은 보편적이며 체계화된 지식으로서의 학문을 만들기 위한 노력이었다. 예를 들어, 아리스토텔레스의 〈논리학〉(Organon)은 당시 그리스인들의 사고가 기본원리를 바탕으로 논리적으로 추론해 가는 연역적 사고를 이룩할 만큼 충분한 수준에 도달했음을 보여주었다. 그 중에서도 가장 연역적인 특성을 지녔던 기하학은 이러한 시대적 분위기에 자극받아, 당시에 분산되어 있던 기하학의 단편적인 지식들을 모아 몇 개의 기본적인 원리로 유도할 수 있는 체계를 만들기 위해 노력되었다. 히포크라테스가 최초로 〈원론〉이라는 제목의 책을 저술한 이래 많은 그리스의 수학자들이 같은 제목의 책을 지어낸 동기도 바로 이러한 이유 때문이었다. 그렇지만 유클리드의 〈원론〉만이 지금까지 알려져 있는 이유는 그의 책이 가장 엄밀하고 정확한 그리고 방대한 체계를 지니고 이었기 때문이었다. 결국 유클리드 〈원론〉의 독창성은 지식의 내용에 있었던 것이 아니라 체계적인 조직에 있었다. 과학혁명 이후에도 뉴턴이나 스피노자와 같은 근대의 과학자 및 철학자들이 자신들의 책을 저술할 때 〈원론〉의 형식을 빌려 저술하였다는 사실이 이 책의 권위를 짐작할 수 있게 한다.

유클리드의 〈원론〉은 '점은 부분이 없는 것이다'라는 정의로 시작되고 있다. 유클리드가 직선이나 원 또는 삼각형 등이 아닌 모양과 크기가 없는, 즉 시각적으로 지각되지 않는 점으로부터 출발한 이유는 모든 도형들을 분해하면 최종적으로 남는 것이 점이었기 때문이다. 그는 자연과학에 있어서 더 이상 분해할 수 없는 마지막 단위인 원자의 상태까지 대상을 분해하고 분석하여 그것을 다시 추론의 원점으로 시작하는 논리적 방법을 도입하였다. 즉, 우리가 지각할 수 있는 도형을 완전히 분해하고 그것을 기초로 재구성하는 분석과 종합이 유클리드의 논리적 방법이었으며, 이러한 논리적 방법으로 가장 기본적인 기하학 단위인 점으로부터 위대한 기하학 체계를 이룩하였다.

〈원론〉의 특징 중 하나는 문자나 숫자를 사용한 도형의 길이나 넓이 등을 나타내는 계산방법이 전혀 없다는 것이다. 즉, 유클리드의 기하학에서 양을 재는 것은 완전히 기하학 문제 밖의 일이었다. 사실상 양을 측정하는 일은 도형의 성질을 규명하는 일 못지않게 기하학의 기본적인 연구대상 중의 하나이다. 그러나 피타고라스에 의해 정사각형의 한 변을 단위로 정했을 때의 대각선의 길이나 황금분할의 경우처럼 무리수의 존재가 증명되었고, 이 때문에 기하학과 수론이 분리되어 수론에서 다룰 수 없는 무리수를 기하학의 영역으로 끌어들였다. 수식을 사용하면 무리수가 당장 드러나고 말았기 때문에 수식을 사용하지 않고 순전히 기하학적인 방법으로 양을 취급하는 이른바 기하학적 대수[25]가 탄생하였다.

〈원론〉의 또 다른 하나의 특징은 작도기구인 컴퍼스와 자는 결코 측정을 위해 사용되지 않았다는 것이다. 또한 선분의 길이나 도형의 넓이, 부피 등을 구하는 계산문제도 찾아볼 수 없다. 다만 기하학적 대수의 경우처럼 양의 크기를 비교하여 다루고 있을 뿐이다. 고대 그리스인들에게 면적계산과 면적비교는 별개의 문제로서, 전자는 실용적 목적을 위한 기술자나 측량사들의 작업영역에 속하는 것이었으며, 후자는 순수한 이론적 목적이자 학문적 목적이었기 때문에 학자들만의 소유물이었다. 이렇게 그

25) 내용적으로 일종의 대수계산을 실시하는 기하학으로, 〈원론〉의 제2권에 실려 있는 14개의 정리가 모두 기하학적 대수에 관한 내용이다.

들은 일반적 원리를 바탕으로 그 원리 속에 숨어 있는 지식을 논리적으로 추론하는 연역적 추리를 발견하였다.

또한 〈원론〉에서는 도형을 이동한다든지 혹은 변형하는 등의 동작이 따르는 문제는 전혀 취급하지 않았다. 그리고 닮은 도형을 다룰 때에도 확대하거나 축소하는 등의 변형도 생각하고 있지 않았다. 그들의 기하학은 운동을 금기로 간주하고 있어서 도형을 이동시키거나 그것을 변형시키는 일은 생각할 수 없었다. 이는 고대 그리스인들의 정적인 사고방식이 그들의 기하학에 그대로 반영되어 있음을 알 수 있게 한다.

1-2-5 해석기하학과 도형의 수식화

유클리드의 〈원론〉에서 취급하고 있는 도형은 불변과 정지를 절대적인 원칙으로 하고 있다. 그리스 기하학은 영원하며 불변의 이데아 관념으로부터 시작되었으므로 대표적인 변화량인 시간의 개념은 처음부터 고려되지 않았다. 유클리드는 도형을 선이나 각 그리고 점이라는 원자로 분해하여 기본적인 출발점에 서있다. 그는 도형의 원자적 상태에서 시간을 초월한 절대불변의 영원한 진리가 담겨져 있다고 생각한 것이다. 따라서 선은 순수하게 크기만을 나타내었고 점은 오로지 위치만을 나타냈다.

근대 과학은 변화하는 양을 중요한 연구과제로 삼아야 했으므로 변화하고 움직이는 수치를 계산 속에서 다루어야 할 필요가 생겼다.[26] 그 결

26) 고대 그리스 시대 이후 중세의 봉건시대까지는 유클리드기하학이 지배하고 있었다. 그러나 중세로부터 근세로 접어들면서 상인계급의 등장과 함께 시장이 개척되었고, 시장과 원료 생산지를 개척하기 위한 해외로의 진출은 고도의 항해술을 필요로 하게 되었다. 또한 이로 인해 바다 한복판에서 배의 위치를 정확히 알려주는 새로운 천문학도 필요로 하게 되었다. 그리고 봉건사회로부터 근대사회로의 전환기에 구세력과 신세력간의 전쟁이 빈번히 일어나게 되었고, 이로 인해 신무기의 발명이 증가되었다. 특히 대포를 사용하는데 있어서 표준거리를 알기 위해 물리학과 기하학 지식은 무엇보다 긴요하였고, 뿐만 아니라 종래의 수공업은 여러 가지 기계의 발명과 더불어 근대적인 생산양식 체제로 전환되기 시작하였다. 여기에도 기하학 지식은 중요하였다. 이러한 시대가 요구한 것은 운동과 변화의 과학이었고, 결국 점으로부터 시작한 유클리드의 기하학은 이러한 시대적 요구에 대응할 수 없는 것으로 판명되었다. 따라서 기하학의 연구에 있어서 영원한 절대적 진리로 간주되었던 유클리드의 〈원론〉을 대체할 새로운 근대적인 기하학이 요구되었다.

과 이전에는 일정한 수(상수)만을 생각했으나, 새로이 움직이는 수, 즉 변수라는 개념이 등장하게 되었다. 이러한 개념을 처음 사용한 사람은 데카르트였다. 데카르트의 기하학이 유클리드기하학과 근본적으로 다른 것은 모든 양이 방향과 위치를 지니고 있다는 점이며, 여기에서 좌표(coordinates)라는 새로운 개념이 나타나게 되었다.

예를 들면 점이 직선운동을 하는 경우, 점의 위치를 나타내는 수치가 필요하게 된다. 여기에서 점의 위치를 나타내는 수를 점의 좌표라고 부른다. 이 좌표의 개념을 사용하여 기준이 되는 점과 직선상의 점을 형식적으로 나타낼 수가 있었다. 그리고 이러한 좌표의 생각을 바탕으로 직선상의 점뿐만 아니라 평면상의 점과 입체(공간)상의 점을 모두 좌표로 나타낼 수 있었다.

이와 같이 직선상의 점이나 평면상의 점, 나아가서 공간상의 모든 점은 각각 한 개, 두 개 또는 세 개의 좌표로 표현될 수 있다. 도형은 점으로 이루어져 있으며, 따라서 도형의 성질은 좌표를 이용하여 연구될 수 있다는 것이 좌표기하학이다. 이렇게 좌표라는 아이디어는 새로운 기하학의 출발을 열어 주는 계기가 되었다.

데카르트의 아이디어 속에도 유클리드와 마찬가지로 분석과 종합이라는 두 가지 방법이 동시에 사용되고 있다. 예를 들어, 평면상의 점 P를 두 개의 좌표 a, b로 나타내는 것은 x축이라는 직선상의 점, y축이라는 직선상의 점이라는 두 개의 점으로 분해한다는 생각이다. 반대로 x좌표 a, y좌표 b가 주어졌을 때, 그것으로 점 P를 정하는 것은 x축상의 점 a와 y축상의 점 b를 평면상의 한 점 P(a, b)를 하나로 나타낸다는 종

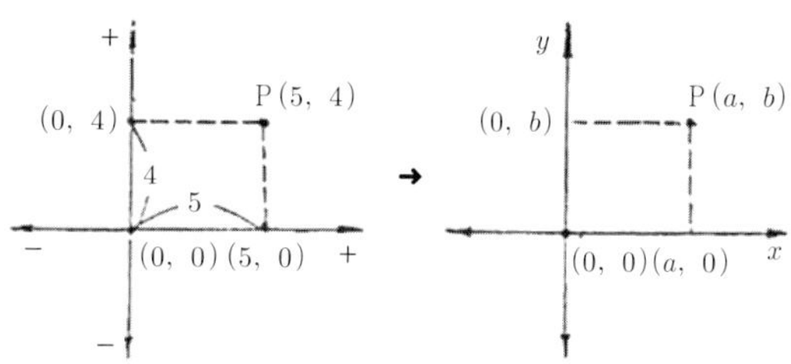

합의 생각을 뜻하고 있는 것이다.

좌표의 개념은 이러한 방법적인 면에서 뿐만 아니라 기하학의 근본정신에도 중대한 변화를 가져왔다. 이전의 유클리드기하학에서는 우선 도형이 있고 그 다음에 도형이 존재하는 위치로서의 공간을 생각해야 했지만, 좌표를 도입하면서부터 도형이 어떤 공간적 위치에 존재하는가를 먼저 생각해야 했기 때문에 공간의 존재를 먼저 생각해야 했다. 유클리드기하학에서 최초로 존재하는 것은 도형이었지만 좌표기하학에서는 도형보다 공간이 먼저 존재했다고 볼 수 있다. 또한 공간에 좌표를 도입하고 도형과 수를 결합시켜 결과적으로 도형을 수식으로 연구할 수 있게 되면서, 도형은 대수학의 영역에 속하는 방정식으로 나타낼 수 있게 되었다. 점이 움직이면 그 자취가 직선이나 곡선이 되고, 또 직선이나 곡선이 움직이면 평면 또는 곡면이 되기 때문에 가장 기본적인 요소인 점의 위치를 수로 나타낼 수 있으면 선이나 면 역시 수식으로 나타낼 수 있다. 따라서 도형의 성질을 연산으로 연구할 수 있게 되는데, 우리는 이것을 방정식과 그래프라고 한다. 이처럼 좌표를 도입한 기하학은 분석과 종합, 공간개념의 인식, 동적인 양의 변화에 의한 함수개념 등의 수확을 안겨주었다.

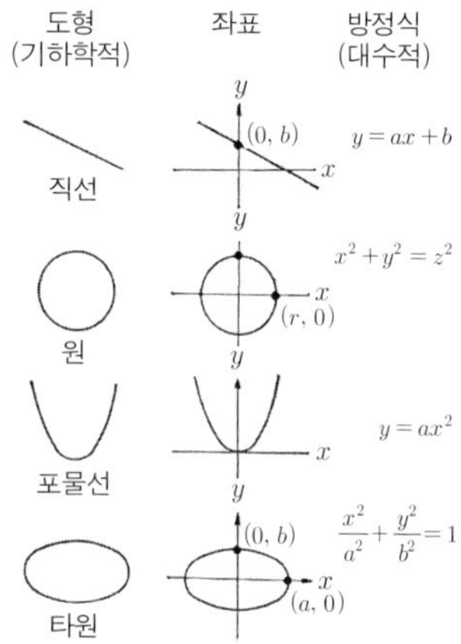

그림 1-48 | 도형의 방정식

데카르트는 1637년 〈방법서설〉(Discours de la Méthode)에서 해석기하학을 발표하였다. 이 연구는 순수한 수학자의 입장에서 이루어진 것이 아닌 자신의 철학적 방법을 설명하기 위한 부수적인 성과였다.[27] 데카르트가 창안한 새로운 기하학의 근본적인 개념을 요약해 보면 다음과 같다.

첫째, 공간에 적당히 원점을 정한다.

둘째, 단위의 길이를 정한다.

---

27) 데카르트의 기하학은 〈방법서설〉(Discours de la Méthode)로 알려진 '이성을 바르게 이끌고 모든 학문에 있어서의 진리를 구하기 위한 방법의 서설, 아울러 이 방법의 시도인 광학, 기상학, 기하학'이라는 긴 제목이 붙은 철학논문 중의 일부분이었다. 데카르트는 여기에서 지식의 목표는 확실성이며, 확실성은 조직적인 의심을 요구한다고 하였다. 그리고 이 조직적인 의심은 기하학에서처럼 모든 필연적이고 참된 지식이 거기에서 연역될 수 있는 의심의 여지가 없는 명확하고 필연적인 제1원리들로 인도한다고 하였다.

셋째, 좌표 개념을 도입한다.

넷째, 그 결과는 도형을 수의 관계로 번역할 수 있고 반대로 수의 관계를 기하학적 이미지로 파악할 수 있다.

결국 데카르트는 좌표개념을 도입하여 기하학과 대수학을 결합시킬 수 있는 방법을 생각해 내었다. 또한 데카르트는 단위개념을 도입함으로써

(선분의 길이)×(선분의 길이)＝넓이

(선분의 길이)×(선분의 길이)×(선분의 길이)＝부피

라는 종래의 유클리드적 사고를,

(선분의 길이)×(선분의 길이)＝선분의 길이

(선분의 길이)×(선분의 길이)×(선분의 길이)＝선분의 길이

라고 일률적으로 규정함으로써 기하학으로부터 대수학을 해방시켰다. 또한 데카르트는 연산 기호만을 결합한 형식적 대수학을 만들어서 그것을 기하학에 응용시켰다. 이와 같이 데카르트에게 있어서 선분의 길이에 대수적인 연산을 시행한 결과도 선분으로 나타났으므로 대수학적 연산과 기하학적 연산 사이의 완전한 일대일 대응이 존재하였고, 따라서 대수학의 모든 방법이 그대로 기하학의 연구에 사용될 수 있었다.

자연의 모든 형태는 수학적 대상으로 기술될 수 있다는 뉴턴의 기본적인 통찰에 의해,[28] 숫자 대신 문자를 사용하는 보편 산술, 즉 일반적인 법칙이나 공식까지 문자로 이루어진 식으로 나타내어 기하학의 추상적인 계산이 가능한 기하학의 대수화는 당연한 결과라고 할 수 있다. 유클리드 기하학의 직관적 성격을 벗어나 순수한 추상의 세계에서 논리의 순수화를 위한 유일한 방법은 계산일 수밖에 없었고, 그것도 구체적인 숫자 대신 보편적인 기호를 사용하는 대수적 계산방법에 의지하게 되었다.

---

28) 뉴턴은 또한 자연에서 일어나는 변화 역시 수학적 과정으로 기술될 수 있다고 믿었다. 그의 법칙들은 일련의 방정식으로 표현되었는데, 이 방정식들은 물리적인 양을 다루는 것이 아니라, 그 양들이 시간의 경과에 따라 변화하는 비율 또는 그 비율들이 다시 시간에 따라 변화하는 비율 등을 다룬다.
Ian Stewart, *Nature's Numbers*, 김동광 옮김, 〈자연의 수학적 본성〉, 동아출판, 1996, p.81.

1-2-6 사영기하학과 도형의 변환(투시도법)

데카르트의 좌표기하학으로부터 시작된 해석기하학은 도형과 수를 결합시켰고, 평면적이지만 좌표를 도입한 공간 개념을 갖도록 하였다. 기하학은 해석기하학 이후의 대수적 경향에 압도되면서 도형 자체의 연구에는 소홀하게 되었다. 그러나 이러한 상황은 표면적인 현상이었고, 한편으로는 도형의 연구에 있어서 수식을 이용하면 오히려 도형의 성질을 파악하기 어렵기 때문에 예전과 같이 도형 자체를 연구해야 한다는 사람들도 있었다. 이러한 사람들은 주로 화가나 건축가들로서 학문적 목적이 아닌 실용적 목적에서 도형을 직접적으로 다루어야 했던 사람들이었다.

르네상스시대 이탈리아에서 조형예술의 발달은 건축과 미술을 중심으로 하여 유클리드기하학과 다른 새로운 기하학을 필요로 하게 되었다. 특히 교회 건축에 종사했던 사람들은 입체적인 기하학을 필요로 함으로써 실용적인 기하학이 발전하게 되었다. 또한 회화와 조각의 발전에 따라 당시의 화법에 대한 반성이 있었고, 이에 따라 원근을 고려한 화법인 원근법 또는 투시도법이라 불리는 새로운 화법이 나타나게 되었다. 이것은 입체를 평면 위에 대응시켜 재현하는 새로운 방법이었다. 투시도법은 알베르티(Leon Batista Alberti), 프란체스카(Piero della Francesca) 등에 의해 연구되었고, 레오나르도 다 빈치(Leonardo da Vinci)에 의해 발전되었다. 뒤러(Albrecht Dürer)에 의해서도 투시도법에 관한 체계적인 연구가 있었으며 독일에도 소개되었다.

누워있는 누드를 그리는 화공(목판화), 1527년경

루우트를 그리는 화공(목판화), 1525년

그림 1-49 | 뒤러의 투시도법 연구

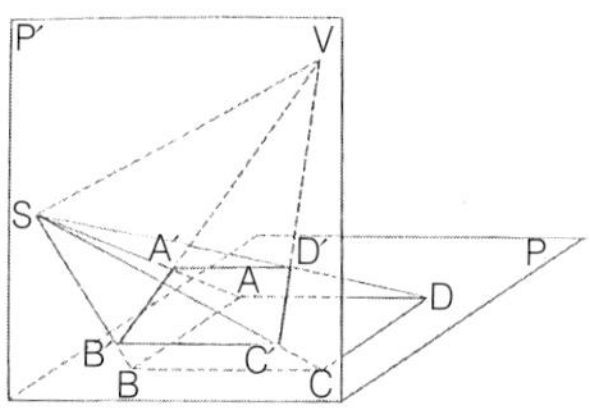

그림 1-50 | 투시도법의 기하학적 원리

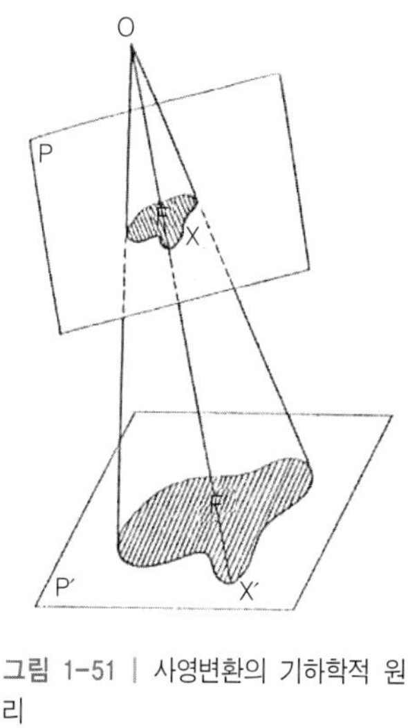

그림 1-51 | 사영변환의 기하학적 원리

우리가 보고 있는 대상을 눈에 보이는 그대로 화폭에 재현하는 투시도는 눈과 대상 사이에 하나의 평면을 놓고 임의의 점으로부터 직선으로 연결하여 그 직선들과 평면이 형성하는 단면을 그대로 그려 가면 된다. (그림 1-50)에서 하나의 사각형 ABCD의 투시도는 A′B′C′D′이며 점 V를 소실점이라 한다. 투시도법에 의해 나타나는 두 고정된 평면 P, P′와 그 위에 있지 않은 고정점 O에 대하여 그리고 P 위의 도형 F의 각 점 X에 대하여 직선 OX와 P′와의 교점 X′를 대응시키면 X가 도형 F를 그릴 때 X′는 P′ 위에서 도형 F′를 그리게 된다. 이와 같이 정해지는 평면 P에서 P′로의 함수를 사영변환이라 한다.

이렇게 사영변환에 의하여 불변인 도형의 성질을 조사하는 기하학을 사영기하학이라 한다. 사영변환에 의하여 직선은 직선으로, 두 직선의 교점은 두 직선의 교점으로, 도형의 내부는 도형의 내부로 각각 옮겨간다. 그러나 사영변환에 의하여 길이나 모양은 보존되지 않고 변환된다. 지금까지 기하학은 예술가들의 영감의 원천이었으며, 항상 기하학이 예술에 영향을 미쳐왔다. 그러나 사영기하학은 예술가들의 새로운 관찰과 새로운 방법의 모색이라는 투시도법에 의해 나타난 기하학이며, 여기에서 영감을 받은 학자들이 새로운 기하학을 창조한 것이다.

실용적 기하학인 사영기하학은 17세기에 들어와서 더욱 발전하였다. 평행선이 무한원점(소실점)에서 만난다고 생각하여 그것을 기하학에 최초로 도입한 사람은 프랑스의 건축가이자 기술자인 데자르그(Gérard Desargues)였다. 그는 은퇴 후 기하학 연구에 몰두하였고, 그 결과 1639년 파리에서 원추곡선에 관한 독창적인 연구를 발표하였다. 그러나 그의 이론은 당시로는 너무 난해하여 사람들의 관심을 끌지 못하고 곧 잊혀졌다.

1780년대부터 프랑스는 전문 과학교육기관들을 설립하기 시작하였고, 이들 중 가장 성공적이었던 에콜 폴리테크니크(École Polytechnique)는 프랑스 혁명 중 프랑스의 전쟁 기술상의 요구로 1794년에 설립되었다. 프랑스 대혁명 이후 20여 년간의 전쟁과 함께 일어난 군사과학은 측지학, 토목학, 건축학 등을 발전시켰고, 그 여파가 기하학에도 미쳐 새로운 과학기술을 뒷받침하는 새로운 방법을 필요로 하게 되었다. 나중에 에콜 폴리테크니크의 교수가 된 몽주(Gaspard Monge)는 군사공병학교 재학 중 건축술에 관한 복잡한 계산을 간단한 기하학적 작도로 그려냈다. 이러한 몽주의 착상은 〈화법기하학〉(Géométrie descriptive, 1795)이라는 책으로 완성되었다. 몽주는 해석적 연산과 기하학적 운동 사이의 관계에 주목하여 공간에 있어서 도형의 운동을 해석적으로 표현할 수 있는 가능성을 확인하였다.

몽주의 화법기하학은 첫째, 공간적인 물체를 평면상의 도형으로 나타내는 것, 즉 3차원의 도형공간을 2차원의 화면 위에 묘사하는 방법과 둘째, 공간 도형의 모양이나 위치에 관한 명제를 찾아내는 것으로 요약될 수 있다. 혁명의 산물인 군사적, 공업적 기술과 손잡은 몽주의 기하학은 비현실적인 그리스 기하학 그리고 또 대수적인 해석기하학과 판이한 성격을 지녔다. 그것은 직접 도형 그 자체를 구체적으로 표현하기 위한 실용적이고 기술적인 기하학이었다.

몽주의 기하학은 그 후 퐁슬레(Jean Victor Poncelet)에 의해 조직화되어 근대적인 사영기하학으로 탄생되었다. 퐁슬레는 1813년에 사영기하학을 체계적으로 연구하여 〈도형의 사영적 성질에 관한 이론〉(Traité des propriétés projectives des figures)을 발표하였다. 이 논문은 몽주의 기술적인 화법기하학에 비해 순수한 기하학적 메커니즘을 바탕으로 하는 이론적 구조를 지닌다. 실용적인 의미를 떠나 순수수학에 속하는 연구로 발전되었던 것이다. 그 뒤로 도형의 사영적 성질을 연구하는 기하학을 사영기하학이라 부르게 되었다.

르네상스시대의 예술가들이 연구한 투시도법이 오늘날의 사영기하학으로 발전하였음은 앞에서 이야기 한 바와 같다. 화가가 그린 화상(畵像)은 화가의 눈을 사영의 중심으로 하여 캔버스로 옮겨진 원상(原象)의 사영이라고 할 수 있다. 그러나 원상과 화상을 비교해 보면 모양이 달라졌음을 알 수 있으며, 그러면서도 원상이 지닌 기하학적 구조를 찾을 수 있다. 그것은 사영에 의해서도 변하지 않는 기하학적 성질, 즉 원상이 가지고 있는 기하학적 성질이 캔버스의 화상으로 그대로 옮겨져 원상과 일대일의 대응을 하기 때문이다. 이러한 성질을 분석하는 것을 사영기하학이라 하며, 여기에서 변환의 문제가 제기되었다.

수학적 용어로 변환이란 공간상의 점의 집합에서 자기 자신으로의 1 : 1 대응을 말하며, 도형의 변환이란 하나의 도형을 다른 도형으로 이동시킬 때 도형을 점의 집합으로 간주하여 점집합 A로부터 A′로의 대응관계로 생각할 수 있다. 따라서 도형의 변환은 "도형 A를 이루고 있는 모든 점을 어떤 일정한 규칙에 의해 다른 곳으로 옮기고, 도형 A′를 만드는 일"이라 정의할 수 있으며, 이를 "도형 A를 도형 A로 변환하였다"고 한다. 또는 간략하게 점집합 A를 A′에 사상(寫像)하는 일이라 한다. 사상은 일반적으로 1 : 1 사상을 이루고 있는 것이 보통이며, 결국 사영기하학의 목적은 사상(사영변환)으로 변화하지 않는 성질을 찾아 연구하는 것이라 할 수 있다.

평면이나 공간에 좌표를 도입한 데카르트는 유클리드기하학을 대수학으로 다루는 해석기하학을 발전시켰다. 그리고 해석기하학에 대해 좌표를 사용하지 않고 직접 도형을 다루는 방법으로, 기하학이 발전함에 따라 평면 위의 도형을 다른 평면으로 변환, 즉 기하학적 조작을 통해 평행이동, 회전이동, 대칭이동하였을 때 변하지 않는 도형의 성질을 연구하는 기하학이 사영기하학이다.

1-2-7 비유클리드기하학과 공간개념의 출현(N차원 공간)

인간의 사고는 시대에 따라 변화하고 발전한다. 세계관, 우주관, 공간관 등은 그 시대를 대표하는 인간의 사고체계로서 이러한 사고체계는 지역적인 특성과 함께 그 시대의 공간형태를 결정짓는 기준이 되지만, 결국 시대가 변한다 해도 바뀌는 것은 공간 자체가 아니라 공간을 보는 시각인 것이다. 모든 건축물은 인간이 공간에 대해 갖는 사고를 형상화하는 것이지만, 그것이 추상화된 공간 세계의 문제는 기호화된 수학, 즉 기하학에 대한 문제이기도 하다. 그러나 기하학은 변화하고 발전하는 것이다.

유클리드의 제5공리인 평행선공리는 '직선 밖의 한 점에서 이 점을 지나 주어진 직선과 만나지 않는 직선을 꼭 한 개 그을 수 있다'이다. 이 공리는 '삼각형 내각의 합이 180°'라는 사실과 동치이다. 이 공리를 나머지의 공리와 공준으로부터 정리로 이끌어 내려는 시도는 약 2000년 동안 계속되었다. 오랜 동안 논란이 되어 온 유클리드의 평행선공리는 19세기 전반에 문제가 해결되었다. 즉, '직선 밖의 한 점을 지나 그 직선에 두 개 이상의 평행선을 그을 수 있다'는 것을 공리로 해도 모순이 없는 기하학을 가우스, 로바체프스키, 보요이가 발견하였던 것이다. 또한 가우스의 제자, 리만도 '마찬가지 가정 하에서 평행선을 그을 수 없다'는 것을 공리로 하는 새로운 기하학을 발견하였다.

이렇게 유클리드의 평행선공리를 부정한 새로운 기하학을 비유클리드기하학이라 하며, 새로운 기하학은 기하학에 있어서 공리란 절대적인 진리를 의미하지 않고 다만 수학을 구성하는데 기초가 되는 가정인 명제에 불과하다는 새로운 인식을 갖게 하였다. 유클리드기하학이 학문적으로 우수하였던 것은 직관적인 도형을 다루지 않고 엄격한 논리에 의해 이론체계를 이루어 갔다는 점이다. 그러나 그 내용을 자세히 검토해 보면 매우 직관적인 면이 나타난다. 공리는 그것을 바탕으로 전개되는 모든 서술에 모순이 일어나지 않도록 처음부터 내세우는 조건에 불과했으며, 이것에 의해 기하학 전체 체계가 세워지게 되었다는 것은 앞에서 말한 바와 같다. 그러나 유클리드기하학을 의심할 여지없는 명백한 진리라 믿었던 확신은 비유클리드기하학이 나타남으로써 무너지고 말았다. 비유클리드기하학의 출현은 단순히 기하학 내부의 변화만을 의미하는 것이 아니라 인간 사고의 역사에 전환점을 가져온 대사건이었다.

헝가리 태생의 보요이는 22세 때인 1823년에 〈공간의 절대적 과학〉이라는 논문을 통해 새로운 기하학을 소개하였다. 이 새로운 기하학은 유클리드의 평행선공리(제5공리)를 사용하지 않고 세워진 완전한 새로운 기하학 체계였으며, 이 제5공리가 다른 공리들로부터 독립되어 있다는 것을 논리적으로 증명하는 획기적인 것이었다. 또한 러시아의 로바체프스키가 설정한 공리도 종래의 상식적인 기하학 체계와 다른 이상한 것이었다. 로바체프스키의 기하학은 마이너스 곡률을 갖는 공간에 해당하는 기하학이었다. 그것은 기하학을 평면 대신 곡면상의 현상으로 생각하고 직선을 곡면상의 직선, 즉 측지선이라고 생각한다면 전혀 이상할 것이 없는 것이었다. 이러한 그의 사상은 〈평행선의 전 이론을 포함한 기하학의 새 원리〉(1829)와 〈평행선의 이론에 관한 기하학적 고찰〉(1840)에 나타났다.

보요이나 로바체프스키의 이론은 단순히 논리적 체계를 위해서만 이루어진 것이 아니고 현실 세계에 대한 깊은 통찰에 따른 것이었다. 유클리드기하학은 우리 주변의 공간의 성질을 충분히 그리고 정확히 반영하고 있는 것이 사실이었지만, 시야를 넓혀 지구 표면 전체를 공간으로 보았을 때 또는 태양계 전체, 나아가서 은하계 전체를 공간으로 생각한다면 유클리드기하학은 쓸모가 없어진다. 현대물리학, 특히 상대성 이론에서 비유클리드기하학의 현실성이 명확하게 증명되었다.

한편, 리만은 1854년 괴팅겐 대학 취임 강연에서 〈기하학의 기초가 되는 가설에 관하여〉라는 논문을 발표하면서 또 다른 새로운 기하학의 출발을 세상에 알렸다. 그는 보요이나 로바체프스키와는 다른 자신의 비유클리드기하학을 건설하였다. 리만의 비유클리드기하학은 직선 밖의 한 점을 지나서 이 직선에 평행인 직선은 존재하지 않는다는 것이며, 직선은 길이가 한정되어 있고 닫혀져 있다는 것이었다. 이 새로운 기하학의 모형을 유클리드 공간에 나타내면 구면기하학이 된다.

지금까지의 기하학은 유클리드기하학, 해석기하학, 사영기하학이었다. 이것들은 각각 독특한 성격을 지니고 있지만 공통적인 면이 있다. 이러한 기하학에서는 1차원의 도형은 직선, 2차원의 도형은 평면 그리고 3차원의 도형이 입체인 평면상의 기하학이라는 점에서 모두 공통적이었다. 그러나 3차원적 곡면상의 기하학을 우리는 비유클리드기하학이라 한다. 이로써 평행선에 관한 서로 상반되는 공리를 가진 세 가지의 서로 다른 기하학이 존재하게 되었다. 위의 기하학의 세 가지 모형을 보면, 한 기하학의 공리계의 타당성으로부터 필연적으로 다른 기하학의 공리계의 타당성이 얻어진다. 따라서 이들 세 기하학은 서로 공존하는 한편, 서로 배타적인 관계에 있다. 그러므로 앞으로는 기하학을 현실적인 공간에 관한 과학으로 해석할 수는 없게 되었다. 이제부터는 어떤 기하학이 옳고 그르냐 하는 것은 문제되지 않으며, 우리들의 현실적인 물리적 공간이 어느 기하학의 체계에 따르는가가 문제가 된다.

아인슈타인은 리만의 기하학과 미분기하학 방법을 이용하여 1916년에 일반상대성 이론을 세웠다. 그리하여 미시적 범위 안에서 우리의 현실적 공간은 유클리드 공간이라 하여도 지장이 없으나 우주 전체를 생각하는 천문학적 크기의 거시적 공간에서는 리만 기하학을 가정할 것을 요구하였다.

이리하여 유클리드기하학이 실재와 같다는 생각은 수정되어야만 했다. 1872년 클라인(Christian Felix Klein)은 모든 기하학에 유클리드기하학에서의 합동과 같은 전단사 사상들의 군이 대응된다는 것을 보여 주었고, 20세기에 들어와 힐베르트(David Hilbert)는 기하학의 공리에 관한 논리적 분석을 통하여 점, 직선, 평면은 정하기 나름이며, 집합과 관계를 써서 논리적으로 기하학이 건설되어야 할 뿐 도형과 작도는 논리의 예를 든 것에 불과한 것임을 밝혔다. 이와 같이 비유클리드기하학은 또 다른 측면에서 전통적인 유클리드기하학의 권위를 위협하였다. 그것은 공리가 가진 의미를 종전의 절대적인 진리에서 가설로 끌어내리고 만 것이다.

표 1-2 • 유클리드기하학과 비유클리드기하학의 비교

	유클리드기하학	보요이-로바체프스키기하학	리만기하학
직선 밖의 한 점을 지나는 평행선	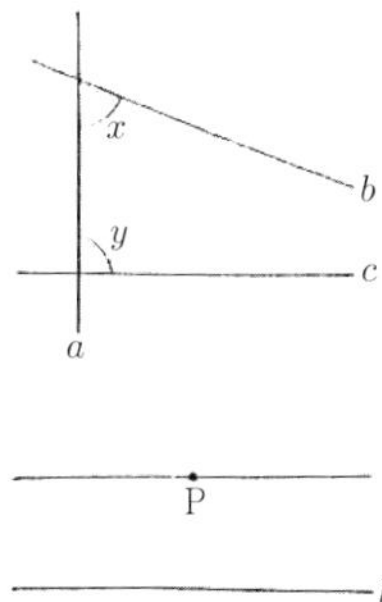 하나만 있다.	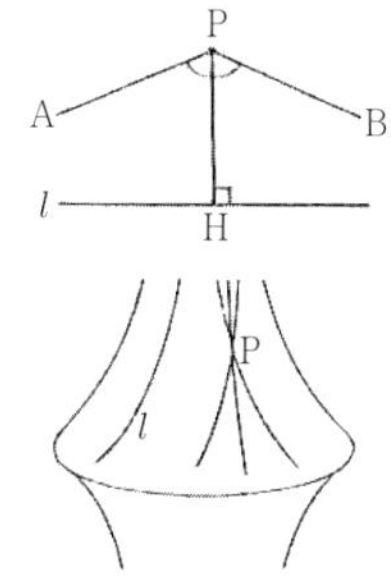 무수히 많다.	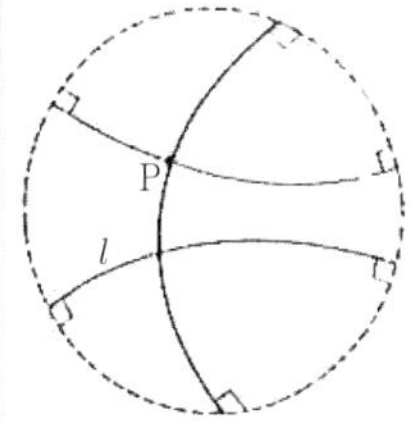 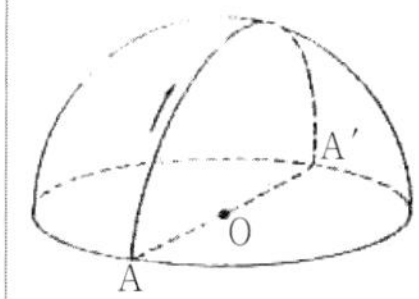 하나도 없다.
삼각형 내각의 합	∠A+∠B+∠C=180°	∠A+∠B+∠C<180°	∠A+∠B+∠C>180°
곡률(M)	M=0 (곡률이 0, 평면) 	M〈0 (곡률이 -, 말안장형의 곡면체) 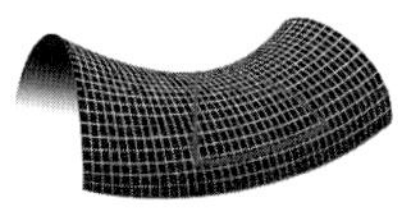	M〉0 (곡률이 +, 구면) 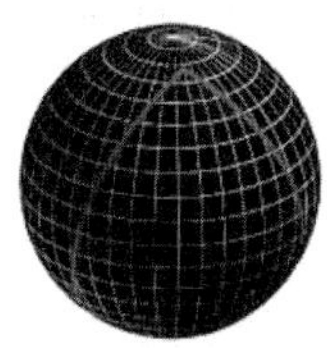
	포물선기하학	쌍곡선기하학	타원기하학

보요이와 로바체프스키 그리고 리만이 개발한 비유클리드기하학은 그때까지 좁은 틀에 갇혀 있던 우리의 시각을 거시적인 우주공간으로 확장시켰다. 이제 기하학은 2천년 이상 얽매인 현상공간이라는, 직접 눈으로 보고 손으로 만져야만 확인할 수 있는 울타리에서 해방되었다. 비유클리드기하학의 직선은 유클리드기하학에서처럼 곧은 선을 이상화시킨 것은 아니다. 유클리드는 우리가 직관적으로 알고 있다고 생각한 이 개념을 이상적으로 나타내려 하다가 '직선이란 그 위의 점에 대해 한결 같이 뻗은 선'이라는 등의 애매한 표현을 썼기 때문에 오히려 비논리적 결과를 초래

하게 되었다. 결국 직관에 근거를 두지 않는 비직관적인 태도 때문에 비유클리드기하학은 논리적으로 더욱 튼튼한 체계를 가지게 된 것이다.

그러나 우리가 살고 있는 현상세계에서 일어나는 사실을 도외시해버리면 기하학으로서의 의미가 없어지고 말기 때문에, 우리가 보통 그렇다고 알고 있는 점이나 직선을 여전히 마음에 두고 있으면서도 다만 그것을 새삼스럽게 규정짓지 않는다는 입장을 취하고 있는 것이 달라졌을 뿐이다. 점이나 직선 등의 기본적 요소는 일일이 그 내용을 따지지 않는 소위 무정의 개념으로 사용하고 있는 것이다. 무정의의 개념과 몇 개의 공리를 묶어서 공리계라고 부르고 있는데, 공리계를 기초로 하여 그 위에 순전히 논리적으로 수학적인 이론을 전개해 가는 방법이 소위 공리적 방법이라 하고 있다. 그리고 수학의 방법은 모두 공리적 방법으로 이루어져야 한다고 주장하는 것이 공리주의이다.[29] 보요이와 로바체프스키 이후 기하학은 급속도의 논리적 무장을 더해가지 시작했고, 이제는 과거와 같은 말을 사용하면서도 그 내용은 아주 달라지고 말았다. 그것은 공간에 대한 개념 자체가 변화되어버린 것이라 할 수 있다.

0차원, 1차원, 2차원 등의 공간개념은 사실상 점, 직선, 평면을 이렇게 부르고 있는데 지나지 않으며, 그 다음에 오는 3차원 공간이 우리가 살아가고 있는 물리적 공간이라 할 수 있다. 직선의 기하학적 의미는 점의 집합이며, 수로 나타낼 때는 실수의 집합이 된다. 이러한 의미에서 직선을 실수직선이라고도 한다. 평면 역시 점의 집합이며, 이것은 직선상의 점과 같이 하나의 실수만으로는 나타낼 수 없다. 즉, 평면은 두 개의 실수의 짝인 좌표로 이루어진 집합이다. 또한 우리가 살고 있는 3차원 공간

29) 이 공리주의의 수학을 가장 잘 나타내고 있는 것이 힐베르트(David Hilbert, 1862~1943)의 〈기하학의 기초〉(grundlagen der Geometrie, 1889)이다. 힐베르트는 이 책의 머리말을 다음과 같이 시작하고 있다. "기하학은 산술과 마찬가지로 모순 없는 구성을 위해서 약간의 간단한 원칙을 필요로 한다. 이러한 원칙은 기하학의 공리라고 불리는 것들이다. 여기서 따지는 연구는 기하학에 대해 완전하고 또 될 수 있는 대로 간단한 공리계를 세우고 거기서부터 중요한 기하학의 정리를 꺼내는데 있다. 동시에 다른 공리군의 의의와 개개의 공리로부터 얻어낼 수 있는 결과의 범위를 분명히 밝히는데도 힘을 쓴다." 또한 힐베르트는 이렇게 말한 바도 있다. "점, 직선, 평면을 가령 맥주 컵, 의자, 테이블로 생각한다고 해도 상관이 없다. 문제는 이런 것들을 소재로 하는 기하학의 체계에 모순이 일어나지 않아야 한다는 데 있다."

은 가로, 세로, 높이를 각각 나타내는 세 개의 수가 모여서 짝을 이룬 점 집합이라 할 수 있다. 결국 우리가 살고 있는 우주공간은 뉴턴의 역학이론의 입장에서 보면 3차원 유클리드 공간이라고 부를 수 있는 것이다.

아인슈타인은 일반상대성 이론에서 시간과 거리의 관계를 상대적으로 취급하는 4차원의 세계를 구성하였다. 그리하여 뉴턴 역학으로 이해될 수 없는 새로운 이론이 전개되었으나, 우리가 살고 있는 지구상에서 일어나는 현상 속에서 이 새로운 사실을 실제로 증명하기란 불가능하다는 것이 일반적이다. 그러나 기하학에서는 차원을 특별하게 취급하지는 않고 다만 수학적으로 다루고 있으며, 이는 4차원에 대해서도 마찬가지이다. 1차원 공간은 한 개의 좌표, 2차원 공간은 두 개의 좌표 그리고 3차원 공간은 세 개의 좌표로 이루어진 점의 집합으로 생각하고 있으며 그리고 4차원 공간은 네 개의 좌표를 한 짝으로 하여 나타낸 점의 집합으로 이루어진 공간으로 생각하고 있다. 결국 기하학적으로 n차원의 유클리드 공간은 n개의 실수의 짝 $(x_1, x_2, \dots, x_n)$을 하나의 원소로 하여 이것들로 구성된 집합으로 생각하면 된다.

비유클리드기하학을 통해 유클리드기하학의 공리들로는 표현하기 어려운 자연현상이나 우주를 표현할 수 있게 되었으나, 본질적으로 그 현상을 그대로 재현시키는 것이 아니라 실재와 가상이 중첩되어 서로 다르게 진화하고 있다. 이는 휘어진 공간의 역사와 함께 또 다른 이면으로 나타나고 있다. 보요이나 로바체프스키는 삼각형의 내각의 합은 180°보다 작으며, 한 직선에 대해 평행선이 수없이 그어지는 기하학을 생각해 내었다. 그리고 리만에 의해 삼각형의 내각의 합은 180°보다 크며, 한 직선에 대해 그을 수 있는 평행선이 단 하나도 없다는 리만기하학이 탄생하게 되었다. 이들에 의해 비유클리드기하학은 생겨났으며, 이들에 의해 세계관과 우주관은 휘어지게 되었다. 그리고 공간을 보는 우리의 눈도 변화했으며, 그로 인해 새로운 휘어진 공간이 탄생하게 되었다. 즉, 공간은 하나가 아니며 서로 다른 공간이 존재한다는 것을 보여주었다.

1-2-8 위상기하학과 공간개념의 추상화

비유클리드기하학이 출현한 이후 기하학은 공간 그 자체의 구조를 연구대상으로 삼는 특징이 나타나게 되었다. 이에 따라 근대 이후의 공간은 근대 이전의 공간과 몇 가지 차이를 가지게 되었다. 첫째, 근대 이전의 공간은 형태적으로 파악이 되는 유한공간임에 비해 근대 이후의 공간은 형태를 갖지 않는 공간, 즉 무한공간이다. 둘째, 근대 이전의 공간은 도형과 구별되는 입체를 담는 곳을 의미하였으나, 근대 이후에는 도형은 공간의 부분으로 일반화되었다. 점을 0차원 공간이라 부르며, 선은 1차원 공간, 면은 2차원 공간이라고 정의하는 등 기하학 요소들을 기존 공간의 속성으로 포함시키게 되었다. 셋째, 근대 이전에는 공간의 의미가 단순하였으나 근대 이후에는 그 개념이 다양해저서 집합이나 다양체까지도 공간이라 부르게 되었다.

이러한 변화는 기하학의 추상화를 가져왔으며 위상기하학도 기하학의 추상화 속에서 이루어졌다. 쌍곡선 기하학과 타원 기하학에서 밝혀진 휘어진 공간에서의 기하학은 기존의 유클리드기하학에서처럼 도형의 성질을 정의하는 것을 무의미하게 만들었다. 각 도형이 가지고 있는 개별적인 성질들은 공간이 어떻게 생겼느냐에 따라 그 성격을 달리하기 때문이다. 공간관의 변화는 기하학의 관심을 기하학적 성질에 대한 연구에서 공간이 연속적인 변형을 하여도 변하지 않는 도형의 성질을 연구하는 것으로 변하게 되었다. 이러한 변화에서 위상기하학이 탄생하게 되었다.

위상기하학(topology)[30)]은 간단한 도형들이 모여서 복잡한 도형을 이룰 때, 그 도형의 성질을 대수적으로 연구하는 기하학으로 푸앙카레에 의해 시작되었다. 위상기하학에 대한 최초의 생각은 라이프니츠(Gottfried Wilhelm von Leibniz)가 1679년 호이겐스(Christiaan Huygens)에게 보낸 편지에서, 대수학이 양을 다루는데 비해 직접 위치의 기하학을 다루는 해석의 또 다른 분과가 필요할 것이라고 함으로써 새로운 기하학의 탄

---

30) Topologie라는 말은 리스팅(Listing, 1808~82)이 위치($\tau o \pi o \varsigma$)의 학문($\lambda o \gamma o \varsigma$)이라는 뜻으로 지어낸 말이며, 오늘날 셰츠(Lefschetz, 1884~1972)에 의해 영어로 topology로 굳어졌다.

생을 예견하였다. 그리고 오일러(Leonhard Euler)는 1732년 쾨니히스베르크 다리의 문제[31]를 다룸에 있어 라이프니츠의 말을 인용하고 '아마도 라이프니츠의 위치의 기하학 문제일 것이다'라고 했다.

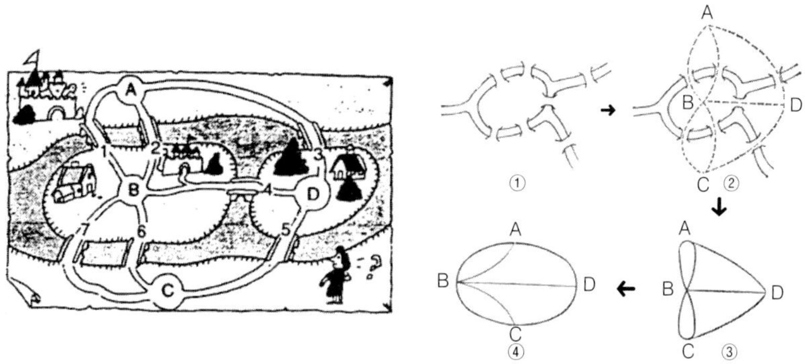

그림 1-52 | 쾨니히스베르크의 7개의 다리

"같은 다리를 두 번 지나는 일 없이 일곱 개의 다리를 모두 건널 수 있는가?" 오일러는 이 문제의 답으로 "같은 다리를 두 번 통과하지 않는다는 조건을 붙이면 모두 건널 수 없다"는 답을 얻었다. 오일러는 수학자답게 이 문제의 본질이 되는 부분만을 남겨 놓고 모두 잘라 없애버렸다. 그는 육지부분을 점 A, B, C, D라고 생각하고 그 다음 다리를 건너는 선을 모두 이 네 개의 점에 연결시켰다. 마지막으로 이것은 그림의 ④를 '한 줄로 그리기'하는 문제가 된다는 결론을 얻었다.

1865년경 뫼비우스(August Ferdinand Möbius)는 다면체의 표면이 다각형들을 이어 붙인 것에 불과하다는 견해를 발표하였다. 이것은 2차원 복체의 개념을 처음 도입한 것이며, 이에 관한 조직적 연구는 오늘날 뫼비우스의 띠(Möbius Strip)라고 알려진 한 면과 한 경계만을 가진 이상한 곡면을 만들어 내었고 이것은 단순연결성, 즉 입체는 결국 평면과 같다는 것이다.

푸앙카레에 의하면, 볼록다면체의 표면을 연속적으로 변형하여 구의 표면으로 보아도 역시 공식이 성립한다. 이와 같은 변형에 의해 길이, 면적, 체적, 각이나 꼴 등과 같은 유클리드기하학의 대상은 보존되지 않으므로 위상적 성질이 아니다. 길이, 각, 면적 등은 평행이동, 대칭이동, 회

31) 그 문제는 "쾨니히스베르크에 있는 7개의 다리들을 어느 것이나 한 번씩 중복 없이 건너서 원래의 위치로 돌아올 수 있는가?"라는 문제였는데, 오일러는 그것이 불가능함을 증명하였다.

전이동과 같은 강체운동, 즉 합동변환에 의해서는 변하지 않는다. 이와 같은 합동변환보다 더 일반적인 변환, 즉 탄성운동이나 위상변환을 위상적 성질이라 한다.

원과 위상동형인 곡선을 단순폐곡선이란 부르며, 이에 대해 조르단(Jordan)은 '평면의 하나의 단순폐곡선은 평면을 두 개의 폐영역(내부와 외부)으로 분할하여 그 공통경계가 된다'는 곡선정리를 발표하였고, 이러한 위상수학의 이론을 사용하면 쉽게 내부와 외부를 가려낼 수 있다. 두 도형 사이에 원소의 개수가 같고 어느 쪽에서 출발하건 연속인 사상이 있을 때 두 도형을 서로 동상(同相)이라고 한다. 동상인 도형은 예를 들면 고무막 위에서 서로 변형이 가능한 도형을 말하며 삼각형, 사각형, 오각형, 육각형 등과 그 밖의 모든 다각형 그리고 타원과 같은 모든 도형은 원과 동상이 된다. 이는 도형을 보는 관점이 크게 변화했음을 의미하며, 끝점이 없고 겹치지 않는 1개의 선으로 된 도형(단일 폐곡선)은 모두 원

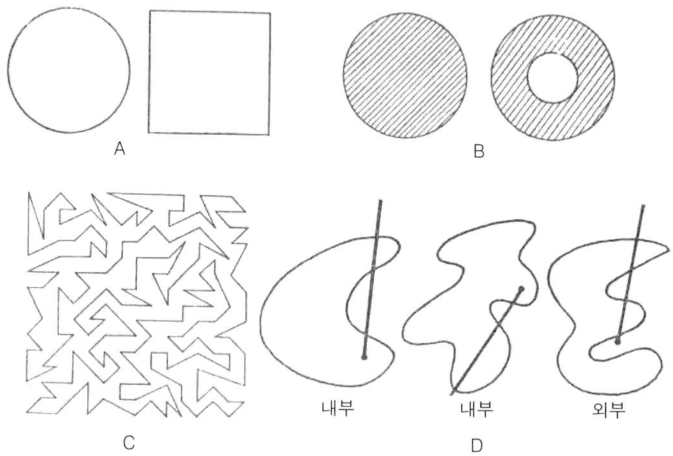

그림 1-53 | 위상동형과 내부, 외부

A의 두 도형은 위상동형이지만 B의 두 도형은 위상동형이 아니다. B의 두 도형은 마음대로 늘이거나 줄일 수 있는 고무판 같은 것이라 할 때, B의 왼쪽 도형을 변형하여 오른쪽 도형과 같이 변화시킬 수 없다.

C는 실제 단일폐곡선인가 아닌가를 가리기 어려우며 어디가 내부인가 알기도 어렵다. 그러나 위상기하학의 이론을 이용하면 쉽게 내부와 외부를 가려낼 수 있다. D에서와 같이 내부의 점에서 시작되는 모든 직선은 단순폐곡선과 항상 홀수번 만나게 된다.

으로 간주하게 되었다.

이로써 도형 및 공간은 내부 또는 외부로 분류되었으며 위상동형인 삼각형, 사각형, 원 등은 같은 성질을 갖는 도형이 되었다. 결국 기하학 형태가 가지는 의미는 이것으로 완전히 소멸되었다. 이와 같은 도형의 성질을 생각하는 위상기하학의 새로운 주제는 유클리드기하학에서와 같은 도형의 크기라든지 길이, 형태, 양과 관계있는 것이 아니라 도형을 이루고

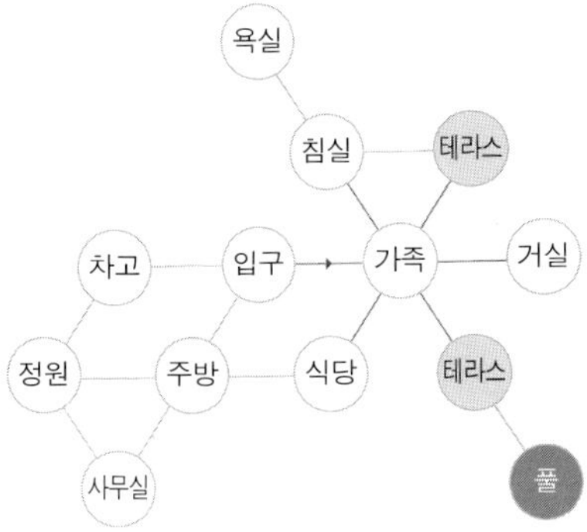

이 다이어그램에서 원은 공간관계를 나타내며, 선은 중요한 인접관계를 나타낸다.

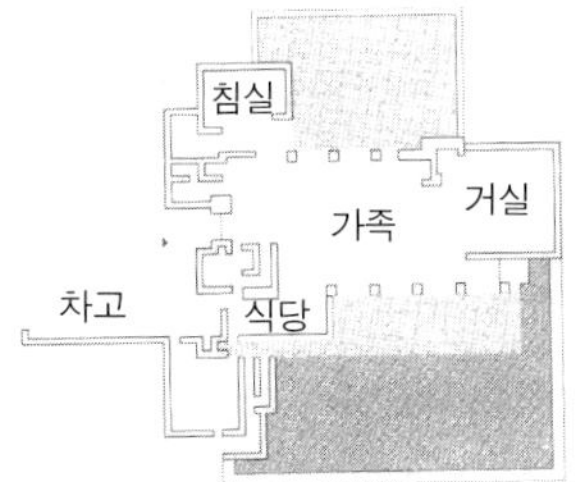

라이프 주택, 1938

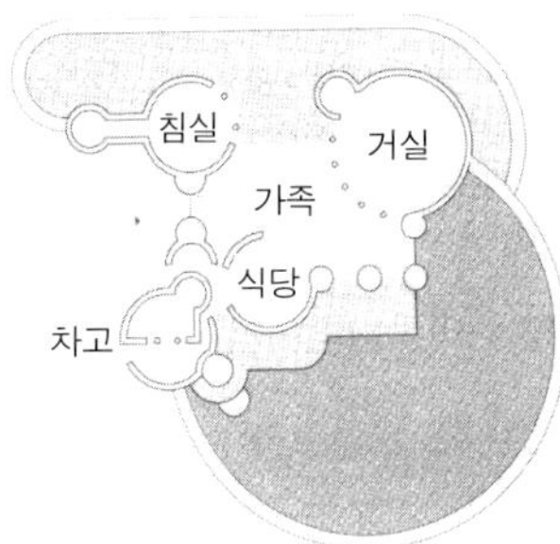

제스터 주택, 1938

위상변환은 건축구성상 형태들 간의 공간관계를 기술하는데 유용한 어휘를 제공한다. 예를 들면 프랭크 로이드 라이트의 주택을 분석함에 있어서 이러한 어휘는 서로 다른 평면형태에 나타난 기하학적 질서와 프로그램의 유사성을 보여주는 공통적 특성을 도출할 수 있도록 해준다.

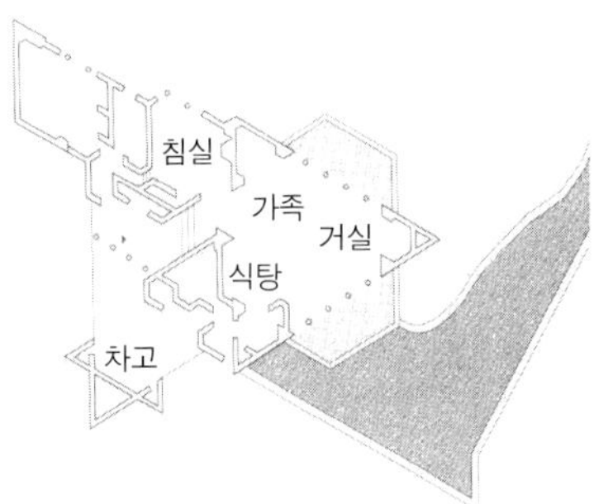

선츠 주택, 1941

그림 1-54 | 프랭크 로이드 라이트 주택의 기하학적 질서와 위상변환 다이어그램

있는 선이나 면의 이어진 상태, 선이나 면을 이루고 있는 점이 도형 전체 속에서 어떤 위치에 있는가를 연구하는 것이 되었다. 또한 위상기하학에서 다루는 공간은 자연세계의 공간과 거리가 먼 수학적 공간이며, 도형의 이어진 상태나 공간의 단절과 연속을 주제로 하고 있다.

유클리드 공간은 모든 점마다 그에 대한 '근방'을 정할 수 있다. 근방을 정하는 일을 일반적으로 그 공간의 위상을 정한다고 말하며, 따라서 유클리드 공간은 위상이 정해져 있다고 말할 수 있다. 그러나 현대의 기하학에서는 공간이라는 말을 보다 넓은 뜻으로 추상적으로 사용하고 있다. 이렇게 위상기하학은 극도로 대수화된 추상적인 법칙성으로 종전의 의미로 말하는 공간이나 도형을 극한으로 몰아세운 기하학이었다. 여기에는 무엇을 연구하느냐 하는 대상의 문제가 아닌 어떻게 연구하느냐 하는 방법론이 문제로 대두되었다.

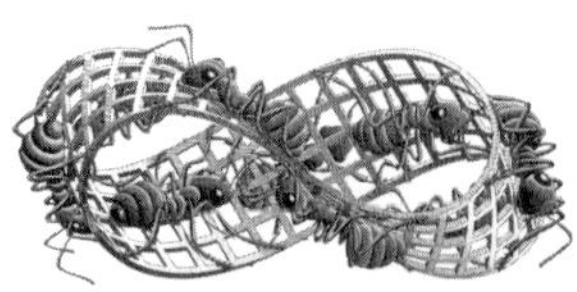

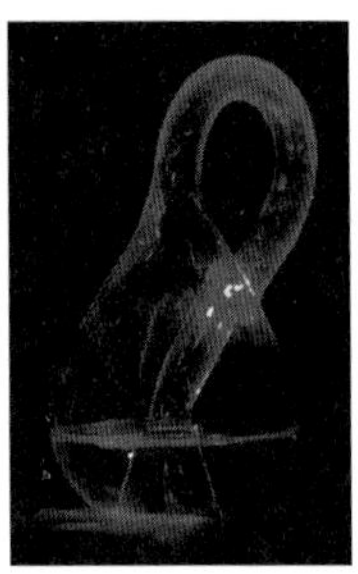

그림 1-55 | 뫼비우스의 띠와 클라인의 병

1893년 클라인은 '위상기하학은 위상사상에 대하여 불변인 도형의 성질을 연구하는 학문'으로서 위상기하학을 정의하였고, 뫼비우스는 곡면의 위상적 연구에 큰 공적을 남겼다. 20세기에 들어와 근방 개념의 도입, 계량화, 정리, 콤팩트공간 연구, 곡선론이나 연속체 이론 등 흥미로운 연구가 뒤를 이었고, 타 분야와 깊은 연관성을 이루어왔다. 위상기하학은 주로 유클리드기하학으로 해석하기 어려운 공간형태의 위상을 다룬다는 측면에서 현대건축의 중요한 공간형태 인식 개념으로 떠오르게 되었으며, 주요 모티브가 된 것은 뫼비우스의 띠나 클라인 병의 다차원 공간모델로 나타난다.

20세기 후반, 후기구조주의는 사회·문화적인 패러다임을 바꾸어 놓았으며 현대건축공간의 표현 경향도 바꾸어 놓았다. 현대건축공간은 과거 모더니즘에서 보였던 절대적인 비례, 위계 그리고 규범에 입각한 표현에서 벗어나 재구축과 파편화 그리고 위상기하학적 형태에 입각한 표현으로 변화하였다. 또한 디지털테크놀로지의 발전으로 컴퓨터를 이용하여 CAD/CAM 시스템 및 각종 소프트웨어를 디자인 툴로 활용할 수 있게 되어 평행자나 삼각자, 컴퍼스 등으로 생각할 수 없는 공간을 만들어내기 시작하였다. 디지털테크놀로지를 이용하여 유클리드기하학으로 설명하기 어려운 복잡한 3차원 곡면을 가진 형태를 만들 수 있게 되었다.

컴퓨터 안에서의 가상공간은 아무런 제약을 받지 않는 혁신적인 공간이다. 인간의 2차원적 사고방식으로는 이해할 수 없는 혹은 유클리드기하학적인 접근으로는 해석해내기 어려운 다차원적인 형태를 자유자재로 제작할 수 있다. 건축가들은 컴퓨터의 도움으로 순수 입방체의 유클리드 기하학으로 분석할 수 없고 위상으로만 파악되었던 다차원적인 공간형태를 구현해 내게 되었다.

특히 현대건축에 나타나는 위상기하학적 표현 특성은 기존의 절대적 위치의 유클리드 공간이 가지고 있었던 균질적 성격에서 탈피하여 불확정적 공간을 표현한다. 근대건축에서와 같이 독립적인 유클리드기하학 요소들이 형태 생성의 원리로 사용된 반면, 위상기하학에서는 이러한 기하학적 특징들은 사라지고 하나의 전체적인 형상으로 표현된다.

건축형태 생성에 있어서도 첨가, 중첩, 삭제 등의 유클리드기하학적 건축형태 생성방법이 연속적인 형태 변형인 위상변환으로 전환되었다. 위상변환에 의한 건축형태 생성방법은 하나의 단일요소의 변형을 통한 변이와 두 가지 이상의 요소 변형을 통한 혼성조합방법이 있다. 공간구성 방식에 있어서 위상기하학적 방식은 여러 차원이 존재하는 공간을 보여주고 있으며, 내부공간과 외부공간의 경계를 모호하게 한다. 또한 이러한 공간구성은 건축과 대지의 경계도 허물고 있다.

현대건축의 위상기하학적 표현 중 가장 주목할 만한 것은 넙스(N.U.R.B.S.)[32]의 등장과 함께 가속화된 유연한 형태의 표피디자인 경향이다. 표피란 의미적으로는 공간의 내부를 보호하고 감싸는 막이며, 물리적으로는 건축물과 자연의 경계를 이루는 부분이며, 구조적으로는 구조체와 표피로 구분된다. 건축 내·외부 요소의 표피에 대한 관심은 최근만이 아니지만 보다 유기적이고 유연한 형태적 특징들을 보여주는 표피적 경향은 위상기하학적 형태의 근간이 된다. 90년대 후반부터 넙스의 인터페이스

32) 넙스(N.U.R.B.S.)란 Non-Uniform Rational Bezier Spline의 약어로서 X, Y, Z의 절대좌표계로 이루어진 공간체계가 아니라 U, V, W의 표면좌표계로 이루어진 수학적 알고리즘에 의해 만들어지는 유연한 곡선의 모델링 방식을 말한다.

그림 1-56 | 닐 드나리, Interruped Projection(Gallery MA)

가 개선되어 일반화됨으로써 유클리드기하학적 논리로 구축된 근대건축의 형태에서 탈피하는 구분이 모호한 유연한 입체적 형태의 공간구축 방식이 떠오르기 시작했다. 이러한 표현은 구불구불한 표면과 뒤틀린 표면으로서 유연한 외피를 가지며 대지, 건물, 바닥, 벽, 천장 그리고 가구의 구분이 없다. 이러한 표피는 인간과 공간, 오브제와 공간형태, 대지와 건물, 내부와 외부의 경계를 융해시키며 중간적 공간을 형성한다.

닐 드나리(Neil M. Denari)가 1996년 동경의 갤러리 마(Gallery MA)에서 보여준 인스톨레이션(Installation) Interrupted Projection은 바닥, 벽, 천장의 구분 없이 이루어진 공간으로 뫼비우스의 띠와 클라인의 병과 같은 연속적이 위상기하학으로부터 영감을 받았다.)

유엔 스튜디오(UN studio)의 벤 반 버클(Ben Van Berkel)은 공간은 기하학적 형태의 정적인 구성이 아니라 변화하고 적응하는 위상기하학적으로 형성된 것으로 이해되어야 한다고 주장한다. 위상기하학은 변화하는 표피구조의 움직임에 관한 것으로 정의되며, 끊임없이 변형되는 표피의 내·외부의 접점은 뫼비우스의 띠 혹은 클라인 병처럼 변화한다. 그의 뫼비우스 주택(Möbius House)은 내부와 외부, 일과 레저활동, 구조체와 비구조체의 변증법적 관계를 끊임없이 통합하는 연결된 프로그램적 구조를 가지고 있다.

그림 1-57 | 유엔 스튜디오, 뫼비우스 주택

건축과 대지의 관습적 개념, 즉 고정적이며 수평적인 그리고 한정적인 구성방식에 의존하지 않고 기존의 폴드[33] 개념을 비선형적으로 확장시키는 새로운 구성을 대지의 재구성(Reformulating the ground)이라 한다. 현대건축에서 비선형은 벽과 바닥의 위상변환을 말하는 것으로 폴드 개념은 공간적으로나 구조적으로 벽과 바닥의 구분을 모호하게 하였음을 의미한다. 폴드는 랜드스케이프 건축과 같이 면의 연속성이라는 공통점을 가지고 있으며, 대지와의 연속뿐만 아니라 건물 자체도 연속성을 가짐으로써 기존의 건축이 주변 맥락과 소극적이며 연속적인 관계를 보여주지 못하는 한계에 대응한다. 새로운 공간개념으로서 폴드는 형태적, 공간적

33) 폴드(fold)란 접힘이라는 의미로서 바닥과 벽의 전통적인 구분에서 벗어난 하나의 건축적 개념이다.

연속성을 갖는 건축으로서 대지의 위상이 변형되어 만들어지는 공간형태로 이해할 수 있다.

F.O.A(Foreign Office Architects)의 요코하마 항만터미널(Yokohama International Port Terminal)에서는 건축형태 자체를 대지의 위상기하학적 변형과정을 통해 주변과 일체화시키려는 시도를 볼 수 있다. 이와 같이 위상기하학은 유클리드기하학의 범주에서 해석할 수 없는 공간형태를 이해하는데 핵심적 학문이다. 이를 응용한 현대의 건축공간은 혁신적으로 변화하고 있다.

그림 1-58 | F.O.A. 요코하마 항만터미널

위상기하학 이론을 도입하고 있는 현대건축은 형태적 모델로서 위상기하학 도형인 뫼비우스의 띠나 클라인의 병 등과 같은 연속순환적인 형태가 나타나고 있으며, 변형에 의해 발생되는 과정으로써의 형태, 바닥과 벽의 위상변환, 액체와 같은 물성을 추구하여 구조와 융합된 공간을 만들어 내고 있다. 또한 폴드에 의한 변형과 이질적인 부분들 간의 유기적 통합, 지형과 지표에 대한 관심을 통해 외부의 힘을 내면화하는 개념, 즉 건물이 지표면에서 연장된다는 개념을 통해 공간의 접힘을 추구하고 있다.

현대건축에 나타나는 위상기하학적 공간은 전통적인 바닥과 벽, 천장의 구분이 사라지고 연속적인 변형에 의한 공간을 형성하고 있다는 특징을 보여준다. 공간감은 각과 모서리를 찾을 수 없어 무한함과 연속성을 느끼게 하며, 구조와 공간이 융합되어 공간의 한정은 주로 흐름을 가두는 형태로 나타나게 되어 공간은 내·외부가 명확하게 구분되지 않는다. 연속성의 흐름이 최종적으로 공간을 결정하게 되어 이러한 공간은 유동적, 비물질적, 부정형의 덩어리, 흐름의 공간 등으로 묘사되고 있다. 공간의 결합에 있어서 뚜렷한 경계나 분절이 있지 않고 유연한 통합을 이루고 있으며, 공간은 내·외부의 확연한 구분이 사라지고 흐르는 것으로 인식된다.

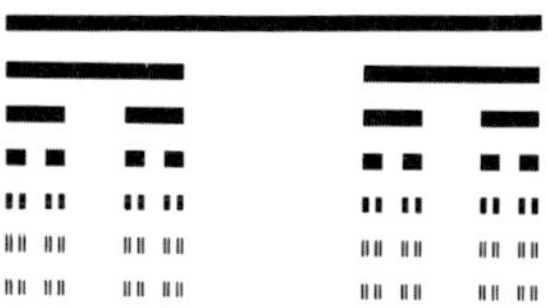

그림 1-59 | 칸토어 먼지
처음에 하나의 직선에서 시작한다. 중간 1/3토막을 제거한다. 다음에 남아있는 두 토막의 중간 1/3을 제거한다. 이와 같은 과정을 반복한다. 칸토어 집합은 남아있는 점들의 집합이다. 그 점들은 무수히 많지만 전체 길이는 0이다.

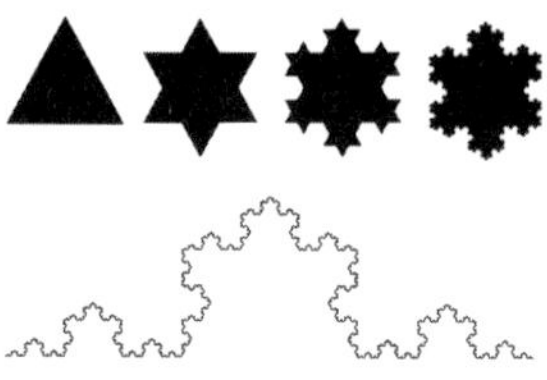

그림 1-60 | 코흐의 눈송이
거칠지만 강력한 해안선 모델이다. 코흐 곡선을 만들기 위해서는 각 변의 길이가 1인 삼각형으로부터 출발한다. 각 변의 중앙에 한 변의 길이가 1/3인 새 삼각형을 붙인다. 변의 길이의 합은 3x4/3x4/3....으로 되어 무한대가 된다. 따라서 무한히 긴 선이 유한한 면적에 둘러싸게 된다.

1-2-9 자연의 기하학, 프랙탈과 비선형 공간

자연은 무수한 패턴과 구조로 형성되어 있다. 자연형상 속에 숨어있는 반복적인 패턴은 통일과 질서를 이루기 위한 기본적인 조형원리가 된다. 역사적으로 시대마다 다른 조형적 모듈과 패턴이 건축형상의 본질적 구성원리로 제시되어 왔다.

자연은 통일된 전체 속에 다양한 부분들을 포함하여 많은 디자인 원천을 지니고 있다. 인간은 자연을 관찰하여 패턴 및 형태의 가능성을 발견하여 이것을 합리화시켜 유클리드기하학이라는 범주를 통해 이상적인 형태를 만들어왔다. 그러나 유클리드기하학에서 다루는 형태는 원이나 삼각형, 구, 원주 등과 같이 자연에서 발견할 수 있는 실재를 추상화한 것이었다. 이러한 형태들을 이용하여 자연의 복잡성을 이해하기에는 한계가 있었다.

최근의 자연 연구는 카오스(Chaos)나 프랙탈(Fractals)과 같이 복잡성에 이르는 과학의 새로운 이론을 기본으로 하여 고전물리학의 기계론과 환원주의적 사고방식을 비판하는데서 시작하고 있다. 복잡하고 다양한 세계를 하나의 법칙으로 묶고 단순화할 수 있다는 근대의 환원주의적 사고방식은 자연을 기계적이며 등질적 형상으로 설명하였다. 그러나 현대물리학이 발견한 복잡한 자연은 원, 삼각형, 사각형 등과 같은 유클리드 형상으로 설명하기에는 매우 부적절했으며 한계가 있었다. 자연계는 단순계가 아닌 복잡계로 이루어져 있으며, 자연은 외관상 비규칙적이며 비예측적이어서 무작위적인 운동을 보이지만 비규칙성의 이면에는 잘 정의된 질서구조가 공존한다는 사실이 밝혀졌다. 따라서 자연 패턴은 나름대로의 조직 논리를 가지고 있으며 본질적으로 패턴화된 질서를 보여주고 있다.

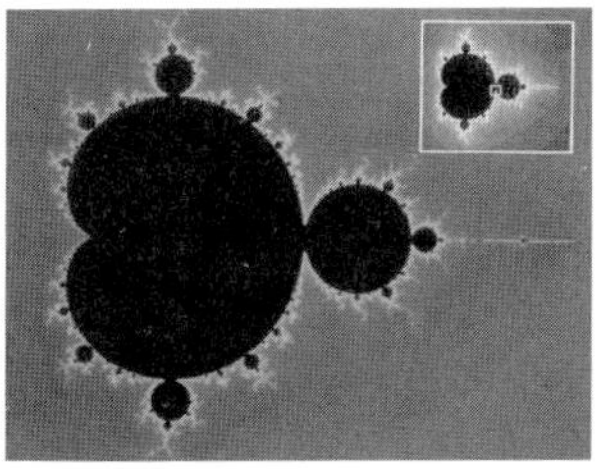

그림 1-61 | 만델브로트 집합

1975년 만델브로트에 의해 이름 지어진 프랙탈은 언제나 부분이 전체를 닮는 자기유사성(self-similarity)과 소수차원의 특징을 갖는 형상을 말하며, 칸토어 먼지(그림 1-59), 코흐의 눈송이(그림 1-60), 만델브로트 집합(그림 1-61) 등을 예로 들 수 있다. 프랙탈기하학은 자연계의 구조적인 비규칙성을 기술하고 분석할 수 있는 새로운 기하학으로, 동력학에서 다양하게 나타나는 카오스현상을 정량적으로 기술할 수 있는 새로운 언어를 제공한다. 프랙탈 패턴은 자연에서 흔히 볼 수 있는 비규칙적인 형상으로 나뭇가지 모양, 구름의 무정형 패턴, 번개의 비규칙적 궤적, 산과 해안선의 들쑥날쑥한 모양 등을 들 수 있다. 다른 예로는 눈의 결정체, 전기방전의 패턴, 마른 진흙의 갈라진 모양, 유체의 난류 패턴, 신경의 구조, 은하계의 비정규적 분포 등 분자 단위부터 천문학 단위까지 모든 크기의 자연계 현상에서 볼 수 있다.

프랙탈기하학은 고사리의 기하학적 형태를 자세히 살펴보면 이해 할 수 있다. 고사리의 큰 잎사귀는 작은 잎사귀와 같은 모양을 하고 있고, 또 그보다 작은 잎사귀는 더 작은 잎사귀와 같은 모양을 하고 있다. 이와 같이 부분이 전체와 같은 구조를 가지고 있는 구조를 프랙탈이라 하며, 자연의 패턴에 잠재하고 있는 닮은꼴을 의미하고 있다.(그림 1-62)

그림 1-62 | 프랙탈의 자기유사성, '부분이 전체의 모습과 같다'는 것을 보여주는 고사리(상)와 나뭇가지(하)

유클리드기하학이 순수하고 보편적인 도형의 세계를 추구한다면, 프랙탈기하학은 무한한 미분과 관계되며 감각적이고 우연적인 역동성을 강조하게 된다. 유클리드기하학에서 선은 1차원, 평면은 2차원, 우리가 사는 공간은 3차원으로 정의되었으며, 모든 계는 정수(integer)로 된 차원을 가지는 것으로 간주해 왔다. 그러나 자연은 그렇게 단순한 형태를 나타내는 일이 거의 없다. 예를 들어 1.4차원, 2.6차원 등의 비정수(non-integer) 차원으로 수량화된다. 그러한 비정수 차원을 프랙탈 차원이라 한다.

프랙탈을 생성하는 중요한 방법은 반복이다. 간단한 규칙을 무한히 반복하는 IFS(Iterated Function System) 기법에 의해 자연계의 불규칙적인 패턴이나 구조를 기하학적으로 나타낼 수 있다. 만델브로트는 자연의 불규칙한 패턴과 무한히 복잡한 형상에 대한 연구에서 나타나는 공통적인 특성을 자기유사성으로 보았으며, 자연현상을 해석하는 강력한 도구로 설명했다. 프랙탈은 무한히 작은 축적에서 거대한 축적에 이르기까지 자기유사성을 갖는 비정수 차원의 복잡한 기하학적 물체이다.

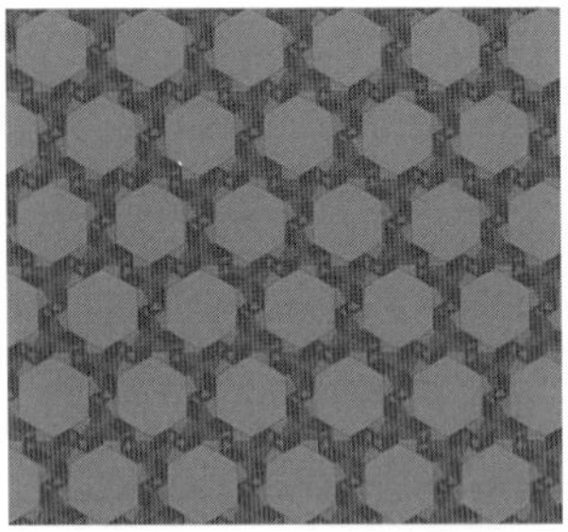

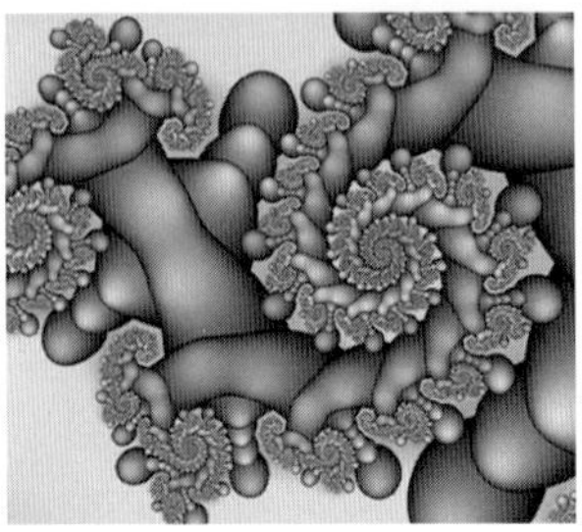

그림 1-63 | 무한반복의 테셀레이션 이미지(상)와 프랙탈 이미지(하)

프랙탈은 카오스 운동의 기하학적 측면이라 할 수 있으며 프랙탈의 기하학적 특성은 다음과 같다. 첫째, 전체와 부분이 유사한 구조를 갖는다. 자기유사성은 어느 부분을 잘라 보아도 전체의 모양과 닮아 있다. 부분 속에 전체가 들어 있는 구조로 부분이 전체를 반영하는 반복구조를 의미한다. 둘째, 프랙탈 형상은 비규칙적, 비대칭적 구조이다. 유클리드 형상과 달리 전혀 규칙적이지 않다. 즉, 선형적인 자기유사가 아니다. 삼각형, 원, 구, 원통 등과 같이 전통적인 기하학 형태들의 크기를 확대하면 그 구조는 없어진다. 그러나 프랙탈 형상은 부분을 확대하거나 축소더라도 단순해지지 않으며 비규칙성의 정도가 계속 나타나는 자기유사성을 나타낸다. 에셔(M. C. Escher)의 그림은 자기유사성의 구조가 잘 나타나고 있다. 많은 부분이 프랙탈 개념과 같이 무한소의 스케일링을 통해 자기유사성이 내포된 그래픽들로 표현되어 있다.

그림 1-64 | 에셔, Fishes and scales

이스라엘 건축가 즈비 헤커(Zvi Hecker)는 베를린의 유대인 학교인 하인즈 겔린스키 학교(Heinz-Galinski School, 1995)에서 끊임없이 움직이는 땅인 지구에 대한 메타포로 'Landform Architecture'의 개념을 전개하였다. 정방형 그리드와 해바라기를 나타내는 동심원의 요소가 중첩되어 복합적 기하학에 의한 진화론의 논리로 나선형을 생성시켰다. 해바라기를 상징하는 나선형에 의해 각각의 매스들은 조금씩 자기 유사적으로 생성되어 자연과 유사한 프랙탈 형상이 된다. 동일하지 않으나 유사하게 전개된 개체들의 배열이 혼돈스럽지만 전체적으로는 질서를 이루어내고 있는 것이다.

그림 1-65 | 즈비 헤커, 하인즈 겔린스키 학교

그랙 린(Greg Lynn)은 카디프 베이 오페라하우스(Cardiff Bay Opera House, 1994)는 장소적 특성을 결정하는 외적 요인을 대서양-카디프만-대상 부지로 이어지는 대지 주변의 해안선의 스케일 변화와 방향성으로 보았다. 그랙 린은 이 건물의 형태 전개에 있어서 해안선의 프랙탈 모습을 오페라극장 자체에까지 연장함으로써 프랙탈의 원리를 따르고 있다. 타원형을 형태 생성자로 하여 요트정박소 크기의 2/3 혹은 다른 타원을 대지 중앙에 놓고 강줄기를 이용하면서, 다시 1/3 크기의 타원형으로 부속건물들을 추적해 나가는 알고리즘을 이용하여 정렬하고 연속하거나 회전하면서 거리와 주변건물과 결합시킨다.

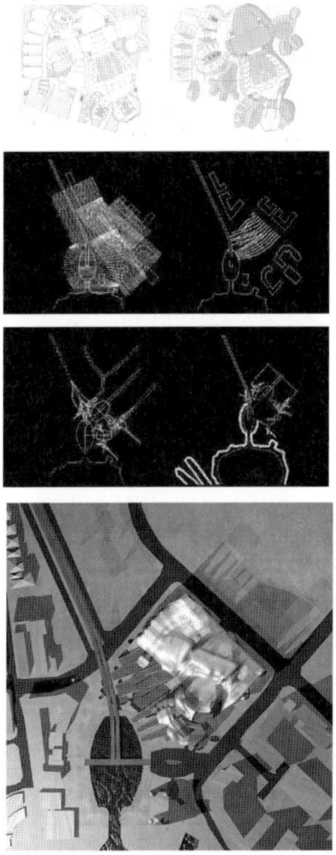

그림 1-66 | 그랙 린, 카디프 베이 오페라하우스

다니엘 리베스킨트(Daniel Libeskind)의 빅토리아 알버트 박물관(Victoria and Albert Museum, 2004)은 나선형을 형태 생성자로 하여 변형과 스케일링, 중첩의 과정을 통해 형태를 생성한다. 나선형 순환체계인 미로는 기존 갤러리와 새로운 박물관 프로그램 요소들을 중재하고 조직화하기 위한 구조적 전략이다. 나선형 구조는 예술과 역사, 외부와 내부를 변증법적으로 발전시켜 나가고자 한 의도이며, 세라믹 타일로 된 건물의 외벽 표면 패턴도 자기유사성을 갖는 프랙탈기하학의 형태로 되어 있다. 궁극적으로 시간성, 역사성 그리고 진화적 국면을 갖는 건물의 연속성과 혼재성을 프랙탈 자기유사성과 반복개념을 통해 드러낸 것이라 할 수 있다.(그림 1-67)

최근 새롭게 인식된 자연은 유클리드적 형상이 아닌 프랙탈 개념으로 설명이 가능하게 되었다. 프랙탈은 자연의 본질이 기계적, 선형적인 특성이 아니라 유기적이고 비선형적이라는 새로운 자연관을 제시하며 자연의 미학적 본성과 관계되는 개념이라 할 수 있다. 이제 프랙탈기하학은 새로운 수학적 도구로 공간과 형태구성 및 비평의 도구로 사용될 수 있게 되었다. 프랙탈은 디자인과 분석, 비평을 위한 새로운 조형언어로 디자이너에게 새로운 관점과 자연에 대한 이해, 창조적 직관을 갖게 하며 무한한 조형적 가능성을 제공한다. 프랙탈기하학을 반영한 새로운 디자인은 기계적 세계관에 의해 제안된 서구 근대의 통합적 질서와는 다른 복잡하고 더욱 자연의 본성에 가까워지려는 공간을 추구하려는 시도임에 틀림없다.

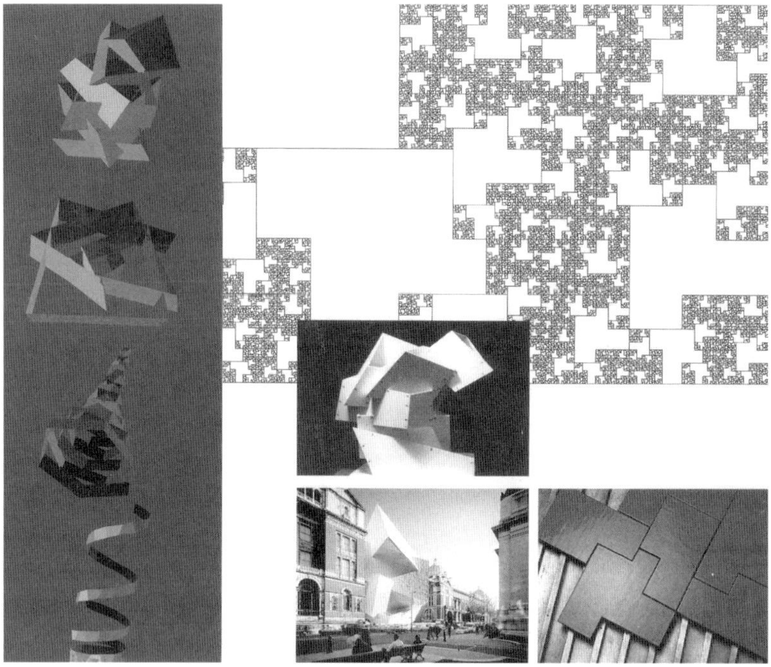

그림 1-67 | 다니엘 리베스킨트, 빅토리아 알버트 박물관

1-2-10 공간 인식 및 생성의 합리적 도구, 기하학

합리성은 시대와 장소에 따라 변화하고 있으며, 모든 시대에 적용 가능한 절대적인 기준은 없다. 특정한 시기와 장소에서 시대적 사상을 의미하는 합리적 사고는 그 시대의 지배적 이념과 사회적·철학적 이념들과 독립적으로 생각할 수 없다. 이러한 시대적 합리성은 기하학에 의해 얻어질 수 있었다. 피타고라스로부터 유래되는 유클리드기하학, 해석기하학, 사영기하학, 근대 이후 비유클리드기하학과 위상기하학 그리고 최근의 프

랙탈기하학에 이르기까지 기하학의 변화와 발전은 단지 수학이론상의 논리적 귀결이 아닌 세계를 보는 근본적인 변화와 궤적을 같이 하고 있다. 이것은 또한 건축에 있어서 형태와 공간에 대한 인식의 변화를 가져왔고, 고대와 중세의 신 중심의 형이상학적 우주관에서 인간 중심의 세계관으로의 변화 그리고 자연의 묘사에 대한 방법적인 문제와 관련되어 있다.

건축을 포함하여 다른 모든 학문들과 마찬가지로 예술과 과학은 불변의 보편적 진리를 다루고 있으며, 자연의 실재를 정확하게 표현하고 또 설명하고자 노력해 왔다. 이것은 기하학이라는 추상적 도구를 통해 가능할 수 있었다. 서구사상의 합리적 도구로서 기하학은 형식적 측면에서 사고를 지배하는 논리적 체계이며, 또한 내용적 측면에서 도형의 변환과 공간을 다루는 합리적 도구이다. 기하학은 서구사상을 지배하는 논리체계를 형성해 왔으며 고대로부터 현재에 이르기까지 건축공간을 인식하고 생성하는 도구였다.

1-3 인간화 공간구축

1-3-1 인간화 건축공간〈건축공간 = 체험된 장소〉

(1) 신체, 개인적 관계 그리고 공간적 가치

공간은 일련의 복잡한 관념들을 추상적으로 일컫는 용어이다. 서로 다른 문화를 가진 사람들은 각기 다르게 세계를 분할하고 각 부분에 가치를 할당하고 측정한다. 크기와 거리를 판단하는 기술과 마찬가지로 공간을 분할하는 방법도 매우 복잡다단하다. 그럼에도 불구하고 문화 간에는 어떤 유사성이 나타난다. 이러한 유사성은 궁극적으로 인간이 만물의 척도라는 사실에서 비롯된다. 이는 공간조직의 근본원리를 찾으려고 할 경우, 두 가지 종류의 사실에서 찾아야 함을 의미한다. 하나는 인간 신체의 자세와 구조이고, 다른 하나는 인간들 사이의 관계다. 인간은 신체의 긴밀한 경험을 통하여 그리고 타인과의 긴밀한 경험을 통하여 자신의 생물학적 욕구와 사회적 관계에 적합하고, 또 그것을 충족시킬 수 있도록 공간을 조직한다.

'신체'라는 단어는 살아있는 생명체보다 사물을 곧바로 연상시킨다. 신체는 "그것"이며, 그것은 공간속에 존재하거나 공간을 차지한다. 반대로 인간과 세계라는 용어를 사용할 경우, 우리는 인간을 세계공간의 조그마한 부분을 점유하고 있는 한 사물로 생각할 뿐만 아니라 세계에 거주하면서 세계를 지배하고 창조하는 존재로 생각한다. 사실상 세계라는 단어는 인간과 환경을 함축하고 결합하는 단어이다. 그 어원 "WER"가 인간을 의미하기 때문이다. 인간과 세계는 복잡한 사상을 나타낸다. 여기서 우리는 인간과 세계, 즉 신체와 공간에서 비롯된 보다 단순한 사상들을 살펴볼 필요가 있다. 이때 전자가 후자를 점유할 뿐만 아니라 의도적으로 통제하고 질서를 세운다는 것을 염두에 두어야 한다. 신체는 생명체이고 공간은 인간의 판단에 따라 해석된 공간이다.

(2) 공간의 경험

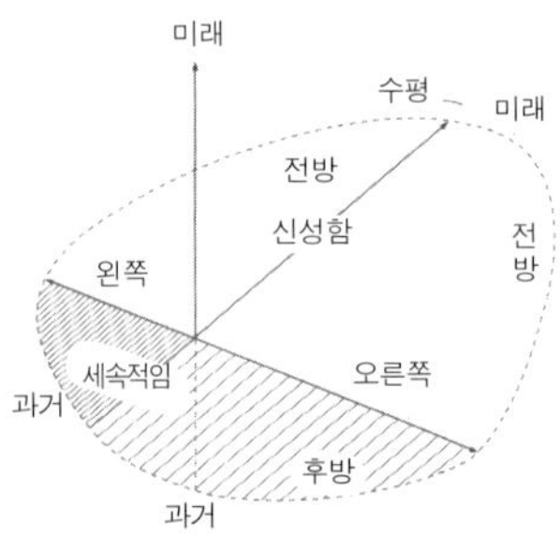

그림 1-68 | 직립한 인간 신체, 공간, 시간

경험한다는 것은 상황에 놓여졌다는 것을 의미한다. 분명한 존재로서 공간을 경험한다는 것보다 우리는 장소를 경험한다. 장소는 우리 자신을 발견할 수 있는 상황의 공간적인 주어짐이다. 어떤 장소에서 모든 존재들은 그들 자신을 그 장소에 놓여 있다는 총체적인 맥락에서 우리에게 드러낸다. 그러므로 공간적인 경험은 전체로서 이해되어야 한다. 모든 존재는 어떤 대화에 참여하고 있는 동반자들이므로 우리는 물체들조차 목적을 지난 실체로 보면서, 그들 실체들에게 속성들을 투사하게 된다. 그리고 어떤 만남으로서 동반자에 감응하는 것이다.[34] 페레드(Peled)는 에릭슨(Erikson)의 심리 · 사회학적 발전의 모델을 인간과 장소 사이의 상호 작용의 토대로서 사용했다. 이것은 방향, 집중, 지배의 속성들이 장소와 상호작용함에 있어서 중요한 차원을 강조하는 것이다. 방향은 그 장소가 '받아들이는 곳이냐' 혹은 '밀어내는 곳이냐'이며, 집중은 그곳에 '속해 있

34) 페레드에 있어서 우리는 모든 가능성과 실체를 생산한다고 보았다. 그것은 실제적이며 형이상학적 존재로서 신체에 관계하는 것이다.

는가' 혹은 '분리되어 있는가'이다. 또 지배는 '종속되는가' 혹은 '우월한 것인가'의 감각이다.[35] 간략히 말해 장소의 경험은 이런 존재론적인 차원과 함께 균형을 이루는가. 혹은 경쟁적 인가에 의해 성격을 이루게 되는 것이다.

(3) 공간과 장소_경험적 관점

어떤 감각기관과 경험이 인간으로 하여금 공간과 공간적 특성에 대한 강렬한 느낌을 가지게 할 수 있는가? 운동감각, 시각, 촉각을 통해 그렇게 할 수 있다. 단순히 다리로 차고 팔을 뻗는 것과 같은 운동은 공간을 인식하는 기초이다. 움직일 여지를 가짐으로써 공간은 직접 경험된다. 나아가 사람은 한 장소에서 다른 장소로 움직임으로써 방향감각을 얻는다.

앞, 뒤, 옆은 경험적으로 구분된다. 즉, 움직이는 행위 속에 잠재의식적으로 알려져 있다. 공간은 동적이고 목적적인 자아를 중심으로 하는 대

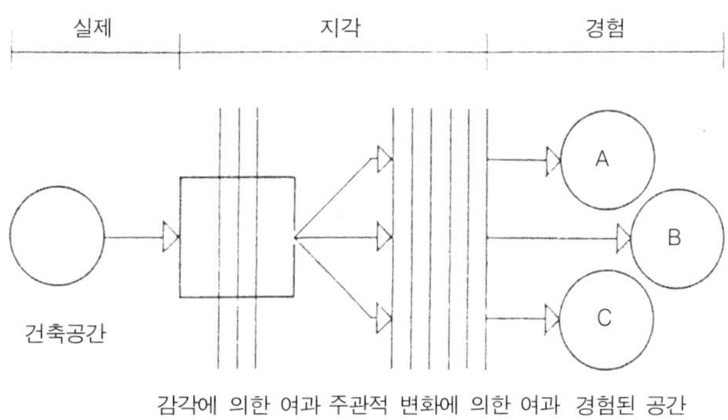

그림 1-69 | 공간의 지각과 공간의 경험

---

35) 사람, 오브제, 장소는 이러한 존재적인 차원에 관계하여 나란히 위치하고 있다. 우리는 음식과 사고를 받아들이고, 생산하며, 커뮤니케이션하고, 조정하면서 서로에 영향을 미친다. 이와 비슷하게 하나의 공간은 우리를 받아들이고, 그럼으로써 의자를 들여놓고 의자는 조정되어진다. 그 색상, 재료, 위치, 경험, 모든 것이 포함된다. 그 가운데 경험은 강력하고 상호 관계를 생산한다. 동참자들 사이에 새로운 관계가 성립된다. 장소는 보완적이거나 혹은 경쟁적인 결합을 만들어낸다. 이러한 경우에 각각은 어느 하나를 지배하거나 지배받는다.

략적인 좌표틀이다. 인간의 눈은 사람들에게 3차원의 생생한 공간을 제공한다. 하지만 경험은 필수적이다. 유아나 선천적으로 장님이었으나 최근에 시력을 회복한 사람이 세계를 변화하는 패턴이나 색깔로 지각하기보다는 정적인 3차원의 대상들이 공간상에 배열되어 있는 것으로 지각하려면 시간과 연습이 필요하다. 손으로 물건을 만지고 만드는 것은 대상의 세계를 생산하는 것이다. 사물에 손을 뻗치고 그것을 가지고 놀면서 사람들은 사람들의 분리와 상대적 간격을 알게 된다. 목적적 운동과 지각을 통해 인간은 공간에서 개별 대상들의 친밀한 세계를 경험한다. 장소는 특별한 종류의 대상이다. 장소는 가치의 응결물이지만, 손쉽게 조작하거나 가지고 다닐 수 있는 것이 아니다. 장소는 사람이 거주할 수 있는 대상이다. 우리가 보아 왔듯이 공간은 움직일 수 있는 능력에 의해 주어진다. 움직임은 종종 앞으로 방향 지워지거나 대상들과 장소들에 의해 저지되기도 한다. 그래서 공간은 대상들이나 장소들의 상대적 위치로 혹은 장소들을 분리시키거나 연결시키는 거리와 넓은 구역으로 그리고 장소들의 네트워크에 의해 정의되는 지역으로 다양하게 경험될 수 있다.

① 인간의 공간조직은 독특하게 시각에 의존한다. 다른 감각은 시각공간을 확장시키고 풍부하게 한다. 그래서 소리는 공간 인식을 넓혀주어 우리는 뒤쪽의 보이지 않는 지역을 알 수 있다. 더욱 중요한 것은 소리가 공간 경험을 극적으로 표현한다는 것이다. 쌍안경이나 소리를 줄인 텔레비전 스크린을 통해 사건을 관찰할 때, 또는 하얀 눈으로 덮인 도시 속에 있을 때, 소리가 없는 공간은 고요하고 생명이 없는 것처럼 느껴진다.[36]

② 인간의 공간은 인간의 감각과 정신의 특징을 반영한다. 정신은 자주 감각적 증거를 초월하여 삽입된다. 광막함이라는 개념을 생각해 보라. 대양의 광막함은 직접적으로 지각되지 않는다. 윌리엄 제임스는 "바다에 갈 때마다 갖게 되는 인상을 마음속으로 확대시킴으로써 우리는 대양을 하나의 전체로 생각한다"고 한다.[37]

---

36) P. H. Knapp, "Emotional aspect of hearing loss'" Psychosomatic Medicine, vol.10, 1948, pp.203~222

1-3-2 인간화 건축공간 형성 방법〈요소, 계획→인간화 건축공간〉

(1) 기법

1) 양면성

한 사물의 무형적인 존재라는 것은 그 사물에 대한 명확한 상보적인 관계를 갖는 것이라고 해석 할 수 있으며, 이 무형적인 것은 그 사물에게 상호 연계되고 서로 뒤바뀔 수 있는 일체성과 완전한 실재성을 주게 된다. 우리는 모든 사물을 대할 때 유형적인 면을 중시하는 경향이 있다. 그러나 모든 개체적 사물은 음적인 면과 무형적 내용을 갖고 있다는 것에 유의하여야 할 것이다.

사물속에 있는 이 무형적 내용은 비록 물질적으로 실현되지 않을지라도 실체인 것으로 간주되어야 한다. 노자의 저서인 도덕경에서는 이것을 “무형적 형태 또는 융화할 수 없는 현상”이라고 칭하고 있다. 그 실상을 파악하기 위해서는 남성의 마음속에 있는 여성의 “이미지” 또는 그 반대의 경우를 생각하기만 하면 된다. 같은 이치로 자장의 한쪽 극은 자체만으로는 충분성이 없으며 무형적인 반대의 극을 갖고 있다.

생물적, 물리적이거나 심리적인 면에 있어서 사물의 생명력과 의미는 명백한 한 쌍의 상대적 존재의 조합관계에 있다고 하겠다. 즉 건축에 있어서 양과 음중 음적인 것으로 생각되는 공간이 실제로는 보다 중요하다. 그 이유는 허공이 고형체로 언제나 채워질 수 있는 가능성을 갖고 있는 존재인 까닭이다. 건축 공간구성에 있어서 시, 공간의 점유에 관해 일종의 사용되어지지 않은 것은 사람에게 시간적 제약없이 건축공간 안에서 행동할 수 있는 가능성을 만들어 준다. 이와 같이 무형적인 내용과 준비가 없이는 기능적 공간은 경직하게 되고 삶의 질을 상실하게 될 것이다. 사물은 그것과 때때로 공존하거나 경험된 연상에 의해 존재되는 다른 사물과 대조를 이룰 때 의미있는 것이 된다. 즉 모든 현상의 세계는 상대적인 대조에 의해서 지각되는 것이다. 균형에 있어서 2가지 측면이 서로 걸맞아 평형을 이루게 되는 것 같이 사물은 짝으로 비교되며 어떠한 사물의

37) James, Principles of Psychology, pp.203~204

특별한 측면도 두 양극사이의 변화를 측정함으로써 알기 쉬워진다. 어떤 형태의 대비현상은 명확히 정반대 사물 사이의 감각성의 차이로서 정의되어야 한다.

음양에 있어서 인간/우주, 하늘/땅, 남/여, 理 /氣, 선/악, 유/무, 내/외, 길/ 흉, 그러나 이것은 시작과 끝에서 일체로 파악되어야만 한다. 격식이 없는 관조를 통하여 건축적 형태에 있어 무형적 요소, 즉 음적 요소의 실재라는 것이 건축형태에 있어서 생기있고 인간적인 것이 되도록 만들고, 다른 건축물과 자연스럽게 조화하게 되며 또 사람의 감상능력으로 건축을 경험할 수 있다.

2) 보이드와 솔리드

보이드는 그 자체가 정신적인 생활과 마찬가지로 시각과 청각 이상의 것이다. 비실체적인 것의 논지에서 일치되게, 인간은 비록 일시적으로 그 육체적인 존재를 보호해야 하지만 인간은 생의 연속성과 육체적인 쇠퇴는 부인해서는 안 된다. 인간은 그의 최후의 그리고 원초적인 존재가 솔리드 가운데서가 아니라 보이드 가운데에서 존재한다는 사실을 받아들이는 데 두려워해서는 안 된다. 솔리드에 대한 강조는 정신적인 존재에 대한 부인과 부조화된다고 말할 수 있다. 인간생활에서 정신적인 존재와 같이 보이드는 실제적이고 무한한 것이다. 예를 들어 어떤 사람의 두 의자 사이에 공간이 3인치 증가하였을 때 보이드에 있어서도 3인치 증가했다고 말할 수는 없다. 그것은 두 의자 사이의 간극 이상의 의미한다. 두 의자를 차지한 사람들에게는 실제로 두 시점에서부터 전체 6인치 이상의 증가가 있다.

솔리드는 그 자체가 한정적이고 죽음과 같은 것이다. 그러나 보이드는 무한히 상호관입하고 그것의 피상적인 양 이상의 더 많은 것이 될 수 있는 잠재력을 가진다. 누구도 정신적인 생의 길이를 측정할 수 없다. 마찬가지로 누구도 수백만의 사람의 눈으로 경험되어짐으로써 때가 되어 보편적인 보이드로 이루어질 수 있는 편익은 측정할 수 없다. 매스는 보이드를 위한 것이다.

사람은 많은 시각 상대물들 중 어떤 것에나 마음이 끌리는 듯하지만, 그는 텅 비고 사라져 가는 장을 통해 또는 이를 향해 바라보도록 자연히 의도된다. 지루한 대상물을 보는 것에 대한 우리들의 거부반응은 그것으로부터 시선을 딴 곳으로 목적 없이 돌려버리게 하는 반면, 무의미한 고형체는 우리들의 시선을 거의 예견이 가능한 각도에서 확정적으로 반발하게 만든다. 이밖에 모든 것이 동일하다면 신중히 생각해서 준비된 허공(보이드)이 우리가 보는 "프로세스"에 있어 기대되는 방향성을 보장해 줄 것이다. 자연 그 자체는 무존재(Non-being)에 의하여 생기고 피곤함에 의해서 보충되는 방향성에 따라서 보고 움직이는 것이다.

3) 대지

인간행위가 있다. 상호의 만남이 있고 관계가 있다. 밖이 있어 안이 있다. 모든 사물이 대상이며 목적이 아니다. 인식의 대상이 아니라 장소형성 요인이다. 우리 속에 내재된다.

행위가 있어 축이 있다. 〈무엇인가로부터 무엇인가로 향하는〉, 〈무엇인가에 있는〉 것이다. 광대의식의 배치법은 복잡한 운동체계를 보여준다. 자연 주변이 모두 그의 것이다. 전 환경이 수중에 있다. 주위와의 관계 가운데서 자기를 현시하는 표현을 획득할 수 있다.

4) 장소

상·하는 공간이며 천장, 바닥은 장소이다. 모든 장소에는 목적된 기능이 없다. 많은 기능을 포함하는 추상이며 상징이다. 그 장소에서 유발되는 상황(사건과 형식)에 따라 항상 때에 따라 새롭게 의미를 가진다. 장소감, 분위기가 생긴다. 모든 장소는 극소에 있는 사람에 의해, 그곳에서 행해지는 행위에 의해서 사건에 의해서 변하여 고쳐지고 시간상으로 조작된다.

이럴 때 장소는 구체적 공간이 되어 생명력 있는 공간이 될 것이다. 상대성이 있으며 인간에 있어서 하나가 된다. 모든 상황이 마련되고 도구가 준비되기까지는 모든 장소는 추상화되고 상징화 된 채 남아 있다.

5) 작음

현대문명은 복잡하고 모호하고 목적에 따라서 작은 인위적 단편으로 전개한다. 규모의 작음이 아니다. 행동영역이다. 서로를 알며 교제하며 교류하며 판단 가능한 만남이 있고, 우열의 관계가 아니며, 대등한 만남이며 친밀하다. 가족이며 이웃이다. 생활의 연속의 장이다. 원초적 행위의 만남이다. 불필요한 복잡함을 피한 단순한 재료, 단순한 현장에서 그 핵심적인 것이 평이해진다.

루이스 멈포드의 말처럼 많은 빛(약간의 어두움을 간직한), 많은 개방성(약간의 폐쇄성), 융통성(약간의 경직성, 근대건축운동)이 무르익어감에 따라 유기적 건축은 외향성 못지않게 내향성에, 객관성 못지않게 주관성에, 과학과 이성의 냉철한 조명 못지않게 숨은 원시적이고 무의식의 힘에 공정한 평가를 내릴 것이다.

6) 전체성

이원성이 일원성이 된다. 다양한 것이 전환가능하며 서로 내포하고 있다. 양면적 다양성의 상반적 요소를 관계의 연결고리에 조합하여 본다. 보완성이 생겨 중화, 중성화되어 동질화된다. 중심이 보인다. 전체적이다. 음양에서 태극, 도를 이룬 단계도 양극적인 음, 양이 상생상극 속에 변증법적으로 상호교류하는 것이며 여기서 음양일체라는 사상이 나온다.

생명현상 속에는 고립이라는 것이 없어 입방체의 하나의 부분이라 할지라도 전체와의 관계로부터 분리된다든가 무관계적이어서는 안 되며 모든 요소가 전체의 질서에 종속하는 것이나, 동시에 그들이 존재하는 원형으로서의 중량감 때문에 결코 전체에 일반적으로 종속할 수는 없는 것이다. 표면 성질과 형태의 대조적 및 상보적인 요소들로 구성된 건축물은 보통 균형의 대조와 개방성의 대조에 의해 다른 건축물들과 조화를 이루도록 만들어진다. 보통 비대칭적인 것이 대칭적인 것보다 효율적으로 결합될 수 있다. 완전한 형태를 추구하기보다는 주위의 환경에 어우러지는 반듯한 공간을 창조하는 것이 바람직할 것이다. 또한 보통 감싸여진 것의 개방된 것과 연결된 상태가 보다 바람직하다.

(2) 요소

1) 공간의 신체지각

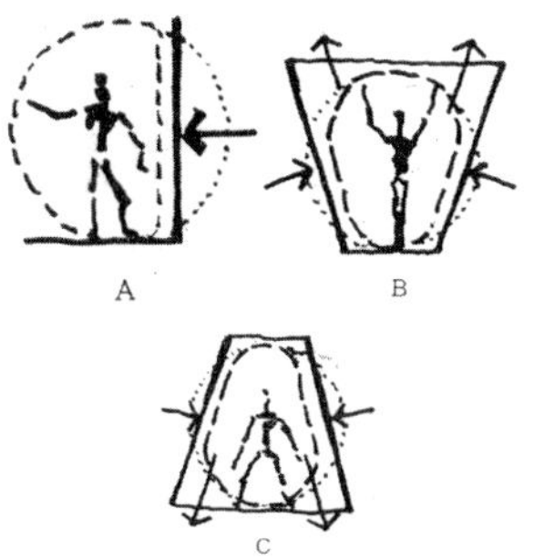

그림 1-70 | A 면들이 신체에 접근함에 따라 그것들은 처음에는 암시적 제한을 주고, 그 다음에는 그 실질적인 제한을 움직임에 주게 되고 긴장을 야기시킨다. B 단면의 경사면은 상승 또는 압박의 느낌을 주고, C 단면의 경사면은 신체를 전방으로 몰아치거나 움직임에 작용을 억제작용을 한다.

운동하는 조각의 한 부분으로 관찰되는 움직이는 신체는 공간 내에서 극도로 복잡한 형태의 관계를 나타낸다. 이러한 움직임을 통합시키는데 필요한 제어는 주로 무의식적 차원에서 행해지고 인간의 공간 감상에 기초를 제공한다.

내뻗는 팔과 다리의 회전에 의해 생기는 곡선은 근본적으로 구형인 공간을 규정한다. 인간을 에워싸는 구는 그가 정신적 본체로 변환시키는 생리적 실체이다. 왜냐하면 그는 이것을 그 자신의 개인적 소유물로 여기기 때문이다. 이러한 공간에 대한 그의 태도는 "상대방과의 거리를 유지한다"와 같은 일상생활에 있어서는 언어의 은유적인 표현에서 나타난다.

신체로 느껴지는 공간은 상하, 전후, 좌우의 축으로 형성되어 있으며, 이 축은 헤아릴 수 없는 좌표계를 보여준다. 상·하가 있다. 상은 추구, 환상, 존립이며 성장, 동경, 뻗침이다. 하늘에 닿으려고 한다. 부활이며 내세다. 하는 우유부단, 실제성, 비정신적, 무기적, 어둡고 빽빽하며 흡수, 압축이다. 땅 위에 굳건한 터이다. 죽음이며 무덤이다. 궁극적인 것은 인간의 고귀한 열망과 비천한 소망에 의한 그의 축, 천국과 지옥이다.

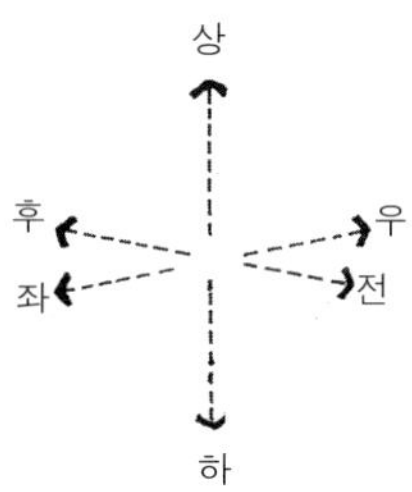

그림 1-71 | 신체지각축

전·후가 있다. 전은 운동성, 힘, 선이며 대칭성이다. 후는 개인적, 공간적으로 작은 의미다. 비대칭성이다. 이 축은 과거 미래, 내향적, 외향적, 소극적, 적극적인 연상을 가지기도 한다. 좌·우가 있다. 좌는 힘이며 기술, 합리성 자기주장이다. 좌는 유약함, 비합리성 나쁜 목적이다. 중심에 있어 다분히 종교적 차원이다. 우주와 기법이며 질서다. 지리적 기하학적 중심이 아니다. 하나에 또 하나이다. 혼돈 속의 질서다. 세계를 우리 자신의 신체 그리고 의지와의 유추에 의해 인간화하거나 해석하려는 신인동성론적인 방법은 그래도 심미적인 방법이고 그것은 시의 기본원리이며 건축의 토대이다.

2) 정연한 질서

축이 있다. 배치에 있고 건물에도 있다. 시각적 균형이 생긴다. 삼차원적 측면을 지난 분명한 영역의 균형을 유지시키려는 축의 조정이 있다. 특정한 축에 관해 균형이 되게 하는 분명한 영역조정이 있다. 비대칭일 때 여러 각도에서 본 지각된 물체에 균형을 준다. 양면성에서 질서가 강조된다. 전체적 통일감이 이루어진다.

3) 연속과 불연속

공간의 구성은 조각의 형태적 성질을 가질 수 있고 또한 전혀 다른 방법(정적이 아니고 인간의 삶과 움직임)에 관계를 갖는 방법으로 구성될 수도 있다. 공간에서의 경험은 연속적이고, 움직임에 따라 변화한다. 공간의 연속은 영화나 음악 또는 춤에서와 같이 경험의 연속성을 뜻하고 그 연속은 형(pattern)과 구조(structure)를 가지고 있다.

자연과 시간과 공간에 있어 방향성이 있다. 시간의 연속성을 이루기 위해 공간적 판단과 불연속성이 필요하게 된다. 건물의 유사성과 상이성이 시각적 연속을 갖게 해준다. 축을 따른다. 비켜서기도 하고 가로막힘을 당하는 순간이 있다. 있음에서 없음으로 없음에서 있음으로 계속 연속적인 상황이 일어나게 될 것이다. 건축구성에 있어서 변화와 흥미는 동일한 형상들과 비어있는 공간간의 폭 사이에 "리듬"을 주는 단속적인 변화에 많이 의존하게 된다.

건축가들은 종종 그 안에서 영위하게 될 삶을 변화시킬지도 모를 정도로 건물의 물리적 형태에 사로 잡혀 있다. 건물의 실체는 그것의 물질적 내용에 의해서만 보여진다. 그러나 공간을 통한 움직임으로서의 시간에 따른 건물의 경험 역시 실재적이다. 공간의 개방성 하나만은 조정 받지 않은 확장을 암시하고, 감싸여짐 하나만은 압축된 정숙을 암시한다. 개방성의 극단의 경우는 고갈하게 하는 행동을 유도하고 결국에는 무의미한 빈곤을 느끼며, 감싸여짐의 극단의 경우는 완전히 생기 없는 상태에 이르게 된다.

개방된 공간의 감성을 제어하는 것과 감싸여진 공간의 정체성을 덜게 하는 적절한 방법이 필요하다. 생동성은 항상 생성하는 잠재력을 필요로 한다. 공간에서 감성을 제어하는 방법은 흐름의 방향과 수직관계에 있는 유형적 "매스"로 암시되는 무형적 선에 의해 환경을 통합하는 것이다. 한 줄로 계속해서 있는 횡방향 평판면들이나 열주는 그들 면을 넘어서 횡방향의 개방감을 암시해 주고 횡방향의 감싸여짐에 의해 압축되어서 종방향의 행동을 감소시키는 방법이 된다. 그래서 우리의 시선은 밝은 횡방향면들에 의해 종속적으로 매료되며, 이때마다 횡방향으로 가고자 하나 항상 회전하고 돌아가서 밝음에 의해 암시된 무형적 개방성을 향해 전진하려고 한다. 이렇게 되어 오히려 감싸여진 환경은 녹는 것과 같은 부드러운 시각적 공간의 부피를 가진다.

4) 수직과 수평

수직과 수평에는 행위 진행, 수평이 있다. 안전하다. 땅이다. 구획이 있다. 길이 있고 마당이 있고 기둥, 열주, 회당이 있다. 수직에 있어 상승감이 생긴다. 하늘이다. 레벨이 생기고 계단이 있고 폭포가 있다. 이들이 반복하여 서로 보안한다.

5) 무형적 직선

우리의 눈은 아무것도 없는 빈 것 속에서 더욱 해방감을 느끼므로 상대적으로 우리의 시선의 행위는 유형적인 선을 따라가는 것보다 점에서 점으로, 허공 속을 가로지르려는 경향이 더욱 강하다. 이러한 이유에서 부정적인 힘은 불필요한 복잡성 없이 더욱 풍부함을 이루는데 활용될 수 있을 것이다.

한 수직적 형태가 가벼운 구조로 되어 있고 그것에 수많은 "캔틸레버"들이 반복하며 중첩되어 붙어 있을 때, 우리의 시선은 수평방향보다 수직방향으로 움직이도록 강한 유인을 받는다. 반대로 명확한 수직성의 것이 반복하여 붙어 있게 되면 수평방향으로 유도를 가져올 것이다. 즉, 무형적인 상보의 기능은 유형적인 것의 반대의 형성을 제공하려는 것 같이 보인다. 무형적 형상과 다른 모양으로 된 유사한 유형적 형상 사이의 조화를 창조하게 만든다. 이러한 무형적인 상보성이 주는 조화의 기운은 유형적인 유사성의 조화보다 더욱 생동적이고 선명하다.

우리들이 구성상 유의해야 할 점은 각각의 점들을 한정하는 유형적인 형태가 아니라 이 점들의 관계에 의해서 만들어지는 무형적인 형상이기 때문이다. 밀집된 형태의 도시와 광대한 자연공간에 둘러싸인 높고 가는 한 개의 고형체를 비교해 보면 전자에서는 공간이 가치있게 되고 후자에서는 고형체가 강조됨을 알 수 있다. 건물의 facade(전면)을 정교하게 꾸미는 것은 단순한 출입문의 중요성을 실물 이상으로 잘 보이게 만드는 것은 장식된 입구를 보석과 같게 진중하게 만드는 것을 뜻한다. 검은색으로 넓게 칠해진 흰 종잇조각에서 더 잘 보이는 것은 칠하지 않고 빈약하게 그대로 남겨져 있는 외랑의 흰 부분이다.

6) 공간의 만남

공간에는 내·외부가 있다. 원과 사각이 있다. 엇물림이 있으며 애매성, 모호성이 있다. 밖으로 향해 열린 틀이 형성되어 내부의 피막적 공간이다. 또한 이러한 공간은 외부의 열주가 내부까지 침투한다. 계단도 그렇다. 하나의 유폐된 공간은 다만 한 음부의 소리를 쳐서 울리게 하지만 단편적인 것들로 구성된 공간은 인간의 시선행보에 따라서 많은 조화를 이루는 화음으로 짜여질 수 있다. 공간과 공간 사이의 극적인 대조는 대단히 복잡한 과정을 나타내는 반면 공간의 전체적 또는 부분적인 회색의 공간(은밀한 공간, 규정되어지지 않은 공간)은 많은 공간들의 지혜로운 연결 및 연결을 위한 매개체 역할을 한다.

우리는 건축의 종합성을 바탕으로 건축공간을 인간적 공간으로 창조하기 위하여 필요한 요소를 참조해야 할 것이며, 건축공간에서의 모든 형상을 분절하여 건축공간의 창조, 질서, 행위를 통해 자연, 공간, 인간, 시간에 대한 인식을 가져야만 할 것이다. 따라서 건축조형 원리의 계획방법은 인간, 자연, 건축이 합일하는 유기적 통일체를 이루는 건축계획의 방법론의 내용이 되는 것이 바람직할 것으로 보인다.

인간화 건축공간 형성을 위해서는

① 건축적 형태에 있어서 무형적인 내용의 실존.

② 건축구성에 있어서 무형적인 내용은 모든 시각적인 실체의 무존재와 존재를 전반적으로 묶어 주는 것으로 존재. 그러므로 건축가가 구성할 때에는 유형적인 형태뿐만 아니라 눈에 보이지 않는 내용을 상호 의존적으로 고려해야 하는 것이다.

③ 건축가들이 창작활동을 하는데 있어서 필요한 요소가 아닌 필요치 않은 요소가 무엇인지를 인식하였을 때 형성되는 작품은 참다운 작품이 될 수 있을 것이다. 무형적인 내용은 건축적인 형태의 삶의 질을 부여한다. 그리고 영혼이 존재한다는 점을 인식해야 할 것이다.

참고문헌

1. 강영계 옮김, Curt Friedlein, Geschichte der Philosophie, 「서양철학사」, 서광사, 1986.
2. 고흥권, 현대건축의 위상기하학적 공간형태경향에 관한 연구, 한국문화공간건축학회논문집 제13호, 2005.
3. 권석봉 외, 「과학문명사」, 중앙대학교출판부, 1993.
4. 권영걸 저, 공간디자인 16講, 도서출판 국제, 2001.
5. 권태문 저, 건축미학과의 만남, Spacetime, 2001.
6. 권태문 저, 건축미학을 찾아서, 도서출판 대가, 2005.
7. 길성호, 「현대건축사고론」, 미건사, 1997.
8. 김윤 옮김, Jean-Pierre Maury, 「뉴턴: 사과는 왜 땅으로 떨어지는가」, 시공사; 시공디스커버리 027, 1996.
9. 김택 옮김, Deni Guedj, 「수의 세계」, 시공사; 시공디스커버리 083, 1998
10. 김경준 외 옮김, Willam J. Mitchell, The Logic of Architecture : Design, Computation and Cognition, 「건축의 형태언어」, 도서출판국제, 1993.
11. 김도식, 건축 디자인에서의 합리성의 의미 변환에 관한 연구, 서울대 박사학위논문, 1993.
12. 김동광 옮김, Ian Stewart, Nature's Numbers, 「자연의 수학적 본성」, 동아출판, 1996.
13. 김영식 외, 「과학사」, 전파과학사, 1996.
14. 김용운 외, 「공간의 역사」, 전파과학사, 1973.
15. 김용운 외, 「세계수학문화사」, 전파과학사, 1992.
16. 김용운 외, 「수학사대전」, 도서출판 우성, 1996.
17. 김용운, 「인간학으로서의 수학」, 우성문화사, 1993.
18. 김정곤 · 김용식 · 서치호 · 안형준 저, 건축학개론, 구미서관, 2003.
19. 김주미, 프랙탈 개념에 기초한 조형원리와 표현특성, 한국실내디자인학회논문집 37호, 2003. 04.
20. 김태영 저, 건축입방체, 대우출판사, 1998.
21. 박배식 외 옮김, James Gleick, CHAOS; Making a New Science, 「카오스 : 현대과학의 대혁명」, 동문사, 1993
22. 박세희, 「수학의 세계」, 서울대학교출판부, 1995.
23. 박종호, 그리스 신전건축의 비례체계에 관한 연구, 한양대 석사학위논문,

1992.

24. 박진희 옮김, Allison Coudert, Alchemy : The Philosopher's Stone, 「연금술 이야기」, 민음사, 1995.
25. 박항섭, 인간화 공간 형성 방법에 관한 연구, 경원대, 1986.
26. 백상현 옮김, Trinh Xuan Thuan, 「우주의 운명」, 시공사; 시공디스커버리 059, 1997
27. 서현, 건축개념으로서 기능의 의미에 관한 연구, 대한건축학회논문집 계획계 제25권 제6호(통권248호) 2009년 6월
28. 송성수 외, 「인물로 보는 서양 과학사」, 녹두, 1994.
29. 심우갑 외 옮김, Winand Klassen, 「서양건축사」, 대우출판사, 1996.
30. 오석균 옮김, Franz Carl Endres·Annemarie Schimmel, Das Mysterium der Zahl, 「수의 신비와 마법」, 고려원미디어, 1996.
31. 오영환 옮김, Alfred North Whitehead, Adventures of Ideas, 「관념의 모험」, 한길사, 1996.
32. 오영환 옮김, Alfred North Whitehead, Process and Reality : An Essay in Cosmology, 「과정과 실재」, 민음사, 1996.
33. 오영환 옮김, Alfred North Whitehead, Science and the Modern World, 「과학과 근대세계」, 서광사, 1989.
34. 윌리엄 W. 카우델 · 윌리엄 M. 페너 · 폴 케논 저, 박만식 역, 建築의 理解, 기문당, 1983.
35. 유희준 저, 키워드를 통해보는 건축공간과 형태의 이해, 문운당, 2007.
36. 이건 외 옮김, György Doczi, The Power of Limits, 「황금분할의 미학」, 기문당, 1987.
37. 이대암 옮김, Rudolf Wittkower, Architectural Principles in the Age of Humanism, 「르네상스건축의 원리」, 대우출판사, 1988.
38. 이명식, 건축디자인에 있어서 위상기하학의 적용에 관한 연구, 대한건축학회논문집 계획계 제25권 제10호, 2009. 10.
39. 이명식, 건축디자인에서 프랙탈기하학의 적용에 관한 연구, 대한건축학회논문집 계획계 제25권 제5호, 2009. 05.
40. 이무현 옮김, Euclid, Elements, 「기하학원론」, 교우사, 1997.
41. 이영수·유명희, 현대건축에 있어서 생태 패러다임에 기초한 자기조직화의 적용에 관한 고찰, 대한건축학회논문집 계획계 제20권 제2호, 2004. 02.
42. 이용재 옮김, Alberto Pérez-Gómez, Architecture and the Crisis of Modern Science, 「건축과 근대과학의 위기」, 집문사, 1989.
43. 이재국 · 조남두 공저, 건축학개론, 도서출판 서우, 2006.

44. 이종인 옮김, Francois Laroque, 「셰익스피어」, 시공사; 시공디스커버리 023, 1996
45. 이종인 옮김, Georges Jean, 「문자의 역사」, 시공사; 시공디스커버리 001, 1995.
46. 이중우 저, 건축사상과 공간, 기문당, 2002.
47. 이철재, 기하학과 비선형 공간 형태의 상관성에 관한 기초 연구, 한국실내디자인학회논문집 제14권 1호, 2005. 02.
48. 이-푸 투안 저, 구동회 · 심승희 역, 공간과 장소, 도서출판 대윤, 1995.
49. 장정제 역, 현대건축의 사고, Ben Farmer and Adrian Napper 편집, Spacetime, 2008.
50. 정인국 저, 近代建築論, 문운당, 1992.
51. 정진원 외 옮김, Van de Ven, Space in Architecture, 「건축공간론」, 기문당, 1988.
52. 조대성 외 옮김, Garry Stevens, The Reasoning Architect : Mathematics and Science in Design, 「과학과 수학으로 본 건축론」, 태림문화사, 1995.
53. 지오 폰티 저, 김원 역, 건축예찬, 열화당, 1997.
54. 진경돈 외 옮김, Paul Laseau·James Tice, Frank Lioyd Wright, Between Principle and Form, 「건축형태와 원리」, 미건사, 1994.
55. 최윤경 저, 7개 키워드로 읽는 사회와 건축공간, Spacetime, 2003.
56. 클라우스 프라크트 저, 이상권 역, 건축의 형태의장 이해, 도서출판 국제, 1993.
57. 토미이 마사노리 · 이오 미찌르 · 요시다 후쿠지 저, 지훈상 · 정영한 역, 인테리어 아키텍처, 기문당, 2008.
58. 함정도 · 이상진 공저, 건축 디자인의 이해, 기문당, 2005.
59. 허민 외 옮김, Keith Devlin, Mathematics : The Science of Patterns, 「수학 : 양식의 과학」, 경문사, 1996.
60. 황태주, 접힘 건축에 나타난 위상기하학적 공간 개념에 관한 연구, 한국실내디자인학회논문집 제13권 3호, 2004. 06.
    柳 亮, Golden Section, 유길준 역, 「황금분할」, 기문당, 1987.
61. ______, 뒤러와 동시대 작가 판화전, 국립현대미술관, 1996
62. C. N Schultz 저, 진경돈 · 이정국 역, 건축의 의미와 장소성, 도서출판 미건사, 1994.
63. Cecil Balmond, Frontiers of Architecture I, Louisiana Museum of Art, 2007

64. D. Peode, Geometry and the Visual Arts, Dover, 1983.
65. De Zurko, Edward Robert, Origins of Functionalist Theory, New York: Columbia University Press, 1957.
66. F. Ching 저, 황연숙 역, 건축의 형태공간 · 규범, 도서출판 국제, 2004.
67. F. Ching 저, 디자인을 위한 건축제도, 명보문화사, 1983.
68. Frank Lloyd Wright 저, 윤정섭 역, 라이트의 建築論, 건우사, 1985.
69. Harlan Mc. clure 저, 이준표 역, 건축설계개론, 대우출판사, 1985.
70. Jurgen Joedicke 저, 진경돈 역, 건축의 공간과 형태, Spacetime, 2000.
71. Le Corbusier Le Grand, Phaidon editors ; with an introduction by Jean-Louis Cohen and chapter introductions by Tim Benton, PHAIDON, 2008.
72. Le Corbusier, Towords a New Architecturs, Frederick Etchells, Dover, 1986.
73. Ligo, Larry L., The Concept of Function in Twentieth-Century Architectural Criticism, Ann Arbor: UMI Research Press, 1984.
74. Lionel March and Phillip Steadman, The Geometry of Environment, MIT Press, 1974.
75. M. C. Escher, The Graphic Work, Benedikt Taschen, 1992
76. Pierre von Meiss 저, 정인하 · 여동진 역, 형태로부터 장소로, Spacetime, 2000.
77. rank Lloyd Wright, Brooks Pfeiffer, Peter Gossel, Gabriele Leuthauser TASCHEN, 2003.
78. Rob Krier 저, 진경돈 · 박종호 공역, 이강업 감수, 建築의 構成論, 도서출판 미건사, 1994.
79. Terry W. Knight, Transformations in Design, Cambridge, 1994.
80. Thomas Taylor, The Timaeus and the Critias, Pantheon Books, 1944.
81. Van de Ven 저, 정진원 역, 建築空間論, 기문당, 1994.
82. Van de Ven 저, 정진원 · 고성룡 역, 建築空間論, 기문당, 1991.
83. W. Blackwell, Geometry in Architecture, John Wiley & Sons, 1984.

그림출처

그림 1-1 F. Ching 저, 황연숙 역, 형태·기능·공간·기술, 건축의 형태공간·규범, 도서출판 국제, 2004.

그림 1-5 유희준 저, Vitra Museum, Frank O. Gehry, Germany, 키워드를 통해 보는 건축공간과 형태의 이해, 문운당, 2007.

그림 1-9 유희준 저, 키워드를 통해 보는 건축공간과 형태의 이해, 문운당, 2007, p.91

그림 1-10 F. Ching 저, 황연숙 역, 르 코르뷔지에의 4가지 형태구성 원리, 건축의 형태공간·규범, 도서출판 국제, 2004.

그림 1-13 Guggenheim Museum, Frank Lloyd Wright, New York, USA, Frank Lloyd wright, Brooks Pfeiffer, Peter Gossel, Gabriele Leuthauser, TASCHEN, 2003.

그림 1-14 F. Ching 저, 황연숙 역, 모퉁이의 변화에 따른 형태의 변화, 건축의 형태공간·규범, 도서출판 국제, 2004..

그림 1-15 Unite d 'habitation, Le Corbusier, Marseille, France, Le Corbusier Le Grand, Phaidon editors ; with an introduction by Jean-Louis Cohen and chapter introductions by Tim Benton, PHAIDON, 2008.

그림 1-36 Kaufmann house, Frank Lloyd Wright, southwestern Pennsylvania, USA, Frank Lloyd wright, Brooks Pfeiffer, Peter Gossel, Gabriele Leuthauser TASCHEN, 2003.

그림 1-37 The chapel of Notre Dame du Haut in Ronchamp, Le Corbusier, eastern France, Le Corbusier Le Grand (Phaidon editors;with an introduction by Jean-Louis Cohen and chapter introductions by Tim Benton, PHAIDON, 2008.

그림 1-39 Couvent St. Marie de la Tourette, Le Corbusier, France, Le Corbusier Le Grand, Phaidon editors ; with an introduction by Jean-Louis Cohen and chapter introductions by Tim Benton, PHAIDON, 2008.

그림 1-40 유희준 저, East gallery, I. M. pei, Washington, D.C, 키워드를 통해 보는 건축공간과 형태의 이해, 문운당, 2007.

2장 건축공간의 체험과 생활적응

2장

공간의 체험과 생활적응

2-1 공간 식별성(legibility)과 길찾기(wayfinding)

2-1-1 공간 식별성과 길찾기의 중요성

산업혁명 이후 도시와 건축은 큰 변화를 겪었다. 산업화에 따른 인구의 도시집중으로 병원, 도서관, 대규모 상업시설과 같이 불특정 다수가 이용하는 시설이 증가하게 되었다. 이에 따라 인간이 대규모 시설물을 얼마나 편하게 이용할 수 있는가에 관한 연구도 활발히 진행되고 있다. 건축환경과 인간 사이의 상관관계를 연구하는 전문가들은 인간이 환경에 미치는 영향뿐만 아니라, 환경이 인간에게 미치는 영향에도 관심을 보였다. 그들은 환경의 구체적이고 개별적인 요소들에 초점을 맞추기보다는 보다 큰 규모의 환경에 초점을 맞추면서, 건축환경이 인간에게 미치는 영향을 강조하게 되었다.[1] 이와 관련된 건축환경의 중요한 요소 중의 하나가 공간 식별성과 길찾기이다. 공간 식별성과 길찾기에 관한 이론적인 내용은 뒤에서 살펴보기로 하고, 누구나 한번 쯤 경험했을 예를 통해 그 중요성을 되짚어 보기로 하겠다.

어릴적 종이 위의 미로 찾기 놀이는 누구나 한번 쯤 경험해 보았을 것이다. 미로의 공간적인 개념은 인간의 지적 호기심을 자극해 왔다. 이러한 이유로 미로는 세계 여러 지역에서 신화와 문학의 소재로 활용되었다.

1) Sime, J. D. What is environmental psychology? Texts, content and context. Journal of Environmental Psychology, 19, pp.191~206

그 최초의 예는 미궁(迷宮, labyrinthos)에 관한 그리스 신화에서 찾아볼 수 있다. 미노스 왕은 포세이돈의 노여움을 사게 되어, 그의 왕비 파시파에는 황소와 사랑에 빠지고 결국 반우반인(半牛半人)의 괴물 미노타우로스를 낳게 된다. 미노타우로스가 점점 흉포해지자, 미노스왕은 건축의 명장 다이달로스에게 명하여 미궁을 짓게 한 후, 미노타우로스를 그곳에 가두었다. 그리고 해마다 아테네에서 각각 7명의 소년, 소녀를 뽑아 제물로 바쳤는데, 결국 아테네의 영웅 테세우스의 손에 미노타우로스는 죽음을 당한다. 테세우스는 미궁에 들어갈 때 명주실을 풀며 들어가, 나올 때 되감아 나옴으로써 무사히 미궁을 빠져나올 수 있었다는 일화가 알려져 있다.

그림 2-1 | 미노타우로스(좌)와 그를 처치하는 테세우스(우)

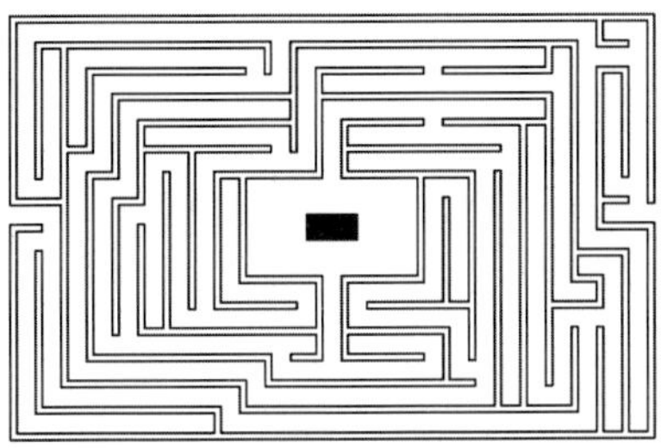

그림 2-2 | 미로의 예 : 미로찾기는 즐거운 놀이의 하나이지만, 실제 상황에서 미로와 같은 공간에 빠지면 즐겁지만은 않을 것이다.

그림 2-3 | 미로공원 : 공간 식별성과 길찾기를 어렵게 해 인위적인 재미를 주기 위한 공원

기호학자 움베르토 에코(Eco)의 소설 '장미의 이름'은 중세 이탈리아의 수도원에서 일어난 살인사건을 한 수도사가 해결해 나가는 과정을 담고 있다. 지식의 독점을 통해 수도원의 권위를 확고히 하려는 목적으로 이 수도원 내부의 장서관은 거대한 미로로 구성되어 있는데, 이 미로는 침입하는 사람들로부터 스스로를 방어하기 위한 공간적 장치이다. 에코가 만든 평면도에서 볼 수 있듯이, 이 장서관은 동형의 공간적 요소가 반복되어 있어 이곳에 들어간 사람은 '배열의 극치가 연출하는 혼란의 극치'를 경험하게 된다.[2)]

2) Eco, U. 이윤기(역), 장미의 이름, 열린 책들, 1995, p.350

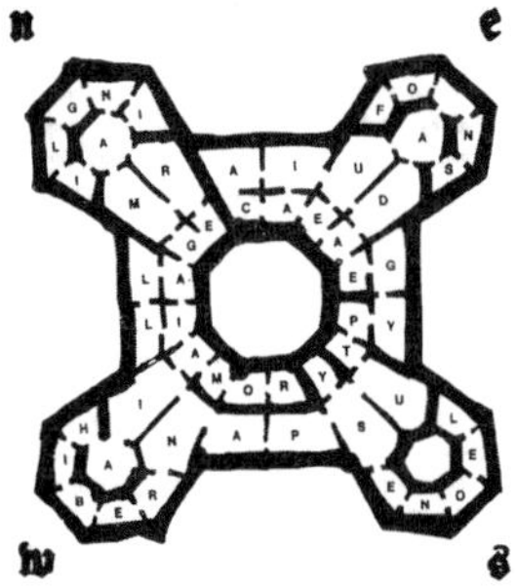

그림 2-4 | 소설 '장미의 이름'에 나오는 장서관 평면 : 에코는 동일한 요소의 반복과 중첩을 통해 전체적 형상을 파악할 수 없는 하나의 거대한 미로를 만들고 여기에 지식을 보관하도록 설정한다.

그림 2-5 | 영화 '장미의 이름'에 나오는 장서관 : 장 자끄 아노 감독은 에코의 2차원 미로를 3차원으로 재구성하였다. 2차원적 미로를 3차원 공간으로 변화하는 과정에 도입된 미로의 해석방식에 주목할 필요가 있다.

그림 2-6 | 팔마노바(이탈리아) : 1593년~1623년에 만들어진 전쟁에 대비한 햇살 모양의 도시

도시적 차원에서 살펴보면, 근대화 이전 시기에는 공간 식별과 길찾기를 쉽게 하기 위한 노력보다는 군사적, 방어적 목적을 위해 이를 어렵게 하려는 성향이 강하였다. 외적의 침입을 막고 왕과 귀족의 안전을 위해 궁과 도시를 방어에 유리하게 계획하는 성향을 세계 각지에서 찾아볼 수 있었다.

하지만 현대에 이르러 경제적, 사회적 요구가 다양하고 복잡해짐에 따라 정보의 습득과 활용이라는 측면에서 공간 식별과 길찾기에 관한 정보의 중요성이 점점 강조되고 있다. 특히 복잡한 도시나 건물의 내부에서 공간 식별과 길찾기의 문제는 일상에서 흔히 일어날 수 있으면서 동시에 그 부정적 효과가 크게 나타날 수 있다는 점에서 매우 중요하게 다루어져야 한다. 누구나 한번쯤은 복잡한 도시의 골목길이나 건물 내부에서 길을 잃어 본 경험이 있을 것이며, 그럴 때의 당혹스럽던 기억을 가지고 있을 것이다. 도시나 복잡한 건물 내부에서의 길찾기는 하늘에서 내려다보듯이 혹은 지도를 읽듯이 이루어지지는 않는다. 마치 미로의 내부에서처럼, 사람들은 그 주변으로부터 획득할 수 있는 부분적인 정보를 통해 전반적인 상황을 조금씩 이해하면서 움직이게 되는 것이다.

도시적 차원의 길찾기에서, 인식이 상대적으로 용이한 도시와 그 반대의 경우는 리까르도 보필(R. Bofill)의 이상도시(Ideal City, Algeria, 1978~1980)와 프라하의 구시가지의 비교를 통해 확인할 수 있다.

그림 2-7 | 리까르도 보필(R. Bofill)의 이상도시(Ideal City, Algeria, 1978-80): 동일한 요소와 부분이 일정하게 반복되고 있어 전반적으로 정연한 질서를 가진 것으로 보인다. 그러나 같은 이유로 인해 내부에서의 인식은 대단히 어려울 수 있다.

그림 2-8 | 프라하 구시가지: 일정한 규칙이나 질서를 전혀 찾을 수 없어 대단히 복잡하고 혼란스러운 모습으로 보일 수 있다. 그러나 실제로는, 이러한 공간구조 내부를 구성하는 서로 다른 요소(가로, 광장, 건물)들의 조합으로 인해 오히려 부분의 구분이 가능하고 인식하기 용이하게 느껴질 수 있다.

보필의 이상도시는 높은 곳에서 내려다보면 체계적이고 기하학적인 질서를 가진 대단히 합리적인 모습으로 보일 것이다. 그러나 이 도시 내부를 움직이는 사람의 입장에서 보면 반드시 합리적으로 보이지만은 않을 것이다. 반면 프라하 구시가지는 보필의 이상도시에 비해 상대적으로 복잡하고 혼란스러워 보인다. 하지만 막상 도시의 내부로 들어서면, 이러한 서로 다른 특징을 가진 요소들의 조합으로 인해 오히려 부분적인 위치의 구분이 용이하며, 이를 통해 전반적 상황에 대한 인식이 상대적으로 수월할 것이다.

건축 공간구조의 길찾기 문제는 복잡한 건물 내부에서 특히 잘 드러난다. 길찾기 문제는 단순히 한두 사람의 이용객이 길을 잃는다는 문제를 넘어 보다 심각한 문제로까지 확대될 수 있다. 길찾기의 어려움으로 인해 야기되는 혼란스러움과 이로 인한 시간과 노력의 소모는 이용자들로 하여금 불편함과 함께 심각한 스트레스를 유발시킬 수 있다.

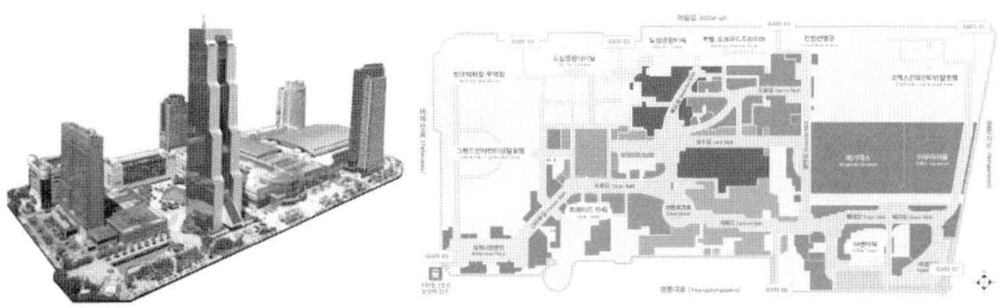

그림 2-9 | 코엑스타운의 전경(좌)과 코엑스 몰 안내도(우) : 이러한 대형 복합시설의 경우 기능상의 측면, 스트레스 유발이라는 경험적 측면, 시설의 이용률과 관련된 경제적 측면에서 공간 식별성과 길찾기 문제가 중요하게 다루어져야 한다.

사람들이 도시를 이해하는 방식을 연구함으로써 길찾기에 관한 방법론적 개념을 제시한 케빈 린치(Lynch)에 따르면, 길을 잃는 경험의 문제점은 단순히 지형상의 불명확함으로 인한 불편함에서 그치지 않고 더욱 심각한 재앙으로서 작용할 수 있다고 주장한다.[3] 실제 길찾기에 실패한 사

3) Lynch K. The Image of the City. Cambridge, Mass.: MIT Press, 1960.

람들이 겪는 심각한 부정적 경험에 대한 많은 보고들이 있다. 예를 들어, 미국의 한 공항에서 수학 전공의 대학교수가 길을 잃고 헤매다가 정신적인 스트레스를 이기지 못하고 정신착란에 빠진 사례가 보고되기도 하였다.[4] 또한 네덜란드의 쇼핑센터에서 한 노파가 그 안에서 사흘 동안 길을 찾아 헤매다 결국 경찰의 도움으로 구출되었다는 사례도 있다.[5] 특정 건물 이용객의 입장에서 볼 때, 이러한 사례들은 길찾기의 어려움으로 인해 야기될 수 있는 정신적 혼란이 상당한 정도에까지 이를 수 있다는 것을 보여준다. 특히 재해발생이나 비상시와 같은 위급한 상황에서의 신속한 대피를 상상한다면, 길찾기의 문제는 더욱 중요하게 다루어져야 하는 문제임에 틀림없다.[6] 따라서 길찾기의 문제는 특정 유형의 건물이 처리해야 할 기능상의 측면, 시간과 에너지의 소모로 인한 스트레스 유발이라는 이용자의 경험적 측면, 시설의 이용률 저하와 관련된 경제적 측면, 긴급상황에서의 대피와 관련된 측면 등 여러 방면에서 부정적으로 작용할 경우 심각한 영향을 미칠 수 있는 중요한 문제이다.

이러한 길찾기의 중요성은 현대사회에 이르러 크게 강조되고 있으며, 1960년대 린치의 연구 이후 많은 연구들이 상당히 체계적으로 이루어져 왔다. 뒤에서 다시 자세히 언급하겠지만, 길찾기에 관한 기존의 연구들에서 보면 길찾기 과정에 영향을 미치는 환경요인으로서 여러 개별적 요인과 함께 건물의 기본적 특성인 공간조직의 중요성을 지적하고 있다. 즉, 길찾기의 과정에서 공간조직이 미치는 영향에 대한 다각적인 이해가 필요한 것이다. 이러한 논의의 궁극적인 목적은 인간들이 공간을 인식하고 움직여 나아가는 방식을 이해하고자 하는 것이며, 나아가 개념적으로는 건물의 공간구조를 경험하는 인간심리의 문제에 대한 이해의 지평을 넓히고자 함이다.

---

4) G. D. Weisman, Improving wayfinding and architectural legibility in housing for the elderly. Regnier, V. & Pynoos, J. (Ed.) Housing the Aged. New York: Elsevier, 1987, pp.441~463

5) D. Canter, Wayfinding and signposting: Penance or prothesis? Easterby, R. & Zwaga, H. (Ed.) Information Design. Chichester: John Wiley & Sons, 1984, pp.245~264

6) G. D. Weisman, 1987

2-1-2 길찾기 이론

길찾기 이론은 사람들이 도시를 이해하는 방식을 연구함으로써 길찾기에 관한 방법론적 개념을 제시한 케빈 린치(K. Lynch)와 길찾기에 대한 체계적이고 광범위한 연구를 진행한 파시니(R. Passini)에 의해 이론적 체계가 마련되었다. 길찾기 이론에 앞서 먼저 공간 식별성(legibility)의 개념을 살펴보기로 한다.

공간 식별성은 '사용자가 그들의 위치와 경로를 알 수 있는 가능성의 정도'를 말한다. 린치는 공간 식별성을 '환경의 부분 부분이 쉽게 인식되어, 전체가 일목요연하게 인식되어지는 정도'라고 정의하였다.[7] 와이즈만(G. D. Weisman)은 건축적 측면에서 공간 식별성을 '건물이 이용자의 길찾기를 도와주는 정도'라고 정의하고 있으며[8], 비슷한 관점에서 파시니(Passini)는 '길찾기에 관련된 정보가 쉽게 추출되어지고 이해되어질 수 있는 환경의 질'로 정의하고 있다.[9] 길찾기의 중요성이 부각됨에 따라 이와 관련해서 상당히 많은 연구가 진행되고 있는데, 길찾기의 정의, 길찾기에 영향을 미치는 환경정보와 인자 그리고 이 과정에서 나타나는 공간구조의 중요성에 대해 알아보겠다.

(1) 길찾기의 정의

길찾기(wayfinding)라는 용어는 '길은 잃다'라는 상황에 반대되는 개념을 나타내기 위해 조합된 용어이다. 길찾기의 개념을 정의하기에 앞서, 종종 길찾기와 혼동되는 공간적 위치파악(spatial orientation)의 개념을 살펴보는 것이 길찾기에 대한 이해를 보다 용이하게 해 줄 것이다. 공간적 위치파악은 환경의 부분적인 요소들을 지각하여 마음속의 지도와 같은 효과를 가지는 인지지도(cognitive map)를 작성하고,[10] 이를 통해

---

7) K. Lynch, 1960.
8) G. D. Weisman, Evaluating architectural legibility, wayfinding in the built environment, Environment & Behavior 13(2), 1981, pp.189~204
9) R. Passini, Wayfinding in Architecture, New York: Van Nostrand Reinhold, 1984
10) E. C. Tolman, Cognitive maps in rats and men, Downs, R.M. & Stea, D. (Ed.) Image and Environment, Chicago: Aldine, 1973, pp.27~50

가상의 환경을 재현하여 그 내부에서 자신의 위치를 결정할 수 있는 능력을 말하는 것으로서, '자신을 둘러싼 환경으로부터 정보를 제공받아 자신의 위치를 결정'[11)]하는 일종의 정적(static) 인식이다.

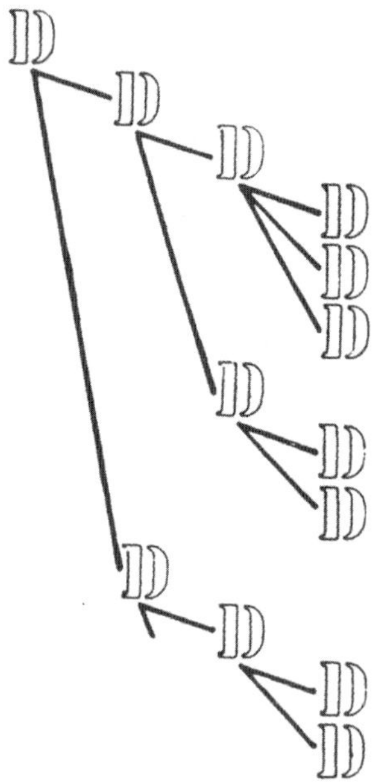

그림 2-10 | 길찾기의 의사결정 과정
: 길찾기는 의사결정이 지속적으로 이루어지는 동적인 과정이다

한편, 길찾기는 동적(dynamic) 과정이다. 길찾기에 대한 체계적이고 광범위한 연구를 진행한 파시니(R. Passini)에 의하면, 길찾기는 특정의 목적지에 다다를 수 있는 능력을 포함하는 개념으로서, 물리적 환경으로부터 인지지도를 작성하고 이를 이용하여 특정의 목적지에 가기 위한 계획을 세우며 또한 필요한 순간에 의사결정을 해야 하는 동적 과정이다. 따라서 길찾기는 복수의 공간적 위치파악을 포함하는 '종합적이고 연속적인 동적 과정'이며 '공간적 문제풀기의 과정'[12)]으로 정의할 수 있는 것이다. 와이즈만(Weisman) 역시 길찾기가 가지는 동적 과정을 강조한다.

즉, 길찾기는 하나의 단계에서 그치는 일이 아니라 작은 단위의 목표가 연속적으로 등장하며, 각 지점에서 다음 단계로 진행하기 위한 적절한 판단과 의사결정을 내려야 하는 능력과 깊이 연관된다.[13)] 결국, 길찾기의 주체는 특정 지점으로 이동하기 위해 연속적인 의사결정과 실행의 과정을 수행하고, 이를 위해 주변 환경으로부터 정보를 획득하여 이를 해석해야 한다. 이 과정에서 끊임없이 시행착오를 거치며, 기억하고 학습하는 과정을 경험하게 된다. 여기에 길찾기 환경으로부터 얻어지는 정보의 중요성이 대두된다.

표 2-1 • 공간적 위치파악과 길찾기의 차이점

공간적 위치파악(spatial orientation)	길찾기(wayfinding)
자신을 둘러싼 환경으로부터 정보를 제공받아 자신의 위치를 결정하는 과정	특정의 목적지에 가기 위한 계획을 세우고 필요한 순간에 의사결정을 해야 하는 과정
정적 인식 과정	연속적인 동적 과정

11) R. Passini, Wayfinding in Architecture. New York: Van Nostrand Reinhold, 1984. p.46
12) R. Passini, 1984, p.53
13) G. D. Weisman, 1987.

(2) 길찾기를 위한 정보

파시니는 길찾기의 문제란 첫째, '목적지로 가기 위한 지각적이고 인지적인 현상과 다양한 방식', 둘째, '인간이 길을 찾아가는데 필요한 기억과 학습', 마지막으로 '이를 위해 건물로부터 주어지는 정보'의 세 가지 사항들을 포함한다고 설명한다.[14]

이렇게 길찾기는 인간이 물리적 환경으로부터 주어지는 정보를 지각, 인식하고 나아가 기억과 학습의 과정을 포함하는 종합적인 차원을 가진다. 이러한 종합적인 과정으로서의 길찾기에 소요되는 개인적 능력이나 심리적 차이를 제외한다면, 건물의 계획과 관련하여 가장 중요하게 고려되어야 할 사항은 바로 길찾기가 이루어지는 건물과 그 환경으로부터 주어지는 정보일 것이다.

그림 2-11 | 사인 : 가장 직접적인 방법으로 길찾기 정보를 제공한다.

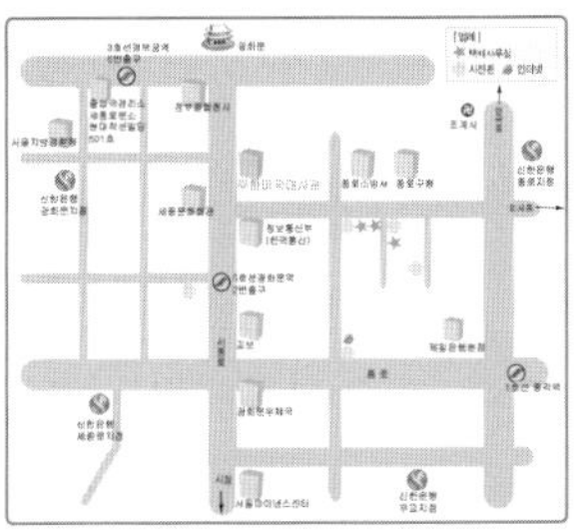

그림 2-12 | 지도 : 사인이 주는 일회성 정보와는 달리 연속성을 가진다.

그림 2-13 | 구두안내: 구두로 전달되는 정보는 언어화될 수 있는 정보에 한정되기 때문에 표현의 명확성이 전제된다.

파시니는 길찾기를 보조하는 환경정보 또는 그 정보원으로서 사인(sign), 지도(map), 구두안내, 건축공간의 네 가지를 열거한다.[15] 사인은 가장 직접적인 방식으로 환경정보를 전달하는 매체로서 위치적 정보를 주로 제공한다. 지도는 공간구성의 추상적 재현으로서 사인이 주는 일회성 정보와는 달리 연속성을 가지며 길찾기의 전체적인 계획을 세울 수 있도록 도와주는 정보이다. 안내원이나 여타 통행인(passers-by)들에 의한 구두안내의 정보는 상당히 중요하기는 하나, 구두로 전달되는 정보는 언어화될 수 있는 정보에 한정되기 때문에 표현의 명확성이 전제된다.

여기서 사인, 지도 및 구두안내 등은 건축계획적 요인들과는 직접적인 관련이 없는 정보들이라고 할 수 있다. 반면, 건축공간에 관한 정보는 이를 계획하는 방식에 따라 좌우되는 유형의 정보라고 할 수 있다. 파시니는 건축공간이 제공하는 정보는 건물이 가지는 건축적 특성과 공간구성의 특질에서 유래되는 정보로서 구성, 폐쇄성, 연결성의 세 가지 요소를 포함한다고 설명한다.

와이즈만은 파시니에 비해 공간적 요인의 중요성을 보다 강조하고 있다. 그는 길찾기를 용이하게 해주는 요소로서 사인체계(signage), 평면구

14) R. Passini, 1984, p.46
15) R. Passini, 1984, pp.89~157

그림 2-14 | 네비게이션: 지도와 음성으로 실시간으로 길찾기 정보를 알려준다. 도시차원의 길찾기의 경우 상당 부분의 문제를 해결할 수 있다.

성형태, 건축적 차별성, 시지각적 접근성의 네 가지 요소를 제시한다.16) 여기서 사인체계는 길찾기의 가장 보편적인 보조수단으로서 적절한 위치 확인과 방향정보를 제공한다. 평면구성 형태는 이용자가 용이하게 그리고 비교적 정확하게 그 공간구성의 이미지를 떠올릴 수 있는 건물의 평면형태를 의미한다. 따라서 평면의 단순성(simplicity)은 길찾기에 결정적인 요소로 작용한다고 와이즈만은 주장한다. 건축적 차별성은 특정 지점이나 영역이 가지는 건축적 특질의 차별화로서, 길찾기 과정에서 인식을 용이하게 하거나 반복사용 시 기억을 쉽게 떠올리게 해준다.17)

마지막으로 시지각적 접근성은 친숙한 장소나 기능 또는 랜드마크에 대한 시각적 접근을 가능하게 함으로써 자신의 위치와 목표지점 간의 상대적 관계를 파악한다는 점에서 중요하다. 정의에 따라, 길찾기란 직접적인 시각접근이 불가능한 목표지점을 찾아가는 일이다. 단순한 대형 개방공간, 즉 대부분의 지점들이 눈에 잘 띄는 건물에서의 길찾기는 상대적으로 단순한 일이 될 것이다. 따라서 시각적 접근이란 길찾기에 있어서 가장 근본적인 요소의 하나인 것이다. 길찾기 경험에서 시각적 접근의 중요성은 한 건물 내에서도 어떠한 방향에서 길찾기 임무를 수행하느냐에 따라 경험의 질이 달라진다는 사실을 보더라도 알 수 있다. 예를 들어, 자이델(A. Seidel)의 연구에 따르면 시각적 접근이 좋은 방향에서 특정 건물을 이용한 사람은 전혀 문제를 못 느끼지만 시각적 접근이 좋지 않은 방향을 이용한 사람들은 길찾기에 상당한 곤란을 느낀다고 한다.18) 카프

16) G. D. Weisman, Evaluating architectural legibility, wayfinding in the built environment. Environment & Behavior 13(2), 1981, pp.189~204

17) G. D. Weisman, 1981. 이 연구에 의하면 층 간의 구분 특히 주층과 다른 층 간의 구분이 명확한 건물에서 보다 명확한 길찾기가 이루어진다고 한다; Evans, G.W., Fellows, J., Zorn, M. & Doty, K. Cognitive mapping and architecture. Journal of Applied Psychology 65(4), 1980, pp.474~478. 여기에서는 지역 간, 공간간의 색채를 다르게 한 건물에서 길찾기가 잘 이루어진다고 보고하고 있다; Appleyard, D. Styles and methods of structuring a city. Environment and Behavior 2(1), 1970, pp.100~118. 이 연구에서는 특정한 장소에 대한 시각적 특징도 중요하나 기능적 특징(functional distinctiveness) 또한 매우 중요하다고 한다. 즉 주접근로 등에 어떠한(눈에 띄거나 기억에 잘 남는) 기능이 배치되는 가도 주요한 관건이라는 것이다.

18) A. Seidel, Wayfinding in public spaces: The Dallas-Fortworth Airport. Proceedings: Environmental Design Research Association. 1984. pp.129~138

만(J. R. Carpman) 등의 연구에서는 시각적 접근성이 전통적인 사인체계에 비해 월등한 효과를 가진다고 주장한다.[19]

표 2-2 ● 길찾기 정보와 의미

<table>
<tr><th></th><th>길찾기 정보</th><th>의 미</th><th>유 형</th></tr>
<tr><td rowspan="4">파시니 (R.Passin)</td><td>사인</td><td>가장 직접적인 방식으로 환경정보를 전달</td><td rowspan="3">표시적 정보</td></tr>
<tr><td>지도</td><td>공간정보의 추상적 재현으로 사인에 비해 연속성을 가짐</td></tr>
<tr><td>구두안내</td><td>안내원이나 여타 통행인들에 의한 정보</td></tr>
<tr><td>건축공간</td><td>이를 계획하는 방식에 따라 좌우되는 유형의 정보</td><td>인식적 정보</td></tr>
<tr><td rowspan="4">와이즈만 (G.D Weisman)</td><td>사인체계</td><td>길찾기의 가장 보편적인 보조수단으로서 적절한 위치 확인과 방향정보를 제공</td><td>표시적 정보</td></tr>
<tr><td>평면구성 형태</td><td>이용자가 용이하게 그리고 비교적 정확하게 그 공간구성의 이미지를 떠올릴 수 있는 건물의 평면형태를 의미</td><td rowspan="3">인식적 정보</td></tr>
<tr><td>건축적 차별성</td><td>특정 지점이나 영역이 가지는 건축적 특질의 차별화로서, 길찾기 과정에서 인식을 용이하게 하거나 반복사용 시 기억을 쉽게 떠올리게 해줌</td></tr>
<tr><td>시지각적 접근성</td><td>친숙한 장소나 기능 또는 랜드마크(landmark)에 대한 시각적 접근을 가능하게 함으로써 자신의 위치와 목표지점 간의 상대적 관계를 파악</td></tr>
</table>

이러한 기존의 연구들에서 제안되어진 환경정보를 단순화시키면, 사인과 지도 등에 의한 표시적 정보와 건축공간을 통한 인식적 정보라는 두 가지 유형으로 크게 나눌 수 있다. 여기서 표시적 정보는 사인, 안내판, 지도 등을 포함하는 포괄적 의미로서 언어나 도식의 형태로 주어지는 모든 정보의 총괄을 의미한다. 많은 연구들이 표시적 정보가 부수적인 요소이며, 비록 길찾기에 효과적이기는 하나 본질적으로 명료하지 않은 건축적 특질을 근본적으로 보완해 주지는 못한다는 것을 인정하고 있다.[20]

---

19) J. R. Carpman,, Grant, M.A. & Simmons, D.A. Design that Cares. Chicago: American Hospital Association, 1986.

20) S. D Moeser, Cognitive mapping in a complex building. Environment and Behavior 20(1), 1988, pp.21~49; Weisman, 1981; Carpman, Grant &

예를 들어, 버몬트(P. B. Beaumont) 외의 연구에 의하면 길찾기에 있어서 건물의 내부공간 배치가 보다 본질적 문제에 가까우며, 사인은 생각했던 것만큼의 효과는 없으며 보조적인 역할 이상을 기대하기 어렵다고 지적되어진다.[21] 지하철 이용객에 대한 또 다른 연구에서도 역시 사인을 많이 사용한다고 해서 길찾기가 용이해지지는 않는다는 것이 지적되고 있다.[22]

그러나 이들 연구는 길찾기 과정에 미치는 건축공간의 영향력이 크다는 점을 인정하면서도 공간의 영향에 대한 정확한 이해와 묘사에서는 분명한 한계를 가지는 것으로 판단하고 있다.

표 2-3 ● 길찾기 정보의 유형

표시적 정보	인식적 정보
사인, 안내판, 지도 등을 포함하는 언어나 도식의 형태로 주어지는 정보	건축공간과 시지각을 통해 인식되는 정보
길찾기에 있어 보조적인 역할 이상을 기대하기 어려움	길찾기에 있어 본질적 역할을 담당

(3) 길찾기의 구조 및 과정

길찾기 과정은 환경정보(environmental information), 의사결정(decision making), 행위 실행(execution of decision)의 세 가지 단위로 구성된다.

1) 환경정보(environmental information)

사람들은 길찾기에 있어 다양한 단서에 의존하게 된다. 이러한 단서들은 사인, 지도로부터 추출될 수 있거나 사람들의 행동, 대화를 통해 획득

Simmons, 1986.

21) P.B. Beaumont, et al. Orientation and wayfinding in the Tauranga departmental building. Proceedings: Environmental Design Research Association. 1984, pp.77~90

22) R. J. Beck, & Wood, D. Cognitive transformation of information from urban geographic fields to mental maps. Environment and Behavior 8(2), 1976, pp.199~238

될 수 있고, 또는 자연, 인공 환경으로부터 직접 얻어질 수 있다. 그러므로 환경정보는 사람들이 길찾기 임무를 완수하는데 있어 이용될 수 있는 모든 정보들이라 정의할 수 있다. 환경정보는 대상의 내용, 위치, 시간적 요소로 구성된다.[23]

표 2-4 • 길찾기 환경정보의 분류

		분 류	정 의	내 용
길찾기 환경 정보	구성 요소에 따른 분류	내용요소	'대상이 무엇이냐?'라는 것을 규정	물체, 사람, 장소로서 표현됨.
		위치요소	'대상이 어디에 있는가?'라는 것을 규정	위치에 대한 상태와 처리과정을 포함함.
		시간요소	'대상이 언제 발생하는가?'라는 것을 규정	주어진 사건이 발생하는 시각을 설명함.
	정보의 성격에 따른 분류	감각정보	직접 지각될 수 있는 요소들로서 구성된 정보	건축요소, 사인요소, 인적요소로 분류됨.
		기억정보	주워진 세팅 또는 그와 유사한 세팅에 대해 지니고 있는 이미 저장된 정보	경험된 사실에 의해 축적된 정보를 말함.
		추론정보	저장되어 있지 않기 때문에 그 순간 추론되어야 하는 정보	감각정보와 기억정보의 조합으로 구성됨.

2) 의사결정(decision making)

의사결정은 부여된 목적지에 도착하기 위한 결정과 그러한 결정을 세부적으로 실행하기 위한 결정으로 구성되며 전체적인 결정과정은 위계적으로 조직된다. 이러한 일련의 결정과정은 그림 2-15와 같이 설명될 수 있다.

비록 외관상 간단하게 보이는 임무임에도, 여기에는 상당히 많은 결정이 포함되어 있다. 이러한 결정과정은 행동을 발생시키고, 공간문제의 해결책을 제공하는 과정이다. 본래의 복잡한 임무는 세부적 임무들에 의해 구성되기 때문에 각각의 세부적 임무는 경로 탐색을 저해하는 요소를 규명함으로써 용이한 문제로 유도되고, 그것에 적절한 해결책을 제시하게

23) R. Passini, 1984, pp.55~58

된다. 이러한 결정계획의 수립과정은 문제가 지니는 예측 불가능성 때문에 항상 지속적으로 변화하는 과정이라 볼 수 있는 것이다.

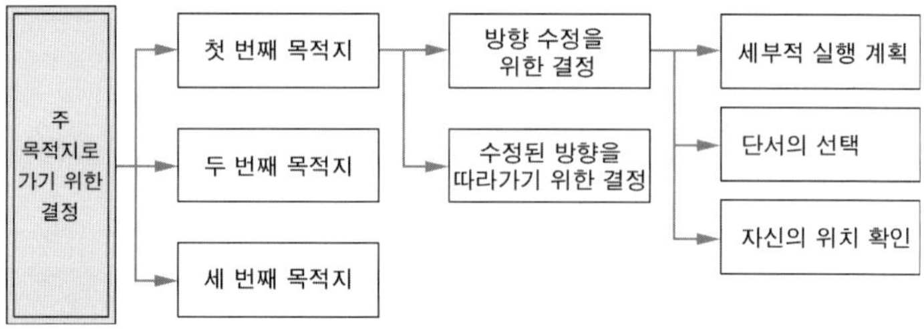

그림 2-15 | 길찾기 의사 결정과정

3) 행위 실행(execution of decision)

앞에서 언급한 결정은 실행과정을 통해 행태적 대응으로 변화된다. 이러한 결정의 실행과정은 결정으로부터 도출되어 이미지 형태에 저장된 예측 환경정보와 지각된 환경정보가 일치하는가에 대한 피드백 메커니즘을 포함한다.

이러한 실행과정은 2가지 경로로 나타나는데, 만약 결정으로부터 예상된 이미지가 지각된 환경정보와 일치하면 실행을 위한 결정은 바로 행위로 변환된다. 그러나 일치하지 않을 경우 새로운 결정이 이루어지게 된다.

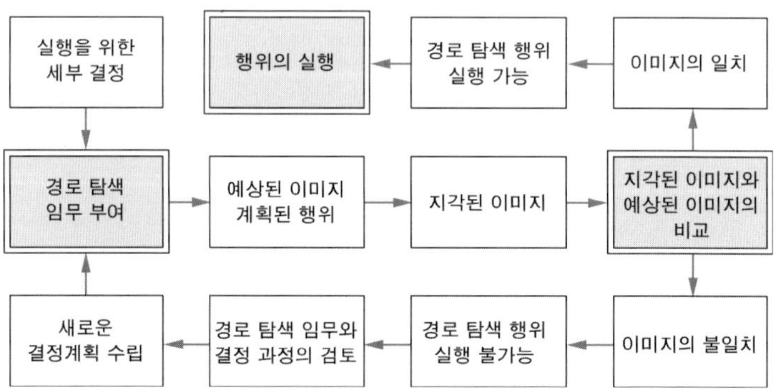

그림 2-16 | 길찾기 행위 실행과정

(4) 종합적인 길찾기 행위 모델

길찾기 문제는 환경인지와 관련된 공간적 위치 파악과 실제적인 길찾기 문제를 해결하기 위한 의사결정 및 실행과정이 수반되는 포괄적인 문제라고 볼 수 있다. 앞에서 언급되었던 내용을 기초로 하여 종합적인 길찾기 행위 모델을 도식화하면 아래와 같다.

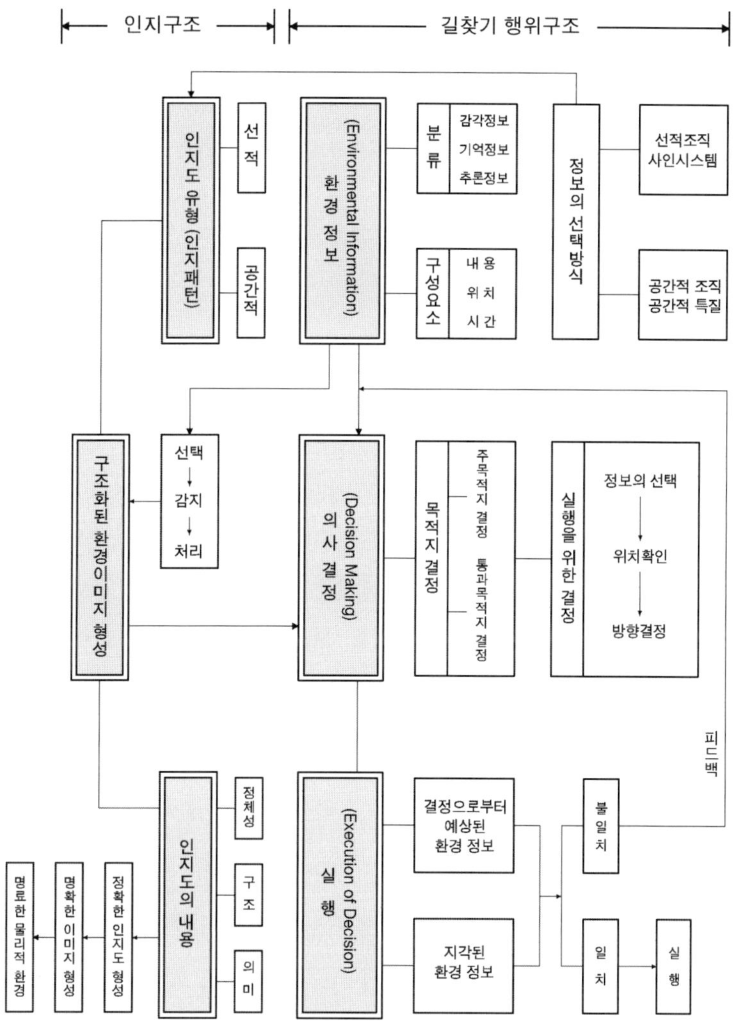

그림 2-17 | 종합적인 길찾기 행위 모델

2-1-3 도시적 차원에서의 길찾기

도시적 차원에서의 길찾기는 케빈 린치의 'The Image of the City'[24)]에서 나타난 도시의 이미지에 대한 연구와 매우 긴밀한 관련을 맺고 있다. 케빈 린치는 미국의 도시를 대상으로 실시한 연구에서 다섯 가지의 요소, 즉 가로(paths), 경계(edges), 분구(districts), 결절점(nodes) 그리고 랜드마크(landmarks)가 도시의 이미지를 결정하는 중요한 요소들이라고 주장하였다.[25)]

그림 2-18 | 도시 이미지를 결정하는 다섯 가지 요소

도시의 이미지를 결정하는 다섯 가지 요소를 자세히 살펴보면 다음과 같다.

가로(paths)는 관찰자가 일상적으로 또는 우연히 지나갈 가능성이 있는 길을 뜻한다. 도로, 산책로, 운송로, 운하, 철도 등을 포함하며 많은 사람들에게 지배적인 이미지 요소로 인식된다. 사람들은 그것을 통해 이동하며 도시를 관찰한다. 그리고 이러한 가로를 따라 그 밖의 환경적인 요소들이 정렬되고 관련되어진다.

경계(edges)는 관찰자가 가로로 사용하지 않거나 고려하지 않는 선형적인 요소이다. 이는 끊어진 철길, 개발지의 자투리 땅, 벽 등 연속적인 선상의 끊김이나 두 path 사이의 경계이다. 이것은 점을 나타내는 좌표축이라기보다는 사람들이 영역을 알기 위하여 곁에서 참고하는 것이다. 이것은 다소의 통과는 허용될 수가 있어도 하나의 영역을 다른 영역과 구분하는 장벽이거나 두 영역을 상호 관련시켜 결부시키는 이음일 수도 있다. 이 같

24) K. Lynch K. The Image of the City. Cambridge, Mass.: MIT Press, 1960.
25) K. Lynch, 1960.

은 요소는 가로만큼 지배적이지는 않을지라도 많은 사람들에게는 구성을 위한 중요한 요소이며, 특히 수면이나 벽이 도시의 윤곽을 형성하는 경우처럼 막연한 영역을 하나로 묶는 역할을 해내는 점에서 중요하다.

분구(districts)는 비교적 큰 도시지역이며, 관찰자가 그 내부에 들어갈 수 있고, 내부의 각처에 무언가 공통적이고 독자적인 특징을 가지고 있다고 인식되어진다. 분구를 결정짓는 물리적인 특징은 테마가 연속된다는 것이다. 테마가 되는 것은 텍스처, 공간, 형태, 디테일, 심벌, 건축유형, 용도, 활동, 주거, 보존의 정도, 지형 등이며 건물이 꽉 차 있는 도시에 있어서는 건물 정면의 동질성이 지역을 분간하는 주요한 단서가 된다.

결절점(nodes)은 관찰자가 그 안으로 들어갈 수 있고, 그곳을 향하든지, 그곳에서 출발할 수 있는 도시 내부에 있는 주요지점이다. 그것은 주요 접합점으로 교통이 끊기는 곳, 가로가 교차하거나 바뀌는 곳, 하나의 구조에서 다른 구조로 바뀌는 지점이다. 또한 결절점은 길모퉁이의 모이는 곳이나 둘러싸인 광장처럼 어떤 용도나 물리적 특징이 집중되는 중요지점으로 생각될 수 있다. 이것들은 도시의 코어라고 불려도 좋을 것이며, 이러한 결절점은 거의 모든 도시 이미지에서 반드시 발견되는 것임과 동시에 그것이 가장 지배적인 요소가 되기도 한다. 큰 광장이나 선상 모양을 한 꽤 긴 것도 있으며, 국가적 내지 세계적인 레벨에서 그것도 하나의 도시의 결절점이 될 수 있다. 결절점은 물리적 형태의 명확함이 반드시 필요한 것은 아니나 그 공간이 어떤 형태를 형성하게 되면 더욱 강한 인상으로 기억에 남게 된다.

랜드마크(landmarks)는 또 다른 형태의 점으로, 이 경우 관찰자는 안에 있는 것이 아니라 밖에 있다. 랜드마크는 간략히 정의내릴 수 있는 물리적인 물체(빌딩, 간판, 가게, 산)이며, 도시 내부에 있을 수도 있고 또는 꽤 멀리 떨어져 있어 일정한 방위를 나타내는 것도 있다. 이런 종류로는 고립하여 우뚝 서 있는 탑, 금색의 둥근 지붕, 큰 언덕 등이 있다. 가장 중요한 물리적인 특색은 주위의 물건 가운데 눈에 잘 띄어 기억하기 쉽다는 것이다. 명료한 형상을 지니며, 배경과의 대조가 뚜렷하고, 공간적 배치가 뛰어나다면 더욱 두르러져 보이기가 쉽게 된다. 배경과의 대조는 그 중에서도 중요한 요인이 될 것이다. 지저분한 어느 도시 가운데에 청결한 것, 오랜 도시 속의 새로운 것 등도 랜드마크로 알려지기도 한다. 공간적으로 여러 곳에서 보이고, 높이의 변화에 의하여 그 주변과 명확히 구별되며 결절점에 위치하는 것도 랜드마크의 성질을 강화시킨다.

2-1-4 건축 공간구조에서의 길찾기

도시의 이미지를 구성하는 5가지 요소는 건축적인 차원에서도 적용이 가능한데,[26] 중요한 것은 이러한 요소들이 어느 정도 강조되어야 하는가 하는 문제들이다. 우리가 길찾기를 함에 있어서 어려움을 느끼는 것은 우리가 배회하는 장소에 공간적 랜드마크나 공간적 독특성이 없기 때문이다. 이러한 이유는 기존 길찾기 연구의 연구방법과 한계성을 살펴보면 알 수 있다.

표 2-5 • 도시 이미지 요소와 건축요소(R. Passini, 1984, pp.111~115.)

도시 이미지 요소	건축적 차원에서의 적용의 예
가로	복도, 보행로, 계단, 엘리베이터 등
경계	건축적 차원에서 약간 불분명하다고 볼 수 있으나 대체적으로 벽이라 볼 수 있음.
분구	쇼핑지역, 사무지역, 주거지역 등
결절점	동선의 교차점, 홀, 내부광장 등
랜드마크	특성 있는 가게, 술집, 정보안내판, 조각, 경관 등 어떤 대상물이나 공간 자체

린치의 주장에 따르면, 도시와 그 공간구조는 이러한 시각적으로 표현 가능한 요소단위로서 구성된 하나의 합성물(composite)이다. 린치가 사용한 분석방식은 피실험자들에게 자신이 살고 있는 도시에 대해 구두로 설명하게 하고 인지지도를 그리게 하는 방식이었다. 이러한 방식은 언어나 지도를 통한 묘사가 피실험자가 이미 가지고 있는 이미지를 어느 정도

26) R. Passini, 1984, pp.111~115

재현할 것이라는 것을 기본적으로 전제하고 있다. 그러나 주목해야 할 사실은 사람들에 의해 언어나 그림을 통해 표현되어지는 것은 그들이 이미 친숙하게 알고 있는 이미지 중에서 표현 가능한 것만을 묘사할 수 있다는 것이다.

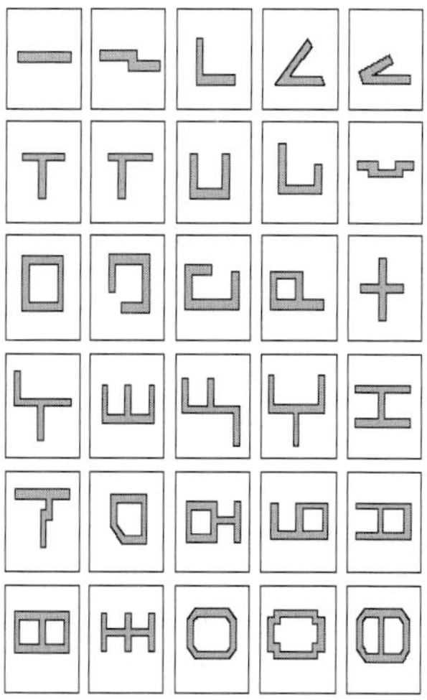

그림 2-19 | 와이즈만의 길찾기 도식: 평면형태를 평가하기 위해 사용된 30개의 복도 패턴

동일한 종류의 판단이 파시니의 연구에서도 제시되어 있다. 즉, 그의 연구에서 보면, 피실험자를 대상으로 실시한 설문, 면담, 인지지도 등의 다양한 방법을 통해 건축공간의 구성이 중요하다는 결론을 제시하기는 하나, 구체적인 제안에서는 '단순한 평면구조'가 인식하기 쉽다는 사실을 강조하는 데 그치고 있다.[27] 오닐(M. J. O'Neil)의 연구에서도 길찾기와 관련된 평면구성의 특징을 동선체계의 회전과 반전횟수, 묘사의 용이성, 형태의 명확함, 복도단위의 개수, 교차점의 개수 등으로 설정하고, 단순한 평면일수록 길찾기가 용이하다고 주장한다.[28] 모저의 경우에는 보다 애매한 표현이기는 하나 '보통 사람들의 인지적 체계가 소화할 수 있을 정도의 단순한 형태의 건물디자인'[29]이 길찾기에 좋은 예로서 제시되고 있다.

결과적으로 이들 연구의 결론은 대부분 길찾기에 좋은 평면은 기억하기 쉬운 단순한 공간구성으로 이루어져야 한다는, 그야말로 단순논리에 귀착하는 경우가 많다는 한계에 부딪히는 것이다.

하지만 이러한 방법론이 과연 바람직할까 하는 것은 의문으로 남는다. 단순한 공간조직에서 길찾기가 용이하다는 식의 결론을 도출하기보다는 복잡한 형태의 건물이나 공간조직에서 사람들이 어떠한 방식으로 길을 찾아가는가 하는 근본적인 문제에 대한 이해가 먼저 이루어져야 할 것으로 판단된다.

이와 같은 연구의 한계를 보완하기 위해 길찾기에 대한 공간구조의 중요성을 검증하기 위한 연구가 활발히 진행되고 있다. 지하쇼핑몰, 지하철

27) R. Passini, 1984.

28) M. J. O'Neil, Effects of computer simulated variables on wayfinding accuracy, Proceedings: Environmental Design Research Association, 1986, pp.55~63

29) Moeser, 1988, p.47

역사, 병원, 박물관 등을 대상으로 설문을 통한 현장실험과 컴퓨터를 이용한 가상실험을 통해 나온 연구결과에 따르면, 공간구조 자체가 끼치는 영향에 비해 사인의 영향은 부수적인 것이다. 또한 길찾기가 어려운 건물은 상세한 사인체계를 갖춘다고 해서 길찾기가 용이해지지는 않으며, 보다 본질적인 문제는 공간구조에서 찾아야 한다는 것을 보여준다.[30)]

이와 같은 관점에서 길찾기는 공간구조의 중요성을 강조하는 방향으로 다루어짐이 바람직하며, 계획과 설계 초기단계부터 적극적으로 반영되어야 한다.

2-1-5 결어

지금까지 길찾기의 중요성과 길찾기에 영향을 미치는 여러 환경인자들을 살펴보았다. 길찾기는 기본적으로 공간에 대한 인식을 바탕으로 이루어진다.

기존의 연구에서 지적되듯이 길찾기에 가장 큰 영향을 주는 것은 건물의 공간 구성적 특질이다. 기능과 경제적 측면에서 현대 사회는 이미 복잡하고 다양한 공간조직을 필요로 하기 때문에, 길찾기에 대한 이해와 연구도 이와 같은 상황을 고려하여 진행되어야 한다. 건물 고유의 기능적 측면, 스트레스 유발이라는 경험적 측면, 시설의 이용률과 관련된 경제적 측면을 고려해 길찾기 문제가 중요하게 다루어져야 할 것이다.

오늘날 도시적 차원의 길찾기는 GPS를 이용한 네비게이션의 발달로 상당부분 해소되었다. 하지만 건축공간에서의 길찾기는 아직도 많은 연구를 필요로 한다. 길찾기와 인간심리 사이의 관계를 이해하고, 길찾기에 유용한 건축공간 창출을 위해서는 길찾기 주체(사용자)들의 특성을 파악하는 것이 중요하다. 길찾기 주체들의 중요한 특성 두 가지는 다음과 같다.

첫째, 길찾기 주체들은 학습과 기억의 축적 정도에 따라 서로 다른 길찾기 전략을 시행한다는 것이다. 길찾기의 주체들이 보여주는 전략적 움

---

30) 최윤경, 민병호, 공간구조와 학습이 길찾기에 미치는 영향에 관한 연구, 〈대한건축학회논문집〉 14(7), 1998, pp.53~60

직임은 길찾기가 아무런 생각 없이 이루어지는 것이 아니라, 길찾기가 이루어지는 전체 공간조직과 찾고자 하는 목표지점에 대한 이해의 정도를 바탕으로 상당히 체계적인 전략을 토대로 이루어진다는 것이다.

둘째, 길찾기 주체들이 이를 위한 정보가 부족할 때 일반 통행인들이 많이 있는 공간을 빈번하게 이용한다는 것이다. 이러한 현상은 통행인이 많은 공간에서 이들과 조우(encounter)할 수 있는 가능성을 의식한 결과로 추정된다. 이는 높은 조우의 가능성이 길찾기 주체들로 하여금 더 많은 정보를 획득할 수 있는 가능성과 함께 문제발생 시 안도감을 제공하기 때문일 것이다.

이 두 가지는 심리학적 측면에서 특히 주목해야 할 요소이다. 즉, 곤란한 상황에서 통행인의 존재 자체가 일종의 위안으로서 작용한다는 것이다. 설령 자신의 목적지와는 다르더라도 전반적인 상황을 모를 때에는 사람들이 있는 곳, 혹은 사람들이 움직이는 방향으로 같이 이동하는 것이 예측 가능한 일반적 속성이며, 이러한 상황에서 사람의 존재 자체는 하나의 유인인자(attractor)로서 작용하는 것이다. 그리고 이는 길찾기가 가지는 심리적 속성의 공간적 표현으로 이해될 수 있다.

이렇듯 복잡하고 다양한 건축공간을 요구하는 현대 사회에서, 건축공간이 가지는 기능적, 경제적 요구와 사용자의 심리적 요구를 만족시키기 위해, 계획 초기단계부터 공간 식별성과 길찾기 문제를 적극적으로 해결하려는 노력이 필요하다.

2-2 영역성과 방어공간(defensible space)

2-2-1 영역성(territoriality)

(1) 영역성의 개념

1) 프라이버시(privacy)

'영역성'이라는 개념을 이해하기 위해서 반드시 선행되어야 하는 것이

'프라이버시'라는 개념에 대한 이해이다. 프라이버시는 일상생활에서 우리가 빈번히 사용하는 용어인 동시에 가장 잘못 이해되고 사용되는 용어 중 하나이다. 국어사전을 보면 프라이버시의 정의는 (1) 개인의 사생활이나 집안의 사적인 일, 또는 그것을 남에게 간섭받지 않을 권리. '사삿일', '사생활', '자기생활' (2) 타인과 떨어져 있는 것, 즉 격리, 비밀 등으로 규정된다. 즉, 우리는 프라이버시를 '타인이나 외부로터의 단절, 격리', 혹은 '사생활' 등의 의미로 많이 사용하고 있다. 하지만 엄격한 의미에서 프라이버시는 다른 개체로부터의 단절이나 격리된 상태를 의미하기보다는 '자신의 요구나 상황에 따라 다른 개체와의 사회적 접촉을 조절하고 선택할 수 있는 능력'[31]이라고 정의되어야 한다.

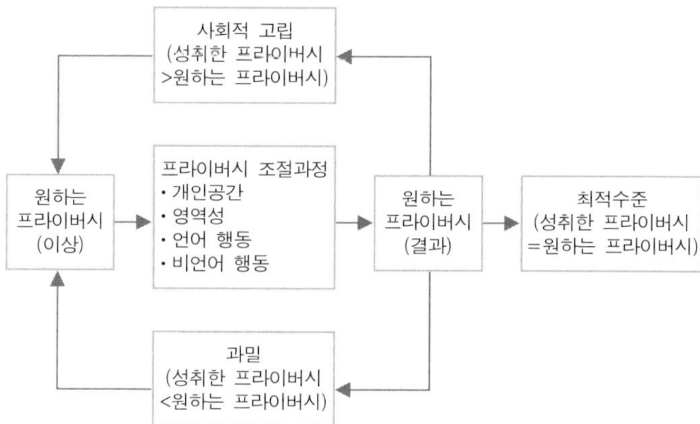

그림 2-20 | 알트만의 프라이버시 모델

알트만(Altman)은 자신이 제안한 프라이버시 모델에서 프라이버시를 개인적 공간(personal space), 영역성 그리고 사회적 행태(일례로 과밀, 혹은 사회적 고립 등) 사이를 연결시켜주는 주요 개념으로 정의[32]하고 있다. 즉, 사람은 특정상황에서 원하는 사회적 접촉의 정도가 있지만 실제 상황에서 획득 가능한 사회적 접촉의 정도와는 차이가 있을 수 있다.

31) Rapoport, A. (1977). Human Aspects of Urban Form, New York: Pergamon.
32) Altman, I. (1975). Environment and Social Behavior, Monterey, Ca.: Brooks/Cole.

물론 원하는 사회적 접촉량과 실제 획득 가능한 사회적 접촉량의 정도가 일치한다면 문제가 없지만 더 크거나 작을 경우에는 부정적인 행태를 야기시키게 된다. 원하는 사회적 접촉량에 비해 실제 얻어진 사회적 접촉량이 크다면 사람은 과밀(crowding)을 느끼게 되며, 반대의 경우 사회적 고립감(social isolation)을 느끼게 된다. 과밀이나 사회적 고립감은 모두 부정적 행태로서 사람들은 평형을 이루기 위한 노력을 하게 되는데, 그러한 평형을 이루기 위한 조절기제(regulating mechanism)로서 개인적 공간(personal space), 영역성(territoriality), 언어적 행동(verbal behavior), 비언어적 행동(non-verbal behavior) 등을 사용하게 된다.

2) 영역성

영역성에 대한 연구는 동물세계에서의 영역성에 대한 관심에서 처음 시작되었다. 동물세계에서 영역성이란 "영역이란 동종 타 개체의 침입을 막고 그 안에 살기 위한 지역으로 먹이를 찾고, 짝을 찾고, 새끼를 키우는 등의 기능에 이용된다"[33]는 헤디거(Hediger)의 정의에서 보듯이, 생존에 절대적으로 필요한 먹이 확보나 종족번식을 위해 자신만의 일정한 지역, 공간을 유지하려는 동물의 본능에서 비롯된 행태이다.

한편, 인간의 영역에 대한 다양한 학자(Pastalan, 1970; Sommer, 1969) 등의 견해를 종합하면 영역은 '개인이나 집단이 외부에 대한 배타적 reserve로서 소유하고(posess), 표시하며(mark), 개인화하고(personalize), 방어하는(defend) 한정된 일련의 환경무대(environmental setting)'라고 정의할 수 있다. 인간의 영역은 크게 점유의 전용 정도나 점유시간, 빈도 등을 고려하여 다음과 같은 세 가지 유형으로 나누어지며, 영역유형에 따라 영역에 대한 소유, 표시, 개인화, 방어 등 영역성의 네 가지 특성이 다르게 나타난다.

- 일차적 영역(primary territory) : 개인 또는 집단에 의해 배타적으로 소유되는 공간 혹은 지역으로 일상생활의 중심이 되며, 독점적으로 그리고 반영구적으로 점유된다. 개인의 집이나 개인사무실 등이

33) Hediger, H. (1950). Wild Animals in Captivity, London: Butterworth.

대표적 사례로서 이러한 일차적 영역은 누구에게나 소유주의 영역이라는 것이 명확하게 인식되며, 소유주는 일반적으로 영역에 대한 독점적 소유권과 통제권을 갖는다.

- 이차적 영역(secondary territory) : 일차적 영역보다는 덜 영구적이고 전용화의 정도가 약하지만 합법적 점유기간 동안 어느 정도는 개인화 및 통제가 가능하거나, 혹은 심리적 통제권을 주장할 수 있는 공간 또는 지역으로 아파트단지 내 공용공간, 마을 등이 대표적인 사례가 될 수 있다.
- 공적영역(public territory) : 개인이나 집단에 의해 장기적으로 점유되지 않으며, 또한 배타적 소유권 역시 인정되지 않는다. 따라서 누구도 통제권을 주장하기 힘든 공간 또는 지역으로 공원, 광장 등이 대표적인 사례이다.

그림 2-21 | 스크린을 사용한 물리적 영역표시(상)/개인적 디스플레이를 통한 상징적 영역표시(하)

(2) 영역성의 기능

영역성은 개인적 공간, 언어적 행동, 비언어적 행동과 함께 개인 혹은 집단이 다른 사람과의 사회적 접촉의 양을 조절하기 위해 사용하는 프라이버시 조절기제(privacy regulation mechanism)로서 작용한다. 일상활동에서 우리가 사용하는 담장, 벽체, 칸막이 등의 실질적 영역표시를 포함하여, 개인적 물건의 디스플레이(일례로 가족사진 등)와 같은 상징적 영역표시는 모두 적절한 프라이버시를 확보하기 위해 사용하는 조절기제에 해당하는 것이다. 우리가 사적인 침실에 잠글 수 있는 출입문을 가지고 있다는 것은 우리가 원하지 않을 때 출입문을 잠그고, 원할 때 열어놓을 수 있다는 것을 의미한다. 그렇지만 침실에 잠글 수 있는 출입문이 없는 경우 우리는 원하지 않는 접촉을 통제할 수 있는 방법이 없으며, 따라서 프라이버시가 없다고 한다. 여기에서 잠글 수 있는 출입문이란 영역에 대한 명확한 표시 및 통제권을 강화시켜 줌으로써 사회적 접촉을 조절할 수 있는 건축적 장치로 사용되는 것이다.

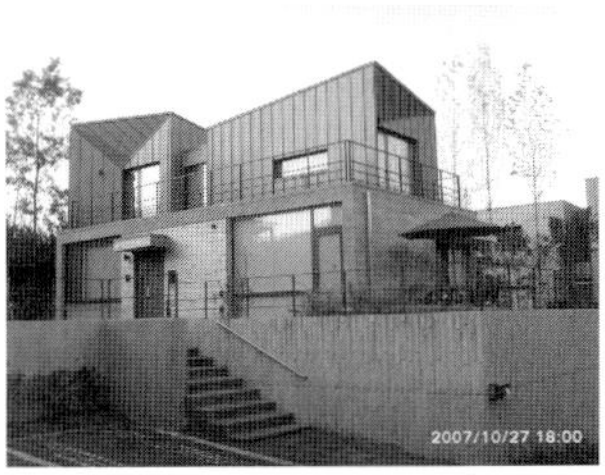

그림 2-22 | 개인소유 주택과 같은 일차적 영역에서는 영역의 위계가 잘 설정되어 있으면 누구나 영역의 배타적 소유권을 인지할 수 있으며, 건물의 공용 로비와 같은 공적 영역에서는 누구도 영역에 대한 배타적 소유권을 주장할 수 없다는 것을 인지할 수 있다.

둘째, 영역성은 사회적 질서를 부여하고 안전에 대한 인식을 제공한다. 즉, 인간에게 영역은 사회적 구심점 역할을 함으로써 심리적 귀속감, 안전감 등을 제공하며, 동시에 영역의 위계를 통해 사회구성원 간에 불필요한 갈등 및 마찰을 최소화시킴으로써 다른 개체와의 사회적 관계에서 질서를 부여하는 수단으로도 사용된다.

일차적 영역이나 공적인 영역에서는 개체 간의 불필요한 갈등이나 마찰이 발생할 가능성은 비교적 적다. 왜냐하면 일차적 영역의 경우, 그 영역의 소유주체가 명확하고 침범 시 소유주체의 적극적 영역적 행위(방어 및 공격)를 야기시킨다는 것을 누구나 알고 있기 때문이다. 또한 광장이나 공원 같은 공적영역의 경우에도 그 영역이 누구에게도 소유되지 않는다는 것을 명백히 이해하기 때문에 자신의 영역임을 주장하여 다른 개체와의 갈등을 초래하는 일은 거의 발생하지 않는다.

그러나 이차적 영역의 경우 갈등이나 마찰의 소지가 많은데, 우선 이차적 영역의 경우 영역의 위계가 명확하게 구분되고 표시되지 않으면 소유주체 혹은 외부인 모두가 영역에 대한 잘못된 인식을 할 수 있다. 영역의 소유주체가 제한적이고 공적영역과 반사적, 사적영역의 구분이 명확한 단독주택에서보다 소유주체가 다수이고 영역구분이 모호한 집합주택이나 기숙사 등에서 갈등의 소지가 많은 것은 당연하다고 볼 수 있다.

일례로 미국 세인트루이스의 프루이트 아이고 주택단지(Pruitt Igoe Housing)는 물리적 환경이 영역적 행위를 지원해 주지 못해 비극적인 결과를 초래한 사례로 들 수 있다. 프루이트 아이고 주택단지는 1960년대 초반 지어질 당시로서는 고층인 11층 건물로 용적률을 높이는 대신 지상공간을 주민에게 돌려주자는 'tower in the park'라는 계획이념에 맞게 1층 세대를 모두 필로티로 오픈시키고 지상공간을 주민 공용공간으로 조성했다. 또한 매 3층마다 주민들의 사회적 교류가 일어날 수 있도록 공용공간을 배치하는 등 건축계획적으로는 매우 이상적인 아이디어를 도입하여 설계 당시에는 우수한 건축물로 좋은 평가를 받은 바 있다. 그러나 이 단지는 각종 범죄의 급증으로 결국은 10여 년 후인 1972년 미 주택성의 결정에 따라 폭파되는 운명을 맞이했다. 이러한 비극적 결말의 원

그림 2-23 | 프루이트 아이고 주택단지 공용복도에 만연한 vandalism(상)/1972년 폭파 장면(하)

인으로 저소득층, 다인종, 편부모 가정 등 대다수 주민의 사회인구학적 특성을 지적하는 사람들도 있지만, 흥미롭게도 프루이트 아이고 주택단지와 인접한 칼스퀘어 주택단지(Carr Square Housing)는 주민의 사회인구학적 특성이 프루이트 아이고 주택단지와 거의 비슷함에도 불구하고 이처럼 범죄문제가 심각하게 발생하지 않았다는 점이다. 이는 프루이트 아이고 주택단지가 지상공간을 공용공간으로 주민에게 제공하기 위해 1층 세대를 두지 않음으로써 지상공간에 대한 영역적 행위나 태도를 행사할 주체가 사라지고, 동시에 많은 세대가 복도를 공유함으로써 익명화된 공용공간은 그러한 공간에서 어떻게 행동하는 것이 적절한 것인지에 대한 사회적 규범을 발전시키기 어려웠던 반면, 비교적 소수의 세대가 계단실을 공유하는 칼스퀘어 주택단지에서는 공용공간에 대한 관리의식 및 영역적 행위·대도가 훨씬 더 쉽게 발진할 수 있었던 것이 결징적 차이였던 것으로 보인다.

(3) 영역성과 방어공간

사회적 질서를 유지시키고 안전을 확보하는 수단으로서의 영역성의 특성에 착안하여 뉴욕대 건축과 교수인 오스카 뉴먼(Oscar Newman)은 1972년 영역성을 한 축으로 한 방어공간(defensible space)이란 개념을 제시하였다. 뉴먼은 지역 혹은 공간의 영역적 위계를 명확히 하고, 건물배치나 보행량 증가 등을 통해 내·외부 공간에서의 자연적 감시를 증대시키고, 유지관리 등을 통해 물리적 무질서 등 범죄에 취약한 이미지를 제거하고, 위험지역으로부터 이격된 지역에 주거단지의 입지를 선정함으로써 범죄로부터 안전한 거주환경(즉 방어적 공간)을 확보할 수 있다고 주장하였다. 방어공간이론에서 강조되는 4가지 요소의 개요는 다음과 같다.

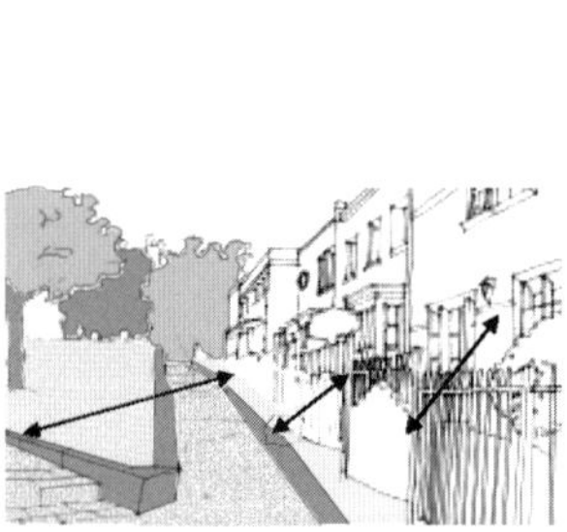

그림 2-24 | 공적-반공적-사적영역의 위계

1) 영역성(territoriality)

영역성은 건물배치, 도로설계, 상징적 또는 실질적 장애물의 설치를 통해 지역주민의 소유의식을 고취시키고 잠재적 범죄자의 범죄행위를 위축시키고자 하는 것이다. 이러한 영역성은 사적공간, 반사적·반공적공간,

공적공간 등 공간의 위계에 따른 공간의 통제 정도를 의미하는 것으로 공동체의식과 연계된 비공식적 사회통제 메커니즘(informal social control mechanism)를 통해서 범죄예방 효과를 나타낼 수 있다.

2) 자연적 감시(natural surveillance)

자연적 감시는 건물배치나 보행량 증가를 통해 일상행위 속에서 발생하는 범죄행위 및 사회적 일탈행위를 자연스럽게 관찰하고 통제할 수 있는 기회를 증대시키자는 것이다. 이러한 자연적 감시는 공간 및 시설에 대한 영역 설정과 밀접한 관련이 있는 것으로, 범죄예방 및 불안감 저감에 매우 중요한 요인으로 나타나고 있다.

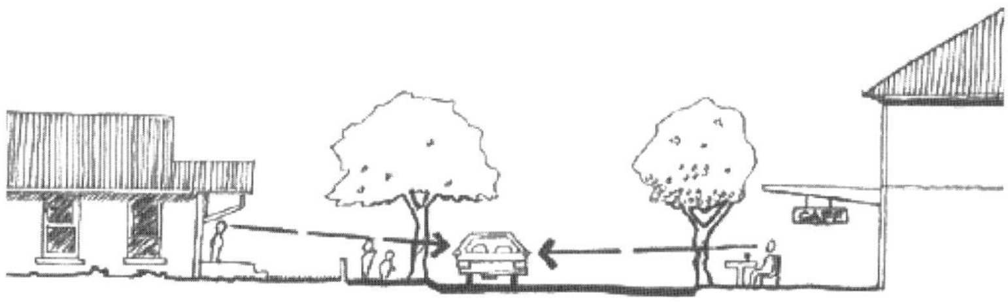

그림 2-25 | 건물배치나 조경식재 수고조절을 통한 자연적 감시 증대 사례

그림 2-26 | 물리적 무질서로 인해 범죄에 취약한 이미지를 주는 사례

3) 이미지(image)

이미지는 대상지역이 범죄에 취약하다는 이미지를 주지 않으며, 주변 환경과 격리되어 있지 않도록 환경을 관리하는 것을 의미한다. 안전한 이미지 조성을 위한 환경의 유지관리는 '깨어진 창 이론(Broken Window Theory)'과도 연계되는 것인데, 이는 지역사회에서 발생한 사회적, 물리적 무질서는 범죄와 직접적인 관계가 있어 시설물 훼손과 사회적 일탈행위가 방치되면 지역사회의 비공식적 사회통제 기능이 약화되고, 이것은 주민 범죄 불안감으로 이어져 범죄에 취약한 공간이 조성되는 등의 악순환이 연속되는 것을 의미한다. 따라서 범죄예방을 위해서는 환경이 황폐화되거나 시설물이 훼손되지 않도록 지속적으로 관리해서 안전한 이미지를 유지하는 것이 중요하다는 것이다.

4) 안전지역에 위치하는 입지조건(milieu)

위험지역으로부터 이격된 지역에 입지를 선정함으로써 범죄로부터 안전한 거주환경을 확보하자는 것이며, 동시에 대상지역 주변에 위치한 시설과 공간의 용도에 따라 범죄를 유발할 수 있는 정도가 달라지기 때문에 용도계획에서 이러한 점을 반영해야 한다는 것이다.

뉴먼의 방어적 공간개념은 물리적 요소에 한정해서 범죄와의 관계를 규명한 한계를 가지고 있으며, 따라서 많은 학자로부터 사회인구학적 요인의 간과, 통계적 오류 등 다양한 방법론적 비판을 받게 되지만 범죄예방환경설계(CPTED : Crime Prevention through Environmental Design) 분야가 대중의 주목을 받게 된 결정적 계기를 제공하였다.

그림 2-27 | 5개의 토루로 이루어진 전라갱 전경(상) / 기어오르기 어렵도록 일정높이 위에 설치된 개구부(하)

2-2-2 방어공간과 범죄예방환경설계(CPTED)[34)]

(1) 방어공간의 역사적 배경

뉴먼이 1972년 그의 저서인 〈Defensible Space〉를 통해 범죄예방환경설계에 대한 대중적 관심을 불러 일으켰지만 범죄예방환경설계(CPTED, Crime Prevention Through Environmental Design)의 개념은 그보다 훨씬 전부터 건축디자인에 반영되어 왔다. 선사시대의 주거 등에서도 외적이나 맹수, 혹은 혹심한 기후로부터의 방어를 위한 디자인이 나타나며, 고대, 중세를 거쳐 동서양 건축에서 모두 외적, 혹은 기타 외부요인으로부터의 방어는 건축물 디자인에서 가장 중요한 요소 중 하나였다.

동서양을 막론하고 외부로부터 방어되어야 하는 중요한 건축물의 경우 진출입을 통제하기 위해 건축물 외부에 해자를 설치하거나 내부공간으로 들어갈 수 있는 출입구 수를 최소화하고, 개구부로의 접근이 어렵도록 일정 높이 아래에 개구부를 두지 않는 등 다양한 방어적 요소를 건물배치 및 디자인에 반영하였다. 일례로 그림 2-27에서 보듯이 중국의 복건성(福建省) 난징현(南靖縣) 등지에서 볼 수 있는 토루는 12세기경부터 건축

34) Jeffrey(1971)에 의해 처음 사용된 'Crime Prevention through Environmental Design'의 약자로서 '셉테드'라고 발음하며, 영국 등에서는 'Designing Out Crime'(DOC)이라고 불리기도 한다.

된 다층구조의 건축물로 방어공간의 개념을 그대로 지니고 있다. 토루는 집단적인 공동생활을 영위하는 객가인(客家人)들이 건축한 공동주택으로 방어가 강조된 형태를 취하고 있다. 일반적으로 토루는 중정을 가진 사각형이나 원형의 형태로 건축되는데, 매우 두터운 흙벽과 나무골조로 지지를 하며 2층에서 5층의 높이로 쌓는다. 개구부는 일정 높이 이상에만 설치되며, 경우에 따라서는 토루의 외부에 해자를 설치하여 외부인의 출입을 제한하며 내부로 들어가는 출입문도 단 하나로 제한되는 것을 볼 수 있다.

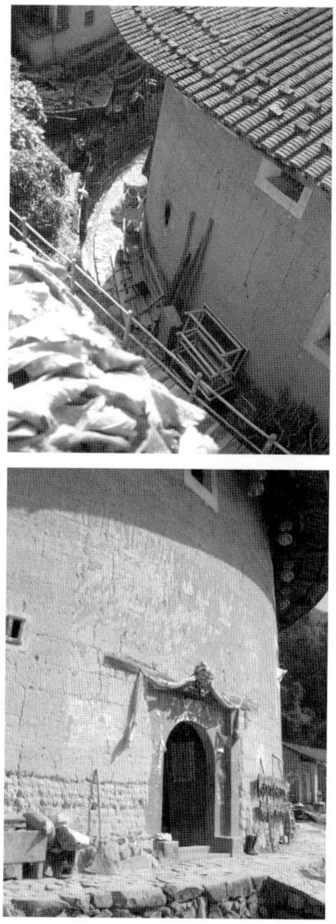

그림 2-28 | 토루 주위에 접근통제를 위해 판 해자(상)/토루 내부로 들어가는 유일한 출입문(하)

(2) 우리나라 전통촌락의 공간구조에서 나타나는 방어공간적 특성

우리나라 전통촌락의 공간구조 역시 현대도시 공간구조와 비교할 때 방어공간의 특성을 많이 가지고 있다. 우선 마을 내부를 관통하는 관통도로가 존재하지 않는다는 특징이 있다. 이는 외부인의 불필요한 진입을 자연적으로 통제해 준다는 의미가 있는데, 마을과 마을을 잇는 큰 도로는 절대로 마을 내부를 관통해 가지 않고 마을의 입구에서 진입로와 이어져 있을 뿐이다. 따라서 진입로를 통해서 들어오는 사람은 다른 곳으로 가기 위해 통과하는 사람이 아니라 마을에 볼 일이 있는 사람일 뿐이다. 또한 진입로를 통해 마을로 들어오는 사람은 진입로 입구에서 천하대장군, 지하여장군을 만나게 되는데, 이러한 장승은 마을의 영역으로 들어오는 입구에서 영역의 변화를 상징적으로 나타냄으로써 이제부터는 특정 집단(마을의 주민)이 소유하고 관리하는 영역으로 들어감을 예고함으로써 그 집단의 공통적 사회규범에 따라야 한다는 것을 외부인에게 상징적으로 암시한다.

진입로를 따라 마을로 들어가다 보면 정자나무 밑에 평상을 놓고 노인네들이 장기를 두고 있거나 빨래터에서 동네 아낙네들이 빨래를 하고 있는데, 이는 정보교환의 장소이기도 하지만 거리의 자연적인 감시의 눈 역할을 하게 된다. 즉, 마을 내부로 들어온 외부인은 정자나무 밑의 노인이나 빨래터의 아낙네들의 눈길을 피할 도리가 없는데, 이는 잠재적 범죄자에게는 상당히 강력한 범죄억제 효과를 발휘하게 된다. 마치 현대적 도시에서 CCTV가 하는 역할을 한다고 할 수 있는데, CCTV가 모니터링하는 사람이 존재하지 않는 한 별다른 예방효과를 볼 수 없는데 반해 이러한 자연적 감시는 보다 효과적인 수단이 될 수 있다.

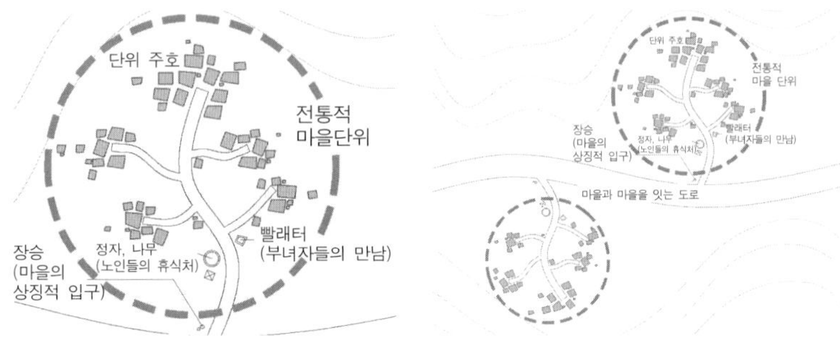

그림 2-29 | 한국 전통적 마을의 방어적 공간구조

마을 내 도로구조 역시 방어공간적 특성을 갖는다. 마을 내 도로는 진입로에서 나뭇가지가 뻗어나가듯 골목을 형성하고 나뭇가지에 나뭇잎이 달려 있는 형상처럼 몇 채의 주호가 골목을 중심으로 그루핑되어 있다. 골목을 중심으로 소수의 주호가 그루핑된 공간구조는 그루핑된 주호 간의 밀접한 사회적 네트워크를 가능하게 하며, 동시에 공용공간이 일단의 주호에 의해 위요됨으로써 공용공간에 대한 영역적 행위를 강화해 주고 주호 상호간의 자연적 감시를 용이하게 해주는 역할을 하게 된다.

(4) 범죄예방환경설계(CPTED)

1) 범죄예방환경설계의 이론적 배경

범죄예방환경설계의 아이디어는 방어공간이론의 활성화 전후 단계에서 제인 제이콥스(Jane Jacobs)가 그녀의 저서 〈The Death and Life of Great American Cities〉(1961)에서 미국과 캐나다 등 대도시에서의 현장조사와 인터뷰 결과를 토대로, 현대도시의 전형적인 가로 디자인이 사람들의 일상활동을 위축시키는 방향으로 진행됨에 따라 사회통제를 약화시키고 범죄문제를 초래할 수 있음을 지적하면서 구체화된 것으로 알려져 있다. 여기서 중요한 것은 가로에서의 시설배치와 활성화인데, 가로에 상점이 없으면 사람들의 이용이 적어짐에 따라 주변의 활력이 저하되고 결국은 황폐화된 곳으로 전락할 수 있다는 것이다.

그림 2-30 | 제인 제이콥스의 저서와 관련 사례

이러한 문제를 해결하기 위해 제이콥스는 '거리의 눈(eyes on the street)' 개념을 제안하고 이용빈도가 높은 도시가로 및 공공공간에서는 완전한 보차분리보다는 보차공존 및 혼용과 거주민과 상인들의 흥미를 유발할 수 있는 가로 디자인을 적용하고 복합용도 배치계획을 통한 지속적인 공간이용으로 자연스러운 감시를 유도함으로써 범죄행위를 억제시킬 것을 주장하였다. 특히 주거지역에서는 긴 단위블록(건물)이 주민들의 이동경로를 제한적이면서 동일한 경로만을 사용하도록 유도하는 경향이 있기 때문에, 단위블록을 분절시킨다면 주민들이 이용 가능한 다양한 경로를 확보함에 따라 자연스럽게 이웃간 잦은 교류를 통해서 공동체 활성화와 함께 감시에 의한 범죄예방도 가능하다고 주장하였다. 이처럼 도시 내 공공공간과 주거지역에서의 토지용도 활용(배치)을 통한 공간 활성화와 이를 통해 유발되는 자연적이고 비공식적인 사회통제 기능(eyes on the street + informal social control) 등의 범죄예방의 중요성은 환경범죄학(특히 환경설계를 통한 범죄예방 이론)의 기본개념이 된 것으로 알려져 있다.[35)]

35) 강석진, 안전한 도시관리를 위한 범죄위험도 평가연구, 고려대학교 박사학위 논문, 2010.

이후 사회학을 전공한 범죄학자인 레이 제프리(C. Ray Jeffery)[36]는 범죄예방 전략들이 건물 디자인과 배치를 통해 도시환경에서 범죄의 기회를 감소시킬 수 있다는 주장을 펴면서, 처음으로 범죄예방환경설계(Crime Prevention through Environmental Design)라는 용어를 사용하였다. 제이콥스와 제프리의 이론은 범죄와 물리적 환경간 관계에 대한 중요성을 부각시키고 후속연구를 촉발시키는 전기가 되었으며, 이후 1972년 오스카 뉴먼(Oscar Newman)의 방어공간(Defensible Space) 이론이 발표되면서 범죄예방환경설계의 도시건축적 이론이 본격적으로 정립될 뿐 아니라 대중의 광범위한 주목을 받는 계기가 되었다.

한편, 범죄학 분야에서는 범죄발생의 근본원인이 되는 심리, 사회, 경제적 인자들을 연구하는 성향적 접근(Dispositional Approach)과 특정 장소에서 범죄를 유발케 하는(범죄의 기회를 제공하는) 상황적 인자들을 연구하는 상황적 접근(Situational Approach)의 두 가지 큰 줄기로 구분되어 연구가 진행되었는데, 건축적 측면에서 볼 때 성향적 접근은 상당히 제한된 효용성을 갖는다. 많은 학자들(Coleman, 1989 ; Cornish and Clarke, 1987 ; Taylor, Gottfredson and Brown, 1975)이 지적하였듯이 건축실무자에게는 범죄발생의 근본원인이 되는 빈곤, 결손가정, 사회적 분배의 불균형 등의 사회경제적 요인이나 유전적 속성이나 변태적 심리 등 범죄자의 심리, 유전적 요인에 대해 할 수 있는 해결책이 거의 전무하기 때문이다. 그러나 특정 장소에서 범행의 기회를 제공하는 상황적 인자에 초점을 맞추는 상황적 접근에서는 건축실무자들이 범죄예방에 대한 현실적 대책을 찾을 수 있는 여지가 많다고 할 수 있다.[37]

2) 범죄예방환경설계의 개념 및 기본원리

범죄예방환경설계란 "건축환경의 적절한 설계(design)와 효과적인 사용(use)을 통해 범죄의 두려움과 발생범위를 줄이고 삶의 질을 증대시키

---

36) Jefferey, C.R. Crime Prevention through Environmental Design, Beverly Hills: Sage, 1971.

37) 이경훈, 환경디자인을 통한 범죄예방, 대한건축학회 건축심리위원회 세미나 발표집, 1992.

는 기법"을 의미하는 것으로 미국과 영국 등 선진국을 중심으로 발달한 환경적 범죄예방 전략이라고 할 수 있다. 범죄예방환경설계는 상황적 접근방법을 근간으로 하고 있는데, 범죄는 범죄자와 피해자, 취약한 공간구조의 3가지 조건이 갖추어질 때 발생한다는 사실에 입각해 범죄를 유발시키는 환경적 기회요인을 감소시키는 전략을 사용하는데 초점을 두고 있다.

범죄예방환경설계의 기본원리는 자연적 감시(natural surveillance), 공동체 활성화 및 영역성 강화(community building & territorial reinforcement), 접근통제 및 대상물 강화(access control & target hardening)로 크게 구분할 수 있다. 또한 기본원리를 좀 더 세분화한다면 ① 자연적 감시, ② 접근통제, ③ 영역성 강화, ④ 명료성 강화, ⑤ 활용성 증대, ⑥ 유지관리 등으로 구분할 수 있다.

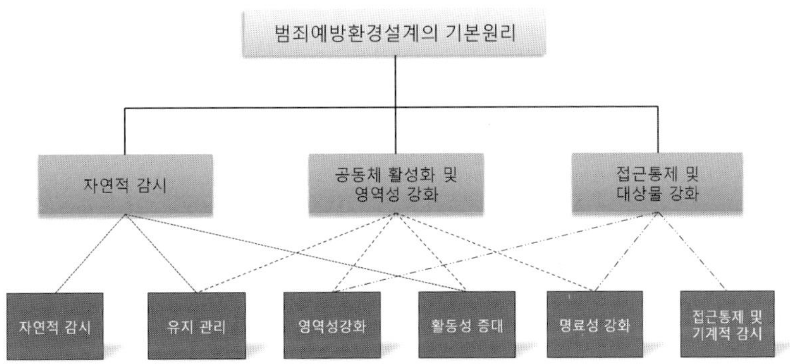

그림 2-31 | 범죄예방환경설계의 기본원리

① **자연적 감시**(natural surveillance) : 자연적 감시는 건축물이나 시설물 등의 계획 시 가시성을 최대한 확보하도록 배치 및 설계하는 것으로서, 인위적인 순찰을 통한 감시보다 일상생활을 유지하며 자연스럽게 외부인의 침입 여부를 관찰하고 이웃주민과 낯선 사람들의 활동을 구분할 수 있어, 범죄의 가능성이 있을 경우 이를 적절히 통제(범죄의 기회를 감소)하는 등 예방과 억제를 위한 중요한 요소로 작용하는 개념이다. 특히, 주간의 가시성 확보를 위해서는

취약공간에 대한 시선 확보가 가능하도록 시설배치 및 공간계획이 이루어져야 하며, 야간 가시성 확보를 위해서는 건물 출입구, 보행로와 도로, 주차시설, 가로시설 등에 적절한 조명(조도와 간격이 중요)을 설치하는 것이 중요하다.

그림 2-32 | 주택 전면이 쿨데삭 상에 있는 모든 주호를 향하게 배치되어 자연적 감시를 증대시킨 배치 사례(상)/개방형 엘리베이터로 설치하여 엘리베이터 내부에 대한 자연적 감시를 증대시킨 사례(하)

그림 2-33 | 엘리베이터 후면에 거울을 부착하여 타기 전에 수상한 사람이 숨어있는지 여부를 미리 알 수 있도록 한 엘리베이터 디자인 사례(좌)/아파트 계단실에 전면 창을 설치하여 놀이터 등의 외부공간에 대한 자연적 감시가 쉽게 일어날 수 있도록 한 계획안 사례(우)

② **접근통제**(access control) **및 기계적 감시** : 접근통제는 일정한 지역에 대해 접근하는 사람들을 정해진 공간으로 유도하여 출입을 자연스럽게 통제하는 것으로, 이는 범죄를 목적으로 접근하는 사람들을 정해진 출입구만 이용할 수 있도록 설계하여 범죄행위의 위험정도를 높이고 도주로를 차단하는 효과까지 함께 얻을 수 있다(인위적 접근통제가 주는 폐쇄적인 이미지 상쇄 가능). 자연적 접근통제를 강화하기 위해서는 경비원에 의한 통제나 시건장치 및 방범시스템 설치와 같은 대상물 강화(target hardening) 혹은 CCTV와 같은 기계적 감시장치가 병행되어야 한다.

그림 2-34 | 1층부를 셋백하여 상층부로 쉽게 기어오를 수 없게 한 디자인 사례(좌)/공용복도에서 개별 주호의 발코니로 침입할 수 없도록 디자인한 사례(우)

그림 2-35 | 주동 주변에 수공간을 조성하여 건물 상부로 기어오르는 것을 방지한 디자인 사례(좌)/공공가로시설물(벤치, 플랜트 박스, 볼라드 등)을 연속적으로 배치하여 폭발물을 적재한 차량이 건물로 접근할 수 없게 디자인한 사례(우)

그림 2-36 | 배관을 타고 침입하는 것을 방지하기 위한 디자인 사례(좌) / CCTV를 설치하여 기계적 감시를 강화한 사례(우)

그림 2-37 | 세대 출입현관 앞에 포치를 설치하여 영역성을 강화한 사례

③ **영역성 강화**(reinforcement of territoriality) : 영역이란 '어떤 지역에 대해 지역주민들이 자유롭게 사용하거나 점유함으로써 그들의 권리를 주장할 수 있는 심리적, 물리적인 범위나 경계'를 의미하는 것으로 사적공간(private space), 반사적공간(semi-private space), 공적공간(public space)으로 구분되는데, 경계선, 시설물 배치, 영역 간 디자인 기법 변경 등의 적용으로 반사회적 행태에 대한 직간접적인 통제가 이루어져 범죄인에게 심리적인 억제효과를 갖게 된다. 이러한 영역성은 공간의 구별과 함께 대지경계를 나타내는 기능도 있으므로 울타리, 표지판, 조경, 조명, 도로포장 설계 등과 같은 물리적 특징이 사용된다. 영역적 위계가 잘 갖추어진 공간에서의 잠재적 범죄자는 통제를 인식함에 따라 범죄의도 자체를 포기할 수 있다.

그림 2-38 | 외부에서 직출입할 수 있는 저층부 세대 전면에 포치와 전이공간을 설치하여 영역성을 강화한 디자인 사례

④ **명료성 강화**(reinforcement legibility) : 지역 전반에 대한 명료성은 지역주민들에게 범죄발생에 대한 불안감을 감소시킬 수 있다. 특히 복잡하지 않은 가로망 체계, 눈에 잘 띄고 이해하기 쉬운 사인 시스템과 적합한 위치 선정 등을 통해 지역 전반에 대한 명료성을 높일 수 있다.

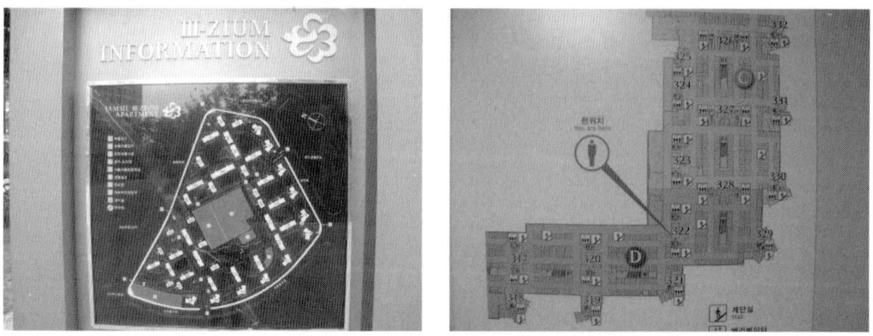

그림 2-39 | 명료성 강화를 위한 사인시스템

⑤ **활용성 증대**(activity support) : 활용성 증대의 개념은 자연적 감시와 함께 '거리의 눈(eyes on the street)'에 의한 감시효과를 높이기 위한 방안으로 공공장소에 가급적 많은 사람들이 오가며 활발

그림 2-40 | 외부공간에서 자연스러운 감시가 유도될 수 있도록 다양한 생활행위를 외부공간에 배치한 디자인 사례

한 사용을 하게 함으로써 자연스러운 감시를 유도하는 방안을 모색하는 것이다. 주로 공공부문에서 적용 가능한 기법으로 행위지원을 위한 시설 및 공간디자인을 통해서 이루어지며, 요새화된 영역설정이 아닌 주변과 어우러진 자연스러운 환경디자인에 의해 범죄예방은 물론 불안감 저감에도 효과적일 수 있다.

⑥ **유지관리**(maintenance and management) : 유지관리는 위의 5가지 CPTED 원리를 적용한 이후의 범죄예방 및 불안감 저감효과를 증대시키기 위해 적용하는 것으로 직접적인 디자인 원칙이 아닌 적용된 디자인을 유지하고 관리하는 총괄적인 프로그램이다. 처음 설계된 대로 혹은 개선한 의도대로 기능을 지속적으로 발휘하도록 유지관리하는 것이 중요하고 범죄예방에 실질적인 효과를 기대할 수 있다.

그림 2-41 | 범죄억제 효과를 위해 철저한 유지관리로 물리적 무질서를 제거한 사례

3) 범죄예방환경설계의 해외 적용사례

① **코네티컷 주 하트포드**(Hartford) **시 프로젝트** : 1970년대 초반 하트포드 시 상업지역 부분의 애실럼 힐(Asylum Hill)에서 범죄빈발 및 도시쇠퇴의 징후가 나타나자 지역의 안전 확보와 활성화를 위해 물리적 환경을 변화시키고, 지역사회의 공동체 의식 회복 프로그램을 개발하며, 경찰활동을 개선시키는 등의 프로젝트를 진행하였다. 하트포드 시에서 일어난 물리적 환경의 변화 중에서 가장 중요한 것은 차량통행을 제한하고 막다른 길이나 간선도로변으로 연결되는 가로나 통로의 폭을 좁히며 도로를 일방통행으로 계획하는 것 등이었다.

이를 통해 범죄율과 범죄로 인한 불안감이 감소하고 다시 대상지역이 활력을 가지게 되었다. 실제로 LEAA(LawEnforcement Assistance Administration)의 보고서에 의하면 교통흐름을 통제(도로차단, 일방통행, 도로 폭 조절)한 이후 이전(1975.7~1976.6)의 노상강도 발생건수(183건)보다 환경변화 이후(1976.7~1977.6)의 발생건수(120건)가 감소된 것이 확인되었다.

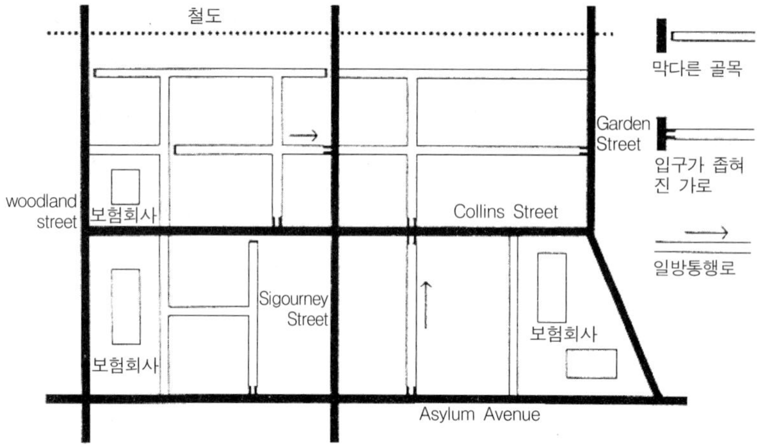

그림 2-42 | 애실럼 힐 도로구조 변화

그림 2-43 | CPTED 적용 후 범죄율 변화

② **클래슨 포인트 가든(Clason Point Garden) 프로젝트** : 이 지역은 저층 소규모의 저밀도 연립주택단지(2층, 400개 단위 주호)였는데, 범죄피해가 증가하고 이로 인한 주민 불안감이 높아짐에 따라 주택단지 주변의 환경개선 작업에 착수하게 되었다. 범죄율 낮은 지역과 높은 지역의 차이는 다음과 같다.

여기서 적용된 핵심기법을 정리하면 ① 영역적 위계 강화, ② 반사적영역 활용방안, ③ 바닥포장 변화, ④ 보행로 교차점 정비, ⑤ 공적 정원의 클러스터화, ⑥ 건물외벽 변화, ⑦ 단지중앙광장 개조, ⑧ 계층/연령별 시설 디자인 강화 등으로 요약할 수 있다.

표 2-6 • 범죄율에 따른 근린지역의 특징

범죄율이 낮은 근린지역	범죄율이 높은 근린지역
• 단독주택 많음 • 동질성이 높음 • 관통도로가 적음 • 상업시설과 분리 • 거주자 재산상태 양호	• 다가구주택 많음 • 토지용도가 혼합적임 • 상업적 토지용도와 혼재 • 주요간선도로가 많음

표 2-7 • 디자인 개조 전후 비교

디자인 개조 전	디자인 개조 후
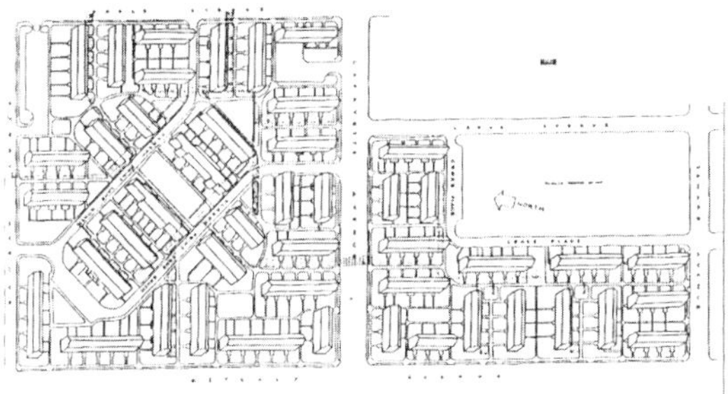	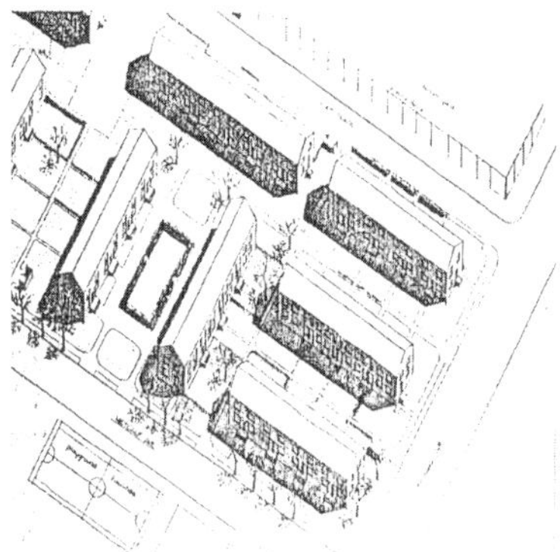
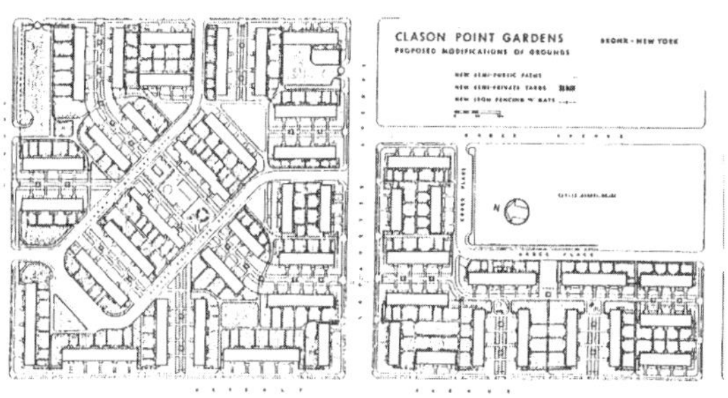	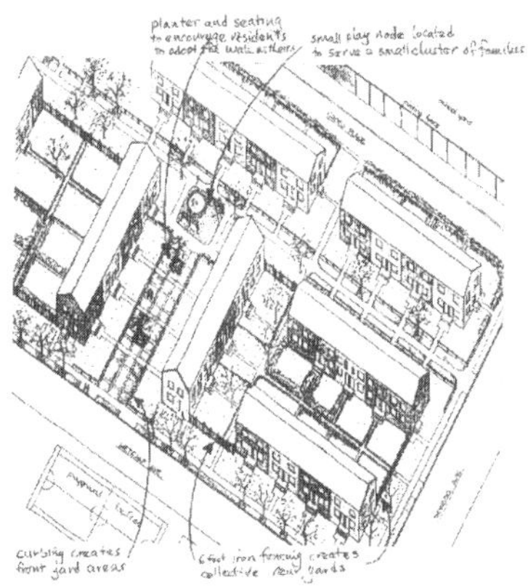

이러한 범죄예방 환경설계 기법을 적용한 결과 거주자들의 단지 및 주호에 대한 자부심이 고취되었고, 범죄의 두려움과 범죄율이 감소(매달 평균 6.91건/1,000명→3.16건/1,000명, 강력범죄는 61.5% 감소)했으며, 비공식적 사회통제 및 자연적 감시성이 강화되어 낯선 사람에 대한 관심이 증가(27%→50%)된 것으로 나타났다.

그림 2-44 | 오클랜드 락우드 가든 전경 및 적용기법 예시(주택)

③ **캘리포니아 주 오클랜드 락우드 가든**(Lockwood Garden) : 여기에서는 범죄예방 전략으로 조명 개선, 주변 울타리 보강, 안전장치가 된 출입구, 건물 외부수리, 지역주민의 유대감을 나타낼 수 있는 표지판 설치 등이 적용되었다.

가로에 인접한 주택가의 앞마당에 접근통제를 위해 가로변에 허리 높이의 울타리 설치, 외곽에는 2~3m 정도 높이의 울타리를 설치하고 외곽 울타리 양끝에는 출입구를 설치하였다. 그리고 열쇠를 부착해 허가 받은 사람들만이 출입할 수 있도록 하고, 출입구 근처에 경비실을 배치하여 상설 감시체제를 갖추었다. 이러한 울타리, 출입구, 경비원 배치 등으로 범죄자들의 접근과 도주가 어려워졌으며, 주거지 내에서의 마약거래상들의 거래가 근절되었다.

④ **보스턴 캐슬 스퀘어**(Castle Square) **프로젝트** : 보스턴 서부에 위치한 캐슬 스퀘어는 범죄예방을 위해 물리적 환경개선에 착수하였다. 이를 위해 중·저층 건물의 접근통제를 강화(초인종, 인터콤, CCTV 설치)하고, 건물 뒤편에 설치된 후문계단과 연결통로를 폐쇄시켜 밤 10시부터 익일 아침 6시까지는 외부인의 접근을 통제하였으며, 쿨데삭을 이용해 간선도로와 단지 내 진입로의 접근을 규제하였다. 범죄예방을 위해 적용된 세부기법을 정리하면 쿨데삭, 지역 내 건물유형과 규모 규제, 대지규모 조절, 건축선 지정, 건축재료 및 용적률의 규제 등이었다. 이를 통해 교통사고는 67% 감소하였고, 범죄율은 26%가 감소되었다. 범죄의 경우 폭력범은 50%, 주거절도, 강도, 차량절도 및 폭행 등은 5년 내 최저치를 기록하였다.

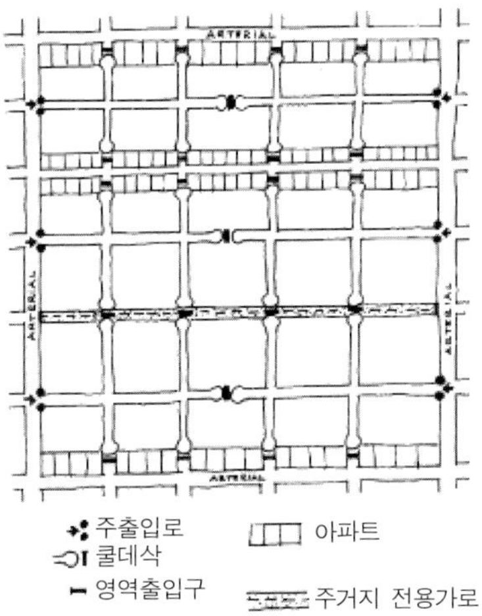

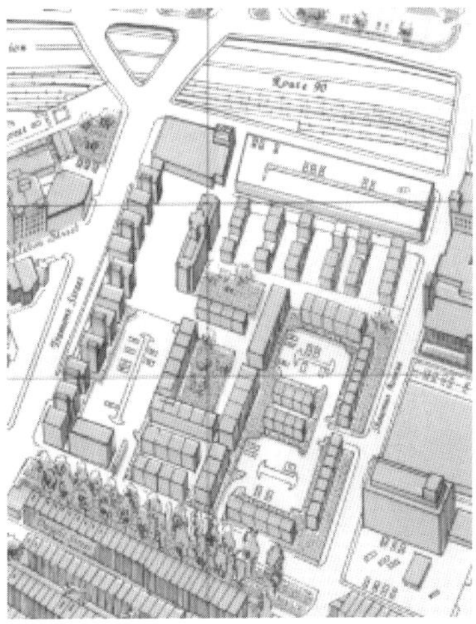

그림 2-45 | 보스턴 캐슬 스퀘어에서 적용된 기법 예시

2-3 공간의 체험과 생활적응

2-3-1 생태행동학적 공간과 형태

(1) 인간 · 시간 · 공간(三間)

사람이 삶터에서 삶을 영위한다는 공간 실용성과 삶의 시간적응 체험에 대해서 기본적인 개념(human behavior in time)을 공유하고, 인간↔시간↔공간이 별개의 독립된 것이 아니라 공존의 필연적 관계에 있음에 대해서 살펴보면 다음과 같다.

1) 공간(space, 空間)과 시간(time, 時間)

일상생활용어로서의 공간은 "물체와 물체 사이의 다른 물체로 채워지지 않은 빈 곳"으로서 비(非)물체이고, 공간 자체는 보이지도 만져지지도 않는 "비어 있음"이다. 인간이 시(視)지각하는 것은 공간이 아니라, 기하학적 육면체 공간을 구성하는 3차원 입체로서의 바닥, 벽, 천장적 공간구성요소(물체)를 보는 것이다. 또한 인간 삶과 관련된 공간은 "a field for human activity"로서 인간행동(행위)이 발생하는, 발생될 수 있는 장소(터 place)이다.

그리고 일상생활용어 개념으로서의 시간은 "일과 일 사이의 다른 일(事)로 채워지지 않은 빈 것"이며, 이때 일은 사람들의 삶의 내용으로서, 삶의 구체적 표현은 생활, 행태, 행동, 동작으로서 삶터인 공간 속에 자리한다. 또한 시간은 계속 반복 존재하지 않는 일회성, 어느 지역·공간에서나 동시에 존재하는 동시성 그리고 연계 지속되는 계시성의 특성이 있다.

① 물체와 물체 사이의 다른 것으로 채워지지 않은 빈 곳

② 물체와 물체 사이의 거리를 측정하는 수단

③ a field for human activity

④ 3차원 입체(바닥+벽+천장)

⑤ 4차원 시 · 공간(공간+시간)

⑥ 비(非)물체(시각 · 청각 · 후각 · 촉각 · 5감)

2) 4차원 시 · 공간(space · time)

3차원 입체가 단순한 비어있음이 아닌 공간이 되기 위해서는 그 속에 시간과 함께 하는 인간의 삶이 함께 해야 한다(space · time). 이때에 시간성은 물리적 계량단위가 아닌 계절, 주야 그리고 공간의 상황적 특성, 관계와 시간과 함께 하였던 일(program)에 의해서 감지, 체험된다. 이때에 공간의 상황적 특성과 관계는 그 안에서 생활하는 인간의 개인적, 집단적 관계와 인간요구(기능적, 정서적)에 의해서 시간과 함께 변한다. 적극적이고 살아있는 positive space는 negative space에 활발한 인간행태의 장(place)이 형성될 때 가능해진다.

3) 건물과 건축(bldg. & architecture)

바닥, 벽, 천장으로 구성된 물리적 공간체로서의 건물(bldg)은 그 안에 시간과 함께 하는 인간 삶이 활성화 될 때 시 · 공간으로서의 건축(architecture)이 될 수 있다. 즉, architecture = bldg + α로서 α의 채움으로 인간이 시간과 함께 하는 삶의 내용, 목적, 가치의미 등이 충실히 실현될 수 있다.

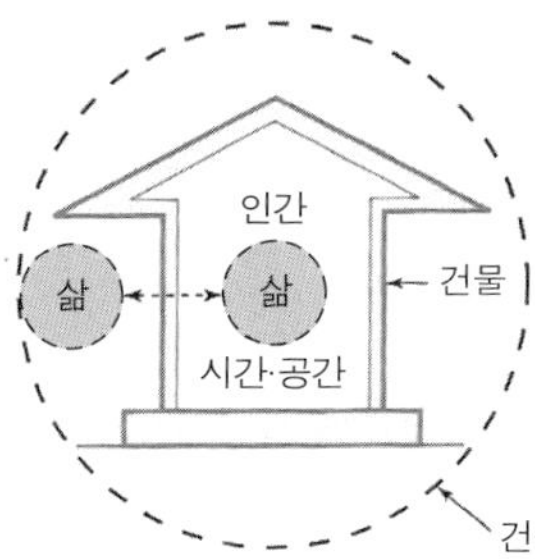

그림 2-46 | 건축과 건물

건물은 구조체계와 재료배분 및 기술적 환경설비체계 등의 물적 요소와 시지각 대상으로서의 형태 등을 이르고, 건축은 목적의식, 시대배경, 역사적 장소성, 주변과의 상관성(context), 기능용도 그리고 무엇보다도 중요한 것은 그 공간에서의 생활의 총체적 내용(holistic)의 채움으로 문화현상으로 표현된다.

(2) 생태 · 행태 · 형태(三態)

태(態)의 사전적 의미는 모양, 맵시로서 모양새를 뜻한다. 건축형태는 완결된 물체의 형식구조이기보다는 인간 삶의 모습(행태)이 담겨지는 유연한 가변성을 지녀야 하고, 시간의 변화(생애, 계절, 주야, 상황)를 수용할 수 있는 것이어야 한다. 또한 물리적 건축구성요소들 뿐만 아니라 그 주변의 자연요소(가시적, 환경공학적)와의 유기적 관계(생태계)가 중요시 되어야 하고, 인간의 사회공동체(community)가 건강하게 이루어질 수 있는 유기적 생명체(organism)로서 성장, 변화에 대응할 수 있어야 한다. 인간은 시간과 함께 공간에서 생활(행태)하며, 인간행동 양식에 영향을 미치는 요인은 물리적·생리적 그리고 심리적 배경이고, 건축형태 결정에는 사회문화적 환경, 인공환경 그리고 자연환경 요소가 중요하게 작용한다.

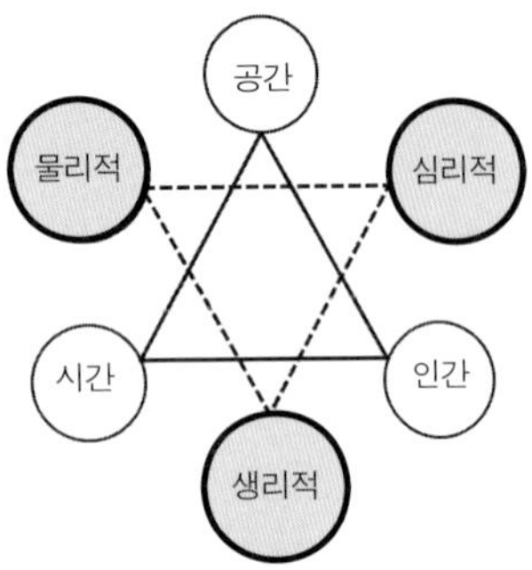

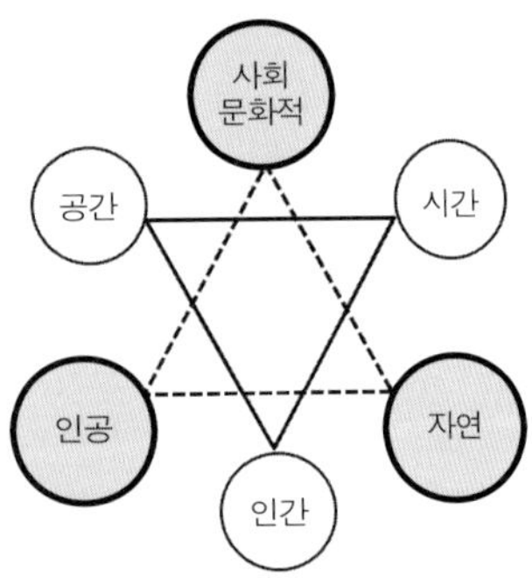

그림 2-47 | 인간-시간-공간과 공간 요인

1) 생태(학)(ecology)

생태학은 생물학의 한 분야로서 독일 생물학자 헤켈(Häckel)에 의해서 1866년 제안되었다. öikos+logos의 합성어로서 öikos는 habitat, household로서 거주/주거 의미를, logos는 logy로서 학문 의미로 합성되었다. 생태학은 "인간을 포함한 유기적 생명체와 그들의 생활에 영향을 주고받는 주변의 환경요인/요소들 간의 관계" 파악에 중점을 두고 있다.(relationships between organisms and their surroundings)

사물이나 현상의 생태적 관점은 고정된 장면으로 보는 것이 아니라 살아있는, 움직이는 성장 변화에 적응할 수 있어야 하고, 이를 현실적으로 실천(계획, 설계, 시공, 생활)하기 위해서는 유기적 생물체의 개체↔개체, 개체↔군집(마을, 공동체), 개체↔환경 간의 관계를 다음과 같이 접근해야 한다.

① 자연친화/친환경적 · 자연순환적(recyclic) · 유기적(organic)
② 가변적/유연성 있는(flexible) · 완결되지 않은(open ended)
③ 생동감/탄력 있는(dynamic, vital) · 지속가능한(sustainability)
④ 경제적(economic) · 조화로운(harmony)

전술한 바와 같이, 생태적 구성에서 요인/요소들 간의 관계(relationship)가 매우 중요하고 개체↔개체, 개체↔군집으로 연결, 활성화시키는 (건강한 공동체) 공동매개요소(common tie els.)가 공간화되거나 사회조직화되어야 한다. 이때에 아파트단지(마을)의 공동매개공간으로는 반공적

/사적(semi public, private)공간으로서의 주차, 휴게, 독서, 노인, 어린이 시설과 건물 내부의 현관홀, 복도, 계단, 지하 및 옥상공간 등이 있고, 사회조직으로는 계, 두레, 반상회 같은 주민모임 등이 있다. 무엇보다도 중요한 것은 주민(구성원)들의 적극적 참여와 규범준수라고 할 수 있다.

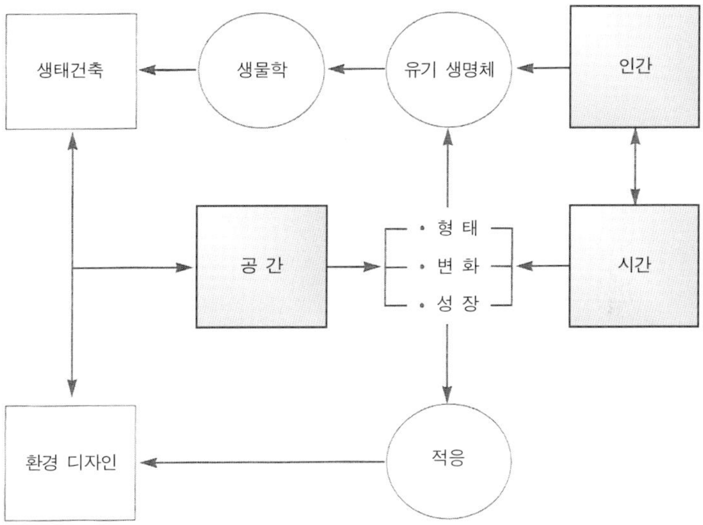

그림 2-48 | 생태건축 · 도시개념

2) 행태(行態, behavior)

모든 건축행위는 생활과 공간과의 관계에서 비롯한다. 건축에서의 공간의 의미, 기능, 용도 등은 그곳에서의 생활의 수용성과 깊이 관련됨을 뜻하고, 이때에 생활이란 단위행태(behavior)의 연속된 총체적 집합을 의미한다. 공간의 건축적 특성은 시간속의 움직임(behavior in time)을 통한 생활과 함께 특징지어지고 활성화된다.

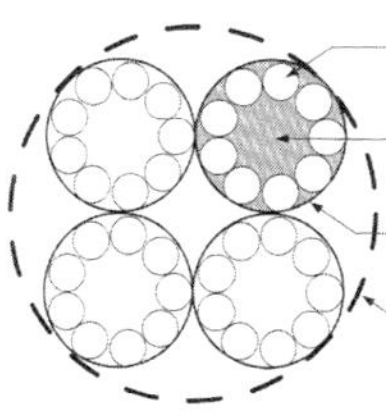

그림 2-49 | 문화↔환경↔행태의 상관성

건축문화↔ 관습↔ 생활양식↔ 행태조직↔ 행동, 동작 등으로 순환, 연속되어지는 상관성에서 알 수 있듯이 인간행태는 생활환경으로서의 공간정서(공간성)와 매우 깊은 관계에 있다. 의식적이든 무의식적이든 인간행태는 심리적, 생리적 반응의 결과 표현이고, 이때 공간분위기(생활정서)는 심리적, 생리적 반응에 직·간접적으로 작용한다.

"인간에서만 볼 수 있는 사유행동양식(생활방식) 중에서 유전에 의한 것이 아닌, 학습에 의해서 소속된 사회로부터 습득, 전달받는 것"(a set of human learned behavior)을 포괄 총칭하는 문화개념은 매우 포괄적이고 추상적이다. 문화에 대한 개념 정의는 관점에 따라서 매우 다양하지만 다음과 같은 개념으로 집약된다.

① 어느 집단의 전형적인 생활양식(a way of life)

② 상징매체를 통해 전달되는 일련의 상징, 의미, 규범(system of symbols, meanings, and schemata)

③ 자연과 생태계에서 생존을 위한 일련의 적응단계(a set of adaptative strategies)

위의 여러 사항들을 요약하면 "시간을 통하여 학습에 의해 전승하는(받는) 생활양식(life style)과 그 생활방식 속에 내재되어 있는 상징적인 생활규범(meaning and schemata)"이다. 즉, 문화는 환경↔행태 상관성을 포함하고 그 상관성은 문화의 주요한 요소이다.

인간생활을 위한 모든 인공환경과 행동양식과의 상관성을 담는 그릇으로서의 건축과 담겨진 생활 자체를 포함한 포괄적인 총체가 문화이다. 건축을 한다는 것은 하나의 문화현상이고, 그 형태나 내용(공간질서+생활

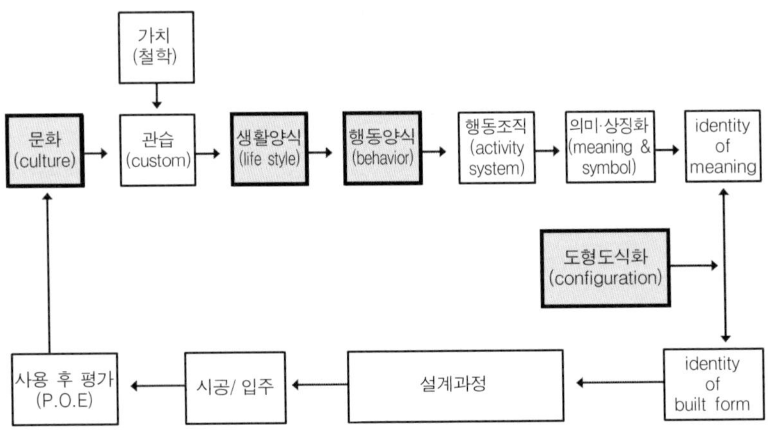

그림 2-50 | 문화개념과 설계과정의 관련성

양식)의 조직은 그것이 속하는 문화환경에 큰 영향을 받는다.

관련용어는 다음과 같이 그 크기나 순서에 있어서 상호연관성을 지닌다.

생활양식(life style) > 행동양식(행태, behavior) > activity(활동) > 행동(action)

행태(행동양식, behavior)란 단순한 행동, 활동과 달리 어떤 일정한 경향성이나 패턴이 될 때의 태도양식을 의미하며, 지각과 인지를 포함하는 함축적 의미를 갖는다. 공간행태(space behavior)는 건축, 도시, 단지, 조경 등의 공간디자인 분야는 물론이고 심리학, 사회학, 지리학, 인류학 등에서 지속적으로 연구 활동되고 있다.

인간생활의 구체적 표현인 행태와 건축공간과의 상관적 요인분석 결과는 건축계획 및 설계과정에 객관적이고 논리적인 틀을 제공한다. 건축공간은 인간생활에 영향을 주고, 또 인간의 다양한 생활양식은 공간요구에 영향을 주는 순환성이 있다.

(3) 형태(形態, form)(shape/form)(시·청각 gestalt psychology)(F/G이론)

형태는 대상물(object)이 그 주변의 배경(ground)과 경계되어 지각되어지는 실체이다.

1차 형태로서의 매스(mass)는 점, 선, 면, 입체로서 구성되며, 볼륨화(volume)하는 과정에서 수평·수직으로 분할·첨가되고 단위공간들의 기능, 동선, 크기, 관계에 따른 유기적 조직(organic system)에 의해서 비대칭적(상하, 좌우)으로 다양하게 구성된다.

또한 형태는 shape과 form으로 차별화된다. shape은 형(形)으로서 시.지각되는 물리적 실체이고, form은 형태(形態)로서 시지각대상물로서뿐만 아니라 그것이 지각되어지는 요인·요소들의 유기적 구성(organization)에 더 큰 의미가 있다.

즉, form의 동사형은 organize이며, 명사형은 organization로서, shape로 지각되는 형(形)의 내외적 구성요소들의 유기적(organic) 관계이며 동적(dynamic)이고 총체적(holistic) 현상이다.

form=shape+α(행태, 상징의미, 내용, 관계, 지각·인지, 시간성)

비(非)물체로서의 공간형태(spatial form)는 공간구성요소들을 시각적으로 보고, 그 안팎에서 소리를 듣고 바람과 습기를 느끼며, 또한 계절의 향기를 맡음으로써 총체적으로 지각, 체험된다.(5감, 공간형태)

공간형태는 외적자극에 적응할 수 있어야 하고, 생활양식, 내부기능/규모 변화에 대응할 수 있는 가변적 유연성을 갖출 때, 유기 생명체의 살아있는 삶을 수용할 수 있는 생태적 형태(ecological form)가 될 수 있다.

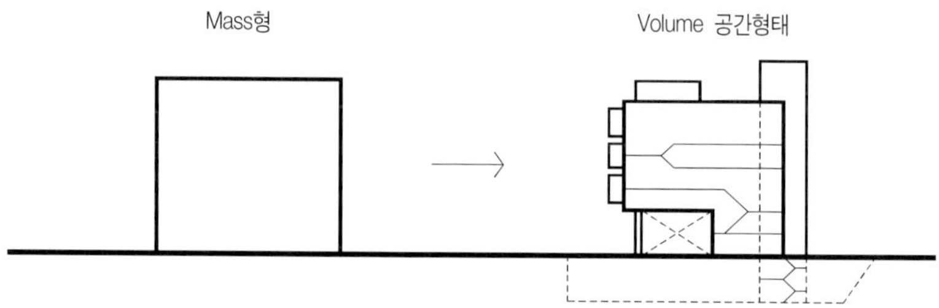

그림 2-51 | Mass형과 Volume 공간형태

3) 행태↔생태↔형태

① **행태와 공간형태**(behavior/space form) : 행태는 행동양식, 몸짓 또는 짓거리로서 유기적 생물체의 유전적, 본능적인 행동양식이다. 인간행태(behavior)는 어떤 상황적 조건(setting)에서 인간의 보편적, 본능적, 습관적 반응으로서 정지된 상태의 고정된 장면이 아니라 동적(動的)인 양태이다.

진술한 바와 같이 "behavior in time"은 3차원의 고정된 기하학적 공간에서 시간과 함께 움직이며, 체험하는 공간의 4차원을 의미한다. 시·공간의 4차원적 살아있는 공간이 되기 위해서는 외적자극에 적응할 수 있어야 하고, 내부기능/규모변화에 대응할 수 있는 가변적 유연성(flexibility)을 갖출 때 가능해진다. 가변적 유연성 증대를 위해서는 이를 저해하는 경직/고정요소(구조, 설비시스템, 동선체제...)의 최소 간결화를 통해서 가능해진다. 근대건축에서 형태와 기능관계는 "form follows function"으로서, 물리적 기능성에 충실한 건축형태, 즉 동선, 지리적 환경조건(바람, 눈, 비, 온도, 습도, 자연지형, 식생, 중력, 지질, ...), 밀도, 재료, 재료 간의 역학관계 등이 건축형태 구성의 중요한 요인·요소이다. 한편, 현대건축에서 "form follows behavior system"은 건축형태 구성의 동기(motif)를 건축공간과 관련된 인간행태로부터 찾으려는 경향이다. 인간행태에서 내면적 동기의 의미, 상징성의 시각조형화(포스트모더니즘) 또는 독특한 행동양식의 도식화(schemata configuration)를 통한 도형화 작업에 의한 건축조형 작업의 중요성이 강조되고 있다.

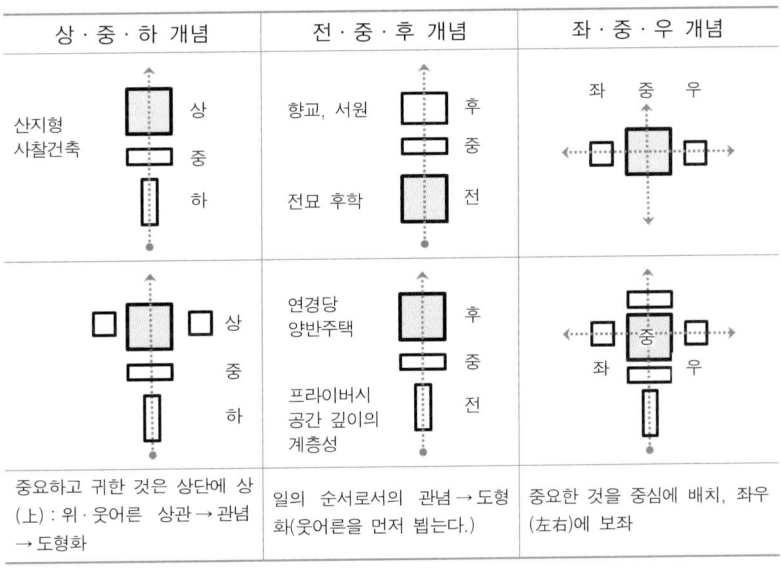

그림 2-52 | 행태의미 상징성 도식화 작업과 공간계획

일상생활 용어개념으로서 상중하, 전중후, 좌중우는 우리의 생활, 행동양식에 깊이 관여하였고, 이 위계 의미와 상징성은 건물, 방 배치 공간계획의 기본지침이 되었다.

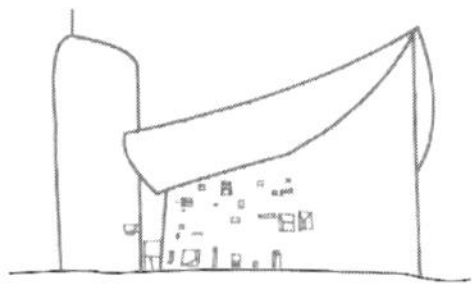

롱상교회

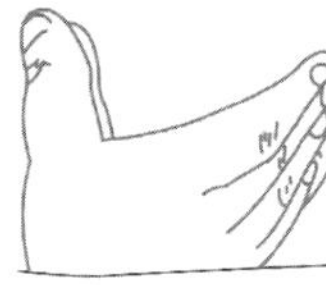

행태와 형태

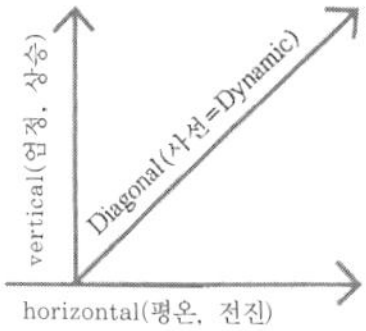

선과 상대성

Guild House(R. Venturi)

AT&T(P. Johnson)

그림 2-53 | 의미상징과 건축형태

기도하는 행태의 모습은 건축형태의 기본동기가 되었고, 선(수평, 수직, 사선)의 방향성과 구성은 인간행동과 관련되어 공간형태 구성의 지침이 되었다. Guild House에서 하나의 출입구(one entry=control), 중심부 넓은 창호와 좌우대칭의 작은 창호(public/private), 중심 넓은 창호 상부의 원호형태(마감)는 인간생활양식/의식의 동기였고, AT&T의 상부조형은 전화기 모습의 건축조형 계기였음을 우리는 알고 있다.

② **형태와 생태**(form/ecology) : 전술한 바와 같이, 1866년 독일의 생물학자 헤켈(Häeckel)에 의해 쓰여진 생태학(ecology)은 과학의 한계를 넘어 철학, 사회학, 종교철학, 정치 그리고 환경디자인 등 현대사회의 모든 분야에 걸쳐 밀접하게 연계되어 있다. 즉, 생태학은 인간을 포함한 생물 또는 생물군과 그들의 생활에 영향을 주는 생활환경(surroundings)과의 관계(relationship, 생물종간의 관계, 생물과 환경간의 관계)를 연구하는 학문이다.

- **생태적 형태**(form follows eco-system) : 사물이나 현상을 생태적으로 본다는 것은, 겉으로 드러나는 피상적 결과만을 보는 것이 아니라 그 과정이나 내적요소 간의 관계를 중요시하며, 또한 일방적이 아닌 상호관계를 보며, 그 관계를 유기적(organic)으로 동인적(動因的), open-ended하게 해석하는 것을 뜻한다.

  따라서 생태적 형태는 자연질서의 시각화뿐만 아니라 개체와 개체 그리고 개체와 전체의 관계성이 주요형태 요인 · 요소이며, 완결된 개체이기보다는 완결을 지향하는 미완이고, 개체의 다양성과 개체간의 유기적 연계가 살아있고 변화와 성장에 대응하는 유연성을 지닌다.

- **생태건축**(the architecture of ecology) (archology= architecture +ecology, P. Soleri) : 생태적 건축이란, 건축이 위치한 주변 환경적인 것과 건축과의 관계(시각, 환경공학)와 인간과 건축과의 관계 그리고 건축과 건물과의 관계, 건축과 그 구성요소들과의 관계를 고정적인 관점이 아닌 그리고 완결된 현상이 아닌, 성장하고 살아 움직이는 조직(organic system)으로 보는 것이다. 생물학, 생태학, 생태건축에서의 유기적 관계요인/요소 및 개체/공동체의 매개요소 관련 개념은 다음과 같다. 한국전통건축의 공간구성은 생태건축으로서 생활, 현실화한 매우 우수한 사례이다. 그리고 이러한 생태건축에 대한 공간 디자인적 해석과 실천 적용 가능성에 중점을 둘 때 가변적 공간구성이 원활하게 될 수 있고, 인간의 삶에 대한 적응력, 순발력이 자극될 것이다.

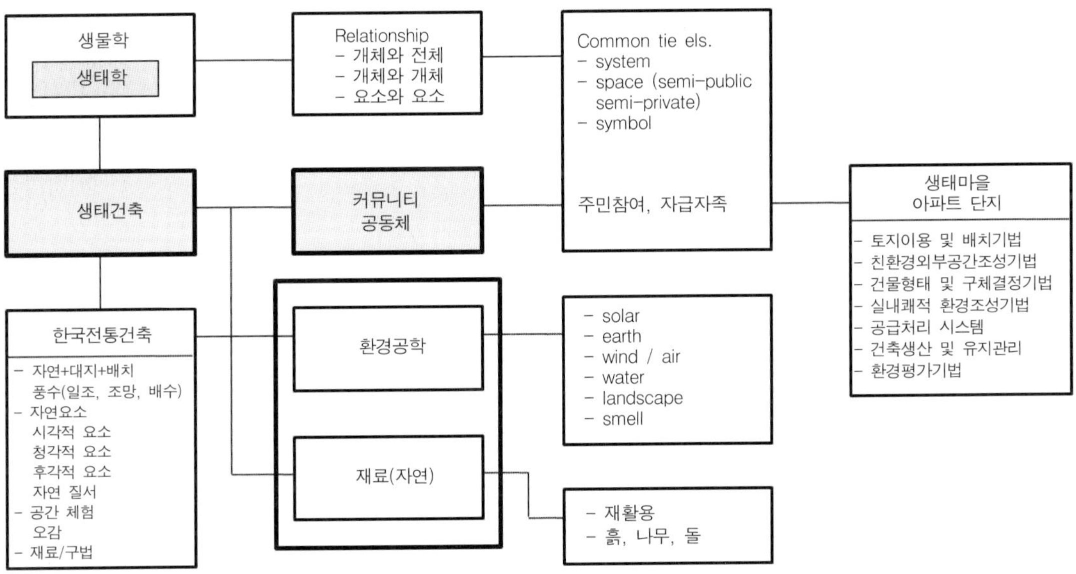

그림 2-54 | 생물학 ↔ 생태학 ↔ 생태건축 공간구성

친환경생태건축에 관련된 디자인 개념 및 요소를 종합적으로 정리하면 다음과 같다.

- 지속가능한 친환경 생태건축 공간디자인 개념(ecological space design concept)

공간디자인 적용	↔	친환경 생태	↔	건축 지속 가능성
▪ 모듈단위 축소 (규모·공사비 절약)		▪ recycle, sustainability		▪ 택지/입지/좌향/풍수
▪ 모듈 공간/시스템 조성 (flexibility, 호환성 증대)		▪ flexibility		▪ 공법(시공) (bone-meat-skin)
▪ 공동매개공간(common tie) 정보교환 증대, 공동체의식		▪ organic(개체 ↔ 군집)		▪ 구법(wet→dry) (일체식→가구식)/자연재료
▪ 자연환경요소의 적극 적용 (물, 빛, 바람, 습도, 온도, 소리)		▪ natural(친환경) (wilderness)		▪ scale감(human scale)
▪ flexibility 증대(rigidity 최소화) (공간호환, 리모델링, 공사비 등)	↔	▪ grow / change		▪ 냉난방, 환기, 통풍시스템 (온돌, 종이, 흙, 목재)
▪ 복합/다용도/고효율성 공간		▪ 공간 효율성(efficiency)		▪ 배치 및 외부공간(마당)
▪ 구조모듈(span) ← 다양한 공간모듈 공배수		▪ economic (최소화 에너지, 토지이용)		▪ 재생, 보수(remodeling) (라이프스타일 변화)
▪ access floor 및 바닥난방		▪ relationship(다용도공간)		▪ 내부공간 구성과 내↔외부공간 연계(전이공간)
▪ 외부공간 접근성		▪ holistic(whole) (복합/총체적)(complexity)		▪ 조형의식 (형태, 질감, 비례, 색상 연계)
▪ 습식공법 → 건식공법 (호환, 교환, 가변)		▪ community(common tie)		▪ 間(module, space, structure) (복합모듈 → 조합, 유형화)
▪ 단위공정의 초소화(layer)		▪ time / layer		

- **디자인 적용 가능한 생태도시, 건축개념(ecological design concept)의 도식화 다이어그램** : 실제 디자인 작업에 적용 가능한 생태적 개념은 다음과 같고, 한국전통건축을 포함한 토속적(vernacular)이고 지역성(locality)이 강한 세계의 여러 나라에서 발견할 수 있는 지속 가능한 생태적 아이덴티티 개념의 도식화 다이어그램이 적용된 생태환경건축이다.

번호	개념	도형	번호	개념	도형
1	자연적 질서체계 → 유기적 원리(organic) • 요소, 개체 ↔ 군집 : 순환체계 • 지형지세, 물리적 자연요소, 순응	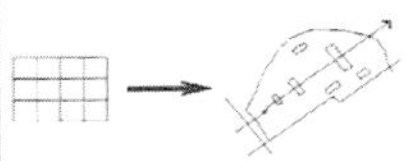	6	위계적 공간구성(hierarchical system) • 참, 뜸 (transition space)	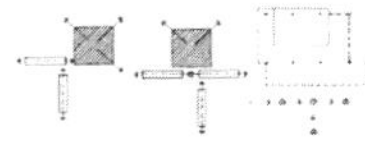
2	생물, 유기체의 구조, 원리의 의도적 모방(유추) · 해파리, 옥수수, 벌집		7	여러 켜(layer)의 공간 구성	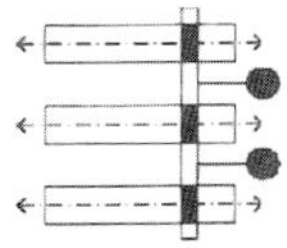
3	완결을 지향하는 미완 → open end system (시간성)	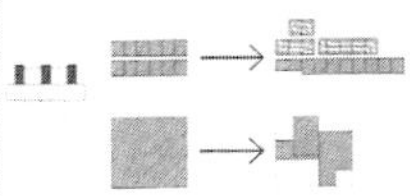	8	물리적 자연시스템의 적용 • 석굴암, 해인사 장판고 → 결로 방지 환기시설 • 바람샘 → 중정 • 창호띠(살) → sum lauver • 굴뚝 → 바람통(기둥)	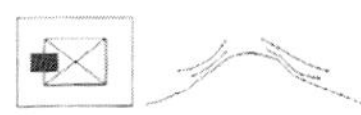
4	변화와 성장 • 융통성, 상호변화 가능성 • 순환단계단위 마디마디(connector) 설정 • 유동적 공간, 가변적 공간, 확장 가능성	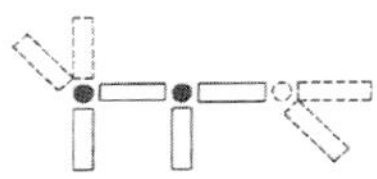	9	공간의 인식 체험 → 바닥, 벽, 천장의 물리적 요소가 아닌 빛, 공기, 소리, 냄새(비물적, 비가시적 요소)	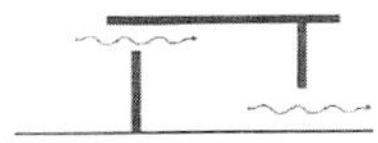
5	역동적 균형(dynamic symmetry) (static symmetry)	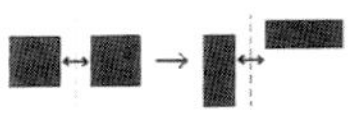	10	보완성	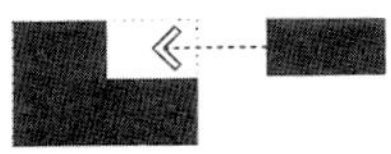

그림 2-55 | 공간 디자인에 적용 가능한 생태적 개념

③ **생태 ↔ 행태 ↔ 형태**(ecology ↔ behavior ↔ form) : 태(態)의 사전적 의미는 모양, 맵시로서 모양새를 뜻한다. 건축형태는 완결된 물체의 형식구조이기보다는 인간의 삶의 모습(행태)이 간섭, 억제되지 않는 유연한 가변성을 지녀야 하고, 시간의 변화(시간, 생애, 계절)

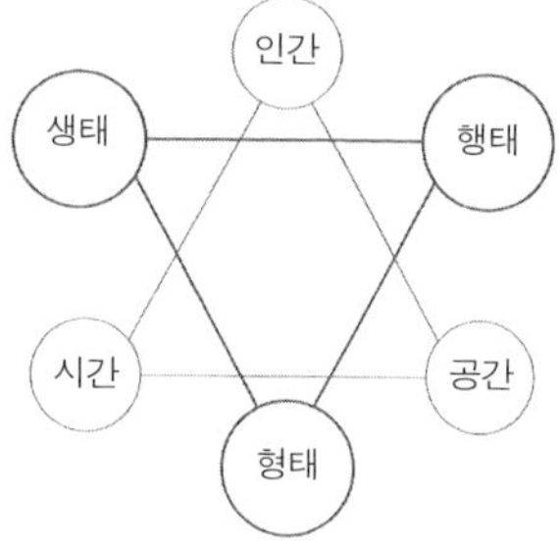

그림 2-56 | 3간 3태

를 수용할 수 있는 것이어야 한다. 또한, 건축구성 요소들뿐만 아니라 그 주변의 자연요소(가시적, 환경공학적)와의 유기적 관계(생태계)가 중요시되어야 하고, 인간의 사회공동체(community)가 건강하게 이루어질 수 있는 유기적 생명체(organism)이어야 한다.

이러한 모습이 건축의 진실한 형태이다. 유기적 생명체로서 인간 삶이 유연하게 생활할 수 있는 공간은 자연친화적, 자연 순환적, 유기적, 가변적이어야 하고 이를 위해서는 경제적이고 효율성 있는 공간구성과 고정요소(구조, 설비, 동선체계)의 최소간결화를 통한 다양하고 생동감 넘치는 비대칭(dynamic symmetry)적인 공간형태가 지속적으로 성장·변화에 적응할 수 있어야 한다.

인간은 시간과 함께 공간에서 생활(행태)하며, 인간행동 양식에 영향을 미치는 요인은 물리적, 생리적 그리고 심리적 배경이고, 건축형태 결정에는 사회·문화적 환경, 인공환경, 자연환경 요소가 중요하게 작용한다.

Capsule tower (Nagakin)

Next 21

Menaru Mesiniage
(IBM Tower)

2-4 공간의 조합과 질서

2-4-1 공간의 기능과 부여방법

건축 또는 건축공간은 일반인들이 공간과 조우하는 이유와 방법에 따라 그 케이스만큼이나 다양한 모습을 보여준다. 따라서 이러한 건축 또는 건축공간을 쉽게 이해하기 위해서는 먼저 다양한 유형을 일정한 관점을 기준으로 분류하고 파악하는 과정이 요구된다.

역사적으로 볼 때 페브스너(Pevsner, 1976)를 포함한 많은 건축사 연구자들은 통상적으로 건축양식(고전, 신고딕, 근대 등)과 그들의 사회적 기능(공공업무, 박물관 호텔 등)에 따라 건물들을 분류해 왔다.

이는 곧, 건축에 대한 유형을 크게 미적, 기능적인 특성의 두 가지 관점을 기준으로 분류해 왔음을 의미한다.

이 같은 관점 중에서 건축공간이 지니는 기능은 상대적으로 객관적인 관점으로 건축과 공간을 이해하는데 있어 하나의 명확한 출발점이 된다.

특정 목적을 보다 효과적으로 달성하기 위해 사물에 기능을 부여하는 창의적인 행위는 인간이 도구를 쓰기 시작한 이래, 진보를 거듭하며 인간의 생활 전반에 걸쳐 다각적이고도 지속적으로 그 맥을 이어 왔다.

물론 이 같은 특정 행위는 인간의 삶의 가장 기본적인 요소인 '의식주' 중 하나인 건축물과 건축공간에서도 쉽게 찾아볼 수 있다.

가장 기본적 기능공간인 주거공간의 경우, 초기에는 단순히 비, 바람, 맹수 등과 같은 외부의 위협으로부터 몸을 지키기 위한 보호기능 부여에서 시작하였다. 그러나 시간의 경과에 따른 기술의 진보는 보다 나은 삶을 영위하고자 하는 인간의 욕구에 다각적으로 부응하며 단순 주거공간을 복합 주거공간으로 변모시켜 왔다.

이러한 경향은 수납과 열람기능을 가지는 도서관에서도 나타나는데, 최근에는 기본적인 기능 외에도 집회 및 공연, 전시, 평생교육 등을 수행하는 지역의 다목적 커뮤니티 시설로서의 보다 복합적인 기능을 수행하고 있는 것을 볼 수 있다.

한편, 이와는 달리 유물과 예술작품 등을 보존 · 전시의 기능을 가지는 박물관은 시대의 변화와 흐름에 따라 역사박물관, 미술관, 과학관 등으로 그 기능을 세분화하여 각 기능공간의 전문성에 보다 효과적으로 부응해 온 사례도 볼 수 있다.

이처럼 건축공간의 기능을 부여시키고 달성하는 방법은 기능공간의 성격과 시대에 따라 다소 차이를 보이지만 모두 각 기능공간의 역할을 좀 더 효과적으로 수행하고 이를 개선하고자 하는 방향으로 진행되어져 왔음은 분명하다. 바꿔 말하면, 각 기능공간에 대한 명확한 이해를 바탕으로 기능을 부여하는 방법을 이해하는 과정은 건축과 공간의 본질을 이해하는데 있어 매우 중요하다고 하겠다.

이러한 인식과 배경을 전제로 이제부터 건축공간의 용이한 이해를 노모하기 위해 대표적인 건축공간의 기능과 기능부여방법에 대하여 살펴보고자 한다.

먼저 도구의 기능과 기능부여방법을 이해하기 위해서는 도구의 이용주체와 동기에 대한 이해가 우선되어야 한다. 물론 이 같은 원칙은 인간

그림 2-57 | 샌프란시스코 현대미술관 내부 전경

그림 2-58 | 시각 위주의 커뮤니케이션이 이루어지는 전시실 공간

의 피조물인 건축 및 공간의 기능과 기능부여방법 이해에 있어서도 당연히 적용되어진다.

이 같은 인식을 전제로 우리는 모든 건축 또는 공간을 이해하기 위하여 다음과 같은 질문들을 던질 수 있다.

먼저, 이 건축 또는 공간을 이용하는 대상은 누구이며, 어떠한 동기에 의해 조우 또는 방문하는가?

예를 들어 원하는 영화를 실감나게 보기를 원하는 이용객들이 있다고 하자. 이들은 실감나는 영화감상을 위해서는 대형화면이 갖추어진 영화관을 찾는다. 또 유명한 오케스트라의 음악을 감상하기 위해서는 대형 공연장을 찾는다.

이처럼 공간을 이용하는 대상은 각 정보를 제공받기 위해 기능공간을 방문하는 이용객이 된다. 여기서 특정 정보는 이용객에게 기능공간으로의 자발적 방문동기를 부여하게 된다. 이러한 특정 공간으로의 방문동기는 건축 또는 공간의 기능이 된다. 즉, 건물이 가지는 기능은 이용객의 방문동기에 가장 부합되는 셈이다.

다만 이와 반대로 자신의 의지와 달리 몸이 아파서 병원을 찾게 된다든지 범죄를 저질러 감옥에 갇혀 사회와 격리되는 방문(?) 동기도 때로는 발생된다.

이처럼 사람들은 자신의 거주지인 자택 이외에 특정 건축공간을 조우하는 경우 그에 합당한 동기가 있으며, 그 동기는 자의든지 타의든지 이용대상과 매우 밀접한 상관관계를 가지고 있기 마련이다.

다음으로

이 건축 또는 공간과 조우하는 방법은 어떠한가? 이다.

앞서 언급하였듯이 특정 기능이 부여된 공간과 사람이 조우하는 경우는 이용대상과 동기를 기준으로 다음과 같이 크게 두 가지 관점으로 나눌 수 있다.

첫 번째는 미술관과 도서관 등과 같이 자신의 필요에 의해 기능공간을 찾아오는 경우이며, 두 번째는 감옥이나 공장 등과 같이 자신의 의지와 관계없이 기능공간과 불가결하게 조우하는 경우이다.

일반적으로 전자는 사람이 이용주체이자 주인공으로서 공간을 능동적으로 사용하는데 비해 상대적으로 후자의 경우는 공간이 주체적인 성격을 띠며 사람은 수동적으로 통제되는 양상이 나타난다.

이는 곧, 건축 또는 건축공간의 기능에 따라 공간은 이용 및 사용주체에게 서로 다른 접대태도를 보이게 됨을 의미한다. 이처럼 공간과 조우하는 이유와 방법에 대한 근본적인 이해야말로 건축공간의 기능을 이해하는 시작점이 된다 하겠다.

이 같은 관점은 오래전부터 기능부여방법의 기본적인 원칙이자 법칙으로 꾸준히 그 맥이 이어져 왔다.

한편, 이러한 기능 공간별 상대적인 접대태도는 일차적으로 공간의 특정한 형상이나 분위기 등과 같은 지엽적(단속적) 시각표현방법을 통해 인식되어진다. 그러나 실제적으로는 공간의 조합과 질서와 같은 광역적(연속적) 표현방법에 의해 크게 좌우되는 것이 시실이다.

다시 말하면, 특정 공간의 고유한 기능은 공간의 조합을 통해 질서를 창출함으로써 실질적으로 달성된다 하겠다.

따라서 공간의 조합과 질서를 파악하는 것은 건축공간의 성격과 그 구축방법을 가장 잘 이해하기 위한 출발점이라 하겠다.

일반적으로 이러한 공간의 조합은 단위공간의 합체와 분리 그리고 연계 등을 수반하며, 질서는 중심성과 방향성 그리고 리듬 등과 같은 물리적 위상연계를 도모한다.

이러한 공간의 조합을 통한 질서부여는 먼저 건물의 출입구에서부터 가장 안쪽에 있는 공간까지 이르는 평면적인 위계와 더불어, 베이스 층에서 최고층(지상) 또는 최하층(지하)에 이르는 입체적 위계를 아우르는 다각적인 방법으로 각 건물의 기능에 적합한 질서 부여방식을 추구한다.

바꿔서 말하면 각 건물에 기능에 맞는 고유한 공간조합 및 질서가 존재함을 의미한다.

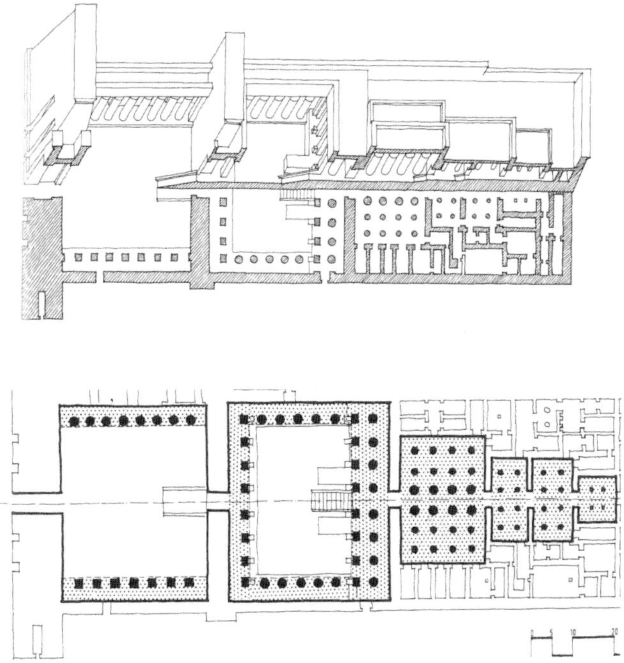

그림 2-59 | 공간의 배열을 통한 고유한 실내공간 질서 부여

이 같은 개념은 문학에서 수필, 산문, 시 등이 서로 다른 고유한 구문론상 법칙을 가지고 있는 것과 일맥상통하며, 화음과 음률의 조합을 통해 특정한 질서를 만들어가는 음악의 리듬과도 그 맥을 같이 한다.

2-4-2 시설 기능별 공간의 조합과 질서

공간의 선택은 사회적이며 개인적인 욕구의 충족에 의해 좌우되는 경우가 많다. 따라서 각 기능공간은 방문객 또는 이용자들이 기대하는 특별한 경험을 제공하기 위한 적절한 환경이 제공된다. 여기서 말하는 적절한 환경이란 작은 범주에서는 각 기능에 부합하는 건축적 형상이나 상황의 다양성으로 표현되곤 하지만 큰 범주에서 보면 각 공간별 유사한 방문의 동기에 기인한 특정 공통점을 수반하여 나타나는 경우가 일반적이다.

따라서 적절한 환경을 제공하기 위해서는 유사한 방문동기를 토대로 기능공간의 목표를 설정하고 이를 실제 방문객들의 관심과 행동에 일치시키고자 하는 방향으로 공간을 구축하는 것이 바람직하다.

이에 공간의 총 코디네이터인 건축가는 시설 기능별 공간조합방식과 질서부여방식의 유사점을 파악하고 이를 체계적으로 분석하는 능력을 함양할 필요가 있다.

지금부터 이 같은 인식을 전제로 시설 기능별 공간의 조합 특성과 각각의 유형에서 나타는 질서체계를 대표적인 기능공간 사례를 대상으로 살펴보자.

(1) 주거시설

주거공간의 계획은 생활의 쾌적함 증대, 가사노동의 경감, 가족 본위의 주택 그리고 개인생활의 프라이버시 확립을 기본방향으로 한다.

이 같은 기본방향을 토대로 보통 주거공간은 거실과 방, 부엌과 식당, 욕실 및 화장실 그리고 기타 부속실(창고, 다양도실) 등으로 구성된다.

거실과 방(침실, 공부방 등)은 거주의 가장 기본적인 기능인 수명과 휴식의 기능을 하는 공간이며, 부엌과 식당은 생명 유지를 위한 음식 제공의 역할을 담당하고, 욕실 및 화장실은 인간의 생리학적 위생을 유지도록 도와준다.

건축가는 이러한 특정 활동들을 효율적으로 수용하도록 실을 디자인하고 고려된 각 실들을 일정 기준 하에 배치하여 가족 구성원들의 보다 양호한 생활을 도모한다.

여기서 말하는 일정 기준이라 함은 연령별, 성별이 기본이 되는 경우가 많으며, 이를 기준으로 실들을 독립시키거나 연계시켜 구성원들의 프라이버시와 내부질서가 원활하게 유지될 수 있도록 한다.

한편, 이 같은 기본 실들의 조합은 한식주택과 양식주택에서 상대적으로 다소 큰 차이를 보인다.

한식주택은 안방, 건넌방, 사랑방 등으로 구분되어 있으나, 실의 사용용도에는 확실하게 구분이 되어 있지 않다. 바꿔 발하면 각 실들이 다목

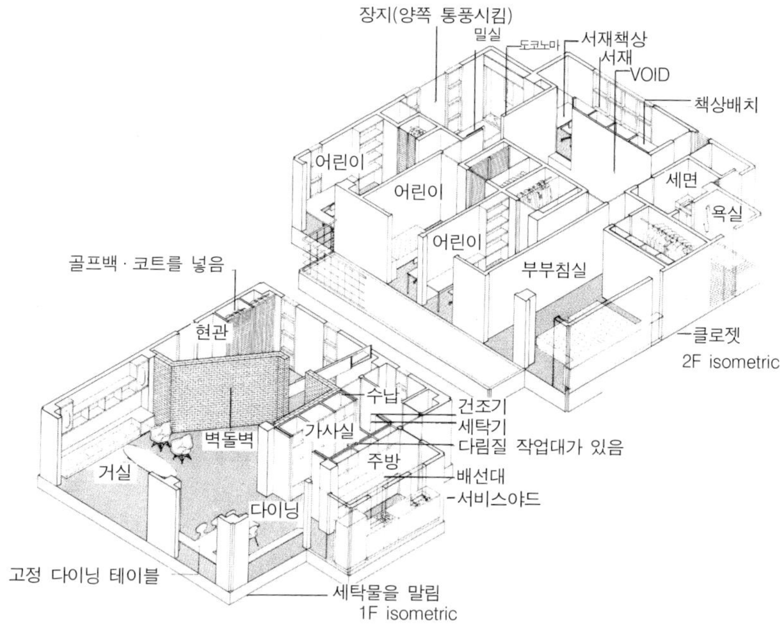

그림 2-60 | 공간의 집중배열과 수직분리 특성을 지니는 양식주택

적으로 사용되기 때문에 프라이버시 보장이 상대적으로 어렵다.

양식주택은 거실, 식당, 침실 등 활동영역별로 각 소요실로 기능이 부여되어 실마다 필요한 프라이버시가 보장된다. 또 각 실들은 한 공간 내에서 분화되어 홀(Hall)을 중심으로 연결된다. 이에 비해서 한식주택은 각 실이 복도로 연결되어 조합된다. 즉, 한식주택은 조합평면으로 구성되어 각 실의 관계가 은폐적이고 병렬식(분산식)으로 배치되어 있는 데 반해서 양식주택은 분화평면으로 개방적이며 집중 배열식으로서 상대적으로 한 공간 내에서 실간 이동이 자유롭다. 더불어 통상 2층 구조형식을 취하는 양식주택은 단층인 한식주택과 달리 공간을 수직 분리할 수 있어 프라이버시 확보 면에서 유리한 점이 있다.

(2) 업무시설

인간이 건물을 축조하기 시작한 이래 건물의 규모와 높이는 언제나 건물의 가치나 권위를 부여하는데 있어 가장 손쉬운 방법으로 여겨져 왔다.

근대 이전까지 종교시설은 이러한 권위를 상징하는 대표적 시설이었으나, 산업혁명 시대를 거쳐 엘리베이터와 철골프레임이 실용화된 19세기 후반 이후 고층 오피스빌딩이 이를 대체하게 되었다.

이러한 고층 오피스빌딩의 발전에는 엘리베이터라는 설비시설의 발달이 고층빌딩 축조에 있어 직접적인 공언을 한 것이 사실이지만, 인공조명과 공조설비의 발달 등도 매우 밀접하게 연관되어 있다. 실제로 이들 기술의 발전은 오피스빌딩 계획 수립 시 매우 중요하게 여겨지는 렌터블비(연면적 대 대실면적 비)의 극대화에 가장 큰 기여를 하였다.

오피스 시설의 평면계획은 렌터블비를 극대화하기 위해 수직이동설비와 위생 및 공조설비 등을 최소로 집약시켜 배치하는 코어형식의 개선을 중심으로 꾸준히 발전해왔다. 따라서 나머지 공간의 조합도 코어형식을 기준으로 이루어지는 것이 보편적이다.

코어형식은 그림과 같이 크게 센터, 양단, 분산, 편심, 분리의 5가지 형식을 대표로 들 수 있다.

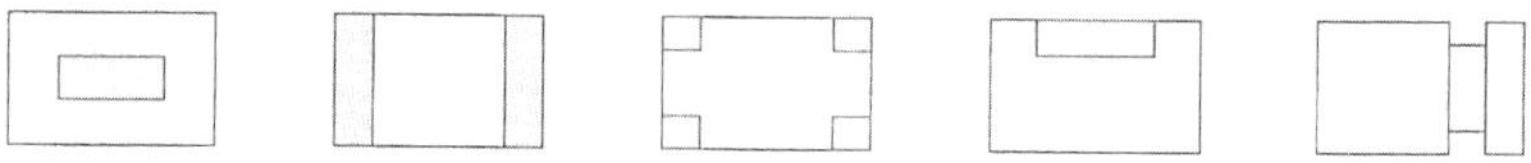

그림 2-61 | 오피스빌딩의 다양한 코어형식

고층 오피스빌딩은 이 같은 코어형식을 바탕으로 효율적인 기둥 스팬을 모듈화시켜 가용 공간을 증가시킴으로써 공간 활용을 증진시킨다. 또한 이렇게 유효면적을 증가시킨 공간을 법적, 기술적, 미적 한계범위 내에서 코어를 중심으로 차례대로 쌓아올림으로써 건물의 렌터블비를 극대화 시킨다.

이 같은 적층적 특징에 기인하여 고층 오피스빌딩은 수평적인 공간조합보다는 수직적인 조합을 통해 공간의 질서를 부여하는 경향이 강하게 나타난다.

통상 지상과 가까운 층에는 퍼블릭한 시설을 배치하고 고층으로 갈수록 프라이빗한 공간을 배치하여 해당 시큐리티 위계를 강해시켜 나간다.

그림 2-62 | 오늘날 부와 권위의 대표적 상징이 된 고층 오피스빌딩

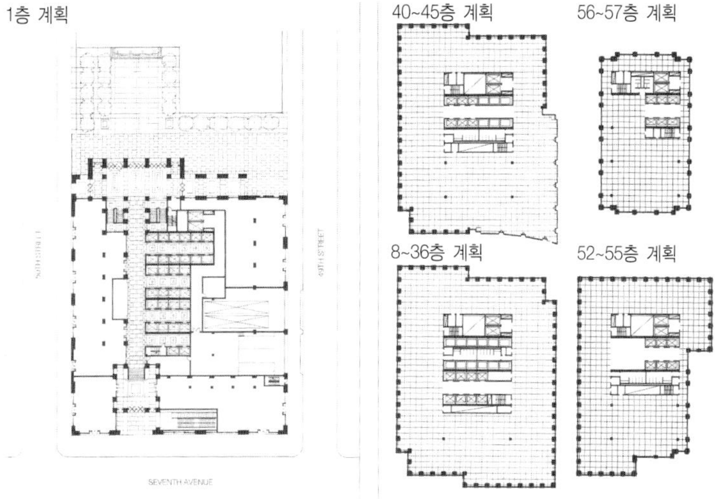

그림 2-63 | 코어를 중심으로 한 적층식 공간기법이 특징인 고층 오피스빌딩

즉, 프라이버시의 강도와 이동체계의 위계를 기준으로 한 지상에서 최상층으로의 상향식 공간조합방식은 고층 오피스빌딩의 가장 대표적인 질서유지방법이라 하겠다.

(3) 상업시설

상업시설 중 대표적인 시설인 백화점은 공급과 소비의 매개체 역할뿐만 아니라, 인간의 사회생활과 유기적인 관계를 갖고 있다. 기본적으로 영업을 통하여 고객이 원하는 상품을 판매하여 고객의 편의를 도모하며, 다양한 서비스와 봉사를 통해 궁극적으로 고객에게 만족을 주는 공간이다. 판매를 구성하는 요소는 고객, 상품 그리고 종업원이며 이들은 백화점 공간을 구성하는 근본이 된다.

따라서 각 요소는 각 부문으로 전문화되어 구성되며, 이들은 상호 긴밀히 연계되어 백화점의 기능을 완성시킨다.

고객부문은 계단과 에스컬레이터 등의 교통동선 부분과 고객이 매장 내에 보다 오래 체류하도록 유도하는 휴게실과 식당 등의 서비스시설 부분을 포함한다. 상품부분은 상품의 입수, 검수, 보관을 담당하며 고객이 주문한 상품의 발송 및 배달업무에 관련된 관리시설을 포함한다. 또, 종업원 부문은 종업원의 통로, 계단, 엘리베이터와 같은 교통동선 부분과 종업원용 휴게실, 화장실 식당 등의 후생시설, 출퇴근 관리시설, 회의실 등의 사무 관련시설 그리고 상품가공, 매장 인테리어 및 설비 보수와 개조 등에 필요한 작업관련 시설로 구성되어 있다. 끝으로 판매부분은 고객에 대해서는 궁극적인 서비스를 제공하는 장인 동시에 종업원에 대해서는 효율적인 판매를 촉진하며, 상품에 대해서는 효과적인 전시환경을 제공하는 백화점에 있어 가장 중심역할을 하는 공간이다.

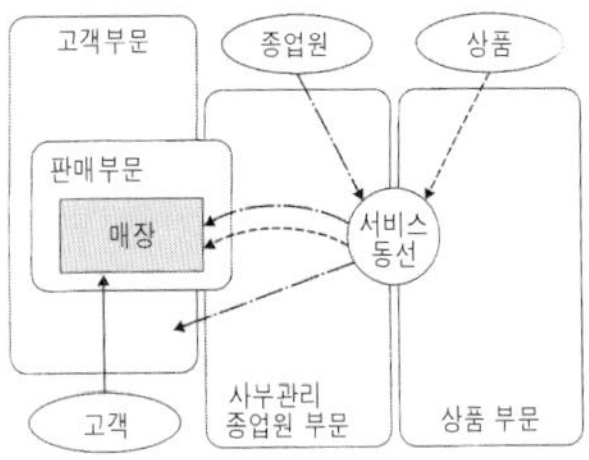

그림 2-64 | 백화점 공간 기능도

이 같은 각 부분들은 기본적으로 백화점의 이용주체인 고객에게 보다 많은 상품을 판매할 수 있도록 유기적으로 조합된다. 특히, 백화점의 메인공간인 고객부문과 판매부문은 고객의 보다 다양하고 자유로운 상품관람과 매입활동을 효과적으로 도모하기 위하여 연면적의 50~70% 정도로 점유면적을 극대화하여 평면계획을 수립하는 것이 통상적이다. 또한 최상층에 휴게 및 식당과 같은 편의시설을 배치하는 공간조합방식을 통해 최상층까지의 단계적이고도 지속적으로 판매활동을 유도하는 단면계획도 동시에 고려된다.

(4) 극장 및 공연장

공연예술은 극장 혹은 무대라는 특정 공간을 빌어 사람들 앞에서 행위자의 신체적, 음성적 표현을 통해 작품을 보여 주는 예술문화를 말한다. 이러한 공연예술문화가 꽃피울 수 있는 장소, 관객과 예술이 만나는 장소가 공연장이다. 즉, 관객은 이 같은 기대를 가지고 공연장을 방문하게 된다.

근대 이후로 공연장의 공간구성은 대지와 규모에 따라 조금씩 차이가 있지만 현대극장에서는 어느 정도 정형화되어 사용되고 있다.

공연장은 크게 전면부와 후면부로 구분할 수 있으며, 전반부에는 객석과 관객 서비스 시설이 포함되며 후면부에는 무대, 부대시설 및 공연준비 시설이 들어간다. 관리 · 사무시설은 전 · 후면부 모두 올 수 있다.

이 같은 공연장을 사용자 기준으로 보다 체계적으로 분류하여 보면, 크게 공공서비스영역, 상연영역, 관리 · 사무영역으로 나누어 볼 수 있다.

먼저 공공서비스영역은 주로 관람객이 이용하는 부분으로 통상 공연장의 전면부에 위치하며, 관객의 티켓팅, 안내, 대기 등의 관리시설과 화장실, 카페테리아, 휴대품 보관소 등과 같은 편의시설이 포함된다.

다음으로 상연영역은 공연장의 중심이 되는 무대와 객석이 있는 부문으로 일반적으로 관객 부문과 공연 부문, 공연지원 부문, 제작 부문으로 구분할 수 있다. 관객 부문은 객석이 주를 이루며 공연부분은 무대와 오케스트라 피트 및 전실 등으로 구성된다. 공연지원 부문은 조명, 음향기기들의 조정이 이루어지는 기술지원 공간과 세탁소, 의상·소품 창고 및 수선실 등과 같은 유지관리지원 공간으로 크게 구성된다. 또 제작 부문은 무대배경, 소품, 설비류 등의 제작에 필요한 공간으로 구성된다.

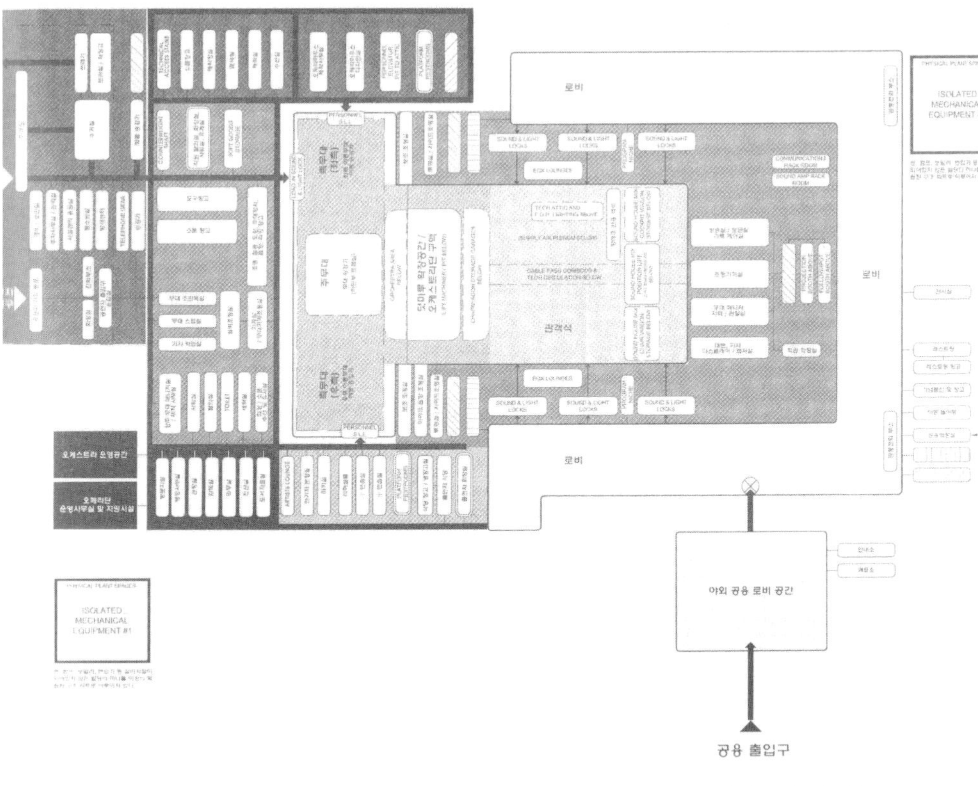

그림 2-65 | 원활한 공연을 도모하는 체계적이고도 집약적인 공연장의 공간조합 사례

끝으로 관리 · 사무영역은 공연장의 유지 및 공연 전반의 활동에 재정 및 조정을 담당하는 공간으로 출연자나 직원을 위한 사무공간과 관객관리를 위한 관리공간으로 구성된다.

이러한 각 영역별 공간은 공연장의 규모에 따라 그 개소와 규모에서 큰 차이가 발생된다. 따라서 공연장의 성격을 명확하게 설정하여 그에 합당한 소요공간의 규모와 재원을 파악하여 이를 바탕으로 공간을 계획하는 것이 매우 중요하다.

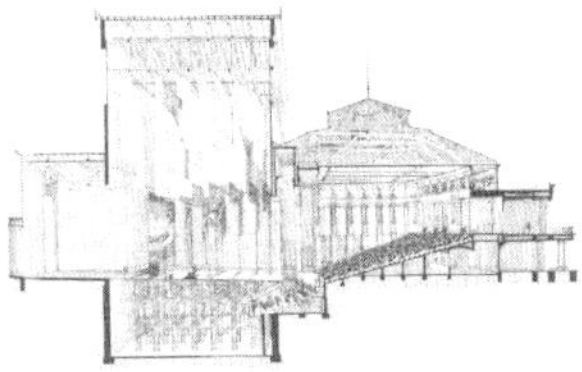

그림 2-66 | 기능공간 간의 효율적 연계를 도모하기 위한 입체적 공간 조합

기술발전에 따라 다양한 연출방법이 구현 가능하게 된 최근 공연장 건축에서 상연영역 내에 포함된 공연 부문을 둘러싼 공연지원 부문, 제작 부문과의 관계는 더욱 중요해졌으며, 그 만큼 긴밀하게 연계되고 있다.

무대 및 무대 주변은 공연 중 연출변화에 신속하게 대응할 수 있도록 오케스트라피트, 리허설 룸, 분장실, 조명기기실, 음향기기실 등 다양한 공간과 관련 실들이 수평적으로 최대한 인접하여 조합되는 것은 물론 수직적으로도 연계되어 주방과 같은 하나의 시스템 공간의 성격을 띤다. 특

그림 2-67 | 공연의 특성에 따른 무대와 객석공간의 다양한 조합방식

히, 최근 기계장치를 통한 장비 및 공간들의 이동성능 향상은 공연장 공간의 고유한 입체적 프로세스를 완성시키고 있다. 단, 공연 자체를 보다 중점적으로 전달시키기 위하여 이 같은 무대를 제외한 무대 관련 부대시설은 시각적으로나 물리적(동선체계)으로 관람객에게 최대한 은폐되도록 계획하는 것이 원칙이다. 반면, 객석은 공연의 원활한 관람을 위해 무대를 중심으로 다양한 공간조합 유형이 나타난다.

(5) 미술관

미술관은 정적인 공간에서 문화재와 유물 및 예술작품이 말하는 무언의 메시지를 전달하는 곳이다. 관람객은 공간과 전시물을 통하여 이루어진 전시환경 내에서 다양한 경험과 가치 있는 정보를 습득한다.

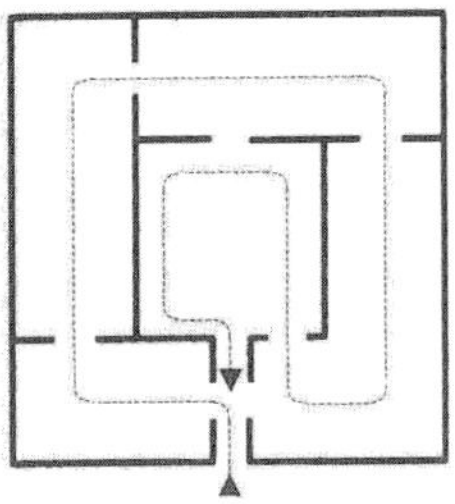

중앙홀형식

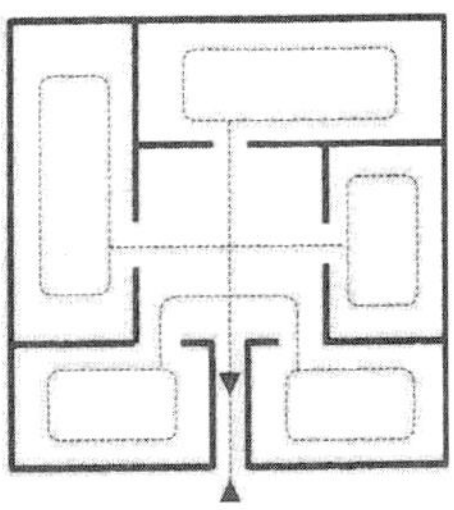

연속순로형식

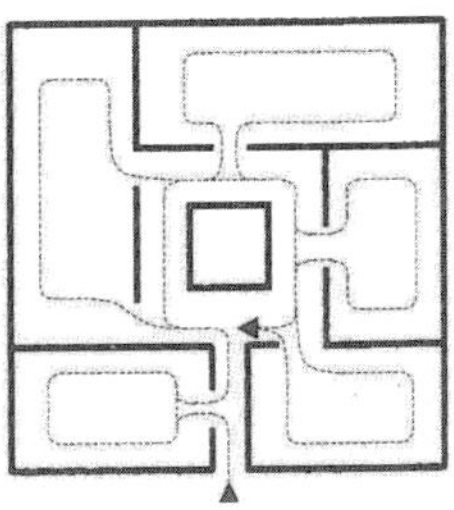

갤러리 및 코리더 형식

그림 2-68 | 미술관의 전시실 순회형식

이러한 전시공간 내에서 형성되는 경험의 과정은 반응의 결과로서 '관람객 움직임'으로 나타나게 되면, 공간의 구성이나 전시물의 배치방법 등과 직접적으로 작용하게 된다. 결국 관람객의 움직임은 전시물의 공간적 배열과 그 원칙에 타당성을 부여하는 실질적인 수단이라 할 수 있다. 이는 곧 이러한 관람객의 움직임을 효과적으로 유도하는 것이 미술관에 있어서 가장 중요함을 의미한다.

통상 미술관은 전시실의 순회형식을 통해 이러한 관람객의 움직임을 효과적으로 유도하고 조정함으로써 미술관의 궁극적인 목적을 달성한다.

전시실 순회형식은 전시실의 입구에서 출구까지 이르는 회유형식을 일컫는 말로 전시실의 상호조합을 통해 전시실의 위계를 부여한다.

전시실 순회형식은 그림과 같이 중앙홀형식, 연속순로형식, 갤러리 및 코리더 형식으로 크게 분류된다.

먼저, 연속순로형식은 각 전시실을 순서대로 연속하여 접속하는 형식이다. 동선이 단순하여 타 순회형식에 비해 전시실 면적 사용률이 가장 높다. 그러나 1실을 폐쇄했을 때에는 순회기능을 상실하는 단점이 있어 소규모 미술관에서 많이 적용한다.

갤러리 및 코리더 형식은 전시실을 복도에 직접 접속시키거나 중정을 둘러싸고 구성된 복도에 전시실이 접속되는 형식이다. 이 형식은 각 실에 직접 들어갈 수 있는 점이 유리하며, 필요시에는 특정 실을 독립적으로 폐쇄할 수 있다.

또, 중앙홀형식은 전시실군의 중심에 배치한 홀에 각 전시실이 접속하는 형식이다.

관람객은 중앙홀을 중심으로 원하는 전시실을 자유롭게 출입하며 일반적으로 중앙홀은 아트리움과 같은 개방된 중심공간의 성격을 지니는 경우가 많다.

그 외에 최근에는 전시실의 구획 없이 전시공간을 하나로 개방하여 전시물을 자유롭게 배치하여 사용하는 오픈플랜 형식도 적용되고 있다.

그림 2-69 | 전시공간으로의 관람객 동선 유도를 분배하는 구겐하임미술관의 중앙홀 전경

이처럼 미술관은 타 건축공간에 비해 상대적으로 매우 뚜렷한 공간조합형식을 근간으로 내부공간체계의 질서를 부여하는 특징이 있으며, 이는 궁극적으로 전시물과 관람객 간의 효율적인 커뮤니티를 유도한다.

(6) 학교교육시설

학교시설의 공간배치 및 조합은 이용주체인 학생의 연령과 교육 제공자인 학교의 운영방식 간의 상관성에 기초하여 이루어진다.

통상적으로 학생의 연령에 기인한 지적 수준은 각각의 그레이드를 형성하며, 학교는 각 그레이드에 적합한 교육을 제공하기 위하여 운영방식을 수립한다.

따라서 학교의 운영방식은 학교시설의 공간배치와 조합에 가장 직접적인 영향을 미친다.

학교의 운영방식은 교과내용에 대응하는 교육방식에 따라 종합교실형, 특별교실형, 교과교실형으로 나눈다.

종합교실형은 한 교실 내에서 모든 교과목을 행하는 방식으로 교실의 수는 학급수와 일치한다. 다시 말해 학급마다의 고유 교실이 제공되는 형식으로 교실 간 이동은 거의 없어 각 교실의 사용률은 매우 높다. 반대로 교과교실형은 전 교과목을 전용교실화 시키는 방식으로 학생들의 이동률이 매우 높은 반면, 교실의 사용률은 매우 낮은 특성이 있다. 특별교실형은 일반교실을 학급에 하나씩 할당하고 특별교과목은 전용설비가 있는 특별교실에서 행하는 방식으로 종합교실형과 교과교실형의 중간적 성격을 지닌다. 때문에 최근 가장 일반적으로 채택되고 있다.

일반적으로 학교는 이러한 학교 운영방식을 전제로 각 교실의 배치를 통해 교사를 완성한다. 여기서 이러한 교실의 배치형식을 블록플랜이라고 부르며, 그 대표적인 형식에는 편복도형, 핑거형, 클러스터형의 3가지 종류가 있다.

각 유형의 특징을 간략하게 살펴보면, 먼저 교실을 편복도에 결속시키는 편복도형은 교실 증축이 용이하나, 학년별 구분이 불명확하게 되는 단점이 있다. 핑거형은 편복도에 결속시킨 교실군을 별도의 편복도에 결속시키는 방식으로, 그 만큼 복도면적이 증가하는 단점이 있지만 학년별로 구분하여 공간을 사용할 수 있는 이점이 있다. 끝으로 클러스터형은 팀티칭에 유리한 배치형식으로 각 팀을 기준으로 중앙에 학생이 중심적으로 사용하는 부분을 집약하고 외곽에 특별교실을 두어 각 클러스터마다 독립적인 교육이 이루어지도록 도모한다.

그림 2-70 | 특별교실 중 하나인 음악실의 전경

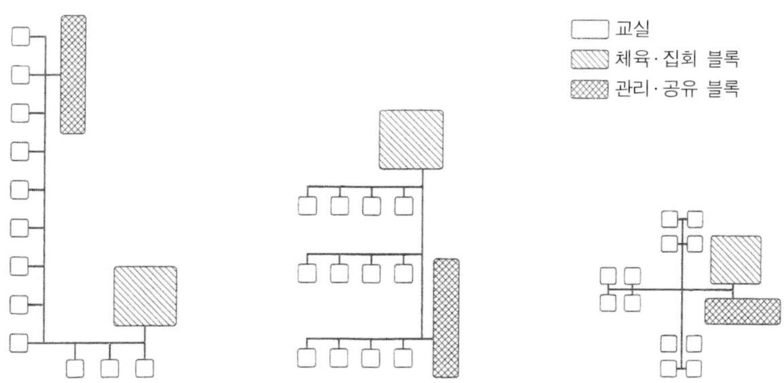

그림 2-71 | 학교교육시설의 교육공간 배치방식(블록플랜)

그림 2-72 | 일반교실 전경

이와 같이 교육 및 교실 운영방식을 고려하여 특정 군을 형성시키는 다양한 공간조합방식은 학교교육시설의 대표적 질서부여방식이라 하겠다.

이외에도 다양한 시설에서 각 시설의 고유 기능을 원활하게 달성하기 위한 특정한 공간조합방식을 쉽게 찾아 볼 수 있다.

앞서 살펴본 시설들과는 달리 병원과 종교시설 그리고 공장시설 등은 외부로부터의 통제가 강한 성격을 지니는 공간이다. 병원시설은 공간의 조합을 통해 환자들의 격리와 감시를 효과적으로 도모한다. 신을 접하고 모시는 종교시설은 일방향적 공간조합을 통해 신도들을 궁극적으로 하나의 지향점으로 이끈다. 이에 공간의 순서는 종교적 예식과 일치하며 매우 절대적인 힘을 갖는다.

한편, 공장 건축에서는 경제 및 기술적 공간조합 방침이 매우 뚜렷하게 나타난다. 반복은 가장 합리적인 건축언어로 여겨지며 이들의 조합은 매우 명쾌하다.

또, 공간의 순환은 잘 짜여진 프로세스의 반복을 신속하게 유도하는 장치로 활용된다.

이렇듯 각 시설들은 각각 부여된 고유의 기능을 보다 효율적으로 달성하기 위하여 다각적이고도 특색 있는 공간조합 방식을 모색한다. 더불어 이 같은 각 시설들의 공간조합은 이용객을 유도하거나 때로는 통제하면서 내부의 고유한 질서를 창출하는 동시에 이를 효과적으로 유지하고 있다.

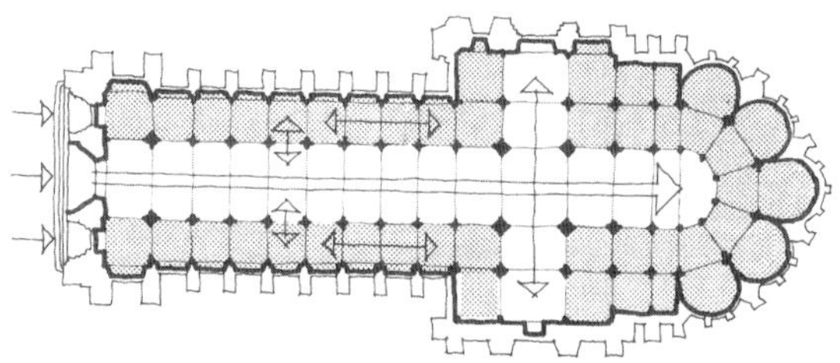

그림 2-73 | 종교적 의식을 고려한 중세 성당의 순차적 공간조합 사례

2-4-3 시대의 흐름에 따른 공간조합의 변화

시대의 흐름과 변화는 언제나 우리가 일상적으로 알고 있는 개념을 바꿔버리는 계기를 유발하는 경우가 많다. 특히, 환경의 변화는 인류가 이 세상에 존재하기 이전부터 존재해왔으며, 인류가 발생한 이후 인류에게

직 · 간접적인 영향을 미치며 삶의 변화를 이끌어왔다.

인류의 역사는 이러한 환경의 변화에 대응하거나 극복해 나가며 만들어낸 문화 창출 과정으로도 대변될 수 있다.

한편, 문화는 사회의 정신적 · 예술적 표현의 총체를 일컫는 포괄적 의미로 지속적으로 변화하는 속성을 지닌다. 외부로부터 한 사회로 유입된 문화는 그 사회의 배경과 문화접변(文化接變)을 통하여 변화한다. 또한 도입되었거나 개발된 새로운 지식이 유용한 것으로 판명되면 전체 사회에 확산되어 혁신이 일어난다. 그런 과정에서 기능을 상실한 낡은 문화요소들은 사멸된다.

문화는 이처럼 정지된 상태로 존재하지 않고 시대의 흐름에 따라 진화 또는 퇴화의 길을 밟는다.

건축은 이러한 환경변화에 대응하는 문화를 담는 물리적 공간으로 이 또한 시대흐름에 따른 상생과정을 포함한다. 이러한 연유로 공간의 조합과 질서도 이러한 진화와 퇴화의 과정에 직면하게 되는 것은 필수불가결하다.

시대사상의 변화와 기술의 진보는 이 같은 건축의 상생과정을 이끄는 가장 근본적인 요인 중 하나라 할 수 있다.

그림 2-74 | 수장개념 위주의 폐쇄적 전시공간 사례

시대사상 변화는 기본적으로 사용주체자인 이용객에 대한 건축 또는 건축공간의 접대태도의 변화를 초래한다. 이는 예술의 사용주체가 인간으로 넘어오는 계기를 마련한 르네상스시대 이전과 이후의 미술관 건축 경향에서 찾아볼 수 있다. 폐쇄적 개념의 기존 회랑식 전시실 조합은 근대 이후 관람객의 자유로운 관람을 통해 관람 경험의 향상을 도모하는 개방적 전시실 조합으로 변모되었다. 이는 곧, 예술작품의 안전한 수장개념의 창고로 구축되던 미술관이라는 기능공간이 시민혁명 이후 대중의 문화보급 및 교육시설로 자리 잡고자 일반인에게 개방된 관람공간으로 변화한 미술관 개념의 변화가 투영된 것으로, 시대사상의 변화에 따른 건축공간의 접대태도의 변화를 잘 반영하고 있는 대표적 예라 하겠다.

그림 2-75 | 관람을 위한 개방적 전시공간 사례

이러한 시대사상 변화에 따른 접대태도의 변화는 각기 고유한 공간배열과 조합방식을 지니고 있는 타 시설에서도 다양하게 찾아볼 수 있다.

다음 요인인 기술의 발전은 인류의 삶은 물론 건축기술의 발전에도 영향을 큰 영향을 미쳐왔다. 특히 건축기술의 발전은 구조, 재료, 공법 등의 전반적인 분야에 걸쳐 진보를 이끌며 물리적 수명을 비약적으로 증가시켰다. 반면, 기술의 발전이 급속하게 진행되는 오늘날 인류의 삶의 주기변화는 개인적으로나 사회적으로도 매우 짧아지고 있는 것이 사실이다.

이러한 양면적인 경향은 건축공간에 직간접적으로 반영된다. 인간 삶의 대표적인 공간인 주거공간의 경우, 가정용 전자제품의 발명과 대량보급에 의한 생활기술의 변화, 세대분리로 인한 핵가족화 경향, 매스 미디어의 발달에 의한 생활수준의 향상이 내부공간 및 공간의 조합방식에 다양한 변화를 초래하고 있다.

이 같은 변화의 양상은 기본적으로 가족오락실(노래방, 음악연습실)과 체력단련실(헬스룸) 등과 같은 새로운 기능공간의 수요를 반영하기 위해 수적으로 공간을 증가시키는 경향이 일반적이나, 반대로 특정 공간의 다용도화와 군집화와 같은 축소 또는 단순화 대응 경향도 나타난다. 특히, 시대의 흐름에 따라 상대적으로 불필요하게 된 공간이나 그 역할이 모호해진 공간을 소멸시키거나 상관관계가 높은 공간과 통합시킴으로써 해당 시대에 적합한 공간으로 조합시켜 나가는 축소지향형 경향은 종교시설과 관공서 등과 같은 상대적으로 권위적인 시설에서도 보다 보편적이다.

공간의 조합 또는 배열이란 모든 인간에게 동일한 방식으로 작용하는, 또는 느낄 수 있는 리듬을 부여하는 건축적 방법 중 하나이다. 또, 건축물 또는 공간에 기능을 부여한다는 것은 특정 기능을 달성하기 위해 공간에 가급적 통일된 리듬을 부여함을 의미한다 할 수 있다.

한편, 공간의 리듬은 시대사상과 기술발전에 큰 영향을 받으며, 이러한 연유로 리듬은 대체로 특정 시대별로 공통성을 띤다. 따라서 시대별 사상과 기술의 변화와 흐름이 반영된 기존의 공간조합을 파악하고 분석하는 과정은 보다 효과적인 공간조합을 도출하기 위해 반드시 필요한 과정이며 앞으로도 이에 대한 지속적인 노력이 요구된다 하겠다.

참고문헌

1. 강석진, 안전한 도시관리를 위한 범죄위험도 평가연구, 고려대학교 박사학위논문, 2010.
2. 고재민, 공연문화시설 공간구성모델에 관한 연구, 홍익대학교 박사학위논문, 2008.
3. 김형숙 저, 미술, 전시, 미술관, 예경
4. 에머 바커 저, 이지윤 옮김, 전시의 연금술 미술관 디스플레이(Contemporary Cultures of Display), 아트북스
5. 요시다 겐스제 저, 이인호 옮김, 건축 · 인테리어 디자인 프레젠테이션 테크닉, 도서출판 국제
6. 이경훈, 서울 연남동 차이나타운 범죄예방환경설계(CPTED) 적용방안 연구 최종 보고서, (주) 유아 컨설턴트 종합건축사사무소, 2009.
7. 이경훈, 환경디자인을 통한 범죄예방, 대한건축학회 건축심리위원회 세미나 발표집, 1992.
8. 임승빈, 환경심리행태론, 보성문화사, 1997.
9. 전원배 역, N. Hartmann, 미학, 을유문화사
10. 정무웅 역, Amos Rapoport, 건축환경의 의미론(The meaning of the built environment), 대광출판사, 1989.
11. 정무웅 외, 건축디자인과 인간행태심리, 기문당, 2004.
12. 정무웅 외, 건축설계 · 계획, 문운당, 2008.
13. 정무웅, 건축문화와 전통성에 관한 연구–환경변화에 따른 공간적응성을 중심으로, 단국대 논문집, 1988.
14. 정무웅, 한국전통건축 외부공간의 계층적 질서에 관한 연구, 홍익대 박론, 1984.
15. 정무웅, Weisman 외, 건축디자인과 인간행태, 문운당, 2009.
16. 조성회, 주택유형에 따른 주공간 사용행위에 관한 연구, 연세대 박론, 1987.
17. 최윤경 · 민병호. 공간구조와 학습이 길찾기에 미치는 영향에 관한 연구. 「대한건축학회논문집」 14(7), 1998.
18. 한국 정신문화연구원, 전통적 생활양식의 연구(하), 1984.
19. 前田尙美 外, 建築計劃, 朝倉書店, 1994.
20. 五十嵐太郎 著, 建築計劃, 初學者の建築講座, 佐藤 考一, 市ヶ谷出版社
21. ｺﾙｹﾞｿ・ｲｪﾃﾞｨｹ 著, 建築の法則, その空間と形態, 倉島建美 訳, 集文社
22. A. Seidel, Wayfinding in public spaces: The Dallas–Fortworth

Airport. Proceedings: Environmental Design Research Association. 1984.

23. Altman, I. Environment and Social Behavior, Monterey, Ca.: Brooks/Cole, 1975.
24. Amos Rapport, House From and Culture, Prentice hall inc.
25. Appleyard, D. Styles and methods of structuring a city. Environment and Behavior 2(1), 1970.
26. Art Museums into the 21st Century, Gerhard Mack, Birkhauser
27. C. Heimsath, Behavioral Architecture
28. D. Canter, Wayfinding and signposting: Penance or prothesis? Easterby, R. & Zwaga, H. (Ed.) Information Design. Chichester: John Wiley & Sons, 1984.
29. E. C. Tolman, Cognitive maps in rats and men. Downs, R.M. & Stea, D. (Ed.) Image and Environment. Chicago: Aldine, 1973.
30. Eco, U. 이윤기(역), 장미의 이름, 열린 책들, 1995.
31. Environmental Phychology, Architecture& Human Behavior, AHB (Wisconsin Univ.)
32. Evans, G.W., Fellows, J., Zorn, M. & Doty, K. Cognitive mapping and architecture. Journal of Applied Psychology 65(4), 1980.
33. G. D. Weisman, Evaluating architectural legibility, wayfinding in the built environment. Environment & Behavior 13(2), 1981.
34. G. D. Weisman, Improving wayfinding and architectural legibility in housing for the elderly. Regnier, V. & Pynoos, J. (Ed.) Housing the Aged. New York: Elsevier, 1987
35. Gary T. Moore(ed), Emerging Method in Environmental Design and Plaming MIT Press, 1968.
36. Hediger, H. Wild Animals in Captivity, London: Butterworth, 1950.
37. Warren A. James, Kohn Pederson Fox Architecture and Urbanism 1986-1992, Sigma Union
38. J. R. Carpman,, Grant, M.A. & Simmons, D.A. Design that Cares. Chicago: American Hospital Association, 1986.
39. Jacobs, J. The Death and Life of Great American Cities, New York: Vintage Books, 1961.
40. Jefferey, C.R. Crime Prevention through Environmental Design, Beverly Hills: Sage, 1971.

41. John S. Taylor, Common Sense Architecture-A Cross-Cultural Survey of Practical Design Principles
42. Lynch K. The Image of the City. Cambridge, Mass.: MIT Press, 1960.
43. M. J. O'Neil, Effects of computer simulated variables on wayfinding accuracy. Proceedings: Environmental Design Research Association. 1986.
44. New Concepts in Architecture & design-Educational Facilities, Meisei Publications
45. Newman, O. Defensible Space, New York: The Macmillan Company, 1972.
46. P.B. Beaumont, et al. Orientation and wayfinding in the Tauranga departmental building. Proceedings: Environmental Design Research Association. 1984.
47. R. J. Beck, & Wood, D. Cognitive transformation of information from urban geographic fields to mental maps. Environment and Behavior 8(2)
48. R. Passini, Wayfinding in Architecture. New York: Van Nostrand Reinhold, 1984.
49. Rapoport, A. Human Aspects of Urban Form, New York: Pergamon, 1977.
50. Riley Yoshio Taniguchi Nine Museums, The Museum of Modern Art
51. Robert B, Bechtel (ed), Method in Environment Behavioral Research, Van Nostrand
52. S. D Moeser, Cognitive mapping in a complex building. Environment and Behavior
53. San Francisco Museum of Modern Art
54. Sime, J. D. What is environmental psychology? Texts, content and context. Journal of Environmental Psychology
55. The Master Architect Series-Barton Myers, images Publishing
56. U. Cohen, Museums and Children, a Design Guide, 1984.

그림출처

그림 2-4 U. Eco, 1995.
그림 2-6 Spiro Kostof, The City Shaped, 1991
그림 2-10 R. Passini, 1984.
그림 2-15 R. Passini, 1984.
그림 2-16 Passini, 1984.
그림 2-18 Lynch, 1960.
그림 2-19 G. D. Weisman, 1981.
그림 2-20 Altman, 1975.
그림 2-21 http:// blog.naver.com/komma02?Redirect=Log&logNo=120089107787
그림 2-35 Informe Design, Perimeter Security for Public Spaces, Vol.3, No.12
그림 2-42 이, 2009에서 재인용
그림 2-43 이, 2009에서 재인용
그림 2-45 이, 2009에서 재인용
그림 2-57 San Francisco Museum of Modern Art, p.73
그림 2-58 San Francisco Museum of Modern Art, p.66
그림 2-59 일본건축의 법칙 p.19
그림 2-60 프레젠테이션 테크닉, p.53
그림 2-61 일본건축계획, p.112
그림 2-62 KPF
그림 2-63 KPF p.184
그림 2-64 일본건축계획 p.128
그림 2-67 Cerritos Center for the Performing Arts
그림 2-68 일본건축계획 p. 74
그림 2-69 Art Museums Into the 12st p.19
그림 2-70 일본 Educational Facilities, p.40
그림 2-71 일본건축계획 p.51
그림 2-72 일본 Educational Facilities, p.96
그림 2-73 일본건축의 법칙 p.66
그림 2-74 전시의 연금술 미술관 디스플레이, p.181
그림 2-75 Yoshio Taniguchi Nine Museums / MoMA, p.180

3장 건축공간의 미학

3-1 공간의 인식과 차원

3-2 건축공간, 경험 그리고 사건

3-3 공간예술과 건축

3-4 건축공간 미학

3장 건축공간의 미학

3-1 공간의 인식과 차원

3-1-1 공간의 지각

인간의 체험의 대상이 되는 공간은 행위의 주체가 되는 인간의 지각과정을 통해 인식하게 된다. 일반적으로 공간을 점, 선, 면과 부피에 의한 물리량으로만 여겨 공간의 지각을 시지각으로만 한정하여 설명하기도 하는데, 공간을 지각하는 공간지각의 과정에는 단순히 시지각에 의한 형태정보만 받아들이는 것이 아니다. 공간의 지각은 시지각에 상당히 의존하지만 감각수용기[1)]를 통해 공간에 대한 다양한 정보를 받아들인다. 빛이 없는 상태에서는 대상의 형태를 알 수 없듯이, 촉각이나 후각, 청각 등의 자극조차 없다면 대상의 존재조차도 알 수 없을 것이다. 지각의 과정에는 외부의 자극으로서

1) 인간은 출생 직후부터 외부에 있는 환경, 또는 우리들의 신체 내부에서 생기고 있는 정보들을 수집하며, 이 정보들을 있는 그대로의 존재로서 그대로 받아들이는 것은 아니고, 특수화된 감각기관을 통하여 수용되고 기계적, 열, 빛 혹은 화학적 에너지를 신경자극으로 바꾸어 신경로를 통해 중추신경계로 전달하게 된다. 인간의 감각의 종류는 일반적으로는 시각, 청각, 촉각, 미각, 후각의 5개, 즉 오감으로 분류된다고 한다. 광자극에 의해 생기는 시각, 음자극에 의해 생기는 청각, 압력과 기계진동, 접촉에 의해 생기는 촉각은 물리자극에 응하는 감각이고 미각, 후각은 화학자극에 응한다. 이들의 자극은 외계에 있는 물체의 표면에 작용하지만, 우리들의 체내에는 자기의 상태를 반영하는 감각의 종류도 있다. 평균감각, 내장감각 등이 그에 해당한다. 이러한 다양한 감각수용기 중 외부의 자극에 반응하는 오감에 의해 공간의 정보를 받아들인다.

대상의 정보를 받아들이는 감각수용기의 작용이 선행한다. 감각수용기를 통한 지각작용은 단순히 공간정보의 현상적이고 물리적인 정보에 지나지 않으나, 지각정보를 해석하고 이해하는 과정을 통해 인식의 단계에 이른다.

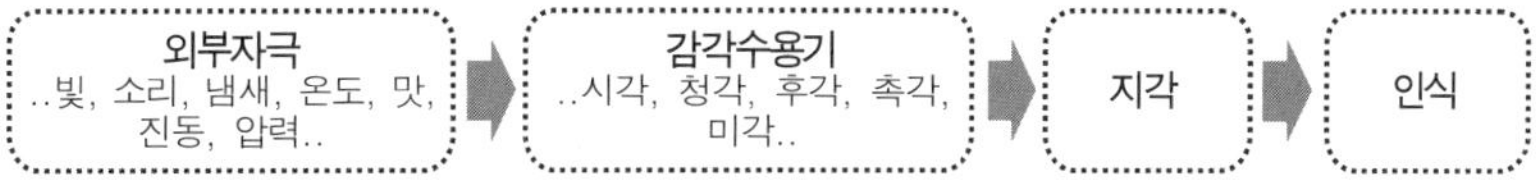

그림 3-1 | 외부자극의 인식과정

관찰자 입장에서 공간은 지각되지 않으면 공간의 실존 여부에 관계없이 공간의 존재가 인식되기 어렵다. 물론 지각되지 못하여 인식에 이르지 못한다고 해서 공간의 존재 자체를 부정할 수는 없을 것이다. 예를 들면 감각수용기가 지각할 수 있는 거리 이상의 물체나 초음파, 가시광선영역을 벗어난 시각정보 등, 실제 존재하지만 감각수용기의 지각범위를 벗어나 인식되지 못하는 경우도 있다.

그림 3-2 | 무한히 먼 거리의 별들은 점으로 인식된다.

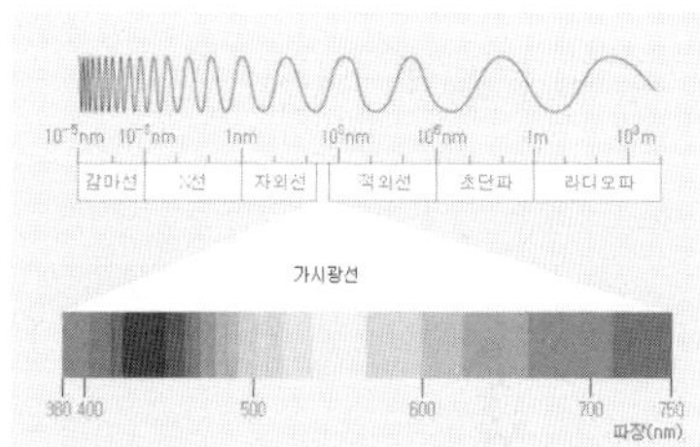

그림 3-3 | 전자기파의 가시광선영역

3-1-2 공간의 인식

지각의 과정은 지각정보의 처리과정으로 이해할 수 있다. 인간의 체험을 통한 기억작용들은 단기적으로 기억되었다가 유실되는 기억들과 장기적으로 기억되어 다음에 인출되어지는 장기기억으로 나누어지는데, 이러한 장기기억들은 인식의 과정에서 영향을 미친다. 지각정보와 기억정보의 처리과정은 감각수용기를 통해 감각입력(sensory input)이 되면 감각등록(sensory register)[2)]을 거쳐 선택적 집중력(selective attention)으로 단기기억(working or short-term memory)[3)]으로 저장되고, 지속적 반복(maintenance rehearsal)을 통해 부호화(encoding)되어 장기기억(long-term memory)[4)]으로 저장된다. 저장된 정보는 필요에 의해 인출(retrieval)되는 과정을 거치며, 일부 기억들은 인출의 어려움을 겪기도 한다. 이러한 장기기억의 인출은 지각정보와 통합되어 조직화된다. 공간에 대한 대상을 식별하고 기억, 사고하는 작용 및 그 결과로서의 인식은 단순히 오감을 통하여 들어온 정보 중 일부를 받아들이는 지각의 과정을 통해 기존의 지식체계에 따라 선택하고 조직하는 과정과 고차원적 해석과정을 거쳐 이해의 단계에 이른다.

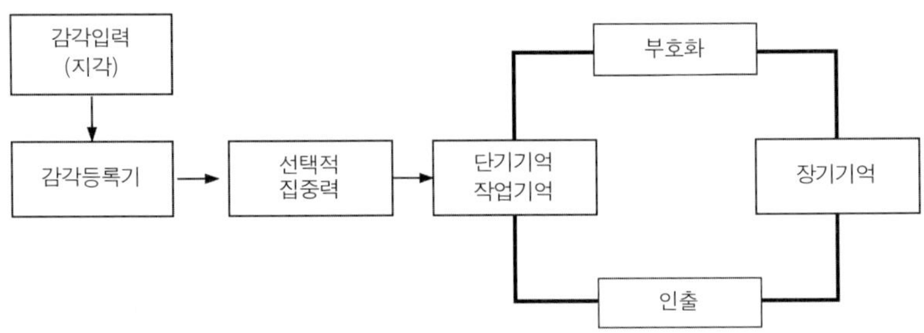

그림 3-4 | 기억 정보처리 과정

이러한 인식의 단계에서 기존의 경험을 통한 장기기억정보를 인출하여 대상을 이해하고 지식을 습득하게 하는 정보처리과정에서 지각정보는 완벽한 형태를 저장하지 못하고 불완전한 정보를 저장하기도 하는데, 심리적으로 대상의 불완전한 정보보다는 완결된 정보를 선호함[5)]에 따라 이미

---

2) 감각이 들어온 순간을 말함. 지속시간은 1~2초로 굉장히 짧고 자극의 입력은 자동적임. 주의가 필요한 정보는 작업기억으로 넘어감.

3) 감각기억에서 주의가 필요한 정보가 저장됨. 지속시간은 30초 정도이고 7±2의 정보 정도만 유지가능.(=작업기억, 즉시기억)

4) 지속적인 반복의 결과 부호화를 통해 정보가 저장됨. 망각하지 않는 한 평생 지속될 수 있으며, 용량의 제한이 없음. 개인적 체험이나 일에 관한 기억, 세계에 대한 지식, 그것을 어떻게 하는지 아는 것 등이 포함된다.

5) 게슈탈트 지각이론(Gestalt Theory)에 따르면, 자극의 특성이 사람으로 하여금 시각적

그림 3-5 | 외형선이 이어지지 못했음에도 불구하고 비행기로 인식한다.

그림 3-6 | 주관적 선호에 따른 인식의 차이

기억 속에 있는 정보와 재구성하기도 한다.[6]

또한 공간에 대한 기억들을 재구성하는 과정에서 각각의 관찰자들은 선험적 기억의 상대적 차이로 인해 같은 조건 하에서도 다르게 인식하게 된다. 관찰자(혹은 행위자)는 기억정보의 주관적 선호성에 따라 선별된 기억정보를 재구성하는데, 결과적으로 인식된 대상으로서의 공간은 행위자가 다르거나 혹은 같은 행위자도 행위자의 관점이나 시점의 변화 등에 따라 다르게 인식될 수 있다.[7]

자동차, 커피숍, 시계가 있다. 세 개의 대상은 동시에 존재하지만 관찰자의 주관적 선호에 따라 주요하게 인식되는 것이 다를 수도 있다. 같은 관찰자라도 시간약속을 한 사람은 시계가, 약속 장소를 찾아가는 사람은 커피숍이, 막 차를 잡으려는 사람은 자동차가 주요하게 인식될 가능성이 높다.

피아제[8]의 연구에 의하면, 인간의 마음도 구조를 가지고 있으며, 자신의 환경을 지각하고, 이해하고 사고하는 인지적 구조인 '도식'(schema)은 외부환경에 적응하게 되는 '동화'(assimilation)과정과 자신의 인지구조 혹은 이해의 틀로서 새로운 환경을 이해하기 어려울 때 그 환경과 계속 상호작용을 하면서 인지구조를 변화시키는 과정으로서의 '조절'(accommodation) 과정의 지속적인 상호작용으로 균형을 이루는 '평형'(equilibrium)을 통해 '도식'이 변화하는 '적응'(adaptation)에 이른다. 예를 들면, 동그란 것은 '공'이라는 도식이 있는 사람이 '구슬'을 처음 보았을 때 그것을 '공'이라고 인식하고 '구슬'을 '공'으로 동화하고 '구슬'이라는 새로운 도식이 제공되면,

---

인 부분 또는 문제를 특정한 방식으로 구조화하고 해석하게 하며, 사고와 문제해결은 조직과 재구성, 그리고 주어진 것을 바람직한 해결방향으로 중심을 잡는 것으로 특징지어진다. 기억에서 연관된 연결에 기초한 구조는 최적으로 조직하려는 경향에 따라서 정교해지고 차별화된다.

6) 인간은 그들의 환경과 적극적 상호작용을 한다. 인간의 기억에서 연관된 연결에 기초한 구조는 최적으로 조직하려는 경향이 있다. 불완전한 정보들은 불협화음을 일으키는 경험이 된다. 인식의 프로세스는 이러한 불협화음을 줄여주는 방향으로 이끌어진다.

7) 인지전환을 설명하기 위해 게슈탈트 학파에 의해 제창된 개념으로 심리학 용어로는 구조전환(Umstrukturierung), 또는 중심전환이라고도 한다. 객관적으로 같은 상태라도 견해를 달리하거나 새로운 정보를 도입할 경우, 이전과 다른 측면이 인지되는 일이 있다.

8) 피아제(Jean Piaget, 1896~1980) 스위스의 심리학자. 어린이의 정신발달, 특히 논리적 사고의 발달에 대한 연구를 통하여 인식론의 제반문제를 추구하였다.

조절과정을 거쳐 '구슬'이라고 인식하고 동화된다. 또한 구슬 중에 '유리구슬'이라는 도식이 다시 제공될 경우 다시 조절과 동화과정을 거쳐 평형을 이루며 적응되는 것이다. 공간의 경우도 마찬가지이다. 행위자가 체험한 공간에 대한 인식은 새로운 도식이 제공될 경우 동화와 조절과정을 다시 거치고 평형과 적응의 단계에 이르기 때문에, 같은 조건의 공간이 다르게 인식될 수 있다는 것이다.

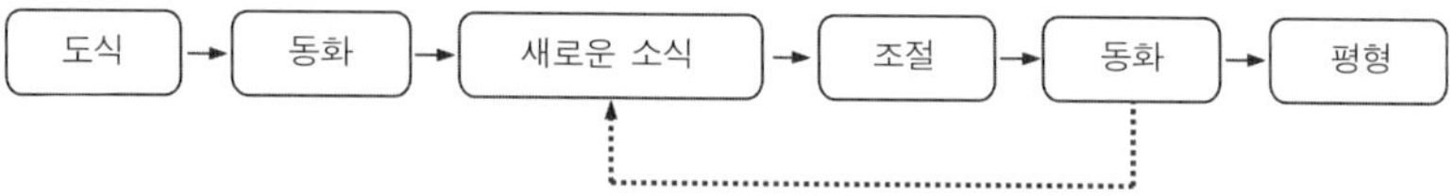

그림 3-7 | 도식의 적응

그림 3-8 | 다양한 지각정보를 제공하는 영화관

역으로, 공간의 이해 정도에 따라 행위자의 선험적 기억들과는 동떨어진 낯선 환경을 제공할 경우, 행위자는 사고작용의 혼란을 경험한다. 차원의 명확한 구분이 불가능한 환경을 제시하거나 관찰자의 위치, 관찰속도, 음향 등 지각정보를 제공하여 혼돈을 일으키도록 조작하는 것이 가능할 것이다. 심지어 현대의 기술은 가상공간 체험이 가능하여, 실제 현실에서 경험할 수 없는 체험도 가능하기에 이르렀다. 지각되어 인식되지만 존재하지 않는 공간, 공간의 실제적인 물리량이 없는 공간이다. 공간 안에서의 시점, 거리, 속도……. 등 인간이 체험할 수 있는 스케일이 아닌 아주 작고 미세하며, 끝없이 이어지는 공간이 만들어질 수도 있다. 어마어마하게 크고 빠른 속도로 공간을 질주하는 체험을 할 수도 있으며, 동시에 여러 장소에 존재할 수도 있다. 여기서 공간의 지각과 인식의 역방향의 추론이 가능하고 할 수 있다. 이미 체험되었던 공간도 여러 가지 지각의 혼란을 일으키는 건축적 장치들을 통하여 낯선 공간이 되게 할 수도 있고, 공간에서 느끼는 감흥도 극대화시킬 수 있을 것이다. 또한 이러한 인식의 확장은 다양한 프로그램을 담아내는 현대건축의 요구를 해결하는 대안이 될 수 있다. 예를 들면, 영화관이나 다목적 홀 등 건축형태는 고정적이나 그 안에서 지속적으로 새로운 체험이 가능하도록 하는 요구를 받는 공간의 경우 매번 건축물의 형태를 바꾸어가며 대응하는 방법보다 경제적이고 손쉬운 변화를 가능하게 하는 방법으로 지각과 인식의 프로세스를 역으로 활용하는 것이다.

3-1-3 공간의 차원

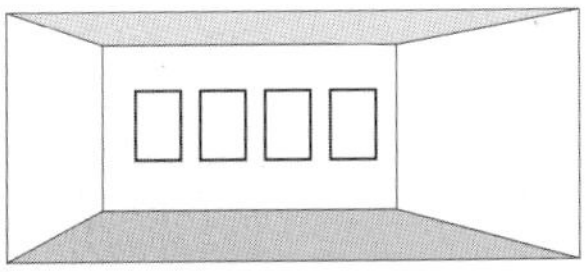

그림 3-9 | 구조체에 한정된 공간

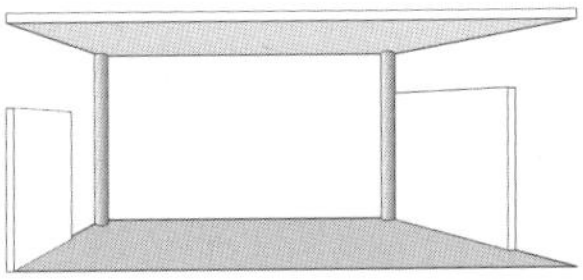

그림 3-10 | 구조체로부터 독립된 벽체와 공간

그림 3-11 | 바르셀로나 파빌리온, 미스 반 데어 로에(Ludwig Mies van der Rohe), 1929.

공간을 건축물과 같은 어떤 형태로 이야기하기는 어려움이 있다. 공간의 형태는 직접적인 빛의 반사로 드러나는 대상으로서의 오브제와는 다르다. 근대 이전의 공간은 인위적, 자연적 구조체에 의해 둘러싸여진 간접적 형상으로 설명되어질 수 있다. 고전적 상자개념의 공간은 구조에 한정된 공간을 만들며 주관적 또는 객관적 관점의 인식과 그 상호작용으로 이해되어질 수 있다. 공간은 정적으로 자신의 자리를 지키고 있으며 사용자에 의해 수동적으로 체험되어진다.

반면 근대 이후의 공간개념은 구조와 공간은 반드시 일치하지는 않으며, 공간은 상대적 관계로 나아간다. 내부공간과 외부공간이 명확히 구별되지 않으며, 내부는 외부를 수용하거나 외부로 확장된다. 물리적으로 공간을 한정하던 벽체는 기둥으로 대치되어 구조형태와 공간의 형태가 이원화되었다.

구조체로부터 독립된 벽체는 형태적으로 재료적으로 발전을 거듭하며 다양한 공간의 형태를 제시하였다. 건축공간은 바닥, 벽, 천장 등과 같은 기본적으로 내적으로 닫혀진 부분의 표현은 벽체가 제거되어 외부공간을 향해 열려있거나 구조적으로는 닫힌 형상을 취하고 있으나, 창, 문, 유리벽 등으로 투명하거나 반투명하는 등의 외부로 공간을 확장시키거나 외부의 반사가 그대로 투영되게 하여 시각적 연속을 이루게 하여 시각적 인식의 확장을 제공한다.

바르셀로나 파빌리온 유리벽면은 공간의 볼륨을 한정하고 있으나 투명한 재질로 인하여 내부공간에서 외부공간으로 시각적으로 열려있다. 시각적 연속은 물리적으로 한정된 공간만을 지각하게 하는 것이 아니라, 시지각이 연속되는 외부까지 지각되게 함으로써 공간의 규모 이상으로 인식이 확장된다. 지각의 연속은 외부공간까지 인식의 틀 안으로 끌어들여 외부공간과 내부공간을 동시에 체험하게 한다.

그림 3-12 | 세인트 마리 액스 빌딩, 노먼 포스터(Norman R. Foster), 런던, 2003.

그림 3-13 | 파리시 스위스가 소재 아파트(Apartment Buildings on Rue Des Suisses), 헤르조그 앤 드 뮤런(Herzog & de Meuron), 1996~2000.

런던의 세인트 마리 액스 빌딩(St. Mary Axe)은 외피를 유리면으로 사용하여 주변건물의 입면을 투영시킨다. 주변건물들과 상이한 재료를 사용하여 재료상의 차이는 가로의 분절을 일으켜야 하지만, 외피에 투영된 주변건물들의 입면으로 인하여 가로가 연속되게 지각되게 한다.

파리의 오래된 도시공간에 지어진 이 아파트는 벽체로 구축되어 안으로 한정된 내부공간을 갖는 기존 건물들의 틈새에서 수직적 위계를 공유하며 함께 서 있다. 기존 건물들은 고정된 개구부를 갖고 있으며 외부공간과의 관계는 개구부의 수동적 개폐에 의존하는 소극적 관계이다. 외부와 내부의 관계는 고정된 위치에서만 소통 가능하고 건축적 형상에는 영향을 미치지 않는다. 반면 이 아파트는 스크린의 크기와 패턴을 사용자가 직접 조작할 수 있도록 하여 외부와 적극적 관계를 가진다. 스크린의 개폐를 통해 공간은 외부로 확장되어 인식되고 사용자의 적극적 의지는 입면에 반영됨으로써 내부와 외부는 서로 영향을 미치게 된다.

공간의 절대적 가치를 깨뜨린 아인슈타인[9]은 물체의 공간 이동속도는 절대로 광속 이상이 될 수 없으며, 광속으로 이동하는 물체는 시간의 흐름이 정지된다고 보았다. 그는 모든 등속도 운동이 상대적이라는 가설을 통해 다른 대상과의 상대적인 비교 아래에서만 그 운동 상태가 서술될 수 있으므로 반드시 관찰자의 상태가 포함되어야만 하며, 정지해 있는 관찰자가 볼 때 이동 중인 물체의 시간은 정지해 있는 관찰자의 시간보다 느리게 가는 것으로 보이며, 움직이는 물체는 진행방향으로 길이가 줄어든다는 것이다. 이러한 그의 이론은 시간을 하나의 차원으로 간주하고 시간과 공간이 분리될 수 없는 개념인 시공간의 개념을 도출한다. 결국 공간의 차원은 관찰자의 공간체험과 그 인식의 과정으로 설명되어질 수 있을 것이다.

관찰자의 상태에 따라 공간은 다르게 인식될 수 있다. 이것은 어떤 속도와 거리라는 관계만이 아니다. 쉽게 계단을 떠올려보자. 어느 공간에 있는

9) 알베르트 아인슈타인(Albert Einstein, 1879~1955) 독일 태생의 이론물리학자. 광양자설, 브라운 운동의 이론, 특수상대성 이론을 연구하여 1905년 발표하였으며, 1916년 일반상대성 이론을 발표하였다. 미국의 원자폭탄 연구인 맨해튼 계획의 시초를 이루었으며, 통일장 이론을 더욱 발전시켰다.

그림 3-14 | 쥘 베른 고등학교(Jules Verne High School), 아키텍처 스튜디오, 1991~1993. 홀에서 브리지를 바라본 사진

그림 3-15 | 쥘 베른 고등학교, 아키텍처 스튜디오, 1991~1993. 브리지에서 아래 홀을 바라본 사진

사람이 계단을 통해서 다른 공간으로 이동하는 중이다. 그는 수평적으로 다음 공간으로 접근하면서 수직적으로 상승한다. 그가 처음에 출발한 공간은 그대로이다. 그러나 그가 이동하면서 그가 보게 되는 시각적 정보는 조금씩 달라진다. 정지해 있는 대상으로서의 공간을 빠른 속도로 이동하는 관찰자는 공간의 거리감은 실제의 물리적으로 측정되는 거리와 다르게 느껴질 수 있다. 관찰자의 위상변화와 함께 공간이 다르게 지각된다.

공간의 체험은 관찰자의 정보처리과정에서 분류와 통합을 거쳐 완결되지 못한 공간을 조직화하고, 공간을 이동하는 관찰자는 동적 행위로 인하여 공간에 시간성을 부여하며, 공간의 연속적 경험은 공간을 사차원적으로 인식하게 한다. 이러한 과정에서 관찰자는 공간에서 시간이라는 차원을 획득한다. 베르그송[10]은 시간을 분할할 수 없는 연속적 흐름으로 해석한다. 인간의 지성은 정적이며 고정화된 것을 다루는 능력이므로 동적인 흐름을 파악할 때는 이를 정적요소의 연속으로 환원시켜버린다. 지성은 시간을 표준단위에 의하여 측정할 수 있는 평면상의 직선과 같은 존재로 파악하지만, 우리가 직접 경험하는 시간은 이질적인 과정의 구체적이며 불가분한 것의 연속이므로 등질화시켜 나눌 수 있는 것이 아니라는 것이다.

공간의 관찰자는 절대적인 정지상태에 있을 수 없고, 관찰자는 연속적 시간의 흐름 속에서 3차원 공간을 지각한다. 이러한 연속된 흐름은 도면에 그려내듯이 정량화되고 객관화된 공간으로 해석할 수 없다. 한정된 범위에서의 정량화된 공간은 기하학으로 표현할 수 있으나 건축이라는 다분야의 협력작업에서의 편리성 및 커뮤니케이션 수단으로서의 절대적 가치에도 불구하고 그것만으로는 공간의 질을 설명할 수 없다. 공간을 이동하는 관찰자의 시점, 선호성, 문화적 차이 등 상대적 요인으로 인하여 공간을 완벽하게 정량화하고 객관화시킬 수 없는 것이다. 공간을 체험하는 동안 관찰자는 시간의 흐름 속에 있으며, 그 시간과 공간은 연속되어 있

10) 앙리 베르그송(Henri Bergson, 1859~1941) 프랑스의 철학자. 콜레주 드 프랑스의 교수를 지냈다. 그는 프랑스의 유심론(唯心論)의 전통을 계승하면서도, C. R. 다윈 · H. 스펜서 등의 진화론의 영향을 받아 생명의 창조적 진화를 주장하였다. 이와 같은 그의 학설은 철학 · 문학 · 예술 영역에 큰 영향을 주었다.

다. 공간은 관찰자와 상호작용을 하며 연속된 흐름으로 인식된다. 공간의 체험자는 시간의 흐름과 함께 다르게 공간을 지각하여 그 연속된 흐름 속에서 공간의 전체공간을 인식한다.

아키텍처 스튜디오(Architecture Studio)의 쥘 베른 고등학교(Jules Verne High School)에서 다른 시점에서 바라본 공간의 모습은 다르지만 부분적 차이가 아닌 전체로서 공간을 인식한다. 공간을 이동하는 동안의 각각의 시점들에서 지각한 공간의 형상을 이어붙이는 것이 아닌 전체 시간의 흐름 속에서 공간을 인식하기 때문이다.

3-1-4 다차원적 공간체험을 통한 인식의 확장

그림 3-16 | 후쿠오카 공동주거, 스티븐 홀, 1989~1990. 목재 벽의 폐쇄로 닫혀진 공간

현대 공간의 차원은 프로그램의 다양한 요구로 인하여 건축적 조작을 통해 공간의 차원을 뛰어넘는 시도를 한다. 비물질적 재료의 사용으로 가변적인 색채를 구현하고, 빛의 직접적 사용으로 2차원의 영상이 3차원에 투영되면서 공간의 다중성과 다차원성을 나타낸다. 또한 일상적인 공간의 위계를 없애고 천장, 바닥, 벽의 구분이 없는 무중력적인 공간을 제안하기도 한다. 건축공간이 고정적이 아닌 유동적이고 비결정적 체계로 변화되어지는 것을 보여준다.

바닥이나 벽체 등 공간을 한정하는 건축적 요소로 공간의 흐름을 조작하는 방법을 통해 공간을 재구성하기도 하고 일반적인 상자형 공간이 아닌 바닥, 벽 등의 경계가 모호한 공간을 통해 일상적인 공간의 도식을 깨고 새로운 공간의 도식으로 대치된다.

그림 3-17 | 후쿠오카 공동주거, 스티븐 홀, 1989~1990. 목재 벽의 개방으로 연속되는 공간

스티븐 홀(Steven Holl)은 'Hinged Space'를 제안한다. 힌지에 의해 회전하는 경량 중공목재 벽체는 채색되어져 있어서 가족구성, 시간, 계절 등의 요구에 따라 공간을 결합시키거나 격리시켜 공간의 형상을 자유로이 변형시키고 공간을 구분하는 벽체의 가변성에 따라 내부 사용자들은 공간이 연속되기도 하고 불연속되기도 하는 건축공간의 가변적 체험을 하게 된다.

슈에이 엔도의 '스프링텍처 H(Springtecture H)'에서의 벽체의 흐름

그림 3-18 | 스프링텍처 H, 효고, 슈에이 엔도, 1998.

그림 3-19 | 스프링텍처 H, 효고, 슈에이 엔도, 1998.

은 바닥, 벽, 지붕의 경계가 사라지고 내부와 외부의 구분이 모호한 공간을 제시한다. 뫼비우스의 띠처럼 흐르는 면은 자유롭게 흘러 다니며 공간을 만들어낸다. 상자형 공간이 전이공간을 통해서 선형적으로 이어지는 경직된 조합이 아니라 면의 흐름과 지면의 우연한 만남 속에 공간은 숨어 있다. 사용자는 흐름 속에서 빨려 들어가 공간을 체험하게 된다.

건축공간은 수동적 대상에서 능동적 표현의 주체로 거듭나고 있으며, 공간의 상호작용은 한정된 공간의 다차원적 조작으로 그 한정성을 뛰어넘고 있다. 물리적, 시각적 확장 및 상호 관입의 방식은 공간의 차원성을 뛰어넘는 인식의 확장을 일으킨다. 공간의 체험으로 인식된 공간의 형태는 그 실제적 물리량이 아닌 체험자의 인식과정에서 완성된 공간의 형태로 대치된다.

베르나르 츄미(Bernard Tschumi)는 투명한 유리상자를 통해 나무들 속에 숨어 있는 공간을 만들었다. 재질의 특성으로 주변경관을 투영시켜 딱딱한 형상을 숨기고 녹지의 연속적인 흐름 속에 주변과 연속된 입면을 만들고, 사용자는 내부 벽체의 연속적 시선의 흐름과 선형의 거리감으로 생기는 투시도적인 프레임의 연속은 무한히 반복되는 공간의 착시와 내부공간을 체험하는 사용자의 시선은 외부로 연속적으로 이어져 좁고 긴 공간을 넓게 펼쳐진 외부로 인식을 확장시킨다. 조명이 없는 상태에서의 비디오 갤러리는 바닥과 벽, 천장의 구분을 지각할 수 없으며 비디오 화면에서의 빛에 의존한 무중력적인 공간으로 인식된다.

그림 3-20 | 유리 비디오 갤러리 전경, 베르나르 츄미, 흐로닝언, 1990

그림 3-21 | 유리 비디오 갤러리 내부, 베르나르 츄미, 흐로닝언, 1990

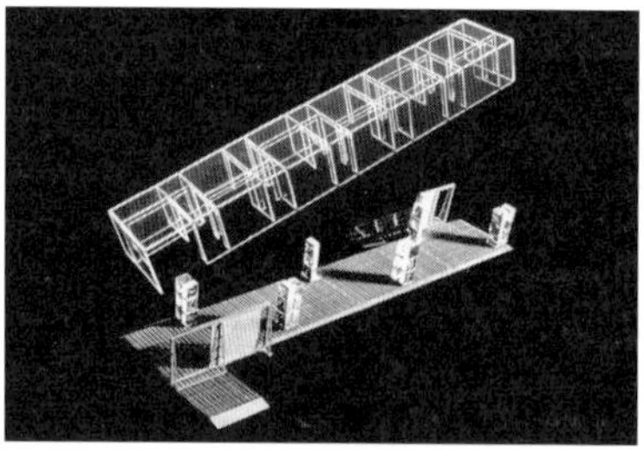

그림 3-22 | 유리 비디오 갤러리 구성, 베르나르 츄미, 흐로닝언, 1990

그림 3-23 | 유리 비디오 갤러리 내부, 베르나르 츄미, 흐로닝언, 1990

그림 3-24 | 시애틀 중앙도서관(The Seattle Central Library), 렘 콜하스, 1999~2004.

렘 콜하스(Rem Koolhaas)는 바닥, 벽, 천장을 동일한 색면으로 처리해 경계를 모호하게 하였다. 강렬한 색의 공간은 사용자로 하여금 단단하고 평평한 바닥을 밟고 지나가는 것이 아니라 공간 속에 빠져 유영하는 듯한 착각을 일으키는 공간을 만들어 낸다. 딱딱하고 경직된 공간의 형태를 색을 통해 무력화시킨다.

그림 3-25 | 코펜하겐 콘서트홀(Copenhagen Concert Hall) 전경, 장 누벨, 2009.

장 누벨(Jean Nouvel)은 시간성을 가진 다양한 데이터들을 사용하여 공간에 역동성을 부여하고, 그래픽 이미지를 사용하여 미디어공간으로서 건축공간의 의미를 확장시킨다. 비물질적 재료의 사용으로 가변적인 색채를 구현하여 고정된 면에 동적인 이미지로 시간의 흐름을 통한 연속적 체험을 제안한다. 빛의 직접적 사용으로 2차원의 영상이 3차원에 투영되면서 건축색면의 다중성과 다차원성을 나타낸다. 그는 벽체에 영상을 투영하는 방법을 사용했다. 일상적으로 벽체들은 정적인 한정요소로 작용하고 있으나 영상의 투영으로 동적인 색채의 변화를 통해 공간의 형태적 위계를 무너뜨리고 영화와 같은 건축공간을 만들어낸다. 시간의 흐름 속에서 전체 인식과정을 통한 공간의 체험은 이미 3차원 형태 이상의 다차원적 공간으로 인식의 확장을 일으킨다. 콘서트홀로서 공연실황 등의 이미지 투사는 공간 체험자로 하여금 공간의 비결정적 특징을 가지면서 공간에 대한 강렬한 인상을 심어주게 된다.

그림 3-26 | 코펜하겐 콘서트홀 내부, 장 누벨, 2009.

공간의 지각과 인식의 과정은 지각과정의 조작을 통해 가상의 공간이 인식되게 하기도 하는데, 과거의 3차원의 공간을 2차원 스크린에 투영하여 공간을 인식시키던 방법은 3D입체 안경을 쓰고 여러 대의 프로젝터로 공간의 입체적 체험을 극대화시킨 방법에 이어, 시지각만이 아닌 감각 수용기의 다양한 자극을 통해 공간 안에 흡수되는 것 같은 착각을 일으키는 4D 영화관까지 등장했다. 빛, 냄새, 바람, 물, 흔들림 등……. 실제 존재하지 않는 공간을 지각작용을 조작하여 인식시키는 방법이다. 감각의 극대화로 실제와 가상을 구분하기 어려운 상황을 만드는 것이다.

그림 3-27 | 4D영화관

현대의 공간개념은 수동적 체험의 대상으로서의 공간이 아닌 능동적인 표현의 주체로서 사용자와 상호작용을 일으키는 공간(Interactive Space)으로 설명되어질 수 있다. 심지어 공간 체험자를 지각하는 공간의 반응은 공간과 체험자를 더 이상 분리된 대상들이 아닌 체험자의 행위와 일체화 된다. 공간은 벽, 바닥, 화면 등 여러 건축적 장치들을 통해 체험자 혹은 사용자의 행위를 반영한다. 공간 안에 들어온 사람의 움직임과 함께 반응하는 바닥조명, 미디어를 통한 메시지의 공간적 전달, 공간 체험자의 의지가 반영되어 변형되는 영상들처럼 건축공간은 이미 물리적 대상 이상의 형이상학적 인식의 대상이 되어가고 있으며, 시간의 흐름과 함께 변화하는 비결정적 공간 특성을 가진다.

그림 3-28 | Media Wall, 사람의 동작과 함께 반응하는 바닥조명과 벽천 밑으로 흐르는 영상.

현대의 건축공간은 더 이상 단순한 잠자리나 일터가 아니다. 현대의 건축공간은 그 물리적 수명만큼으로 프로그램을 제한할 수 없다. 건축공간은 현대사회의 요구가 반영되며, 프로그램은 지속적으로 변화의 요구를 받고 있다. 현대의 건축공간은 일회적 체험만으로도 식상해지는 공간이 아닌 지속적으로 재생되는 공간으로 탈바꿈해야 하는 프로그램적 요구를 수용하며 오랜 시간 인간과 함께 할 건축적 내구성을 가진다. 공간의 형태는 공간의 기능과 요구에 대응하여 변화하여 왔으며, 구조와 재료 및 기술의 발전으로 형태적으로 다른 양상을 보여 왔으나, 실제적으로 상호작용과 그 상대적 대응으로 이해하면, 거대하고 복잡한 변화의 틀 안에서 찾아진 알고리즘의 지속적인 일방향 운동을 볼 수 있듯이, 건축가들의 급격한 시대변화에 적응하고자 하는 강력한 열망과 그에 따른 건축형태와 공간구성에 관한 다양한 시도들로 읽혀질 수 있을 것이다.

그림 3-29 | Message Floor, 매체를 통해 체험자의 감정이나 정보를 입력하면 바닥에 메시지로 반응이 온다.

3-2 건축공간, 경험 그리고 사건

사람들에게 건축이란 단어는 지어진 건물을 지칭함과 동시에 건축화된 사고 및 행위를 뜻한다. 전자가 좁은 의미의 물리적 결과물만을 지칭한다면 후자는 이를 비롯하여 인간의 사회, 문화, 정신노동을 포괄하는 보다 넓은 의미의 산물을 통칭한다. 이 글에서는 전자에 해당하는 물리적인 공간으로서의 건축에 대한 다양한 의미, 경험의 특성 그리고 사건과의 연관성을 살펴보고자 한다.

3-2-1 건축공간의 사회적 의미

건축공간에 대한 사회적 인식은 사람들의 관점을 반영하며 건축공간을 경험하는데 큰 영향을 미친다. 이러한 다양한 인식에 따른 건축물의 의미를 다음과 같이 크게 구분할 수 있다.

- 경제적 의미
- 계획적 의미
- 역사적·상징적 의미

그림 3-30 | 1967년 완공된 고 김중업 선생님의 대표작 제주대학교 본관 건물은 미학적, 역사적 의미의 중요성에도 안전문제를 이유로 1995년에 철거었다.

첫 번째로 모든 건축물은 건축가 또는 건설기술자의 작품이기 전에 건물을 필요로 하는 건축주의 실용적인 요건들을 사회적, 법규적 테두리 안에서 만족시킨 축조물이다. 물론 설계와 시공단계엔 작가의 가치관이 상당부분 반영되지만 건물이 완공되어 사용승인 허가가 나는 순간부터 건축물은 건축주의 사유물로서 타인(건축가)의 영향권에서 벗어난다. 건축물을 필요로 하는 대부분의 건축주들에게 건축물은 부동산이라는 경제적 개념이며 인간사회의 부를 축적하는 가장 일반적인 수단 중 하나이다. 건축물의 경제적 가치에 영향을 미치는 요소로는 대지의 위치, 용도, 기능적 효율성, 면적, 공사비, 유지비, 건물의 디자인, 수명 등이 있다. 이러한 가치관은 건축미학적인 가치관과 항상 비례하지는 않으며 미학적, 역사적 의미가 높은 건물도 경제적 효율성이 떨어질 경우 재개발 과정에서 철거되는 경우가 적지 않다.

두 번째로 건축설계 분야에 종사하는 사람들이나 협회 등의 기관은 건축공간의 계획적 의미를 중요시한다. 계획적 의미는 건축설계를 포함한 구조, 설비계획 자체에 대한 평가와 실제 완공된 건물에 있어 원래의 계획들이 얼마나 잘 실현되었고 잘 경험되어지는지에 대한 평가를 포함한다. 공간미학은 이러한 관점에 속하며 건축물을 일종의 작품으로 보는 전문가적인 경향이 강하다. 잘 설계된 건물은 예산에 비해 좋은 공간경험이 가능하고 기능적 효율성이 높아 큰 부가가치를 만들기도 한다. 값비싼 재료를 사용한다 하더라도 설계가 나쁘면 공간에 대한 좋은 경험이 불가능하다. 따라서 계획적 가치를 높이기 위해서는 설계단계에 분야별로 적절한 전문가의 개입이 필요하고 완공 후 평가 역시 전문가들에게 맡겨진다. 하지만 경우에 따라 전문가들의 순수주의적 태도는 건축물의 다른 사회적 의미들을 간과하기도 한다. 건축공간은 본래 전문가들만이 아닌 다양한 사람들이 경험하도록 설계되지만, 전문가들을 주 독자층으로 하는 건축잡지나 건축가들로 구성된 조직들은 대부분 다양한 관점에 의한 공간경험이 반영되기 어려운 건축물이 완공된 지 얼마 안 된 시점에서 평가를 내린다. 근대초기 건축의 경우 이러한 순수주의적 이상과 현실의 괴리감에 많이 노출되었는데, 이유는 당대의 선구적 건축가들이 기계문명의 발달과 철근콘크리트의 출현으로 이전과 크게 다른 생활방식과 공간을 과감히 제안했기 때문이다. 그러한 제안이 현실에 잘 적용된 경우도 있지만 반대로 시간이 지남에 따라 건물의 이용빈도가 줄어 차츰 방치된 예도 많다. 가장 큰 실패의 예로 근대 거장 건축가 르 코르뷔지에(Le Corbusier)의 원칙에 따라 루시오 코스타(Lucio Costa)가 1956년경 설계한 브라질의 수도 브라질리아(Brasilia)가 있다. 미래에는 웬만한 이동이 모두 차량을 통해 이루어질 것이라 생각하여 차도를 중시했지만, 반면 보행로나 사람들이 모일 공간을 마련하지 않는 등 도시에 대한 인문학적인 이해가 낮아 도시로서의 정상적인 기능이 어려웠다.

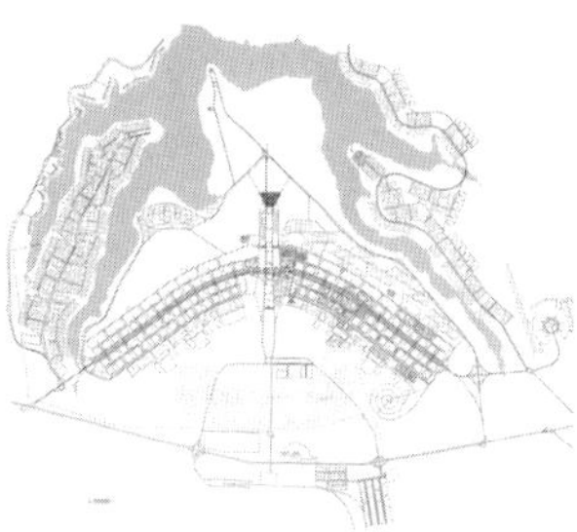
그림 3-31 | 브라질리아(Brasilia) 도시계획

세 번째로 건축물이 사회의 역사적 사건이나 구성원들의 집단적 기억에 자리 잡음으로써 형성되는 건축물의 역사적·상징적 의미가 있다. 이 의미는 후천적인 것으로 완공되었을 당시에는 경제적 혹은 계획적 의미

가 낮았을지라도 특정한 사건을 거치며 역사적·상징적 의미가 형성된다. 이러한 경우 건축사학자와 같은 전문가들에 의해 내재된 미학적 의미와 시대적 의미가 재분석, 재정립되기도 한다.

2010년 1월 현재 국립현대미술관의 서울관으로 변신을 기다리는 서울 소격동의 구 기무사 건물은 1930년대 초 지어진 건축물들 중 하나로 당대로서는 최첨단 설비를 갖춘 병원으로 주목을 받았으나 공간미학적 가치가 뛰어난 작품은 아니었다. 하지만 현대에 이르러 70~80년대 군사정권의 핵심기구가 자리했던 역사적 사건이 있었고 외벽을 포함한 일부 구조가 변형되었지만 상당 부분의 원형이 남아있기에 상징적 가치가 높아졌다. 때문에 2008년에 등록문화재로 등재되고 2010년 초에는 현상설계를 거쳐 내부구조와 용도는 미술관으로 전용하나 외피는 보존하도록 하였다. 이러한 현상설계 과정에서 주목할 점은 문화체육관광부의 의뢰를 받아 대한건축가협회의 역사분과위원회가 구 기무사 본관 건물의 건축사적 의미를 재검토한 것이다. 구 기무사 본관 건물이 보존대상이기에 건물이 지닌 건축미학적 의미가 상대적으로 중요시되고, 새로운 계획안은 이를 최대한 수용하며 제안될 것이다.

그림 3-32 | 1930년대 경성의전으로서의 구 기무사 건물 모습

위에 나열한 세 가지의 의미가 복합적으로 나타난 건물의 예로 1889년 지어진 프랑스 파리에서 열린 만국박람회를 기념하기 위해 지어진 에펠(Eiffel) 탑을 들 수 있다. 이 건물은 본래 1909년까지만 서 있도록 허가받은 임시구조물이었다. 완공된 당시 참여한 건설전문가들에겐 당대 최고의 기술적 성과로 인정받았지만 예술가들을 중심으로 한 상당수 일반인들에겐 '눈엣가시', '괴상하고 거대한 가로등'이라는 비판을 받았다. 하지만 첫 해에만 2백만 명의 방문객이 다녀가자 건물의 경제적 가치가 급등하여 1909년을 훨씬 지난 오늘날까지 보존되었고, 파리시의 상징으로 역사적 의미를 지니게 되었다.

그림 3-33 | 지어지는 에펠탑

이렇듯 건축물의 의미를 가늠하는 데는 다양한 관점들이 복합적으로 작용한다. 건물은 일반적인 소모품과 달리 단순히 새것일 때 최상이 아니며 시간을 통해 경험되어지고 다양한 사건을 통해 새로운 의미를 부여받는다.

3-2-2 인지적 경험

사람들이 건축공간을 인지할 때는 시각을 비롯한 촉각, 청각 등을 사용한다. 그 중 공간의 형태, 거리, 깊이 등을 인지(perceive)하는 시각(vision)이 가장 중요하며, 이 과정을 통틀어 시지각(visual perception)이라고 부른다. 지각(perception)이 신체감각을 통하여 물리, 화학적인 현상이나 사물을 단순히 느끼는 것인데 반해 경험(experience)은 눈에 보이지 않는 사건이나 행위, 생각, 행사 등에 대한 기억과 지식 등을 포함한다. 이 단락에서는 시지각에 초점을 둔 공간의 경험을 중점적으로 살피기로 한다.

그림 3-34 | 1833년경 영국서 발명된 조에트롭(Zoetrope) : 통을 회전시키고 틈새를 보면 일련의 이미지가 움직이는 것처럼 인식됨.

인간의 시각은 사진기의 렌즈처럼 균일하거나 정적이지 않다. 사진기는 한 번의 셔터 움직임으로 렌즈를 통해 들어오는 풍경을 필름에 균일하게 전사한다. 반면 인간의 눈은 눈앞의 풍경을 인식하기 위해 동공을 쉴 새 없이 움직여 부분 부분 초점을 맞추고 두뇌에서 전체적인 그림을 조합한다. 이렇게 인간의 시지각은 인식과정이 시각기관(눈)과 인식기관(두뇌)으로 이원화되어 있어 단순하지 않으며 관찰자의 심리상태, 대상물의 속도 등 여러 요소들에 영향을 받는다. - 예를 들어 인간의 시지각은 빠르게 바뀌는 일련의 연속 이미지들을 그 자체가 움직이는 것으로 착각하며 이 현상을 이용해 우리는 영화를 감상한다.

그림 3-35 | 영화 현기증(vertigo)의 계단장면

시지각 과정에 심리상태가 극단적으로 반영될 경우 객관적 인지가 어려우며, 결과적으로 경험 자체에 큰 영향을 미치는데 공간과 관련된 대표적인 심리증세로 광장공포증, 폐쇄공포증, 고소공포증 등이 있다. 광장공포증은 주위가 탁 트인 광활한 공간에 대하여, 폐쇄공포증은 협소한 공간에 대하여 각각 공포를 느끼는 증세이다. 고소공포증은 높은 곳에 대한 공포증으로 1958년 히치콕의 영화 현기증(vertigo)은 심리상태가 공간의 인지에 대해 주는 영향을 잘 보여준다. 영화 속 주인공은 가운데가 뻥 뚫린 교회종탑을 오르던 도중 아래를 내려다보며 현기증을 느끼는데, 비록 카메라의 주밍(zooming) 효과로 표현되긴 했어도 고소공포증 환자에게 수직공간의 깊이가 어떻게 보였을지 잘 보여준다.

3-2-3 건축공간의 경험

우리가 때때로 건축공간이 아름답다 느끼는 것은 건축이 예술임을 암시한다. 순수예술은 우리의 일상에서 영감을 얻지만 결과물로서는 일상과 구분되어지기 위해 실용적이지 않은 형식을 취한다. 즉, 일상에 쓰이는 매체와 도구를 이용할지언정 일상에 활용되도록 구상되지 않고 작가의 미적 감흥 또는 감흥의 미적 표현을 위해 만들어진다. 반면 건축물은 일단 실용적이어야만 한다. 실용적이지 않은 건물은 조각 또는 조형으로 인식될 수 있다. 그렇기에 건축은 일반적으로 예술적인 미감만을 목표로 지어지지 않는다. 동시에 건축사들은 미학적 성취 이전에 건축주의 실용적인 요구조건에 부합하는 설계를 해야 사회적인 존립이 가능하다. 따라서 이 세상에 존재하는 건축물들의 상당수는 심미적이지 않고 일상의 공간에서 건축미학을 경험하는 것은 흔치 않은 일이다. 건축공간에 대한 경험은 몇 가지 특징이 있다.

첫 번째로 시간의 흐름을 통한 경험이다. 건축은 3차원 공간이지만 시간의 흐름 속에 존재한다. 건축물의 공간은 인체에 비해 규모가 커 대부분 한 번에 인지가 불가능하다. 따라서 시간을 통한 조합된 인지가 필요한데 사람들은 주로 시각, 촉각에 의존한다. 공간경험의 이러한 특징은 공간예술로도 분류되는 영화에서도 나타나는데, 영화 역시 시간의 흐름을 통해 공간의 형태를 보여주고 이야기를 전개한다.

관찰자의 시점이 한 곳에 머무는 경우일지라도 시간의 흐름은 건축공간을 둘러싼 빛과 공기의 변화를 반영하기에 최종적인 경험이 결코 단순하거나 균일하지 않다.

두 번째 특징은 움직임을 통한 경험이다. 움직임은 첫 번째 특징인 시간과도 밀접한 관계가 있는데, 일반적인 건축물의 공간규모에 비해 우리의 지각은 한정되어서 전체적인 공간인식을 위한 시점의 이동이 필요하다. 20세기 초 근대건축의 거장인 르 코르뷔지에는 이러한 움직임을 통한 공간인식을 의식하여 "건축적 산책로(Architectural Promenade)"를 공간설계에 적용하였고, 시간을 통한 연속적 움직임을 보여주는 영화 장르 역시 카메라 움직임에 유사한 원리를 적용하였다.

그림 3-36 | 공간으로서의 미로

움직임을 통한 공간경험은 한정된 건축물 내에서도 이동경로의 조합에 따라 무수히 다르게 나타날 수 있으며, 주로 구획이 복잡한 건물은 크기에 비해 다양한 경험을 가능하게 한다. 반대로 서로 다른 경로들이지만 동일한 재료와 구성방식을 사용하여 관찰자를 혼란에 빠트리는 공간도 있는데 미로가 대표적이다. 고대 청동기시대에 만들어진 그리스 크레타 섬의 크노소스 미로가 가장 오래된 것으로 알려져 있으며, 여러 가지로 나뉜 길들 중 한 경로만 제외하고 나머지 모두는 목적지에 이르지 않도록 되어있다. 이러한 이유로 건축공간을 제대로 이해하고 경험하고자 하는 사람들은 대부분 자신의 지각을 활용하지만 평면도에 의존해 전체구조를 파악한다.

공간경험의 세 번째 특징은 공간을 경험하는 주체가 경험대상인 건축물과의 상관관계에 있어 절대적이지 않은 위치에 있다는 점이다. 보다 자세히 설명하자면, 건축공간에 대한 감상은 그림이나 조각처럼 대상으로부터 거리를 유지한 채 전반적인 이해가 가능하지 않고 관찰자가 공간 속으로 들어가야 가능해진다. 때문에 미로와 같이 시야가 한정된 공간 속에선 관찰자가 길을 잃을 수 있다.

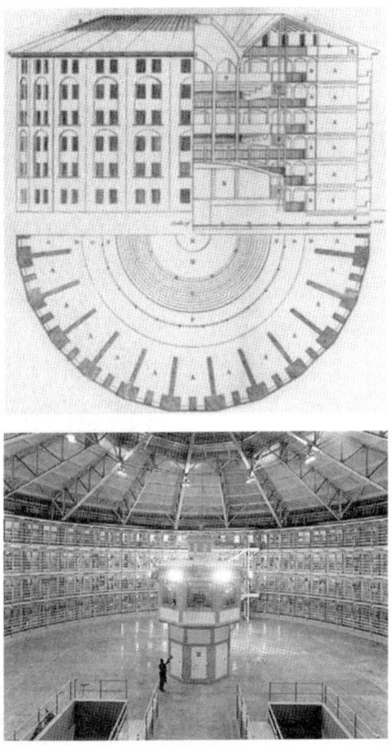

그림 3-37 | 중앙의 감시탑이 주변의 죄수들을 감시하는 감옥의 건축공간, 파놉티콘(Penopticon)

이와 같이 관찰자가 작품 속에 들어갈 수 있는 또 다른 예술 장르로 의상디자인이 있는데, 이 경우 공간경험과 달리 옷을 입는 순간 감상자의 위치에서 벗어나 타인으로부터 감상을 당하는 위치에 서게 된다. – 패션모델과 같은 원리. 물론 거울을 사용할 경우 옷을 입는 경험을 하는 동시에 작품을 감상할 수도 있지만 일상적으로 옷을 입는 경험과 옷을 감상하는 경험은 다르기에 공간경험과 다르게 분류된다.

네 번째 특징은 예술에 굳이 관심이 없는 사람일지라도 건물을 이용함으로써 그 미학을 경험하게 되는 반강제성이다. 미학적 경험이 강제로 가능한 것인가에 대한 의문을 가질 수 있는데 반복적인 체험은 일종의 학습을 유발하며 미학 역시 자주 접함으로써 새로운 관점을 갖도록 해준다. 이러한 공간으로서 공공건축물이 대표적이며 이는 건축공간의 파급력을 암시한다. 인구의 대부분이 도시화된 장소에 사는 오늘날, 우리의 일상은 건축공간을 배경으로 전개되며 이러한 물리적 환경은 우리의 행동방식에 영향을 미치고 나아가 심리적인 사고방식에도 영향을 준다. 이러한 극단적인 공간유형으로 감옥을 들 수 있는데, 감옥은 사람의 행동범위에 건축적인 제약을 가함으로써 물리적, 심리적 고통을 자아낸다. 이 경우 건축공간은 미학적 범위를 크게 벗어나 수용자의 삶을 압도하는 주체가 된다.

다섯 번째 특징은 상대성이다. 건축물을 경험하는 사람의 물리적, 심리적 관점에 따라 그 결과가 다를 수 있다. 가령 위에 예로 든 감옥이란 공간에 대해 죄수를 감독하는 간수나 일반 방문객들에겐 미학적으로 느껴질 수 있는 반면 수용된 죄수들에겐 삶을 옥죄이는 구속으로 경험된다.

그림 3-38 | 영화 라쇼몽의 극중인물들

관점 차이에 따라 최종적인 경험이 달라지는 상황을 그린 예로 구로자와 아키라 감독의 영화 "라쇼몽"을 들 수 있는데, 영화의 주된 내용은 한 사무라이의 살해사건을 두고 벌이는 4인의 법정증언으로 구성되며, 4명 모두 진지하게 사실을 고백하는 듯하나 관점 또는 입장의 차이 때문인지 제각각 완전히 다른 이야기를 늘어놓는 상황을 연출하였다. 이야기를 소재로 한 영화이기에 관점의 대상이 건축공간이 아닌 하나의 사건이지만 관점 차이에 의한 경험의 이질감은 공간경험과 동일하다.

위에 설명된 공간경험의 특징들을 정리하면 아래와 같다.

- 시간성
- 운동성
- 예속성
- 반강제성
- 상대성

3-2-4 의도된 경험

건축공간에 대한 미학적 경험은 상당부분 건축가가 의도한 것이다. 건축가가 다양한 건축공간에 대한 경험 및 학습을 통해 건축미학을 익히는 이유는 작가로서 자신이 설계할 공간이 다른 사람들에게 어떻게 느껴질지 미리 알아야 하기 때문이다. 하지만 건물이 지어지기 전까지 공간의 경험은 건축가의 머릿속에만 존재할 뿐 건축설계일을 맡길 건축주나 건물을 지을 시공업자는 다양한 표현매체를 통해 간접적으로 그 느낌을 전달받을 수밖에 없다. 건축주에게는 설계 초기에 자신이 구상하는 공간의 느낌을 가급적 현실의 느낌과 유사하게 표현하여 이해를 돕고, 설계를 도울 다른 분야의 전문가들이나 건물을 지을 시공업자에게는 그들이 이해하는 기호표현방식에 맞추어 도면과 문서를 제작, 정보를 전달한다. 이를 위해 현대의 건축가들은 여러 가지 매체를 활용하는데 평입단면도가 가장 오래된 전통을 갖고 있다. 평입단면도는 공간형태에 관한 정보를 추상적 기호로 평면화한 것으로 접하는 사람이 대등한 수준의 기호 해독력을 갖추어야만 정보가 정확하게 전달되기에 흔히 전문가들 간의 의사소통에 활용된다. 이러한 평입단면도는 3차원 공간을 2차원적으로 추상화하기에 입체적인 형태나 구성을 표현하는데 한계가 있으며 도면이 묘사하는 공간을 이해하는데도 상당한 시간이 소요된다. 이러한 한계를 극복하기 위해 발명된 것이 투시도와 엑소노메트릭이다. 먼저, 투시도는 기원전 5세기경 고대 그리스의 연극무대 배경에 처음 사용되었는데, 우리의 시각과 유사하게 시점거리에 따라 물체의 크기가 왜곡되는 법칙을 적용하였다. 따라서 투시도를 통해 공간을 상상하기는 쉬우나 대상물의 크기가 왜곡되어 객관적인 정보를 담아내지는 못한다. 이에 반해 중세 중국을 중심으로 한 동양화에서 기원한 엑소노메트릭은 평입단면도처럼 시점거리에 따른 왜곡 없이 입체적인 형태 묘사가 가능하여 치수와 같이 객관적인 정보를 담아낸다.

그림 3-39 | 투시도작도법을 묘사한 알베르트 뒤러(Albert Durer)의 1525년 작품

그림 3-40 | 18세기 궁궐도 일부

컴퓨터의 그래픽 기능이 실용적으로 활용 가능한 수준에 이른 90년대 후반에는 투시도, 엑소노와 같은 입체형태의 묘사와 더불어 실사와 유사한 재질, 명암의 표현이 가능한 이른바 가상공간이 탄생한다. 가상현실로까지 불리는 이러한 첨단매체 속의 공간은 시지각적 느낌이 현실과 매우 유사하지만 아직까지 인간의 다양한 감각을 복합적으로 충족시키지 못하고 시시각각 변하는 현실세계의 미묘함을 반영하지 못한다. 건축공간에 대한 실제 경험은 관찰자의 심리적, 신체적 상태와 시점의 이동에 따라 변하고 자연채광, 기온, 기후 등 공간을 둘러싼 조건 역시 쉼 없이 변한

다. 따라서 공간에 대한 경험은 어떠한 매체로도 직접적인 전달이 불가능하며 물리적 조건 외에도 경험자의 문화적, 사회적 배경 등을 충분히 고려해야만 어느 정도 예측이 가능하다. 이를 위해서는 공간 자체에 대한 오랜 관찰과 숙련이 필요하다.

그림 3-41 | 방글라데시 국회의 공간, 루이스 칸(Louis I. Kahn), 1962.

건축설계에 있어 공간경험의 중요성이 잘 나타난 예로 나이 50대에 들어 수작을 남기기 시작했던 미국의 건축가 루이스 칸(Louis I. Kahn)을 들 수 있다. 50대 이전에도 꾸준히 실무를 하였지만 자신만의 스타일이 없었던 그는 그간의 축적된 경험을 바탕으로 1950년대 초 한동안 로마에 머무는 동안 독특한 스타일을 발견했다. 건축교육상 고전건축을 기본으로 근대건축을 습득하였고 로마의 유적을 통해 통시적인 건축공간의 원리를 발견한 그는 간단한 기하학이 주를 이루는 형태의 도면을 그렸다. 이는 오늘날 컴퓨터에 의존해 만들어지는 복잡한 형태와 매우 대조적이지만 실제 공간의 경험에 있어서는 사람들로 하여금 반대되는 느낌을 받게 한다. 즉, 칸의 건축공간은 현실의 빛, 공간에 대한 그의 숙련된 경험이 작용된 결과 결코 단순하지 않고 깊이가 매우 풍부한 경험을 가능하게 한다.

3-2-5 사건과 건축

우리 삶과 사건의 상당부분은 건축공간을 배경으로 전개되고 직간접적인 공간경험을 유발한다. 사건은 시간의 흐름 속으로 점차 멀어지기에 사람들은 자신의 의식을 형성하는 중요한 사건들을 어떠한 형식으로든 기억하려 한다. 건축공간은 일반적으로 사건발생 시 수동적인 배경으로 존재하나 물리적으로 잘 보존되었을 경우 훗날 사건을 기억, 기념하는 데 가장 효과적인 도구가 된다. 왜냐하면 비록 다른 시간의 흐름 속이지만 광선, 시간 등의 조건이 맞는다면 과거와 유사한 공간 경험을 체험할 수 있기 때문이다.

일상에 내재된 건축공간의 반복적 경험은 사람의 미학적 가치관에 큰 영향을 미치며 건축공간의 규모에 따라 사회적 파급효과가 무척 확대되기도 한다. 앞서 예를 든 파리의 에펠탑이 처음 완공되었을 때, 기존 파리시의 낮고 평활한 풍경에 익숙하였던 예술가들은 에펠탑의 생소한 재료, 구조방식 그리고 수직적 형태가 자신들의 미학적 가치관에 부적합하다고 생각했다. 건물의 규모가 거대하여 도시 전체에서 조망이 가능해 파급효과 역시 컸으며 그러한 건축물의 출현 자체가 하나의 사건이 되었다. 이러한 혁신적인 건축공간을 경험하러 사람들이 파리시로 모여들었고 맘에 들던 들지 않던 사람들로 하여금 파리를 떠올리게 하는 명물이 되어 수많은 사건의 배경으로서 집단의 기억에 남았다. 이처럼 건축공간은 그 탄생 자체가 사건이 되기도 한다.

건축물의 마지막 역시 사건과 밀접할 수 있다. 대부분 건축물은 수명이 다할 경우 철거되지만 역사적·상징적 의미가 크면 보수, 유지된다. 반면 역사적 사건을 상징하기 위해 보존된 건축물이 후대에 그 사건에 대한 정치적 해석이 크게 바뀜에 따라 상징적 의미의 철거를 당하기도 한다. 예를 들어 2010년 1월 현재 복원 중인 광화문 자리엔 1995년 철거된 일제시대의 중앙총독부 건물이 있었다.

그림 3-42 | 해방 직후의 조선총독부 건물

일제는 1913년 조선 장악을 기념하고 본격적인 통치를 목적으로 경복궁의 대문인 광화문을 허물고 돔을 포함해 약 10층 높이인 서양고전주의를 본뜬 총독부 건물을 짓는다. 이 건물은 해방 후 미 군정이 정부청사로 사용함에 따라 바로 철거되지 않았고 연이어 정부청사로 쓰이다가 김영삼 대통령의 문민정부시절 해방 50주년을 기념해 상징적 의미의 철거를 당하였다. 이 경우 건물매스를 없애 공간을 재사용하려는 실용적 목적보다 건물이 지닌 상징적 의미를 지우려는데 목적을 둔 것으로, 철거라는 사건 자체를 기념하기 위해 돔의 첨탑부위가 독립기념관에 보관되었다.

3-3 공간예술과 건축

3-3-1 예술개념과 분류

예술이 인간의 창조적 활동에 따른 미적 가치 표현체를 형성시키는 영역에 해당된다는 사실로부터 예술 창조의 영역에는 근원적인 체계가 존재하며, 그에 따른 다양한 양상의 예술대상이 존재한다는 것을 파악할 수 있다. 예술대상의 영역에서 일반적 의미의 조형예술로 정의되는 회화나 조각, 공예, 건축에는 그 존재양식으로 공간이 매체로서 작용하고 있음은 이미 잘 알려진 사실이다. 따라서 건축이 속한 예술의 어원으로부터 미학의 전개에 이르는 개념과정이 본질적으로 필요할 것이다.

(1) 예술(art)의 어원

예술의 어원은 기술과 예술을 모두 의미하는 기예(技藝)의 라틴어 '아르스(ars)'로부터 유래하며, 이것은 그리스어인 테크네(technê)의 번역어이다. 천재, 능숙함, 또는 기술과 유사한 의미를 지니며 자연이나 과학과는 반대적 의미로 해석된다. 한편으로는 기예가 자연에 무엇인가를 첨부하거나 대체한다는 점에서 인위적이라는 경멸의 의미로 사용되기도 했다.

(2) 예술개념의 전개

고대에는 기예가 완전히 결정되어 있지 않은 사물의 운동에 개입하여 형상을 창조해 내기 때문에 장인이나 예술가로 하여금 자연의 경쟁자가 되게 한다고 했으며, 따라서 예술이 기술의 유용성과 밀접한 관계를 가진다고 했다. 이를 바탕으로 규정된 개념에는 테크네 이외에도 포이에시스(poiesis), 미메시스(mimesis)가 있는데, 각각 예술의 근대적 구성요소인 기술(技術), 창조(創造), 재현(再現)에 해당하는 개념이다.[11] 즉, 미는 선

11) 그리스어인 '테크네(technê)'는 기술과 예술을 함께 뜻하는데 현재의 예술 개념에 비해 광범위하게 사용되었다. 넓은 의미로 craft라는 '기술 일반'을 뜻하는 말이 테크네인 것에 비해 '포이에시스(poiesis)'는 시를 의미하는 포에시스(poésis)의 원어로서, 현재의 예술 개념이 가지는 '창조'에 해당하는데, 여기에는 음악, 시, 무용을 포함하는 '무시케(Musike)'라는 개념이 속해있

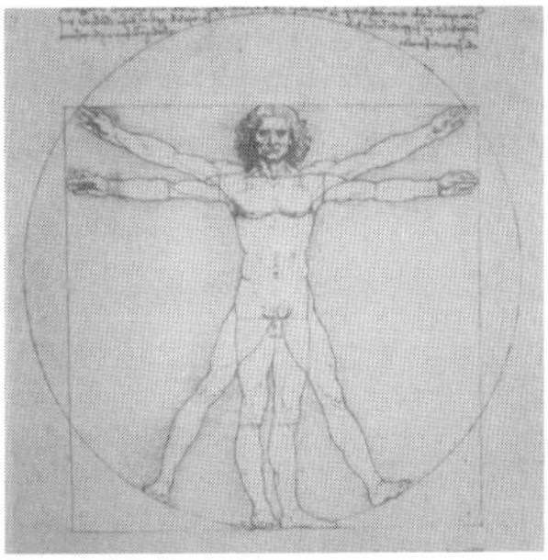

그림 3-43 | 레오나르도 다 빈치의 비트루비우스 인체비례도

과 동일한 것이며 실용적인 기능을 만족하는 것이었다.

실용성에 관한 소크라테스(Socrates)와 크세노폰(Xenophon)의 미 개념은 플라톤(Platon)이 창조적 능력으로서의 절대자를 미의 척도로 간주함으로써 미적 가치에 대한 보다 포괄적인 평가를 이루었으며, 유용과 기능에 대한 고대의 비례론, 즉 비트루비우스(M. Vitruvius Pollio)의 symmetria 이론이 고대 로마시대까지 이어졌다.

중세에는 아르스의 개념을 발전시켜 문법, 수사, 변증법, 산수, 기하, 천문과 음악 등 7가지의 학문으로 인식된 '자유학예(自由學藝, artes liberales)'[12]의 확립을 이루었다.

그리고 15세기를 전후로 예술의 르네상스와 함께 16세기의 종교개혁, 17, 8세기의 자연과학과 철학의 발전을 배경으로 한 근세에는 예술 자체의 권위 회복을 목적으로 예술을 학문과 같은 높은 위치로 간주하였다.

그러나 예술의 본질 개념으로서 미를 자체적 의미로 평가하게 된 것은, 바또(C. Batteux)가 '예술(beaux arts)'이라는 용어를 만들어낸 1747년부터 시작되었다. 17~18세기의 대체계(大體系)의 시대에도 미나 예술에 대한 깊은 연구가 거의 없었는데[13], 라이프니츠(G. W. Leibniz)와 볼프(C. Wolff)를 거쳐 이성에 의해 파악되지 않는 이데아(Idea)의 존재를 인정하면서부터 미나 예술에 대한 학문적 체계를 갖춘 미학(Aesthetics)이 바움가르텐(A. G. Baumgarten)에 의하여 철학의 한 분야로서 탄생하게 된다. 자신의 저서 〈Aesthetica〉, 즉 미학이라는 용어의 사용은 '감성적 인식(感性的 認識)의 학'이라는 의미[14]로서 사용된 그리스어에 어원을 둔 것인데, 이것이 바로 예술과 미에 대한 사상에 있어

다. 그리고 예술의 기본원리로서 모방적 재현을 의미하는 '미메시스'에 의해서 모든 예술이 결합되었다.

12) 마르티아누스 카펠라(M. Capella)에 의해 자유학예는 문법, 수사, 변증법, 산수, 기하, 천문과 음악 등 7가지의 학문을 포괄한 개념으로 인식하였다.

13) 井上充夫, 建築美論, 임영배·신태양 역, 초판, 도서출판국제, 서울, 1994, pp.60~63

14) 그는 미학을 자유예술의 이론, 저급한 인식의 형이상학, 아름다운 사색의 기술, 擬似理性의 기술로 정의하면서, 특히 볼프의 지식철학(Verstandesphilosophie)에서 규정한 고급인식 능력인 논리적 완전성으로서의 '지식'에 대응하는 것으로 저급인식 능력인 감성적 완전성으로서의 '미'로 정의하였다

서 미학의 독립을 의미하는 최초의 대사건이 되었다.

이로부터 예술적 아름다움에 대한 이론적 연구를 의미하는 미학이, 인간의 미적 태도에 대한 일반적 원리를 연구하여 세계의 미적 본성을 파악하고, 그에 따라 미석 파악으로서의 예술이 내포하는 발전과 사회적 역할에 대한 본질과 법칙을 명확히 밝히는 학문으로 인식되었다.

이와 같은 과정을 통해서 예술이 내포하는 미의 개념과 그 가치 내지는 역할에 관한 학문적 영역으로 예술을 인식하는 계기가 성립된 것이다.

(3) 예술개념의 가치영역

고대의 예술개념이 의미하게 되는 가치로 '선(善)'을 들 수 있는데, 도덕이나 정치를 사고의 중심과제로 삼았던 당시에는 인간의 목적을 도덕적인 선의 실현으로 간주하였기 때문에, 예술적 개념의 미 또한 교훈적이고 도덕적이라고 보았다. 따라서 고대의 미는 선과 동일한 개념이며 실용적인 기능을 만족하는 것으로 해석되었다.

중세의 미에 대한 예술개념은 '신(神)'과 동일한 가치로서 간주되어, 모든 사고의 중심과제가 기독교의 신을 바탕으로 평가되어진 당시의 미적 상황에 따르게 되었다. 예술은 신앙을 방해하는 것으로 간주되어서 외면되기도 했지만, 자연물의 미는 신이 창조한 것이므로 무조건 존중되기도 했다. 따라서 중세의 미는 신과 동일한 개념이며 자연의 사상에 따르는 기하학은 높은 평가를 받았다.

그리고 근세 초기에는 사고의 중심과제로 평가한 자연과학이 발전함에 따라 미에 대한 예술의 개념이 '진리(眞理)'로 간주되어 하나의 학문적 개념으로 예술이 평가되었다.

이와 같이 미와 예술의 개념은 근세 초기까지도 최고가치인 선이나 신, 진리에 종속된 가치영역으로서만 존재하였기 때문에 예술가조차도 종속된 가치로 해석되었다.

그러나 미에 대한 이러한 근세의 종속된 가치영역에 대해 비판주의적 입장을 제시한 사람은 칸트(I. Kant)였다. 그는 인식론과 논리학을 바탕으로 한 통합적 저서인 〈판단력 비판(1790)〉을 통해 미에 대한 판단력이 과학이나 도덕을 비판하는 능력과는 다른, 즉 진·선·미가 각각의 독립된 별개의 가치영역으로 존재한다는 것을 피력함으로써 예술의 자율성을 확립하였다.

이후 미적인 예술의 사고 확립이 이루어져서 예술의 자기목적적 자율성을 갖는 예술개념이 하나의 미학으로 성립할 수 있는 계기가 마련된 것이다.

표 3-1 ● 예술개념의 시대별 가치영역

<table>
<tr><th>시대
구분</th><th>사고의
중심</th><th>미의 해석</th><th>미와 예술의 개념</th><th>미의
가치영역</th></tr>
<tr><td rowspan="2">고대</td><td rowspan="2">도덕,
정치</td><td rowspan="2">선, 유용</td><td>기술(창조, 재현)</td><td rowspan="5">예술의 종속적
가치영역
(이성적 판단)</td></tr>
<tr><td>technê(poiesis, mimesis)</td></tr>
<tr><td rowspan="2">중세</td><td rowspan="2">기독교</td><td rowspan="2">신, 자연 기하학</td><td>학문</td></tr>
<tr><td>자유학예</td></tr>
<tr><td rowspan="2">근세</td><td rowspan="2">자연과학</td><td>진리, 이성,
자연법칙</td><td>학문</td></tr>
<tr><td>미</td><td>예술</td><td>예술의 자율적
가치영역
(감성적 인식)</td></tr>
</table>

(4) 미학의 형성과 발전

미나 예술에 대한 이론적 반성 그 자체는 고대 그리스에서부터 시작되었으며, 일반적으로는 미학의 시조를 플라톤과 아리스토텔레스로 보고 있다. 그러나 철학의 한 분야로서 탄생한 미학은 18세기 중반 이후 칸트의 비판주의적 입장에 의해 보다 명확한 기초를 갖추게 되고, 특히 헤겔은 미학을 사회사학과 연결하여 '미학사가(aesthetican-historian)'라는 독특한 명칭을 만들기도 했다.[15]

이후 하르트만에 이르기까지는 독일 관념론을 중심으로 발전했으며, 헤르바르트의 실존론적 미학, 영국 흄버크의 경험주의적 미학, 프랑스 디

15) Van de Ven, Cornelis, Space in Architecture, 건축공간론, 정진원·고성룡, 초판, 기문당, 1988, pp.9~10

드로의 계몽주의적 미학이 각기 그 나름대로 독자적인 주장을 펼쳤다.

19세기에는 경험과학의 발달로 독일의 페히너(G. Th. Fechner)에 의해서 전통적인 관념론적 미학의 주관적 사고보다는 객관적 기록에 의한 미적 현상이 연구되었다. 이에 따라 기존의 '위로부터의 미학(Ästhetik von Oben)'이라는 철학적 방법론과 새로운 '아래로부터의 미학(Ästhetik von Ungen)'이라는 과학적 방법론 간의 대립이 생기기도 했다.

러시아에서는 벨린스키, 헤르첸 등에 의해 사회적 연관성을 갖는 투쟁적 미학이나 마르크스주의적 미학에 따라 예술을 포함한 현실에 대한 인간의 미적 태도를 일반적 원리로 연구하였다.

표 3-2 • 근대와 현대의 미학 경향 분류

	미학분류	연구방법	미학가
근대 미학	형식미학	미적 대상의 형식적 측면 고찰	피들러, 헤르바르트, 침머만, 차이징
	내용미학	미적 대상의 내용적 측면 고찰	헤겔, 셸링, 짐멜, 립스
현대 미학	상징미학	미적 대상의 존재양태를 층구조로 고찰 (실재적 전경 / 비실재적 후경)	하르트만
		층구조의 상관 고찰 (물리적, 현상적, 사물적, 초월적 층)	수리오
		미적 대상의 존재양태를 현상학, 실존주의로 고찰	후설, 하이데거

미학에서 미적 대상의 구성계기인 소재, 형식, 내용에 대응한 연구는 각각 감각미학, 형식미학, 내용미학으로 분류되기도 하며, 또 그 의미의 상징성에 따라 상징미학이 추가되기도 한다.

이러한 분류를 바탕으로 미적 대상에 대한 근대와 현대미학의 경향을 살펴보면, 근대미학의 분류양상은 피들러(K. Fiedler), 헤르바르트, 침머만, 차이징(A. Zeising) 등으로 대표되는 형식적 측면을 고찰하는 '형식미학'과 헤겔(G. W. F. Hegel), 셸링(F. W. J. von Schelling), 짐멜(G. Simmel), 립스(Th. Lipps) 등으로 대표되는 내용적 측면을 고찰하는 '내용미학'으로 나눌 수 있다.

반면 현대미학의 양상은 하르트만(N. Hartmann)이나 수리오, 뒤프렌, 하이데거(M. Heidegger), 카인츠, 파노프스키(E. Panofsky) 등이 미적 대상을 존재양식이나 작품구조의 측면에서 현상적 존재를 고찰하는 '상징미학'의 경향이 지배적이다. 하르트만은 예술작품의 구조를 그 존재양태에 따라 '실재적인 전경'과 '비실재적인 후경'이라는 층구조로 파악하였으며, 수리오는 예술작품을 '물질적', '현상적', '사물적' 그리고 '초월적'인 각 층간의 상호적 관계로 파악했다.

특히 현대미학에서 철학적 미학으로서의 주요 연구방법에 따른 존재론적 미학은 미적 대상의 구조나 존재성격을 분석 해명하는 것을 목적으로 후설(E. Husserl)의 '상상 자체에로(Zu deu Sachen)'라는 현상학과 형태심리학에 바탕을 두고, 하이데거(M. Heidegger)의 존재론이나 실존주의와 연결되어 실존주의적 현상학 또는 존재론적 실존주의라는 혼합된 철학적 미학이 생겨나게 되었다.[16]

이와 같은 미학적 경향을 분류를 통해서 근대의 이성적이고 합리적 미학의 양상이 현대로 오면서, 미적 대상을 과학적으로 분석된 경험적 특수성으로는 설명이 어려워짐에 따라 사회적 존재나 인간생활에 대하여 미적 의식 및 예술의 관계를 실존주의적 현상학에 근거한 존재론으로 고찰하여 미와 예술의 본질과 법칙을 파악하려는 양상으로 변화하였음을 추론할 수 있다.

(5) 미학의 분류

미학을 분류하면 일반적으로 몇 가지의 기본적인 이원대립(duality)이 존재한다.[17] 그것은 미적 본위나 개념, 포착장소, 대상, 또는 의식작용에 따라 각각 대립항으로서 존재한다.

---

16) Beardsley, Monroe C., Aesthetica, 미학, 이성훈·안원혁, 초판, 이론과 실천, 1987, pp. 434~443

17) 木幡順三, 美と藝術の論理-美學入門, 1980, 미와 예술의 논리, 강손근, 초판, 집문당, 1995, pp.25~28

1) 객관적 미학과 주관적 미학

플라톤으로부터 독일 관념론에 이르는 형이상학적 미학이 미의 이데아나 절대적 정신을 상정하고 있다는 점에서 객관주의로 볼 수 있는 반면, 미를 심리적 사실로 간주하여 학문적 체계를 갖추고 있다는 점에서는 미학은 주관주의라고 할 수 있다. 미를 주관적 경험에 따라 이론적으로 추구해 가는 미학은, 따라서 일종의 학문적 객관성이 성립되어야 하기 때문에 주관과 객관의 대립성보다는 주관과 객관의 상관성에 집중해야 할 것이다.

2) 형식미학과 내용미학

객관주의 미학은 미적 대상의 형식과 내용에 대한 이론적 파악이다. 형식과 내용은 반드시 항상 사물의 형태와 재료를 의미하고 있지는 않다. 비사물적인 상태나 관념으로 되면, 그 형식과 내용을 구별하여 규정하는 것은 어려운 일이다. 따라서 대립관계보다는 상관관계로서 형식과 내용을 파악해야 한다.

3) 직관미학과 감성미학

주관주의 미학은 미를 파악하는 의식작용에 따라 능동적인 직관작용을 중시하는 것과 수동적인 감정작용을 중시하는 것으로 대별된다. 근본적으로, 아름다움은 인간에게 직관의 대상임과 동시에 감정을 통하여 경험되는되는 대상인 것이다.

플라톤이나 플로티노스(Plotinos)는 미적 이데아의 직관을 강조했기 때문에 직관주의 미학의 선구적 형태를 나타냈다고 말할 수 있지만, 근세 이후 뒤보스(Jean-Baptiste Dubos)나 영국 경험론의 흄과 버크는 감정미학을 주장하였다. 이후 독일 낭만주의 사조로부터 파생된 '감정이입 미학'은 근대의 감정미학을 심리학적 미학으로부터 집대성한 느낌이 있다. 그러나 이 둘은 양자를 단순히 대립항으로 보지 않고 상관항으로 고찰해야 한다.

4) 가치미학과 효과미학

근대미학의 특징은 심리학적 방법으로 미의식을 연구하는 것으로, 이것은 주관적 경험에 대응하여 인식론적 조건을 분명히 하여 미적 가치를 파악하려는 것이다.[18] 이에 따라 심리학의 수준을 넘어선 초월론적 수준에서 20세기 초반 '신칸트주의'의 가치철학은 미학에 있어서 오로지 미적 가치의 자율성(autonomie)을 해명하는 것이었다.

이와 같이 미의식을 심리학적으로 파악하면, 미는 대상으로부터 발생하는 심리적 효과에 해당되는 것이며, 미의식을 인식비판으로 파악하며, 선험논리에 따른 미적 가치에 해당되는 것이다. 따라서 미학도 미의식에 내재하는 효과를 기술하는 효과미학과 미의식을 초월론적으로 제약하는 가치를 규범화하려는 가치미학으로 구분된다.

표 3-3 • 미학의 분류

분류기준	분류	기본개념	내용 및 미학사가
미적 본위	이데아 본위의 미학	고대, 중세의 미학	–
	감성적 본위의 미학	근대미학	–
미적 개념	미의 학	플라톤	자연미
	예술의 학	아리스토텔레스	예술미
미적 포착장소	객관적 미학	플라톤으로부터 독일 관념론에 이르는 형이상학적 미학	미의 이데아나 절대적 정신의 상징
	주관적 미학	심리학적 미학	인식자의 심적 사실에 대한 주관적인 경험
미적 대상	형식미학	미적 형식 및 구성원리와의 관계	피들러, 헤르바르트, 침머만, 차이징
	내용미학	미적 내용적 측면에 관계	헤겔, 셸링, 짐멜, 립스
미적 의식작용	직관미학	의식의 능동성	플라톤, 플로티노스
	감성미학	의식의 수동성	뒤보스, 버크, 코헨

18) 칸트는 '비판주의(Kritizismus)'를 통해 18세기 영국의 '경험주의'에 대한 '경험'의 가능성에 문제를 제기하여, 미의식에 대해서도 아 프리오리(a priori)한 성립 가능성을 구명하였다. 칸트 미학의 근본문제가 미적 가치가 실현되기 위한 인식론적 조건을 분명하게 하여 선험적 직관을 통한 초월적으로 전개되는 것에 있다는 것이다.

(6) 예술체계의 분류

예술체계에 대한 분류는 예술 창조의 근원에 관한 문제로, 그 근원의 규정에 따라 상상력이나 유희충동, 모방충동, 표출충동 등 여러 가지로 분류되기 때문에 단지 하나의 원리로 규정되는 것에는 무리가 있다. 그러나 예술체계에 대한 분류는 그 관점에 따라 여러 가지로 정의되지만, 일반적으로 파악할 수 있는 3가지 분류를 규정하면 다음과 같다.

예술을 미적 목적성에 따라 분류하면, 미적 이외의 실제적인 목적에 의해 제약되어 일정한 사용목적에 부합되는 응용예술과 실제적인 목적을 갖지 않은 순수예술로 나뉜다. 이러한 분류에 따라 건축, 공예품 등과 같이 실용적 목적을 위한 응용예술 또는 효용예술, 목적예술, 기반예술과 문예, 회화, 조각, 음악, 연극 등과 같이 자신의 감상을 위해서만 존재하는 자유예술 혹은 순수예술로 나누었다.

그리고 예술을 미적 현실성에 따라 분류하면, 예술의 존재형식이 표현하고자 하는 바에 따라 현실의 사물이나 현상을 재현적으로 묘사하는 구상예술과 현실의 재현과는 관계없는 시각적·청각적 순수형식을 본질로 비구상적으로 묘사하는 추상예술로 정의된다. 카인츠(F. Kainz)는 사물적 예술과 비사물적 예술로 설명하기도 했다. 즉, 회화, 조각, 문예, 연극, 영화 등은 구상예술이고 건축, 공예, 장식예술, 음악 등은 추상예술이다. 이 분류방식은 예술의 모든 장르를 확실하게 분류할 수는 없어도 예술의 기본적인 두 가지 모습을 파악하기에는 유효한 분류이다.

그러나 가장 논의의 대상으로 간주되는 분류체계로는 예술의 감각적 대상의 순수직관 형식에 따라 분류하는 체계가 있다. 이 체계는 예술이 시간과 공간에 의해 규정되는 감각적 대상을 필요로 하기 때문에 예술현상이 시간과 공간에 의해 질서 지워진다는 관점이다. 이에 따라서 대상이 현실 공간에서 성립하는 회화, 조각, 건축, 공예와 같은 예술을 공간예술로, 시간 속에 성립하는 음악, 문예는 같은 예술을 시간예술로 규정된다.

이외에도 연극, 영화, 무용 등은 현실의 시간상에서 전개될 뿐만 아니라 동시에 현실 공간을 가지기 때문에 '시공간 예술'로 규정하였다.

이러한 예술체계의 3분류 중에서 감각적 대상의 순수직관 형식에 따른 공간예술과 시간예술의 분류는 매우 타당하고 실용가치가 높은 기준으로 평가된다. 그것은 예술체계가 공간과 시간이라는 현실적 존재형식에 근거하고 있기 때문이다.

그러나 시간예술에 비해 예술의 실제적 형식 대상으로서 공간에 존재하게 되는 공간예술은 예술의 현실성과 미적 형식성 사이에 성립되는 조형예술적 본질 가치에 있어서 중요한 의미를 가지게 된다.

특히, 공간예술체계에 있어서도 회화의 공간이 특수한 의미를 가진 일종의 가상적 입체형식을 표현하고 조각의 공간이 물질영역의 재료적 입체형식을 부각시키는 것에 반해서, 건축의 공간은 인간생활의 본질적 영역이라는 현실성과 이로부터 분리되지 않으면 안 되는 예술의 미적 형식성을 모두 포함하는 예술형식 대상이라는 측면에서 매우 특수한 공간예술로 규정된다. 따라서 예술의 형식개념에 대한 공간예술 형성에 가장 중요한 의미를 가지는 것은 무엇보다도 건축이라고 정의할 수 있는 것이다.

표 3-4 • 감각대상에 따른 예술의 분류

<table>
<tr><td rowspan="2"></td><td colspan="2">공간예술</td><td rowspan="2">시간예술</td><td rowspan="2">시공간 예술</td></tr>
<tr><td>3차원</td><td>2차원</td></tr>
<tr><td>사물적
예술</td><td>조각</td><td>회화</td><td>시
문예</td><td>펜터마임</td></tr>
<tr><td>비사물적
예술</td><td>建築
공예</td><td>평면장식</td><td>음악
오페라
발레</td><td>무용</td></tr>
<tr><td rowspan="2"></td><td colspan="2" rowspan="2">조형예술</td><td>율동예술(狹義)</td><td>운동예술</td></tr>
<tr><td colspan="2">율동예술(廣義)</td></tr>
</table>

이와 같은 분류는 예술체계가 공간과 시간이라는 현실계의 존재형식에 근거하고 있기 때문에 매우 타당한 분류로 평가된다. 특히, 예술의 실제적 형식대상으로서 공간에 존재하게 되는 공간예술은, 예술의 현실성과 미적 형식성 사이에 성립되는 조형예술적 본질 가치에 있어서 미적 현실성의 구현이라는 중요한 의미를 가지게 된다.

건축의 공간은 인간생활의 본질적 영역이라는 현실성과 이로부터 분리되지 않으면 안 되는 예술의 미적 형식성을 모두 포함하는 예술형식 대상이라는 측면에서 매우 특수한 공간예술로 규정된다.

특히, 공간개념에 대해서는 건축이 가장 적절한 조형예술에 해당된다. 2차원의 평면성을 갖는 회화나 3차원의 입체성을 갖는 조각과 달리, 건축은 시간성의 흐름을 공간 내에서 지각 가능하게 하는 4차원의 표현분야이기 때문에 공간개념은 건축만의 독특한 영역이 되는 것이다.

따라서 예술의 체계 분류를 통해서 파악되는 공간 형성에 가장 중요한 예술분야는 바로 건축인 것이다.

3-3-2 건축과 공간예술

(1) 공간개념과 철학·과학

고대의 철학자들은 공간을 실체적 존재와 관계하는 하나의 과도적 입장에서 해석했다. 서양사상가 중에서 가장 영향력 있는 철학가인 플라톤(Platon)은 공간을 유한한 우주에 있어서 제한된 요소들이 수학적인 비례로 결합된 기하학적 입체구조라고 해석했다.

이것은 우주를 포함한 모든 실체적 물질세계를 수학적인 비례에 따라 부분으로 나누어질 수 있는 유한한 전체라고 간주한 그의 사고에 의한 것으로서, 불, 공기, 물, 흙의 4요소로 구축되어 있는 세계까지도 기하학적 입체구조로 평가하여 만질 수 있는 실체적 물질대상으로 표현한 것이다.

이에 따라서 공기로 간주된 공간은 세계의 다른 모든 물체와 구별되어 만질 수 있는 실체적 물질존재로 해석했다.

이후 아리스토텔레스(Aristoteles)는 장소개념으로 유한한 우주에서의 공간을 해석했다. 즉, 공간이라는 것은 형태나 재료도 없는 물체의 경계에 해당하는 일종의 용기로서 간주한 것이다.

중세에는 신학적인 사고에 따라서 신의 개념을 표현하려는 비물질성의 고딕적 공간이 주요개념이었는데, 스콜라 철학을 바탕으로 한 모든 사고의 중심을 신에 집중한 나머지 공간개념의 발전에는 다른 시대에 비해 다양함이 적었다.

근세의 르네상스 시대에는 자연과학의 진보에 따라 공간의 무한성이 밝혀지면서 철학적 해석에도 커다란 변화가 이루어졌다. 인간을 중심으로 하는 사변적이고 분석적인 공간적 사고가 데카르트(R. Descartes)의 직관적 통찰이나 로크(J. Locke)의 지각적 경험을 통한 공간개념으로 구체화된 것이다.

이후, 선험적 직관의 철학을 바탕으로 미와 예술의 자율적 가치영역을 규정했던 칸트조차 확립시키지 못했던 철학적 사고에 대한 근대적 공간개념은 헤겔(G. W. F. Hegel)이 변증법적 과정을 통해 형이상학적 내용의 표면적인 상징, 즉 내용에 해당하는 '정신'의 집중체인 공간에 의미를 부여함으로써 이루었다.

헤겔의 이러한 변증법적 관념의 배경에는 자연과학의 물리학적 공간에 대한 객관적인 과정이 존재해 있었다. 특히, 뉴턴(I. Newton)은 이원론적인 물리적 공간개념에 따라 정적이며 균질하고 3차원적인 절대적 공간과 그 공간을 측정하는 좌표계로 표현하는 상대적 공간을 분류하면서 절대적 공간에 우위를 두어 고전 물리학의 기초정립과 유클리드 기하학이라는 공간개념의 새로운 변화를 만들었다.

그러나 유클리드기하학이 물리적 공간은 객관적으로 절대적 질서를 표현한다는 사고는 19세기의 비유클리드 기하학과 상대성 이론에 의해 변화를 맞게 되었다. 철학과 신학을 공부한 수학자 리이만(G. F. B. Riemann)의 비유클리트기하학 수립과 패러데이(M. Faraday)나 맥스웰(J. C. Maxwell)에 의한 전자기학 분야의 발견과 같은 과학사상의 변화에 의해 절대적이며 불변하는 공간개념에 근본적 변화를 준 현대적 의미의 상대적 공간개념인 것이다.

그것은 바로 아인슈타인(A. Einstein)의 시간과 공간의 연속체라는 상대성 이론에 근거를 둔 것으로, 현대의 과학적 공간개념이 공간의 세 가지 차원에 시간이라는 차원을 포함하는 제 4차원의 상대적 영역으로 해석되어야 함을 보여주는 것이었다.

(2) 공간개념과 예술이론

예술이론으로서 공간개념이 부각된 것은 19세기에 셰링(F. W. J. Schelling) 이후 졸거(K. W. F. Solger)나 부르크하르트(J. Burckhardt) 등과 같은 예술학자에 의해서 가능하게 되었다. 그러나 당시의 예술적 공간개념은 직관적으로만 평가된 과도적 입장에서 해석된 것이었다.

이후, 예술과 미의 현상에 관련시켜 공간개념을 헤겔 철학의 논리적인 진보로서 접근한 유물론적 실천미학의 젬퍼(G. Semper)를 시작으로 많은 예술사가들의 이론적 전개가 이루어졌다. 특히, 공간을 주위환경에 대한 감정의 주입과정으로 정의한 비쉐(F. T. Visher)의 감정이입 개념은 립스(T. Lipps)에 의해 대상과 관찰자 간의 공명을 통한 추상적 도식으로 미학적 공간론을 제안하기도 했다.

그러나 가장 주목할 사실로는 1893년 예술에 관한 미학적 개념으로서 공간개념을 주장한 힐데브란트(A. Hildebrand)와 쉬말소(A. Schmarsow) 이후, 리글(A. Riegl)의 예술의지 이론에 의해서 1901년에 공간개념이 과거의 모든 역사시대에 통용되는 예술적 개념으로서 본격화되었다는 것이다.

예술작품을 공간 표출로서의 형태인 '공간가치' 조형에 대한 순수시각과 동적시각이라는 공간 지각방법으로 정의한 힐데브란트는, 특히 이동시각에 따른 일련의 연속적 이미지로서 3차원적인 인상을 주게 되는 동적 시각개념을 강조했다.

이러한 그의 개념은 공간이 모든 예술작품의 기본임을 강조한 것임과 동시에 조형 이미지에 대한 인식과정에서 시간이란 요소를 도입한 것이는 점에서 19세기 공간개념에 가장 현저한 공헌을 끼친 것으로 평가된다.

또한 쉬말소는 시각만으로 공간을 파악할 수 있다는 이전의 예술론을 비판하여 인간의 실존적 공간을 촉감적 공간, 운동적 공간 그리고 시각적 공간으로 분류하면서, 공간과 시간에 있어서 동시에 발생하기 쉽고 연속적으로 경험하기 쉬운 인간의 모든 감각을 통합시켰다. 이후 공간개념에 예술 의지 개념을 도입한 리글은 촉각에 의한 근거리 시각과 시각에 의한 원거리 시각으로 분류하여 평면을 입체적인 공간으로 해석하는 예술적 진보를 표현했다.

이와 함께 브링크만(A. E. Brinckmann)은 공간과 매스의 상호관입을 통한 미학적 결합이라는 대립개념에 관심을 두었고, 쇠르겔(H. Sörgel)은 효과적 공간개념을 통해서 2차원적 이미지의 평면예술인 회화, 3차원적 볼록매스의 물질예술인 조각, 3차원적 오목공간의 공간예술인 건축을 분류하였다.

또한 뵐플린(H. Wölfflin)의 의인론적 감정이입론과 쉬말소의 공간이론 모두를 취한 프랑클(P. Frankl)은 시각상 형식에 대한 단일성과 다수성과 같은 지각적 대립개념으로 역사적 공간을 해석함으로써, 예술에 대한 자신의 미학적 지각이 무한하게 변화하는 다수의 이미지 형성을 통해 가능하다는 것을 보여주었다.

(3) 공간개념과 건축예술

그림 3-44 | 모더니즘의 공간개념을 다중시점과 동시성이라는 시간-공간의 연관성으로 표현한 피카소 회화작품 Ma Jolie, 1911-12

공간개념을 포함하는 건축이론들은 건축예술의 본질적이고도 중심적인 의미 파악을 위해서 하나의 체계로 작용한다. 건축에 대한 조형적이고 구조적인 평가는 바로 인간을 포함하는 3차원적 표현수단으로서의 공간을 내포하고 있음으로 인해서 건축 고유의 공간적 가치로부터 이루어져야 하는 것이며, 그 공간 안에서 인간은 자신의 감성적인 주관적 판단과 이성적인 객관적 논리를 통해 미적 체험을 하기 때문에 건축이 하나의 예술적 대상으로 성립되는 것이다.

공간은 건축에 있어서 고대 이래로 그 본질개념이 되어 왔지만, 예술적 체계의 대상으로 건축에서 공간개념이 논의되기 시작한 것은 19세기 후반에서야 본격적으로 전개되었다.

당시 공간개념을 건축미학의 총합체로 제시한 유일한 건축가인 젬퍼로부터, 1893년 미학적 개념으로서 동적시각을 통해 건축이 본질적으로 공간을 통한 인간의 운동임을 주장한 힐데브란트나 건축예술이 공간의 창조자라고 정의한 쉬말소, 모든 예술 의지의 목적이 공간임을 1901년 주장한 리글에 이르러, 공간개념이 과거 모든 역사시대에 통용되는 예술적 개념으로서 본격화되어 건축예술에서 공간개념의 효과가 강조되기 시작했다.

스코트(G. Scott)나 브링크만, 쇠르겔, 뤼첼러(H. Lützeler), 크로퍼(P. Klopfer) 이후, 제 3세대 건축이론가로 1921년 최초로 시공간 연속 개념을 건축미학에 표현한 쥬커(P. Zucker)나 근대건축의 공간적 특색을 처음으로 논한 기디온(S. Giedion)에 의한 입체파나 미래파, 데 스틸 미학인 시공 연속체 개념(Space-Time Continuum)에 대한 건축공간개념 정의는 종합예술에서 공간에 대한 건축의 의미와 본질을 부각시켰다.

이후 현대에 이르러서는 건축의 의미를 실체와 실체 사이의 공허한 부분의 공간에 있다고 정의한 라스무센(S. E. Rasmussen)[19]이나 공간이 새로운 시대의 건축개념임을 주장한 겐코(K. Kengo)[20], 현대건축의 의미를 공간에 두고서 접근해야 한다고 한 미야가와 에이지(宮川英二)[21], 건축을 조형하는 인간의 의도가 공간에 있다는 니카무라 요시나미(中村吉浪)[22] 등의 주장은 건축의 본질개념을 공간에서 찾는 것이었다.

또한, 건축적 공간이란 것을 인간의 개인적이고도 공적인 세계에 관한 주제와 관련된 실존적 공간의 구체화라고 정의한 슐츠(C. Norberg-Schulz)가 대표적인 현대의 건축미학자인데, 이상과 같은 다양한 논의의 초점은 무엇보다도 건축예술의 본질해명 문제를 공간개념에 두고 있음을 확인하는 이론들이었다.

3-3-3 건축공간 이론

건축공간의 문제가 건축이론의 주요 테마로 떠오르게 된 것은 19세기 후반 이후로, 이전의 건축이론에서는 고전 원주(order)라는 건축의 실체적 요소에 대한 연구에 주력하였기 때문에 공간의 의미는 무시되거나 축소되었던 것이다. 이러한 흐름 속에서 건축의 공간적 효과를 중시하는 주

19) Rasmussen, Steen Eiler, Experiencing Architecture, 건축예술의 체득-건축 의장론, 윤일주, 초판, 야정문화사, 1970, p.46

20) Kuma Kengo, 新/建築入門, 건축의 흐름, 이창우·이영, 초판, 현대건축사, 1998, p.23

21) 宮川英二, 建築的 空間, 문석창, 초판, 기문당, 1986, p.91

22) 中村吉郎, 건축조형의 기초, 국제편집부, 초판, 도서출판국제, 1986, p.3

장이 나오기 시작한 것은 양식미학적 연구에 있어서 매우 중요한 변화였던 것이다. 공간에 대한 새로운 개념은 두 가지 방법으로 당시 절충주의 양식의 허위성을 벗어나는 시도로 작용하였다.

공간의 기능적 존재에 대한 인식방법과 미학적 인식방법으로서, 공간개념이 건축용기 내부에 있어서의 인간활동을 실현하기 위한 3차원적 확장 의미의 장소라는 방법과 공간개념이 미학에서 이미 수세기에 걸쳐 시도된 미의 정의법에 대한 공식화라는 인식방법을 통해서였다.

이처럼 공간에 대한 두 가지 개념적 논의가 바탕이 되어 건축공간론은 형성되었으며, 건축이론의 핵심내용으로 공간론을 부각시킨 이론가로는 쉬말소를 비롯하여 기디온 그리고 노르베르그 슐츠를 들 수 있다.

(1) 쉬말소

쉬말소(A. Schmarsow)를 대표로 하여 내부공간의 형성에 중점을 둔 공간구성의 건축미학은 건축이 인간생활에 대해 공간적인 환경, 즉 틀(rahmen)을 만드는 것이며 본질적으로는 공간적 형성에 해당하는 것이라고 언급하였다.[23)]

조형예술이라는 건축의 기본적 구성을 인체의 구성에 따라 원리화시킴으로써 좌우방향에는 대칭을, 높이방향에는 비례를, 깊이방향에는 리듬의 원리를 적용하여 동적인 시지각 이론의 바탕을 성립시켰다. 당시는 대부분의 건축가들이 과거의 양식적 어휘를 혼합시키면서 디자인하던 시기였기 때문에 비평가들은 건물을 공간적 환경으로 체험하지 않고 감동적인 형태나 표면의 대상으로 인식하고 있었다.[24)]

건축가는 본래 미적인 반응을 일으키도록 공간을 창조하는 사람이라고 보는 새로운 건축가 상이 이루어진 근대 디자인 원리는 큰 의미로 작용하였다.

---

23) Schmarsow, A., Grundbegriffe der Kunstwissenschaft, 1905, 김수현·정영철, Op. Cit., p.29 재인용

24) Frankl, Paul, Principles of Architectural History, 건축형태의 원리, 김광현, 초판, 기문당, 1997, pp.5~6

표 3-5 • 공간개념에 대한 이론가별 의미 정의

<table>
<tr><th>이론가</th><th>주요저서 및 연도</th><th colspan="2">공간개념의 분류</th><th>공간의 해석</th><th>공간의 의미와 역할</th></tr>
<tr><td>부르크하르트
(J. Burckhardt)</td><td>치체로네, 1855</td><td colspan="2">형식미, 상징미, 구조미의 최상 개념으로의 공간미 거론</td><td>직관적으로 해석된 공간개념</td><td>이탈리아 르네상스 예술을 통해 공간의미 제시</td></tr>
<tr><td>젬퍼
(G. Semper)</td><td>공예적 예술과 건축적 예술에서의 양식 혹은 실천적 미학, 1860~63</td><td colspan="2">유물론적 개념
(목적, 재료, 구조)</td><td>예술현실에 따른 과학적 법칙성을 연구한 실천적 미학</td><td>예술상징에 대한 3차원적 새로운 공간개념</td></tr>
<tr><td>비쉐
(F. T. Visher)</td><td>미학상의 형식문제에 관한 세편의 논문, 1873</td><td colspan="2">공간의 본질은 3차원 환경에 대한 감정의 주입과정</td><td>감정이입 개념</td><td rowspan="2">심미적 관찰에 의한 외부형태의 추상적 공간구조에로만 해석</td></tr>
<tr><td>립스
(T. Lipps)</td><td>미학적 역학, 1906</td><td colspan="2">대상과 관찰자 간의 공명을 통한 도식적인 미학적 공간론</td><td>감정이입된 공간혼 개념</td></tr>
<tr><td rowspan="2">힐데브란트
(A. Hilderbrand)</td><td rowspan="2">조형예술에 있어서의 형식의 문제, 1893</td><td>순수 시각</td><td>원거리상 이미지의 2차원적 평면상</td><td rowspan="2">동적시각을 통한 공간은 모든 예술작품의 기본개념</td><td rowspan="2">19세기 공간개념에 가장 현저하게 영향</td></tr>
<tr><td>동적 시각</td><td>연속적 이미지의 3차원적 조형상</td></tr>
<tr><td rowspan="3">쉬말소
(A. Schmarsow)</td><td rowspan="3">건축적 창조의 본질, 1893~94</td><td>촉감적 공간</td><td>감각적 지각</td><td rowspan="3">건축은 공간의 창조자</td><td rowspan="3">공간예술로서의 건축을 처음으로 제시</td></tr>
<tr><td>운동적 공간</td><td>계시적(繼時的) 지각</td></tr>
<tr><td>시각적 공간</td><td>동시적(同時的) 지각</td></tr>
<tr><td rowspan="3">리글
(A. Riegl)</td><td rowspan="3">말기의 로마공예, 1901</td><td rowspan="2">촉각</td><td>근시적(近視的) 단계</td><td rowspan="3">예술의지 개념</td><td rowspan="3">공간개념은 과거의 모든 역사시대에 통용되는 예술적 개념을 본격화</td></tr>
<tr><td>광각적(光覺的) 단계</td></tr>
<tr><td>시각</td><td>원시적(遠視的) 단계</td></tr>
<tr><td rowspan="3">브링크만
(A.E. Brinckmann)</td><td rowspan="3">광장과 기념비, 1908
조각과 공간, 1922</td><td colspan="2">공간으로 둘러싸인 조각적 매스</td><td rowspan="3">공간과 매스의 상호관입</td><td rowspan="3">공간과 매스의 상호관입을 통한 미학적 결합</td></tr>
<tr><td colspan="2">매스로 둘러싸인 공간</td></tr>
<tr><td colspan="2">매스와 공간의 상호관입</td></tr>
<tr><td rowspan="3">쇠르겔
(H. Sörgel)</td><td rowspan="3">건축미학, 1918</td><td>회화</td><td>2차원적 이미지의 평면예술</td><td rowspan="3">효과적 공간</td><td rowspan="3">감각예술의 본질로서 건축적 공간을 부각</td></tr>
<tr><td>조각</td><td>3차원적 볼록매스의 물질예술</td></tr>
<tr><td>건축</td><td>3차원적 오목공간의 공간예술</td></tr>
<tr><td rowspan="4">프랑클
(P. Frankl)</td><td rowspan="4">근세건축 발전의 여러 단계, 1914</td><td colspan="2">공 간 형 식</td><td rowspan="4">예술에 대한 단일성과 다수성의 지각적 대립개념</td><td rowspan="4">예술형식을 사용하여 역사적 공간해석</td></tr>
<tr><td colspan="2">실 체 형 식</td></tr>
<tr><td colspan="2">시각상 형식</td></tr>
<tr><td colspan="2">목 적 지 향</td></tr>
<tr><td>쥬커
(P. Zucker)</td><td>〈건축에 있어서의 시간개념〉, 1923-24</td><td colspan="2">공간의 촉각적 운동에 대한 시각적 분리의 한계 제시</td><td>연속성의 관점</td><td>시간과 공간개념의 결합을 건축적으로 명백히 한 최초의 건축이론</td></tr>
<tr><td rowspan="3">기디온
(S. Giedion)</td><td rowspan="3">공간, 시간, 건축-새로운 전통의 성장, 1941
건축과 이행현상, 1969</td><td>1단계 공간개념</td><td>입체로서의 건축</td><td rowspan="3">공간과 시간과 건축의 상호관계성</td><td rowspan="3">시공간개념이 상호관입한 연속적이고 동시적인 새로운 미학의 근대건축 평가</td></tr>
<tr><td>2단계 공간개념</td><td>내부공간으로서의 건축</td></tr>
<tr><td>3단계 공간개념</td><td>입체와 내부공간에 의한 건축</td></tr>
<tr><td rowspan="2">슐츠
(C. Norberg-Schulz)</td><td rowspan="2">실존, 공간, 건축, 1971</td><td>실존적 공간</td><td>장소·통로·영역</td><td rowspan="2">실존적 공간과 건축적 공간의 층구조</td><td rowspan="2">20세기 후반의 건축공간론의 대표적 개념으로 건축적 공간 제시</td></tr>
<tr><td>건축적 공간</td><td>결절점·축·지구</td></tr>
</table>

그는 건축이 '공간구성자'로서 먼저 인간의 위요와 그 생활에 관해 당연히 생겨나는 모든 요구를 위한 내부공간의 창조자로서 건축을 이해하였으며, 이로부터 건축 공간미학에서 내부공간 그 자체의 창조적인 의지에 의해 관철된 물체형식이라는 정의가 가능해지면서 건축공간의 연구의 골격을 어느 정도 완성시켰다.

(2) 기디온

기디온(S. Giedion)은 쉬말소 이후의 프랭클과 프라이 이후, 근대건축의 공간적 특색을 처음으로 논한 건축가이다. 1941년의『공간, 시간, 건축 –새로운 전통의 상징』이후 건축의 기원과 건축의 이행현상을 각각 저술한 기디온은 방대한 근대건축의 성립과정을 예술적, 사상적, 사회적, 기술적인 각 방면으로 상세히 다루고 있다.

19세기의 건축예술이 당시의 공학적 기술을 외면하였으나, 그는 근대건축에서 공학적 기술의 장점을 인정하고, 이것을 새로운 기능성으로써 예술적 목적을 위하여 활용하였다.

특히 건축을 공간과 시간의 상호관계로 파악한 것은 그의 독특한 변별로 작용하였다. 공간 본질이 유클리드적 시각의 무한한 투시도적 특성이 아니라 그 내부관계로의 다면성에 있다면, 그 장소와 공간 해석은 어느 한 시점에는 불가능한 것이기 때문에 결국, 다양하게 변화하는 시점에 따라 내·외부 공간의 연속적 상호관입에 집중하였다.

이로부터 3차원적 공간에 제 4의 차원, 즉 시간의 차원을 부가시켜 당시의 근대적 건축공간을 해석하였다. 그는 고대 이래 건축공간을 3단계의 개념으로 분류하면서 입체로서의 전(前)–공간적 건축으로부터 내부공간으로서의 건축 그리고 입체와 내부공간에 의한 건축의 단계로 파악하여 근대건축 공간의 시공간 연속체 개념의 도입을 설명하였다. 특히 1단계와 2단계의 건축공간은 구조의 발달에 따른 이행관계로 그리고 3단계로는 철과 콘크리트의 활용에 따른 신재료의 이행관계로 파악하여 당시의 건축공간에 대한 체계를 확립하였다.

표 3-6 ● 기디온의 공간개념

<table>
<tr><th>제 1공간 개념</th><th></th><th>제 2공간 개념</th><th></th><th>제 3공간 개념</th></tr>
<tr><td>확산적</td><td rowspan="8">구조 발전에 따른 공간 개념의 이행 (돔, 아치, 볼트)</td><td>중심적</td><td rowspan="8">재료 발달에 따른 공간 개념의 이행(철, 콘크리트)</td><td>확산·중심</td></tr>
<tr><td>공간을 방사하는 입체로서의 건축</td><td>내부공간으로서의 건축</td><td>입체와 내부공간에 의한 건축</td></tr>
<tr><td>메소포타미아, 이집트, 그리스 건축</td><td>로마, 중세, 바로크 건축</td><td>근대건축</td></tr>
<tr><td>전-공간적 (pre-spatial) 건축</td><td>공간개념의 성립</td><td>공간개념의 확장</td></tr>
<tr><td>피라미드, 신전</td><td>판테온, 공중욕장</td><td>롱샹성당, 바르셀로나 파빌리온</td></tr>
<tr><td>공간의 부재</td><td>내부공간의 존재</td><td>내외부공간의 혼재</td></tr>
<tr><td>내외부공간이 별개인 무창의 건축</td><td>내외부공간을 연결하는 창의 공간</td><td>내외부공간을 융합하는 연속된 창</td></tr>
<tr></tr>
<tr><td colspan="5">항상적 건축공간</td></tr>
</table>

(3) 노르베르그 슐츠

노르베르그 슐츠(C. Norberg-Schulz)의 실존적인 장소이론은 오토 프리드리히 볼노우(Otto. F. Bollnow)와 같이 존재론에 관심을 두고 진행한 공간개념에서부터 가스통 바슐라르(Gaston Bachelard)의 『공간의 시학(La poetique l'espace, 1957)』 등과 같은 연구에 이르기까지 공간의 문제를 현대적인 개념으로 다룬 대표적 건축공간론에 해당한다.

특히, 마르틴 하이데거(Martin Heidegger)의 후계자인 볼노우는 하이데거가 인간 존재를 주로 시간과의 관계에서 파악하였다고 한다면 그는 인간 존재를 시간뿐만 아니라 공간과의 관계에서 파악하였다. 그는 자신을 중심으로 하는 층구조의 실존적 공간과 이를 건축적으로 구체화한 건축적 공간으로 그의 공간을 해석하고 있다.

그것은 각기 장소와 결절점, 통로와 축 그리고 영역과 지구로 나누어지는 것으로 공간, 장소, 통로, 영역은 건축적 장을 구성하며, 그 내부에서의 힘의 평형이 요구됨을 전제하였다. 이로부터 각 건축적 장의 층은 인간이 그 가운데에서 자기의 가능성을 발견할 수 있는 환경을 만드는 것에 건축의 목표를 두었다.

그가 분류한 5가지 기본개념은, 인간을 자연적이며 유기적인 환경과 통합시키려는 실용적(pragmatic) 공간, 개인적 정위에 해당되는 자기중심적이며 연속적인 변화의 지각적(perceptual) 공간, 인간과 환경과의 안정된 3차원적 체계의 공간 쉐마(space schemata)에 관련된 실존적(existential) 공간, 물리적 세계에서 인간이 인식하는 공간인 인식적(cognitive) 공간 그리고 순수한 논리적 관계로서 파악되는 추상적(abstract) 공간이 그것이다. 그리고 여기에 현실의 세계상으로 표현된 창조된 공간을 의미하는 표현적(expressive) 또는 예술적(artistic) 공간이 추가된다. 그것은 인식적 공간과 같이 표현적 공간을 기술하기 위해서는 보다 추상적인 구성, 즉 예술적 공간의 특성을 체계화할 수 있는 공간개념으로서 '미학적 공간(aesthetic space)'을 들어 건축공간을 이론화시켜주는 실존적 공간을 정의했다.

3-4 건축공간 미학

3-4-1 미학적 이해

건축공간을 미학적 인식의 대상으로 설정하기 위해서는 우선 미학적 인식의 의미와 그에 따른 인식태도 내지는 적용관점에 대한 논의로부터 시작해야 할 것이다. 그것은 이러한 과정을 통해서 건축공간을 평가하고 규정하는 미학적 작업이 가능해지기 때문이다.

따라서 미학적 인식의 의미와 전환에 관한 내용으로부터 시작하여 건축공간 인식의 미학적 의미에 대해 접근하여 본다.

(1) 미학대상과 체험

미학은 본래 감성적 완전성의 조건[25]을 갖춘 미를 인식하는 학문, 즉 아름다움에 대한 '감성학'의 성격을 가지는 것으로 정의되지만, 개별적인 예술작품을 다루는 비평이나 미에 대한 단순한 개인적 취향과는 구분되어야 한다. 미는 모두 감성적인 것으로 환원하여 논할 수 있는 것이 결코 아니다. 그것은 미의 관념 자체가 역사적으로 변화하며, 그 용어와 의미 내용 또한 변화되기 때문이다.

고대 그리스의 미는, 오히려 근대의 beauty, Schönheit, beauté보다 훨씬 함축적이어서 그 관념을 감성학으로서의 미학으로 완전히 다룰 수는 없다. 즉, 미는 감성적인 것임과 동시에 초감성적인 것으로서 단순히 감각적 자극의 수용에 그치지 않는 고도의 정신적 활동에 속한 것이기 때문에, 미학을 감성적 경험의 분석으로 단정지어서는 안 되는 것이다.[26)]

또한 미학의 대상, 즉 미적 대상은 단지 그 자체로 성립되는 것이 아니라 미의식을 상관자로 대상의 물질적인 존재양태뿐 아니라 현상적이고 초월적이며, 동시에 존재론적인 것으로 고찰되어야 한다. 즉, 미의 본질적 계기로서 미적 감정과 직관에 따른 주정(主情)적인 주관적 가치와 주지(主知)적인 객관적 가치 모두의 측면에서 미적으로 체험되어야 한다. 따라서 미학의 대상과 그 체험은 물질적 존재양태에 대한 주관적 가치기준으로서 체험되는 것으로만 정의하고 이해해서는 안 된다.

그리고 미학의 연구과제는 미적 대상의 현상적 유래에 따라 과거와 같이 자연과 예술작품에 한정되는 것만은 아니다. 천연 자연의 대상으로 우리에게 원래 주어져 있는 소여물(所與物)에서뿐만 아니라, 문화적 영위의

---

25) 1750년 바움가르텐(A. G. Baumgarten)이 예술적 아름다움에 대한 이론적 연구라는 의미의 'aesthetica'에서 유래한 미학의 조건은, 미에 대한 논의로서의 감각이나 감정에 의거한 저급한 인식능력, 즉 감성적 인식능력에 따르는 규범적 완전성에 근거한다. 그는 그 조건으로 풍부함(ubertas)과 위대함(magnitudo), 진실(veritas), 빛남(lex aesthetica), 그럴 듯함(persuasio)을 들었다. 井上充夫, 建築美論, 건축미론, 임영배·신태양 역, 초판, 도서출판국제, 1994, p.89

26) 헤겔은 '감성학'적 뉘앙스를 가진 Ästhetik을 대신하여 Kallistik이나 Kalologie라는 용어를 언급하였으며, 今道友信은 미학의 과제가 초감성적인 것의 철학적 고찰에 있다고 하여 calonologia라는 호칭을 제창하였다. 그에 의하면 근대의 미학이 미의 본질적인 물음, 즉 전통적인 존재론적 전제를 상실하였기 때문에, 이 존재론을 재건하기 위한 가교로서 요구되는 것이 바로 미학인 것이며, 이 형이상학적 급무가 칼로놀로기아로 불린다고 했다. 木幡順三, 美と藝術の論理-美學入門, 1980, 미와 예술의 논리, 강손근, 초판, 집문당, 1995, pp.11~12

일부로서 제작된 인공적 소산물(所産物), 특히 현대에는 생산기술의 발전에 수반하여 기술적으로 구성된 여러 가지의 사물에도 미적 가치를 부여할 수 있게 되었다.

그리고 이러한 기능 자체에 관계된 미에 일정한 형식적 질서가 갖추어져 있기 때문에 기술적인 범주에서도 미적 체험은 가능하게 되었다. 따라서 현대에는 미학을 정의하고 이해함에 있어서 예술적 아름다움에서만 한정한다는 것은 그 의미가 미약하다고 할 수 있다.

여기에 덧붙여 미학의 정의를 언어적 개념으로 모두 파악한다는 것에는 불완전성이 존재하기 때문에, 미학의 정의와 이해가 그것을 체험하지 못한 사람들에게 전달되는 것에는 한계가 있다. 이로 인해서 때로 그에 대한 오해와 혼란을 초래하게 될 여지도 있다. 더욱이 미나 예술에 대한 자유롭고 다양한 경이적 새로움의 표현을 일의적으로 파악하려 하지 않는 미학의 유보적 규정 태도 또한 미학적 정의를 어렵게 하고 있다.

이와 같이 미학의 정의와 이해는 감각과 정신의 전체적인 체험을 요구하는 미학의 본질적 대상과 범주 그리고 유보적 규정태도에 의해서 개념적인 추상적 영역으로만 존재하는 것으로 간주되기도 했다.

그러나 미학의 본질적 원리나 성격을 구체적인 정의 속으로 도입하여 이해하는 것이 불가능한 것만은 아니다. 비록 미학이 자연과학과 같이 절대적 객관성을 따르거나 전문적으로 분화된 영역 또는 실용을 위한 학문은 아니지만 미나 예술의 본질을 인식한다는 근본적 탐구는 인간 주체의 감각과 정신 모두의 특수한 존재방식을 이해하려는 이성적 활동의 효용적 측면, 또는 총합적 지식의 논리적 체계를 갖춘 인식으로서의 학문적 성립 측면에서 접근한다면, 감각자의 내관적 감성으로만 미약하게 이해되던 미에 관한 학문적 정의와 이해가 가능할 것이다.

이를 위해서는 우선 미나 예술이라는 미적 대상을 판단하는 미적 판단에서의 이성적 활동이 가지는 효용적 측면에 주목해야 한다. 미적 판단의 이해는 감각기관을 통해 주어진 미적 대상의 감성적 자료를 오성의 작용에 의하여 구상적인 개념으로 분석하는 인식학적 판단과는 다른 것이다. 미적 판단은 감성에 의해 주어진 자료의 구상성에 주관의 자아가 직접적으로 인식하여 판단하는 '감성적 구상성'이 유지되는 감성의 논리학으로서, 이성적 활동을 통한 논리적 구조를 가지고 있다는 것에 그 특성을 찾을 수 있다.

순수한 이론학으로서의 미학적 인식은 그 원리 규명을 위해서는 미나 예술이 논리적 사유체계가 존재하는 객관적 관계로 파악해야 하며, 이성의 영위로서 냉정한 논증작업이 요구된다. 이러한 과정적 활동은 실용으로부터 벗어나 미의 본질에 대한 우리들의 주체 그 자체의 특수한 존재방식을 깊이 반성하는 이성적 활동으로 의미 지어진다.

이러한 미학의 정의로부터 학문적 수용태도 내지는 인식태도에 관한 의미의 전환이 이루어질 수 있을 것이다. 하나의 학문으로서 미학이 성립할 수 있는 요건으로 미나 예술에 대한 논리적 사유체계가 존재한다는 것으로부터 미학적 인식의 의미와 그 전환에 대한 목적과 필요성을 찾을 수 있다.

(2) 공간예술의 건축미학

건축은 인간의 실용적인 활동을 대표하는 장르임과 동시에 인간의 여러 가지 생활을 담기 위한 기술, 구조 및 기능을 수단으로 하여 이루어지는 공간예술로 정의되어 인간에게 미적 형식을 부여하는 활동을 행하게 된다.

건축에 있어서 공간은 고대 이래로 건축의 본질이 되어 왔고, 그 표현의 문제로서 공간개념이 대두되어 왔다. 공간적 의미로서의 건축이론들은 건축예술의 본질적이고 중심적인 의미 파악을 위한 미적 인식과 체계를 갖추게 된다. 건축이 다른 예술형태로부터 구분되어지는 가장 큰 특징은 무엇보다도 인간을 포함하는 3차원적 표현수단인 공간을 가지고 있다는 것은 자명한 사실이다.

건축의 조형적이고 구조적인 평가는 바로 건축 고유의 공간적 가치로부터 의미 지어지는 것이고, 그 공간 안에서 인간은 자신의 감성적인 주관적 판단과 이성적인 객관적 논리를 통해 미적 체험을 하게 되며, 이로부터 미학적인 인식논리와 가치체계를 형성하게 된다. 즉, 미학적 의미로서의 건축의 가치는 바로 건축공간의 미학적 인식과 그 표현의 종합에 있는 것이며, 이로부터 하나의 공간예술로서의 건축이 성립되는 것이다.

그러나 예술일반의 이해로서 정의되었던 공간예술로서의 건축은 이미 그 의미의 한계에 이르렀다. 과학적인 합리성에 근거한 근대건축의 이성주의 미학이 공간의 결정론적인 절대적 가치에 집중한 나머지, 미의 인식 주체인 인간과 상호 관계하여 자각적인 구축환경을 형성하려는 공시적 관점의 새로운 미적 이성이 요구되는 전환기에 이른 것이다.

따라서 건축공간의 인식은 공간예술로서 건축을 접근하는 것에서보다는 건축의 고유성에 따르는 의미로서의 공간예술, 즉 과학적 개념의 실용성과 미학적 개념의 예술성 모두에 근거한 의미의 공간예술로서 접근하는 것이 필요하다. 건축미학의 중요한 과제인 유용성 또는 기능, 미적 형식 그리고 미적 현실성이 고려된 건축 고유의 공간예술로서 접근해야 한다. 다양한 생활의 장으로서 개개에 대응하는 공간으로서의 건축이 그 자체로는 존재할 수 없기에 기능이나 구조 내지는 형태와 같은 현실적 차원의 실용성과 공간에 내재된 의미나 미적 체계와 같은 미학적 예술성 모두를 고려한 인식개념이 필요하다.

이와 같이 건축 고유의 본질적 특수성을 통한 미적 인식과 표현은 주로 건축의 형태에 집중하고 있는 '미적 조건의 충족'을 내·외부 공간과의 연관성으로부터 찾아야 하는 인식의 전환이 필요하다. 그것은 종합적 예술의 건축을 이해함에 있어서 시각적 이해라는 한계성을 극복하기 위한 방법론적 접근일 뿐 아니라 건축의 근본에 대한 체계적 접근이기 때문이다. 이것은 또한 건축공간을 합리적인 공학적 가치로서 접근하게 될 경우의 구조 결정적 가치로 인해 건축공간의 미적 조건이 충족되지 못하게 되는 우를 범하지 않기 위한 근본적인 인식태도로서, 건축공간에서 요구되는 인식의 미학적 의미와 접근태도이기도 한 것이다.

3-4-2 건축공간의 미학 관점

(1) 미학의 철학적 인식

미학을 다양한 학문과의 관계성에 따라 그 양상을 고려하면, 근본적인 인식방법에는 철학적 방법과 과학적 방법이 있음[27]을 확인할 수 있다. 일반적으로 이러한 두 가지 방법을 가진 미학적 인식은 철학적 방법이 과학적 방법에 우선하고 있다. 미학의 철학적 방법은 과거 이성주의에 따른 객관성의 입장에서는 사변적인 의미로 제한되었지만, 현대적 의미에서는 과학적 방법을 배제한 것이 아니라 과학적 연구의 풍부한 결실을 종합한 서로를 포함하는 관계를 가지고 있다.

미학을 그 본질적 의미로서 인식하는 철학직 방법에는 일반 철학의 관점과는 다른 미학의 변별적인 관점이 존재한다. 그것은 바로 형상적 환원의 절차로 파악되는 '본질직관'과 초월론적 환원의 절차로 파악되는 '초월론적 주관성'이라는 관점이다.[28] 이 두 가지의 관점이 바로 미학을 인식하는 방법의 본질적 관점으로 작용한다.

1) 본질직관의 실증주의적 관점

미학의 철학적 인식방법에 존재하는 본질적 관점의 첫째는 실증주의적 관점이다. '본질직관'으로 해석되는 미나 예술의 사상 그 자체에 접근하

---

27) 과학은 '사실학'이고 전문학이다. 과학적 인식이란 일정한 현상적 범위에서 특정한 전제조건을 근거로 하여 사실 판단을 내리는 것으로서, 인식 그 자체는 가치판단을 포함하지 않기 때문에 예술작품에 대한 과학적 방법의 분석은 직접적으로 '이 작품이 아름답다'고 하는 가치판단을 이끌어낼 수는 없다. 이에 비해서 '본질학'이고 초월론적인 철학은 현실의 사실과는 다른 존재방식을 가지는 본질, 또는 이데아에 관한 학으로서, 과학과 같이 한정된 현상영역이 아닌 세계의 전체현상을 아무런 전제조건 없이 파악하려고 한다. 따라서 전제 자체가 만들어지는 경과를 주제로 하여 세계 전체를 현상화하는 입장에 따라 가치판단을 내리게 된다. 木幡順三, 美と藝術の論理-美學入門, 1980, 미와 예술의 논리, 강손근, 초판, 집문당, 1995, pp.15~17

28) 이와 같은 본질직관은 형상적 환원의 절차로서, 그리고 초월론적 철학은 현상학적 내지 초월론적 환원의 수속에 의해서 파악되는 것으로 특히, 후설(Edmund Husserl)의 '현상학(Phänomenologie)의 방법과 같은 개념이다. 실제로 미학의 방법은 후설이 현상학적 방법이라는 것을 제창하기 이전에도, 미학자가 실질적으로 혹은 암묵리에 현상학적 방법을 채용하고 있었던 것이다. 따라서 미학에 특히 친화성을 나타내는 철학적 방법이 바로 현상학적 방법이 된다.

여 그 본질을 직접 도출하려는 실증주의적 태도를 의미한다.

실제로 미나 예술의 사상은 결코 자연물이나 일상생활 속의 도구류와 같이 사물로서의 존재방식, 즉 실재성으로서는 완전하게 설명할 수 없기 때문에 오히려 사물의 본질적인 존재성에 따르는 정신활동인 '본질직관' 내지 '본질체관'에 따르는 것이라고 해석된다.

따라서 철학적 인식방법의 미학이 가지는 근본적인 관점을 본질직관의 실증주의적 관점으로 규정했다.

2) 초월론적 주관성의 현상학적 관점

실증주의적 관점과는 다르게 미학 인식에 본질적으로 작용하는 다른 관점은 바로 현상학적 관점이다. '초월론적 주관성에 따라 일상적인 자명성을 넘어 미에 고유한 특성을 파악하려는 현상학적인 일종의 초월적 태도를 의미한다.

미학자는 직관된 대상의 본질을 기술할 뿐만 아니라, 그 내용이 일상생활 가운데서 익숙하여 친한 사물과 현상으로부터 초월해 있다는 것은 중요한 인식관점이다. 실제로 미나 예술의 현상은 일상세계의 현상과는 다른 존재방식을 가진 일종의 독특한 명증성(明證性)을 지니고 있다. 고유의 명증성을 지닌 대상적 의미를 구성하는 작업은 자아의 행위로서 파악되어야 한다. 즉, 초월론적 주관성의 작용에 의하여 미에 대한 각각 고유의 명증성이 주어지는 것이다.

따라서 미학의 본질적 관점으로, 초월론적 주관성에 따른 현상학적 인식관점을 설정하여 미학의 변별적 관점으로 성립시켰다.

(2) 건축미학적 인식의 분류관점

건축미학은 일반적으로 미학에서 예술체계의 일부분으로 취급되어 왔기 때문에, 건축미학적 인식의 분류에 대한 관점을 규정하는 것은 건축예술이 예술체계 속에서 차지한 위치를 파악하는 것으로부터 출발해야 한다. 이에 미학에서 규정한 예술의 분류관점[29]에 따라 파악되는 건축미학적 인식의 분류관점은 3가지로 종합할 수 있다.

1) 미적 목적성

예술을 미적인 목적성에 따라 분류하면, 미적 이외의 실제적인 목적에 의해 제약되어 그 목적을 만족하는 예술이면 응용예술, 실제적인 목적을 갖지 않는 예술이면 순수예술로 구분한다.

빈델반트(W. Windelband)는 순수예술이 일상의 실용목적을 떠난 미 또는 진의 세계를 창조하려는 순수한 이론적 과학과도 같은 창조활동이라는 점에서 응용예술과 구별되는 것으로 표현했다. 따라서 응용예술은 미적 이외의 실용목적을 갖는 예술이 해당된다. 칸트는 자유미에 대해 건축의 미가 그 대상의 목적개념, 즉 그 사물의 완전성 개념을 전제로 하는 것이기 때문에 하나의 '부용미'에 지나지 않는 똑같은 경향을 보이는 것이라 하였다. 따라서 건축미의 존재를 인정할 수 있는 요소로서의 부용미가 필요했던 것이었다.

미가 합목적성이라는 로스(A. Loos)의 사고는 근대건축의 핵심적 정의에 해당되며, 이것은 비트루비우스 이래 많은 건축론의 시발점이 유용성, 견고성, 미의 3대 요소 사이에 있다는 인식과 관계된다. 따라서 건축미학의 중요한 과제로 미적 형식에 관계되는 목적의 유용성 내지는 기능성에 따른 분류로서 관점 지을 수 있다.

2) 대상의 순수직관 형식성

예술을 감각적 대상의 순수직관 형식성에 따라 분류하는 것은 공간과 시간을 분류의 계기로 간주하는 것에 해당된다. 회화, 조각, 건축, 공예와 같은 조형예술은 공간 속에 존재하며 시간과는 직접적으로 관계없는 것이고, 음악, 문예는 모두 자체 공간을 가지지 않는 시간 속에서 전개되는 것이다.[30] 즉, 공간예술과 시간예술로 구분된다.

형식성의 개념으로서 공간 형성에 가장 중요한 의미를 가지는 예술은 바로 건축이다. 여기에서 건축이 시간예술에 대해 공간예술로 규정되는

---

29) 김수현, 정영철, 건축설계·의장론, 2판, 도서출판국제, 1992, pp.27~30

30) 이와 함께 연극, 영화, 무용 등은 현실의 시간상에서 전개될 뿐만 아니라 동시에 현실 공간을 가지기 때문에 '시공간 예술'로 불러야 할 것이다. 渡邊 護, 예술학, 이병용, 초판, 현대미학사, 1994, p.160

경우에도 두 가지 입장이 인정되는 것에 주의해야 한다. 그것은 입체형식과 공간구성으로 분류하는 입장으로, 건축역사의 양식적 변천에 있어서 각 입장이 충분한 의의를 갖는 것으로서도 알 수 있다. 그러나 19세기말 이후 근대에는 입체형식에서보다는 공간구성에 대한 사고방식이 우세하게 작용하고 있다.

특히 건축에 따른 미적 감정을 분류한 페브스너(N. Pevsner)는 벽면의 취급방식과 외부 전체의 취급방식, 내부의 취급방식에 따라 벽면의 취급방식이 조각가에 해당되는 것이라면 내부의 취급방식은 공간을 문제로 하는 건축가 특유의 방법이라고 언급하여, 건축에서 공간에 대한 형식개념을 건축 고유의 독특한 특성으로 부각시켰다.

3) 미적 현실성

예술을 미적 현실성으로 분류하면, 예술의 존재형식이 표현하고자 하는 바에 따라 현실의 사물이나 현상을 재현적으로 묘사하는 구상예술과 현실의 재현과 관계없는 시각적 또는 청각적 순수형식을 본질로 비구상적으로 묘사하는 추상예술로 정의된다. 회화, 조각, 문예, 연극, 영화는 구상예술에 속하고 건축, 공예, 장식예술, 음악 등은 추상예술에 속한다. 회화나 조각이 전적으로 재현적인 예술로 규정하는 것은 일반적이지만 본질적으로는 구상적인 예술에 속한다.[31]

이러한 관점에서 건축의 자유생산적인 성격은 명확히 특징 지어진다. 즉, 회화와 조각이 자연을 재현하든 비구상적으로 묘사하든 근본적으로는 관념적인 세계라는 현실과는 다른 세계를 묘사하는 것에 목적을 두는 것에 비해, 건축은 미적 객체로서 현실에 존재하는 것, 즉 예술적으로 형성된 현실로서 우리의 생활기능에 대해 공간을 형성하는 것에 목적을 둔다.[32]

---

31) 이 분류는 립스에 의한 것이고, 카인츠는 이를 사물적 예술과 비사물적 예술로 구분했다. 그러나 이 분류에서 주의할 점은 본래 구성예술에 속하는 장르 중에도 추상회화, 추상조각, 추상서사시, 순수영화 등 추상적인 작품이 많다는 것이다. 그러나 이들 예술은 대체로 근대의 산물이고, 본질적으로는 구상적이었다.

32) D. Erey, Wesenbestimmung der Architectur, 김수현·정영철, Op. Cit., p.30 재인용

이로부터 건축은 우리와 동시에 존재하는 현실의 공간 속에 존재하는 것이어서 다른 예술과 구별되는 현실성을 갖는다. 그러나 그러한 건축의 현실성은 예술이 되기 위해서 어떠한 방법으로든 현실성으로부터 분리되지 않으면 안 된다. 이러한 건축의 미적 현실성은 건축미학에서 자주 논쟁의 과제로 된 관점이었다.

(3) 건축공간의 미학적 관점

건축공간은 건축의 본질에 해당되는 범주로서 존재하기 때문에, 미학적 인식대상으로서의 건축공간은 건축미학적 관점과 큰 변화가 없을 것이다. 다만, 타 예술영역과 변별되었던 건축공간 고유의 특성이 인간이 생활하는 현실공간임과 동시에 예술공간이라는 존재구조에서, 건축공간을 중심으로 인식 주체와 객체 간에 성립되었던 공간체험의 가역성에서 그리고 건축공간 내부에 설정된 기능과 구조, 미에 대한 종합적인 경험체계에서 나타나는 것이므로 그 미학적 인식 또한 이러한 관점으로 파악해야 할 것이다.

이에 따라서 건축공간 인식의 미학적 방법에는 과학적 질서에 대한 분석적이고 합리적인 기능의 실용성에 입각한 과학적 방법과 감성적 체험에 대한 직관적이고 미적인 창조성에 입각한 예술철학[33]적 방법으로 구체화시킬 수 있다. 특히 건축공간의 미학적 인식에는 분석적인 과학적 방법에서보다 미적인 예술철학적 방법에서 더욱 유효하다. 예술철학적 방법에 따른 건축공간의 인식관점은 크게 본질적 기능성에 따른 실증적인 경험미학적 관점과 초월론적 주관성에 따른 사변미학적 관점으로 볼 수 있다.

1) 본질적 기능성의 경험미학적 관점

이 관점은 미학에서의 본질직관에 따른 미의 접근태도와 동일한 관점

---

33) 예술철학(philosophy of art)이란 철학의 한 부분으로서 예술의 본질 또는 현상에 대해서 그 원리를 고찰하는 학문을 지칭한다. 미학이나 예술학과 동일하게 해석되는 영역으로, 구체적인 의미에 있어서는 심리학적 가치론에 의해 철학적인 기초를 두어야 한다는 관점으로 데스와르나 우티츠의 입장이 여기에 속한다. 월간미술 編, 세계미술용어사전, 6판, 중앙일보사, 1996, p.288

에서 이해되는 건축공간의 인식관점으로 규정한 것이다. 건축공간은 본질적으로 고유의 특성이 인간생활의 기능성을 담는 현실공간에 있음은 명백한 사실이며, 이로부터 미적 체험을 구체화시킬 수 있는 태도로서 실증적이고 유용적인 기능의 객관성을 따르는 미학으로서 경험미학적 의미를 부여한 것이다. 미적 현실성의 실체적인 대상으로서 존재하는 건축공간의 특성을 객관적인 어휘를 사용하여 분석적인 경험미학으로 이해하려는 태도이다.

현실영역으로서의 건축공간을 인간의 주관적인 평가대상으로 했을 경우의 불확실하고 규정 불가능한 태도보다는, 그 주관적 경험의 평가를 종합적인 관점과 통일적 표현으로써 정의하려는 시도가 바로 경험미학적 관점이며, 이를 통해서 건축공간의 본질적인 기능에 대한 유용성과 실용성을 객관화시켜 실증적인 체계로 이해하려는 관점을 건축공간의 본질적 기능성에 대한 경험미학적 관점으로 규정하였다.

2) 초월론적 주관성의 사변미학적 관점

미학적 인식대상으로서의 건축공간에 관한 다른 하나의 관점은 미학의 초월론적 주관성에 따르는 미적 태도와 같은 의미로서 정의할 수 있는 초월론적 주관성의 사변미학적 관점을 들 수 있다. 실체적 대상이라는 실증적인 태도와는 다르게 이중구조로서 존재하는 건축공간의 예술적 특성에 대한 미적 해석을 이론적인 사변성으로부터 구하려는 미학적 태도이다.

실제로 미학적 인식의 대상으로서의 건축공간은 일종의 창작 미학적 태도로서 파악해야 한다. 그것은 건축가의 설계행위는 아직 창작되는 않은 것에 대한 이념적 공간의 시도로서, 이것은 현실공간이나 구체공간이 아닌 순수하게 구상 중인 표상공간에 해당한다. 즉, 일종의 상정된 현실공간의 사전체험의 대상으로서 건축공간을 예술적 대상에 투영시켜 실현하는 것으로 해석할 수 있으며, 이러한 해석에는 객관적인 실증성에서보다는 주관적인 초월성에 입각한 사변성이 존재한 것이다. 따라서 개인의 주관적인 심리적이고 철학적 방법으로 미적 의식작용의 상관성을 이론적이고 지적인 활동에서 구하는 초월론적 주관성의 사변미학적 관점이 건축공간에 존재하는 미학적 인식방법의 또 다른 하나의 관점으로 정의하였다.

3-4-3 건축공간의 미학적 인식

미학적 인식은 특별한 목적에 있어서, 미의 본질에 대한 근본적 파악을 통한 인간 존재의 주관성 탐구와 대상적 지식을 근거로 한 미에 관한 자신의 자각적 심화과정으로 파악할 수 있다. 즉, 미적 체험과 그 인식을 주관성의 초월론적 가치로 평가하여 이것을 다시 미적인 본질적 직관체험으로 객관화시켜 탐구하려는 것에 바로 미학적 인식의 의미가 있다.

마찬가지로 실체적 대상으로서 존재하는 건축공간을 하나의 미적 대상으로 간주하여 주체의 초월론적인 주관성에 따라 사변적으로 판단되는 주관성의 가치를 다시 건축공간 본질의 기능적 유용성으로 객관화시켜 파악하려는 것이 바로 건축공간에 대한 미학적 인식의 의미인 것이다.

(1) 구성범주

미학적 대상은 미적 품질을 담당하는 존재방식에 따라 자연과 예술 그리고 기술로 존재하기 때문에, 각각 자연미와 예술미 그리고 기계미라는 미적 대상으로 분류된다. 그리고 이 모든 미적 대상에는 공통적으로 그 구성계기가 존재하고 있는데, 이것은 바로 형식과 내용, 기능에 따라 분류되는 형식미와 내용미 그리고 기능미이다.

미학에서의 기능미와 형식미 그리고 내용미에 대한 범주규정을 각기 자기 목적성과 전달구조 그리고 내재적 상징으로 규정한다면, 건축공간의 미학적 인식에도 그러한 대응적 관계로서 구성범주를 규정할 수 있다. 건축비평가 본타(J. P. Bonta)는 건축표현체계의 준거적 범주로서 건축에 내재된 논리와 규칙에 따른 기준을 제시했다.[34] 그는 건축표현체계의 기준을 기능, 형식 그리고 역사로 구분하고 있는데, 특히 역사에 초점을 맞

34) Bonta, Juan Pablo, Architecture and its Interpretation, 건축의 표현체계, 서유석, 초판, 기문당, 1992, pp.162~170

춘 그의 접근방식은 기능과 형식에 따른 실용적 논리성과는 다르게 내적 일관성에 대한 규범적 해석에 따른 것이어서 건축표현의 상징적 연상과 관련하는 것으로 해석된다.

이와 같이 건축적 표현 내지는 건축공간과 관련된 미학적 인식본질은 기능과 형식 그리고 상징으로 분류함으로써 구체화시킬 수 있는 것이다. 이로부터 건축공간에 대한 인식의 미학적 구성범주로는 기능에 대한 공간의 효용성을 기능미의 범주로, 미적 형식으로서의 공간의 현상성을 형식미의 범주로 그리고 의미와 연상적 표현과 관계되는 공간의 상징성을 내용미의 범주로 규정할 수 있다.

1) 효용성의 기능미

건축공간의 효용성이라는 것은 건축공간에 대한 도구적 태도, 즉 합리적인 기능공간에 대한 공리적이며 수학적으로 표현되는 추상적 개념의 공간인식에 해당된다. 건축공간을 공리적인 도구성의 방법을 적용하는 것에는 무엇보다도 생활기능에 적합화 시키려는 목적공간이라는 평면의 기능분화를 들 수 있다. 특히 근대적인 목적의식에 따라 기능의 분화를 다양하게 전개한다.

기능에 대한 기준으로서, 모듈러 플래닝은 공간 내에 있는 질서정연한 격자를 상정하여 공간을 고정적으로 포착하여 설계의 유효성과 공간의 정합미를 갖게 한다. 이에 따라 공간을 기능적으로 분석하고 각 공간에 대응하도록 명료하게 구분되는 공간을 조직하여 전체를 구성하는 공간의 분절화인 조닝이 성립되어, 공간은 보다 명확하고 효율적으로 우수한 독창적인 미학적 인식이 가능한 건축공간이 된다.[35)]

그러한 기능적인 미의 표현은 필요에 따라서 가동칸막이를 사용하여 다용도로 활용할 수 있는 보편적 공간(universal space)개념으로 현대사회의 급변하는 기능요구에 대응하여 공간기능의 시간적 변화를 가능하게

---

35) 분절된 각 공간은 계통적 질서에 따라 통합하여 이질적인 영역요소들이 하나의 계통으로 공간을 구성 결집하여 가는 크러스터 시스템을 이룬다. 이로부터 다양한 무리들로 분절화한 생활행위에 대응하는 공간을 만들 수 있게 된다.

하고 효용공간의 가변성을 확보한다. 샤로운(H. Scharoun)의 비데카르트적 공간[36]이나 미스(Mies van der Rohe)와 같이 고도의 추상성을 갖는 투명적 공간이 유도되기도 한다.

2) 현상성의 형식미

건축공간을 미적 대상으로 인식할 때, 건축공간의 형식미는 관찰자 감성의 시각적이고 형태적인 감각적 현상에 국한된 것에서보다는 공간의 형식과 그 전달내용이 결합된 광의의 현상성에서 그 미적 가치를 인정받을 수 있다. 이것은 대상의 외견이나 형태에 직관적으로 미가 표현되지 않더라도 그 내용이 적절한 감성적 계기를 매개로 환원된 현상성에 따른다는 것[37]을 의미한다.

따라서 현상하는 가치로서의 미는 모든 가치를 자기의 내용계기로서 포함하고 있는 형식적 계기가 되어야 한다. 그리고 형식적 계기 중에서도 대상의 형식미로서 파악되는 형식보다는 자율적 가치계기로서 파악될 수 있는 형식이 해당된다.[38] 즉, 소재적인 제 가치를 포함하는 미적 가치의 작용이 바로 형식으로 현상되는 것이다.

이러한 현상하는 가치로서의 형식미의 범주 정의가 건축공간에서는 물리적인 영역으로 한정되는 것에서보다는 공간 내의 인간존재와 존재 간에 성립되는 공간적 관계성, 즉 공간의 현상적 가치에서 더욱 부각되는 것이다. 건축공간에서 중요한 것은 다양한 건축공간을 대하는 관찰자의 주체적 존재양태이다. 실용적, 지각적, 실존적, 인식적, 상징적 건축공간

---

36) 공간 내에 질서를 만들어내려고 한 모듈링은 근대적인 추상사고의 형식주의적인 특성에 기인한다. 건축공간은 인간과 물질이 극적으로 관계하는 場이라는 근본원리를 따른다. 샤로운은 기하학적 구성의 정형공간에 반발하여 내부적 기능이 자유로워 보이는 비정형공간의 베를린 필하모닉의 콘서트홀이나 로메오 유리어의 아파트를 계획하였다.

37) 이러한 현상성의 파악으로 계기 지어지는 형식과 내용의 관계는 미학에서 특히 중요하다. 현상하는 것 자체는 일종의 형식에 해당되며, 실제로 모든 현상하는 것에는 그 미학적 가치가 존재하기 때문이다.

38) 대상의 형식미에 대한 예는 칸트미학에서의 순수미를 들 수 있다. 이에 비해 그의 부용미는 미적 가치의 내용을 에워싸서 극복하는 적극적 자율성을 갖추고 있기 때문에 현상하는 가치로서의 미의 형식적 계기라고 할 수 있다. 木幡順三, 美と藝術の論理-美學入門, 1980, 미와 예술의 논리, 강손근, 초판, 집문당, 1995, pp.86~87

등이 다양하게 존재하는 것은 관찰자가 그렇게 느끼기 때문이다.

따라서 건축공간의 미학적 인식이라는 것은 주체라는 자아공간을 실존적인 매개로 체험되는 것이며, 이러한 건축공간과 자아공간의 만남 속에 건축의 미적 공간체험이 성립되는 것이다.[39] 건축을 공간조직과 관찰자의 지각적 동일화를 의미하는, 즉 자아공간을 매개로 한 실존적인 현상성이라는 형식을 통해 공간을 미학적 인식범주로서 동일화시키려는 과정을 보인다.

이상과 같은 내용을 통해 건축공간 인식의 미학적인 범주로서의 형식미는 바로 건축공간에 실존적인 현상성을 통해서 영역 지어지는 것으로 정의할 수 있다.

3) 상징성의 내용미

건축공간의 상징성이라는 것은 건축공간에서 전달하려는 의미나 기호로서도 설명 가능하지만, 미학적 인식의 범주로서는 이와 함께 초월적 공간에 대한 상징도 포함되어야 할 것이다. 건축공간이 상징적으로 나타나기 위해서는 공간에 대한 이미지가 없으면 안 된다. 건축적 표현은 내적 생명의 표현, 즉 인간 자신의 생명력의 표현이며 인간의 의식이 진화하는 모습의 하나이다. 따라서 건축적 공간은 인간의식의 하나의 실재물로서 발견되는 것이다.

만약 정신의 다층성을 건축공간으로 재표현하고, 그 중앙에 가장 초월적인 사고가 가능하면서 성스러운 공간을 실현하려고 한다면 건축의 관념에는 항상 정신적인 것으로 건축을 파악하려는 것을 전제로 하는 사고인 초월적 공간인식이 포함되는 것이다.

발달된 기술은 보편성을 가지고 있듯이 그에 대한 정신세계의 공간적 표현에 있어서도 보편성이 추구되기 위해서는 정신세계의 확장과 깊이라는 이면성이 고려된 건축 속의 건축이라고 하는 깊이 쪽에 관계하는 것이다.[40] 신비주의에 치우지지 않고 보다 깊은 인식을 통하여 건축의 정신성

---

39) 上松佑二, 건축공간론, 국제편집부, 초판, 도서출판국제, 1987, p.116

40) 杉本俊多, 건축의 현대사상-포스트모던 이후의 패러다임, 최재석, 1판, 도서출판 발언,

에 접근하는 것은 새로운 건축의 상을 출현시키는 것에 해당된다.

건축적 상징의 의미는 공간에 있어서 보다 명확히 인식될 수 있는 영역이고, 이러한 전달을 통한 건축공간의 의미 내용에 상징적 가치가 부여되는 것이다. 즉, 건축공간은 바로 공간을 통해서 상징되는 의미가 바로 내용적 미의 범주를 확보시키는 것으로 규정된다.

표 3-7 ● 미와 건축공간의 구성범주 상관관계

<table>
<tr><th colspan="2">미학</th><th>구성범주</th><th colspan="2">건축미학</th></tr>
<tr><td rowspan="6">미/
예술</td><td>자기목적성</td><td rowspan="2">기능미 범주</td><td>효용성</td><td rowspan="6">건축공간</td></tr>
<tr><td>미적 창작에 대한 본래의 순수한 욕구-내포적 기능가치</td><td>건축공간 본질의 기능성에 대한 따른 미학적 인식</td></tr>
<tr><td>전달구조</td><td rowspan="2">형식미 범주</td><td>현상성</td></tr>
<tr><td>자기목적성의 기능적 가치를 전달하려는 형식적 인식가치</td><td>건축공간의 인간 실존에 따른 현상적 가치로서 파악되는 형식</td></tr>
<tr><td>내재적 상징</td><td rowspan="2">내용미 범주</td><td>상징성</td></tr>
<tr><td>예술적 기호의 의미체계를 통해서 내적인 미의 가치표현</td><td>의식의 발현체로서의 건축공간이 상징하는 내용적 의미</td></tr>
</table>

(2) 표현논리

건축공간에 대한 개념은 미학적 인식과 공간의 논리체계를 바탕으로 시대나 건축가에 따라 다양하게 분류된다. 건축에서 공간의 미학적인 해석은 다소 철학적 공간개념을 초월한 표현이므로 과학적인 철학으로 공간개념이 존재하기도 한다.

이에 따른 공간개념의 표현논리로서 이해되는 건축공간의 미학적 표현을 구별하여 정의하여 다음과 같이 이행적 공간논리와 실존적 공간논리로 분류할 수 있다.

1998, pp.171~173

1) 이행적 공간논리

건축이 본질적으로 전달하고자 하는 일관적인 속성, 즉 건축이 내포하는 항상성(identity)이라는 측면에서 보면, 근대 건축공간의 특성은 이동하는 관찰자의 다중시점에 따라 변화하는 공간의 다면성에 대한 인식이라고 할 수 있다.

이러한 다면적이고 연속적인 공간인식은 건축이 공간을 방사하는 입체 또는 순수한 내부공간이라고 파악된 근대 이전의 공간개념을 벗어난 근대적 공간개념으로서 입체와 내부공간과의 관계에 집중하여 투명성과 동시성이 표현된 내외부 공간의 연속적인 상호관입이라는 시공간개념이 도출된다. 즉, 공간 속에서 시간의 흐름에 따라 변화 전개되는 통시태(通時態)로 인식하게 되는 '이행적 공간'으로 정의된다.

시간 흐름에 따른, 즉 통시태적 관점은 건축공간을 변화와 발전이라는 이행논리의 체계 안에서 인식하게 됨으로써, 그 합리적이고 발전적인 것에 해당되는 것과 그렇지 못한 것에 대한 구분을 명확히 하는 전개논리에 따라 기능수용적 관점의 합리적인 근대건축공간의 주요 표현논리로서 작용한 것에 기인한다.

이에 대한 초기적 건축은 데사우(Dessau)에 있는 그로피우스(W. Gropius)의 바우하우스(Bauhaus)교사(1926)로, 종합예술적 개념으로서 건축과 예술분야의 상관성을 명확히 하여 건축공간미학의 체계를 보여주었다.

그림 3-45 | 데사우 바우하우스 교사, 월터 그로피우스, 1926

2) 실존적 공간논리

공간의 표현논리를 시간과의 이행적 관계로서 파악한 근대의 건축공간에 비해서, 현대 건축공간은 공간의 표현논리를 인간존재와의 체험적 관계로서 파악하고 있음을 알 수 있다.

공간에서 의미 지어지는 관찰자의 존재라는 실존적 논리에 따른 공간인식으로, 이를 통해서 환경과의 관계에 대한 새로운 영역성과 장소성이 중심축과 방향으로 표현되는 층상공간의 확산적 개념으로 도출된다. 즉, 시간에 대한 다층공간의 환경적 구조를 단면적으로 바라보는 공시태(共時

態)에 따라 인간의 존재 위치와 장소에 집중하는 '실존적 공간'으로 정의하게 된다.

시간이라는 변화의 한 단면을 절단해 본, 즉 공시태적 관점은 그 인식의 방향을 변화와 발전이라는 이행에 중점을 둔 시간의 문제로부터 구조적 형태에 중점을 둔 공간의 문제로 전환시키는 것이 된다. 이에 따라 공간구조의 실재에 접근하게 되어 실존적 공간에 집중한 표현논리로서 작용하게 된다.

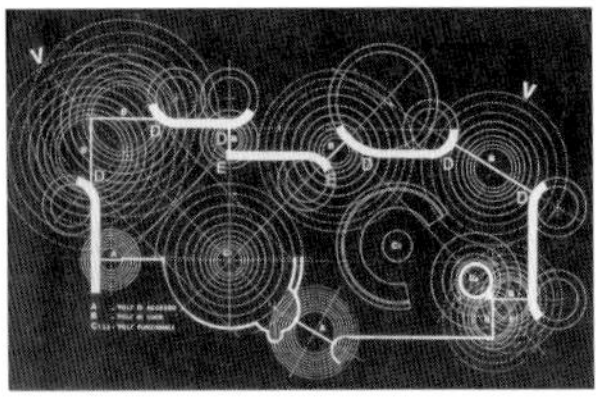
그림 3-46 | 까사 파파니체, 포토게시 & 지글리오티, 1969

이에 대한 초기적 건축으로는 포토게시(P. Portoghesi)와 지글리오티(V. Gigliotti)의 까사 파파니체(Casa Papanice, 1969)를 들 수 있다.

(3) 표현구조

건축공간에 표현된 공간논리와 함께 그 표현구조를 구별, 정의하여 다음과 같이 위요적 공간구조와 위상적 공간구조로 분류할 수 있다.

1) 위요적 공간구조

공간구성의 원리에 있어 합리와 기능에 대한 함축된 과학적 접근방법을 보인 근대건축의 공간구조는 형이상학적 속성보다는 물리적인 기능과 프로그램을 바탕으로 분석적, 합리적, 논리적인 실증주의적 형식미학을 바탕으로 형성되었다.

인간의 행태가 건축가의 개념적 설정에 따른 행태패턴에 의해 전개된다는 결정론적 관점의 미학적 인식에 따라 근대건축공간의 구조는 인간이 거주하고 이동할 수 있는 한정된 내부의 공허(void)한 부분인 '위요적 공간구조(enclosed space structure)'로 정의된다.

건축의 본질적 주제와 표현대상을 공간과 그 형식에 둔 근대건축공간은 그 미학적 인식의 속성에 따라 융통적이며 균질성 있는 등방적인 공간구성과 함께 자유롭게 흐르는 평면의 개방된 공간구성을 갖는다. 라이트(F. L. Wright)를 비롯하여 제비는 근대건축공간을 위요된 공간구조로서 파악했으며[41], 브로이어(M. Breuer)를 위시하여, 특히 코르뷔지에(Le

41) Zevi, Bruno, Architecture as Space, 공간으로서의 건축, 최종현·정영수 역, 2판,

Corbusier)는 살기 위한 기계로 정의하였듯이 최소한의 실질적 비품을 담은 공간구조로서 인식하였다.

자연의 유기체에 대한 건축공간의 인식을 기하학적으로 설명하게 되면 기계에 대한 유추로서 이해할 수 있다. 건물조차도 기계와 같이 변하지 않는 자연법칙적 엄격함을 따른다고 생각했던 르네상스 시대의 레오나르도 다 빈치(Leonardo da Vinci)가 기계적 구조를 갖는 건물과 신체 사이의 유사성에 대해 분석하거나 건축평면을 복잡한 기하학적 모듈체계로서 공간을 인식한 것은 바로 물리적 공간구조의 위요성에 기인한다고 할 수 있다.

2) 위상적 공간구조

인간의 지각적 차원과 유리되어 보편적, 추상적인 극단성을 갖는 근대건축 공간구조가 현대에는 '위상적 공간구조(topological space structure)'로 변화된다. 현대의 존재론적 실존주의 미학의 인식을 바탕으로 노르베르그 슐츠(C. Norberg-Schulz)는 인간활동의 정위에 대해 자신을 중심으로 하는 위상적인 층구조가 형성[42]되어 있어서, 건축공간은 체험의 주체인 인간을 의식하고 접근하려는 심리학적인 인지-행태지각 미학에 접근하게 되는 것이다.

이에 따라서 교감적, 위상적, 행태적 공간 등 공간 경험에 관한 다차원성을 반영하는 심리적 공간개념과 장소적 성격을 담고 있는 새로운 사고의 공간구조가 형성된다. 실존적 공간으로 정의되는 위상적 구조의 공간은 중심성과 장소성, 방향성과 통로 그리고 영역성이라는 정위의 기본적 공간구성체계로서 인간행위의 실존성을 표현하게 된다.

따라서 인간의 신체적 경험과 기억 등을 바탕으로 하여 공간의 경계를 설정하고 한정하려는 인간환경의 장으로서, 매개적이고 사회 접촉적인 위상적 구조의 공간이 현대건축공간의 특징으로 대두되었다.

세진사, 서울, 1990, pp.22~23

42) Norberg-Schulz, Christian, Existence, Space and Architecture, 실존, 공간, 건축, 김광현 역, 4판, 태림문화사, 서울, 1994, pp.49~55

표 3-8 • 미와 건축공간의 구성범주 상관관계

<table>
<tr><td rowspan="7">이행적
공간
논리</td><td>다중시점에 따른 공간의 다면성 인식</td><td>인간존재의 체험성에 따른 공간의 현상성 인식</td><td rowspan="7">실존적
공간
논리</td></tr>
<tr><td>입체와 내부의 상관적 관계 집중</td><td>공간과 환경의 자율적 관계 집중</td></tr>
<tr><td>투명성, 동시성</td><td>장소성, 영역성</td></tr>
<tr><td>내외부 공간의 연속적인 상호관입의 시공간 개념</td><td>자립적 층상공간의 확산적인 영역의 위상적 개념</td></tr>
<tr><td>공간의 이행적 특성에 관한 시간에 집중</td><td>환경적 구조의 실재에 관한 공간에 집중</td></tr>
<tr><td>통시태적 관점</td><td>공시태적 관점</td></tr>
<tr><td>기능공간에 대한 물리적 환경 구축</td><td>인간존재에 대한 의식적 환경 구축</td></tr>
<tr><td rowspan="7">위요적
공간
구조</td><td>합리와 효율성에 따른 과학적 접근</td><td>인간의 지각과 심상에 따른 심리적 접근</td><td rowspan="7">위상적
공간
구조</td></tr>
<tr><td>균일직이고 등방적인 보편가치</td><td>교감적이고 위상적인 상대가치</td></tr>
<tr><td>논리와 합리의 실증주의적 형식미학</td><td>경험과 기억의 심리학적 인지행태지각 미학</td></tr>
<tr><td>위요된 물리적 공간구조</td><td>층상적 공간구조</td></tr>
<tr><td>보편, 융통, 균질, 추상, 개방</td><td>정위, 위상, 장소, 중심, 영역,</td></tr>
<tr><td>중성적 공간</td><td>교감적 공간</td></tr>
<tr><td colspan="2">유물론적 과학개념
근대건축공간</td><td colspan="2">존재론적 실존개념
현대건축공간</td></tr>
</table>

위상적 구조의 각 공간은 상호간의 관계성이 합리와 효율에 따른 균일적이고 등방적인 보편적 진리의 가치로 인식되었던 근대 형식주의 미학의 중성적 공간에 대해, 그 공간의 경험주체인 인간의 심리적 차원에 부합되는 층상의 공간구조에 따른 교감적 공간(acute space)이라는 새로운 공간구조로 구축되었다.

(3) 표현개념

건축공간의 특성 정의와 논리의 분류 그리고 구조의 변화양상을 통해서, 근대에서 현대로 이어지는 건축공간개념의 변화양상을 종합하면 다음과 같이 정의된다.

1) 결정론적 공간개념

결정론의 개념은 물리학적 법칙에 근거를 둔다. 결정론에 대한 해석은 우연이나 자유에 기인하는 관계나 섭리가 전제된 인간 중심적이고 형이상학적 맥락의 숙명론과는 달리 과학적 맥락의 엄밀한 개념이다. 물론 결정론의 개념이 반드시 자유의 존재와 대립하는 것은 아니다.

인식론적 의미에서 볼 때, 결정론은 동일한 원인이 엄밀하게 동일한 결과를 낳는다는 원리에 따른다. 이에 따라서 자유를 고려해야 하는 인간과학과는 달리 자연과학에 따른다.

과학의 결정론적 법칙에 따라 원근법적으로 합리화된 형이상학 공간이 주체와 객체 간 시각의 합리관계로서 표현되는 개념이 여기에 속한다.

또한 공간 내에서 시간의 자유로운 흐름에 따라 공간의 방향성이 전개되는 시공간 개념의 가역적인 절대공간이 해당되며, 공간이 개방되고 융통성 있는 균일한 성격을 가지며 공간의 상호관입이 가능한 투명성의 특성을 보이는 공간개념을 포함한다.

그림 3-47 | 파구스 공장(Fagus Factory), 월터 그로피우스(W. Gropius), 1910-11

그리고 형태패턴의 형식주의적 가치표현 개념으로서, 자연의 인과적 법칙에 따라 전체와 부분 간의 유기론적 합리성으로 표현되는 기능공간 또한 이에 속한다.

따라서 미학적인 인식의 건축공간 개념으로는 주로 논리와 합리적 이론에 중심하는 사변미학의 가치 실증적 개념에 따르는 기계론적 인식개념이나 유기론적 기능공간의 형식주의적 인식개념에서 찾을 수 있다.

근대의 과학적 이성주의 미학에 근거한 기능적이고 합리적인 건축공간을 표현하는 근대건축가의 작품에서 주로 표현되는 공간개념으로, 그로피우스를 중심으로 로스(A. Loos)나 코르뷔지에(Le Corbusier) 그리고 직관에 의존하여 공간의 유기적 기능성을 표현한 해링(H. Häring)과 같은 건축가에 의해서 보이는 근대건축의 전형적 공간개념이다.

2) 심층적 공간개념

공간을 그 자체의 속성보다는 공간의 형식에 내재되어 있는 미적 특성을 중시하여 인과법칙의 기능과 대립되는 심층적인 의미의 추상적이고

그림 3-48 | 벡스너 센터(Wexner Center), 피터 아이젠만(P. Eisenman), 1983-89

개념화 과정으로 인식하려는 공간개념을 의미한다.

공간 속에 심층적으로 내재되어 있는 기억의 유추과정을 통해 환원적으로 경험하는 장소성과 관련되며, 공간형식의 질서체계에 의해서 반복적으로 규정되는 공간의 구심성을 표현한다.

때로는 형식주의적 심미주의로도 해석되는 건축적 통사개념에 바탕을 둔 기하학적 공간의 추상적이고 개념화된 공간구조에 대하여 대각선상의 공간이나 선과 면의 회전과 역전된 공간형태의 동시성을 표현하기도 한다.

그 심층적 의미에 관계된 개념에 있어서는 층화된 다층구조의 공간에서 자율적인 미의 개념을 표현하는 위상성을 나타내기도 한다.

특히 하나의 기호로서 통사론적 요소들이 내재적 상징으로 은유적으로 공간을 표현하거나 공간과 형태에 공시적으로 표상된 탈기능적 건축공간 개념이다.

따라서 미학적인 인식의 건축공간 개념으로는 주관주의적인 사변미학과 객관주의적인 경험미학의 영역 모두에서 표현되는 것으로, 지각의 연속적 개념에 따르는 문맥주의적 인식개념이나 반복의 구심적 형식주의적 인식개념 그리고 다층적인 의미론적 인식개념과 기호론적 인식개념에서 고르게 표현됨을 알 수 있다.

투명성으로 인한 공간의 위요감보다는 공간과 빛을 통한, 미적으로 상세하고 개념적 공간을 표현한 미스(Mies van der Rohe)의 건축공간이나 아이젠만(P. Eisenman)의 주택 시리즈를 통한 통사론적 접근방식, 절제된 기하형태를 통한 장소의 의미를 재생시키고 있는 로시(A. Rossi)나 웅거스(O. M. Ungers), 크리에(Krier) 형제와 같은 건축작품에서 표현된 공간개념이다.

3) 산일적 공간개념

완전성에 대해 새롭게 인식하려는 다의적 미학의 의미로 가장 순수한 기하학적 추상공간을 복잡하게, 즉 물리학에서 말하는 엔트로피를 크게 하는 방향으로 나아가는 공간을 의미한다. 이것은 자연이 시간의 흐름 속에서 변화를 계속하며, 결정론적인 방향보다는 비결정론적인 방향의 비선형적으로 전개되는 것에 따른다.

따라서 비평형상태(chaos)에서 평형상태로의 질서를 향한 역방향성의 새로운 공간개념이라는 무작위적 과정에 의해 얻어지는 산일적(散逸的) 공간으로 대표되는, 복잡성 속에서도 유사성과 반복, 일관성을 취하면서 미적 질서를 표현하는 공간의 자기 조직화 과정을 보이는 공간이 해당된다.

의미의 다의적 측면은 때로 현상적 관점에서는 심층적 공간개념의 표현과 마찬가지로 반복 이미지의 연상적 구심공간을 나타내기도 한다.

그림 3-49 | 안양 전망대(APAP2005), 엠브이알디브이(MVRDV), 2005

그러나 무엇보다도 비결정론적인 방향의 반입방체적 기하학의 공간의 동시적 표현의 형식주의적 특성을 가진다.

이러한 사변미학적 경향과 함께 하나의 보편적인 객관화된 표현으로서 다차원적인 경험이 내포된 일종의 매개적 공간개념이 포함되기도 한다.

따라서 미학적인 인식의 건축공간 개념으로는 주로 비결정론적 형식패턴에 따르는 반입방체적 기하학의 형식주의적 인식개념과 반복적 연상성의 문맥주의적 인식개념이라는 사변미학의 실증적 개념과 함께 정보이론적 인식개념의 질서원리의 다양성을 경험미학적으로 표현하는 공간개념으로 정의할 수 있다.

하디드(Z. Hadid)나 리베스킨트(D. Libeskind), 게리(F. O. Gehry) 그리고 엠브이알디브이(MVRDV)와 같은 비결정론적 해체성향의 건축에서 보이는 건축공간에서부터 어긋남의 수법이나 축선회전 등의 기하학 공간형태로부터 해체해 간다는 마이어(R. Meier)나 홀라인(H. Hollein)의 건축공간이 포함된다.

4) 인지적 공간개념

현대건축이 장소성에 대한 존재론의 실존적 공간인식에 집중하면서부터 오히려 건축공간의 인식과 표현경향은 공간적 질서만을 부각시키는 인간 정위의 수단으로서 간주되거나 의미론적 인식개념에 구속되면서, 다양하고 풍부한 인간의 주체적 인식과 정서가 간과되어서 건축공간이 건축적 체험의 객체적 대상으로 추상화되는 결과를 낳은 것으로 판단되었다.

특히 공간인식에 대한 건축적 주체인 인간의 실존이 존재론적으로 가정된 것으로 출발하게 되면 역동적으로 변화해 가는 구체적인 상황에서의 인간과 세계, 인간과 환경, 인간과 건축을 대립적인 관점으로 바라볼 수밖에 없는 한계성을 가지게 된다.

따라서 인간 실존에 대한 한계와 반성을 위한 현대의 새로운 건축공간 인식과 그 표현개념이 요구되었고, 그것을 인지적 공간개념으로 정의하였다.

인지적 공간개념은 건축의 인식과 표현의 문제에서 물리적 구성요소에 의해 형성된 새로운 관계성을 공간 사용자의 인지구조에 따라 표현하는 공간개념을 의미한다.

공간에 대한 제한된 일련의 환경적 특성들이 대상 상호간의 관계성에 기초한 관찰자의 인지구조에 부합하는 정도에 따라 의미지어지기 때문에, 건축공간의 형식관계의 표현은 인시석 경험의 범주를 시대와 문화, 사회 상황에 대한 관찰자의 주관적 의미와 함께 객관적인 맥락적 경험 간에 연상되는 일종의 환경적 지각작용에 집중하게 된다.

이러한 환경적 지각작용은 건축가의 주관적 정서나 관념에서보다는 객관주의적인 경험미학에서 주로 표현되는 것이기 때문에, 건축공간에서의 인지적 개념은 사물의 존재 그대로 나타내려는 공간이나 공간의 탈혀상화 모색을 목적으로 외부로의 확산에 관심을 둔 환경과의 관계로서 인식하는 공간개념으로서 건축형태와 환경과의 대상적 관계성을 중시한다.

그리고 그 건축공간의 대상적 관계성에 존재하는 공간의 명료성뿐만 아니라 불명확성도 고려되어 환경적 지원성(affordance)에 대한 인간 경험의 사회적 성격 또한 중시한다.

이를 위한 건축의 공간적 정보의 구성은 먼저 공간적 결절점(node)과 영역을 구성하고, 이것을 통로(path)의 개념으로 서로 연결시켜 공간의 형상성(configurations)으로 표현되며, 결절점 공간, 전이공간 등이 스케일이나 비례의 과장된 지각으로 표현되거나 공간의 특수한 분위기 조성 등으로 표현되는 경향이다.

특히 현대에는 미니멀리즘적 공간의 표현과 함께 관찰자 스스로 환경적 공간을 지각하여, 그 속에서 새로운 자신의 존재를 초월론적으로 인식하게 되는 명증의 공간으로서 시각적 위치와 장소성을 표현한다.

또한, 환경적 층구조로 확장된 자율적인 위상공간 표현이나 장소적 의미의 현상학적 실존공간의 의미에 중점한 표현개념이기도 하다. 객관화된 경험적 인식 표현에서 벗어나면 관찰자 자신의 주관적인 지각의 연속성 개념을 따르게 되어 반복 이미지의 연상적 구심공간이 표현되기도 한다.

따라서 미학적인 인식의 건축공간개념으로는 주로 의미에 집중한 의미론적 인식개념과 주관주의의 초월적 다양성의 정보이론적 인식개념을 가지는 객관적 표현의 경험미학과 함께 주관주의적 사변미학의 인식개념으로는 반복 이미지의 연상적 공간이라는 문맥주의적 인식개념이 특징적으로 표현된다.

그림 3-50 | 바라간 주택(Casa de Luis Barragan), 루이스 바라간(L. Barragan), 1947

줌터(Peter Zumthor)나 무오라(E. S. Moura), 바라간(L. Barragan) 등은 풍토적 건축이 가지는 장소적 특성을 교감적인 공간으로 표현하거나, 라 로차(P. M. La Locha)나 저드(D. Judd)와 같이 무질서에 대한 반작용으로 넓게 트인 대지에 매개적 공간만을 위한 환경 속의 건축을 지향하는 작품이 이 공간개념에 해당하며, 포토게시나 헤르츠버거(H. Hertzberger), 안도(T. Ando) 등의 작품에서도 표현되고 있는 공간개념이다.

참고문헌

1. 강대석, 미학의 기초와 그 이론의 발전, 초판, 서광사, 1984.
2. 강손근, 木幡順三, 美と藝術の論理-美學入門, 미와 예술의 논리, 초판, 집문당, 1995.
3. 국제편집부, 上松佑二, 建築空間論, 초판, 도서출판국제, 1987.
4. 국제편집부, 中村吉郎, 建築造型의 基礎, 초판, 도서출판국제, 1986.
5. 권태문, 현대건축의 예술성, 초판, 태림문화사, 1995.
6. 길성호, 현대건축사고론, 초판, 미건사, 1997.
7. 김경연, Burger, Peter, 미학이론과 문예학방법론, 초판, 문학과 지성사, 1989.
8. 김경호·이강호, Scruton, Roger, The Aesthetic Understanding, 미학의 이해, 초판, 기문당, 1991.
9. 김광현 역, C. Norberg-Schulz, 실존 · 공간 · 건축 EXISTENCE, SPACE AND ARCHITECTURE, 4판, 태림출판사, 서울, 1994.
10. 김광현, Frankl, Paul, Principles of Architectural History, 건축형태의 원리, 초판, 기문당, 1997.
11. 김광현, Norberg-Schulz, Christian, Existence, Space and Architecture, 실존, 공간, 건축, 4판, 태림문화사, 1994.
12. 김문환, 미학의 이해, 초판, 예술출판사, 1989.
13. 김문환, Kultermann, Udo, Kleine Geschichte der Kunsttheorie, Wissenschaftliche Buchgesellschaft, Darmstadt, 예술이론의 역사, 초판, 문예출판사, 1997
14. 김인환, 미학 예술학 서설, 초판, 미술문화원, 1995.
15. 김정동, Muschenheim, William, Elements of the Art of Architecture, 건축예술의 요소, 초판, 기문당, 1980.
16. 김채현, Tatarkiewicz, Wladyslaw, History of the Concept of Art-from A History of Six Ideas, 예술개념의 역사-테크네에서 아방가르드까지, 초판, 열화당, 1986.
17. 김철호 외 3인, 한권으로 읽는 세계의 사상100선, 초판, 녹두, 1994.
18. 문석창, 宮川英二, 建築的 空間, 초판, 기문당, 1986.
19. 박의현·백기수, Bosanquet, Bernard, 미학사, 초판, 문운당, 1967.
20. 박인철, Floch, Jean Marie, 조형기호학, 초판, 한길사, 1994.
21. 백기수, 미학, 초판, 서울대학교 출판부, 1987.

22. 서우석·임양혁, Langer, Monika, M., 지각의 현상학, 초판, 청하, 1992.
23. 서유석, Bonta, Juan Pablo, Architecture and its Interpretation, 건축의 표현체계, 초판, 기문당, 1992.
24. 손효주, Tatarkiewicz, Wladyslaw, 미학의 기본개념사, 초판, 미진사, 1990.
25. 신재순, 건축의 미학적 고찰에 관한 연구, 홍익대 석사논문, 1982.
26. 안영길 外, 竹內敏雄, 美學藝術學 辭典, 초판, 미진사, 1989.
27. 윤일주, Rasmussen, Steen Eiler, Experiencing Architecture, 건축예술의 체득-건축 의장론, 초판, 야정문화사, 1970.
28. 이강헌, Tzonis, Alxander, Towards a non Oppressive Environment, 건축적 사고의 구조, 초판, 태림문화사, 1993.
29. 이근영, Marcuse, Herbert, 미학과 문화, 최현, 초판, 범우사, 1989 .
30. 이병용, 渡邊 護, 藝術學, 초판, 현대미학사, 1994.
31. 이석우, Lambert, Rosemary, The Twentieth Century ; Combridge Introduction to the History of Art, 20세기 미술사, 초판, 열화당, 1986.
32. 이성훈·안원혁, Beardsley, M., 미학, 초판, 이론과 실천, 1987.
33. 이용재, 건축공간 인식에 대한 미학적 구성범주에 관한 연구, 한국실내디자인학회지 20호, 1999.9
34. 이용재·윤도근, 근대건축공간의 미학적 인식에 관한 연구, 한국실내디자인학회지 14호, 1998.3
35. 이용재·윤도근, 미학적 공간인식에 따른 건축공간개념의 변화에 관한 연구, 한국실내디자인학회지 16호, 1998.9
36. 이용재, Jenckes, Charles, 근대건축운동, 초판, 집문당, 1987.
37. 이용재, Pérez-Gómez Alberto, 건축과 근대과학의 위기, 초판, 집문사, 1989.
38. 이재훈, 葉樹源, 建築과 哲學觀, 초판, 대건사, 1988.
39. 이정수, Collins, Peter, Changing Ideals in Modern Architecture 1750-1950, McGill-Queen's University Press, 근대건축의 이념과 변화, 초판, 태림문화사, 1992.
40. 이정우, Clément, Élisabeth 外 3人, Pratique de la Philosophie de A à Z, 철학사전-인물들과 개념들, 초판, 동녘, 1996.
41. 이창우, 이영 편역, Kuma Kengo, 新/建築入門, 건축의 흐름, 초판, 현대건축사, 1998.
42. 이창우·김영진·박창호 역, Donard A. Norman, 디자인과 인간심리 THE PSYCHOLOGY OF EVERYDAY THINGS, 3쇄, 학지사, 서울, 2000.

43. 이현호, Conrads, Ulrich, Programs and manifestoes on 20th-Century Architecture, 건축선언문집, 기문당, 1985.
44. 이화여대출판부, Kuhn, Thomas Samuel, The Structure of Scientific Revolution, 과학혁명의 구조, 조형, 2판, 1994.
45. 임병송·김해룡, 미학에의 초대, 초판, 이웃, 1991.
46. 임영배·신태양, 井上充夫, 建築美論, 초판, 도서출판국제, 1994.
47. 정병관 外, 현대미술의 동향, 중판, 미진사, 1991.
48. 정성원, Joedicke, Jürgen, 건축의 법칙- 그 공간과 형태, 초판, 미건사, 1995.
49. 정영수·윤재희, Norberg-Schulz, Christian, Meaning in Western Architecture, 서양건축의 본질적 의미, 초판, 세진사, 1987.
50. 정영철, Tuan, Yi-Fu, Space and Place-The Perspective of Experience, 공간과 장소, 초판, 태림문화사, 1995.
51. 정진원·고성룡, Van de Ven, Cornelis, Space in Architecture, 건축공간론, 초판, 기문당, 1988.
52. 조요한, 예술철학, 초판, 경문사, 1983.
53. 조철희·김경준, Lang, Jon, Creating Architectural Theory, 건축이론의 창조, 초판, 도서출판국제, 1991.
54. 진경돈·이정국, Norberg-Schulz, Christian, Architecture: Meaning and Place, 건축의 의미와 장소성, 초판, 미건사, 1994.
55. 최성만·이병진, Hauser, Arnold, 예술의 사회학, 초판, 한길사, 1983.
56. 최재석, 杉本俊多, 建築의 現代思想-포스트모던 이후의 패러다임, 초판, 도서출판 발언, 1998.
57. 최종현·신형준, Abercrombie, Stanley, Architecture as Art : an Esthetic Analysis, 건축예술론, 세진사, 1988.
58. 최종현·정영수, Zevi, Bruno, Architecture as Space, 공간으로서의 건축, 초판, 세진사, 1983.
59. 최창규, Giedion, Sigfried, Space, Time and Architecture, 공간 · 시간 · 건축, 중판, 산업도서출판공사, 1990.
60. 허동국 역, David Canter, 건축심리 Psychology for Architects, 초판, 기문당, 서울, 1992.
61. 홍성태, 소비자 심리의 이해, 초판, 도서출판 나남, 서울, 1992.
62. 홍승용, Adorno, Theodor W., 미학이론, 초판, 문학과 지성사, 1989.
63. 황연숙 옮김, Francis D. K. Ching, 건축의 형태공간 · 규범, ARCHITECTURE: Form, Space and Order, 2nd edition, 1판 3쇄, 도서출판 국제, 서

울, 2007.
64. 황지우, Golding, John, 큐비즘, 초판, 열화당, 1988.
65. 阿部公正, 建築美學-建築學大系, 東京, 彰國社, 1968.
66. 彦坂裕, 建築の變容, 東京, INAX出版, 1992.
67. 月刊美術 編, 세계미술용어사전, 6판, 중앙일보사, 1996.
68. Banhan, Reyner, Theory and Design in the First Machine Age, Architectural Press, 1960.
69. Berlyne, D. D., Aesthetics and Psychology, New York, Meredith Corporation, 1971.
70. Collins, Peter, Architectural Judgement, Faber & Faber, London, 1971.
71. Coquhoun, Alan, Essays in Architecture Criticism : Modern Architecture and Historical Change, Cambridge, MIT Press, 1981.
72. Curtis, William J. R., Modern Architecture Since 1900, Oxford, Phaidon Press, 1982.
73. Frampton, Kenneth, Modern Architecture ; a critical history, 3rd ed., Thames & Hudson, London, 1992.
74. Friedman, Jonathan B., Creation in Space, Iowa, Kendall/Hunt Publishing Company, 1981.
75. Galluzzi, Paolo, Renaissance Engineer Fraom Brunelleschi to Leonardo da Vinci, Giunti, 1996.
76. Geoffrey, Broadbent, Sign, Symbols, and Architecture, New York, John Wiley & Sons, 1980.
77. Gibson, James J., The Senses Considered as Perceptual Systems, Boston, Hoveghton Mifflin Co., 1966.
78. Jencks, Charles, Architecture Today, New York, Rizzoli, 1982.
79. Jencks, Charles, Le Corbusier and the Tragic view of Architecture, Cambridge, Mass, Harvard Univ. Press, 1974.
80. Joedicke, Jürgen, Architecture since 1945, New York, Frederik A. Praeger Publishers, 1969.
81. Lampugnani, Vittorio M., Architecture and City Planning in the Twentieth Century, New York, Van Nostrnad Reinhold, 1985.
82. Langer, Susanne K., Philosophy in a new Key, Cambridge, 1973.
83. Lesnikowski, Wojciech G., Rationalism and Romanticism in Architecture, New York, McGraw-Hill Book Company, 1982.

84. Lym, Glenn Rovert, A Psychology of Building, Englewood Cliffs, New Jersey, Prentice-Hall Inc., 1980.
85. Lynch, Kevin, The Image of the City, New York, MIT Press, 1975.
86. Moneo, R., On Typology, Oppositons 3, Cambridge, The MIT Press, 1977.
87. Papadakis, Andrea, A Decade of Architectural Design, London, Academy Editions, 1991.
88. Pevsner, Nikolaus, An Outline of European Architecture, New York, Penguin, 1981.
89. Portoghesi, Paolo, After Modern Architecture, New York, Rizzoli, 1982.
90. Prigogine, Ilya, The End of Certainty, New York, The Free Press, 1996.
91. Rowe, Peter G., Design Thinking, Cambridge, The MIT Press, 1987.
92. Scott, Geoffrey, The Architecture of Humanism, New York, Norton, 1974.

그림출처

그림 3-2 http://cafe.naver.com/pianolove/83680 재제작
그림 3-3 http://blog.naver.com/sweatman/130049143079 재제작
그림 3-8 CJ CGV제공
그림 3-11 http://blog.naver.com/fkrishna/20099213169
그림 3-12 http://blog.naver.com/igotoworld/110067774027 재작업
그림 3-14, 15 THE MASTER ARCHITECT SERIES II, 1, ARCHITECTURE · STUDIO, images publishing, 1996
그림 3-16, 17 http://www.stevenholl.com/
그림 3-18, 19 http://blog.naver.com/jinsub0707/140
그림 3-20, 21, 22, 23 http://www.Tschumi.com
그림 3-25 http://blog.naver.com/circlej/1100458131
그림 3-26 http://cafe.naver.com/buildinginworld/1518
그림 3-27 CJ CGV 제공
그림 3-28, 29 삼성전자 제공

4 장

새로운 건축공간의 양상과 실험

4장 새로운 건축공간의 양상과 실험

4-1 디지털 건축과 공간

4-1-1 디지털 건축의 탄생

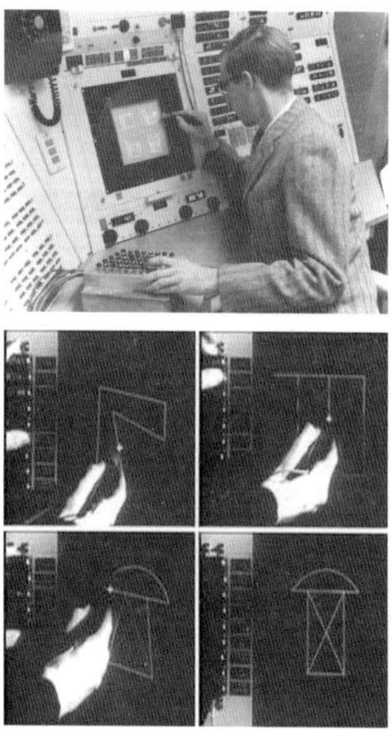

그림 4-1 | 이반 서덜랜드의 SKETCHPAD
SKETCHPAD는 단순히 선을 그리는 수준이 아니라 그려진 형태를 수직 수평에 맞게 정렬하거나 복사, 축소 등이 가능했습니다. 또한 기하학적인 원이나 호를 그릴 수 있었다.

디지털 테크놀로지는 1980년 초부터 퍼스널컴퓨터가 보급되면서 누구나 이용할 수 있는 기술로 급속히 발전하였고, 1990년대에 소개된 인터넷의 보급으로 정보화 네트워크 시대가 열리면서 건축분야에는 디지털건축이라는 새로운 패러다임이 생겨났다. 디지털 건축 분야에 가장 많은 영향을 미친 대표적 디지털 기술은 CAD(Computer Aided Design)를 필두로, 2차원 그래픽/3차원 모델링/VR(Virtual Reality) 기술과 네트워킹 및 인터넷의 발전이라고 할 수 있다.

CAD의 시작은 MIT의 이반 서덜랜드(Ivan Edward Sutherland)가 1963년 개발한 SKETCHPAD로 볼 수 있다. SKETCHPAD는 TX-2라는 거대한(1,000평방피트) 컴퓨터에 의해서 작동되며 light pen이라는 펜 모양의 입력장치를 손으로 들고 그려서 그림을 그릴 수 있었다.

초창기 CAD시스템은 거대하고 고사양의 컴퓨터(매우 고가인)가 필요했기에 대중화되지 못했지만, 1977년 애플사의 APPLE Ⅱ가 발표되고 개인용 컴퓨터 시대가 열린 이후로 좀 더 전문적인 건축제도용 프로그램으로 발전하기 시작했다. PC의 성능이 높아지고 소프트웨어 기술이 발전함에 따라 CAD는 단순히 도면을 그리기 위한 도구에서 벗어나 커뮤니케이션을 위한 렌더링 이미지와 애니메이션 등을 만드는 도구로 발전했다. 이

그림 4-2 | APPLE Ⅱ : 애플사에서 77년 발매된 개인용 PC 키보드, 음향장비, 8개의 확장슬롯을 포함하고 있음.

러한 3D 형태 생성기술은 단순히 제도를 대신하는 수준을 넘어서 인간의 머리로는 사고할 수 없는 형태, 공간감 등을 도출해 내기 위한 도구로 그 기능이 발전되고 적용범위가 확대되어 가고 있다.

이반 서덜랜드는 68년 하버드 대학에서 VR(가상현실)의 시초라고 할 수 있는 HMD(헤드 마운트 디스플레이)를 개발한다. 사용자는 이 장치를 머리에 쓰고 가상현실을 체험할 수 있다. VR은 78년에 MIT의 앤드류 리프만(Andrew Lippman)의 Aspen Movie Map으로 발전하게 된다. VR은 Aspen Movie Map을 거쳐 92년 SIGGRAPH의 CAVE로 발전하게 된다. CAVE는 큐브형의 방에 사용자가 들어가 체험하게 되는 몰입도가 높은 VR이다.

1969년에는 인터넷의 시초라 할 수 있는 아르파넷(ARPANET)이 출범하였다. UCLA와 SRI연구소간에 2노드를 이은 것이 아르파넷의 시작이다. 아르파넷은 NSFnet을 거쳐 발전하다 89년 팀 버너스 리(Timothy John Berners Lee)에 의해 고안된 월드 와이드 웹(WWW)에 자리를 내주게 된다. 인터넷은 1993년 브라우저인 모자이크(Mosaic)가 출시함에 따라 폭발적으로 성장하게 된다. 97년부터 보급되기 시작한 광대역 통신망은 지금의 초고속인터넷을 가능케 했다. 이러한 디지털 기술의 발전으로 인해 건축분야의 디자인 기법과 프로세스에 많은 변화가 있었고, 사이버 공간이라는 건축가가 다루어야 할 새로운 공간도 함께 탄생하였다.

그림 4-3 | Aspen Movie Map
Aspen Movie Map은 사실 니콜라스 네그로폰테(Nicholas Negroponte)와 그의 건축 기계 집단(Architecture Machine Group)이 군사적 목적으로 미국방위고등연구계획국(DARPA)의 지원을 받아 만든 최초의 하이퍼미디어 시스템이다. 전혀 새로운 지역에 병력을 투입할 때 미리 그곳을 가상으로 체험할 수 있도록 하는 시뮬레이션이며 그 대상으로 콜로라도 주의 아스펜시를 선택했다. 이를 위해 특수카메라를 장착한 트럭으로 아스펜시 거리 곳곳을 3m 간격으로 촬영하였다(강태훈).

4-1-2 디지털 건축의 정의

'디지털 건축'이라는 어휘의 정의와 범위는 아직까지 뚜렷하지 않고 광의적으로 쓰이고 있다. 디지털 건축은 컴퓨터, 소프트웨어, 네트워크 그리고 인터액티브 기술의 발전과 더불어 그 정의와 특성이 변화하고, 건축분야에서의 적용범위가 끊임없이 확대되어 가고 있다. 디지털 건축은 크게 두 가지로 정의 내릴 수 있다. 첫째, 건축설계를 위한 도구로서의 사이버공간과 기술, 둘째, 건축적 공간 구축의 대상으로서의 사이버 공간이다.

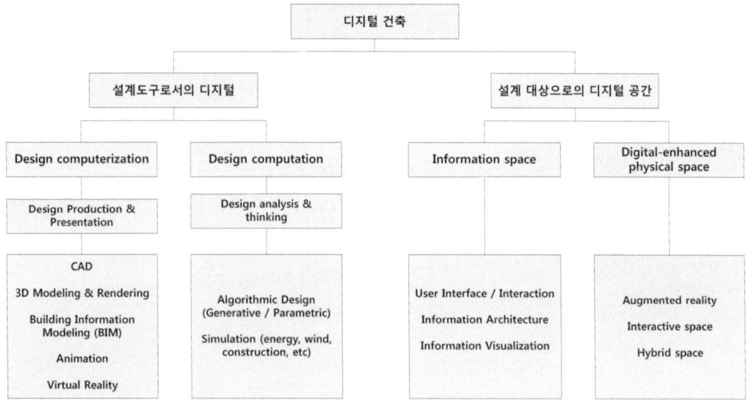

그림 4-4 | 디지털 건축의 영역

(1) 사이버 공간

그림 4-5 | 윌리엄 깁슨의 뉴로맨서(Neuromancer) 책 표지

사이버 공간은 컴퓨터, 디스플레이, 인터넷의 발전과 함께 의미와 적용 범위가 확장되고 있다. 사이버 공간(cyber space)은 디지털 공간(digital space), 가상현실(virtual reality)이라는 말과 혼용되어 사용되고 있다. 사이버 공간이라는 용어는 1985년에 소설가 윌리엄 깁슨(William Gibson)에 의해 처음 소개되었다. 깁슨은 그의 소설 『Neuromancer』에서 '사이버 공간은 디지털화 된 정보들이 만들어내는 가상현실이 현실세계에서는 없었던 새로운 공간각적인 환상을 만들어내는 곳이다'라고 정의하였다. 몇 년 후인 1991년 마이클 베네딕트(Michael Benedikt)의 저서 『Cyberspace: First Steps』에서 사이버 공간은 "인간이 항해하는 인공의 무한한 정보공간(an infinite artificial world where humans navigate in information-based space)"이라고 정의하였고, 컴퓨터들의 통신망에 의한 연계에 의해서 만들어졌다는 점을 강조하였다. 약간의 차이는 있지만 두 견해 모두 디지털기술과 컴퓨터 간의 네트워크에 의해 만들어진 정보들의 다차원적 세계라는 공통된 측면을 가지고 있다. 가상현실은 나머지 둘과는 약간 다른 측면을 강조한 표현이다. 사이버, 디지털 공간이 컴퓨터와 네트워크에 의해 열린 공간이라면 가상현실은 그 속에 존재하는 경험이라고 할 수 있다(차은주, 2007).

(2) 사이버 공간의 특성

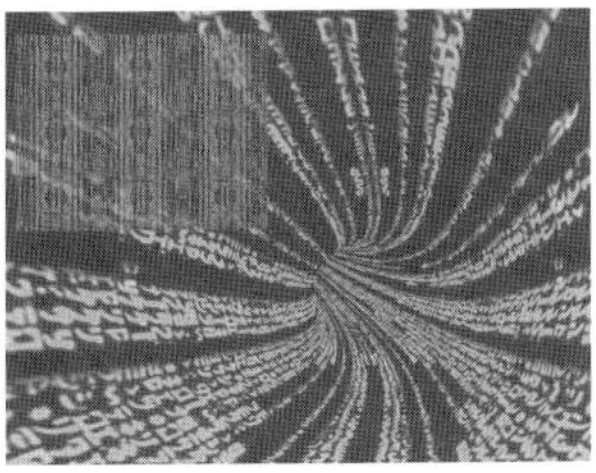

그림 4-6 | 비트로 이루어진 디지털 스페이스

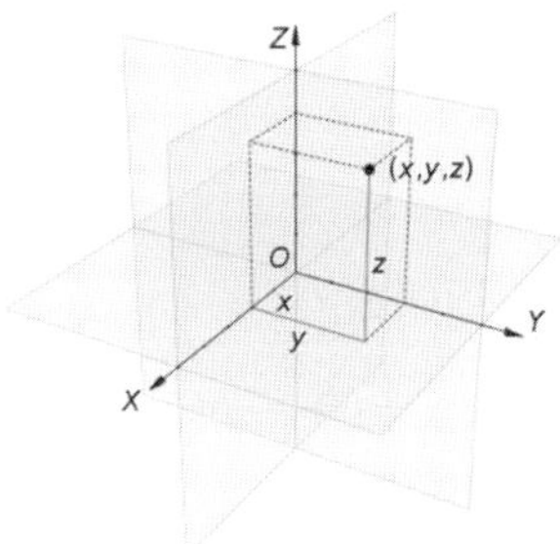

그림 4-7 | 3차원 직교 좌표계

인간이 거주하는 물리공간과는 다르게, 사이버 공간에는 정보(혹은 데이터)가 담기는 공간이다. 사이버 공간 내의 정보들은 컴퓨터 기술과 인터넷의 발달로 인해 물리적 위치나 시간차와 상관없이 세계 어디서든 수많은 하이퍼링크로 연결되어 색, 소리, 이미지, 글자 등으로 표현되어 인간에게 전달되고 상호 교류한다. 사이버 공간상에 나타나는 정보가 실제로 저장되어 있는 컴퓨터 서버의 위치와 정보가 이동하는 광케이블, 표현되는 사이버 공간의 위치는 일치하지 않으며, 사이버 공간 안에서 나는 언제라도 어디에라도 존재할 수 있으며 동시에 여러 장소에 존재할 수도 있다. 사이버 공간에는 물리공간과 같은 중력과 같은 물리적 법칙이 적용되지 않으며, 비, 바람, 온도변화와 같은 환경적 요인도 없다. 사이버 공간에는 물체의 크기, 길이, 무게, 시간과 같은 물리공간의 시공적 한계와 개념은 존재하지 않는다. 또한 돌, 금속, 나무와 같은 물질적 특성도 없는 공간이다. 일반적으로 디스플레이상의 사이버 공간은 데카르트(Ren Descartes)에 의해 만들어진 3차원의 직교 좌표계(Cartesian Coordinate System)에 의해 표현된다.

데카르트 좌표계(Cartesian System)는 좌표평면의 원점 0을 중심으로 직교하는 좌표축에 의하여 평면상의 위치를 표현하는 기법이다. 두 좌표축 X, Y를 활용하여 만든 2차원 좌표계는 면을 표현할 수 있고 직교하는 세 X, Y, Z 좌표축에 의하여 만들어진 3차원 좌표계는 입체를 표현할 수 있다. 고전물리학의 경우 우주를 3차원의 세계로 이해했던 것에 반해 아인슈타인은 3차원에 시간 축을 추가하여 4차원의 시공간의 개념을 만들어냈다. 제4의 축을 시간이 아닌 움직임의 개념을 도입하여 4차원 초입체를 표현할 수도 있다.

그렇다면 사이버 공간은 몇 차원일까? 간단하게 말하면 n차원으로 말할 수 있다. 위치, 거리, 움직임 외에도 소리, 색상 등 얼마든지 차원의 추가가 가능하기 때문이다. 사이버 공간은 좌표계의 특성을 따르기에는 공간적 범위도 무한하다.

4-1-3 디지털 건축의 범위

(1) 설계도구로서의 디지털 기술과 공간

건축가는 설계를 위한 도구로서 디지털 기술을 크게 두 가지 목적으로 이용한다. 첫째, Design Computerization으로 전통적으로 행해오던 건축도면의 작성을 디지털화하는 것으로 정의할 수 있다. 둘째, Design Computation으로 디지털과 컴퓨터 기술을 인간의 사고능력만으로는 불가능하였던 건축물의 설계나 분석에 창의적 설계나 분석도구로 활용하는 것으로 정의할 수 있다.

1) Design Computerization

전통적으로 건축가는 건축물의 디자인을 지면 위에 평면, 입단면, 투시도와 같이 하나의 고정된 시점으로 일일이 작성하거나 물리적 스케일 모형을 통해 표현해 왔다. 그러나 CAD와 3차원 그래픽 기술을 이용하면서, 건축도면을 디지털화함으로써 한 번의 디지털 도면 작성으로 다양한 시점의 도면을 무한히 작성할 수 있게 되었으며, 3차원 렌더링·애니메이션·가상현실 기술을 이용해 건축물을 실제와 같이 정확하게 표현하고 경험할 수 있게 되었다.

디지털 도면은 인터넷을 통해 순식간에 전송, 복제, 수정되고 세계 어느 곳에서나 공유 및 출력이 가능하게 되었다. 이러한 기법들은 건축도면의 작성을 매우 빠르고 효율적으로 수행하고 건축물의 설계안을 쉽게 검토하며, 실제와 같은 가상 이미지와 정확한 분석결과로 건축주나 시공사를 효과적으로 설득하고 커뮤니케이션할 수 있게 하였다. 과거 건축가의 의사소통방식이 주로 스케치, 평입단면도, 투시도, 스케일 모델에 의해서 이루어졌다면, 이제는 실제 건물의 사진과 같은 3D 렌더링 이미지나 마치 실제 완공된 건축물을 미리 가보는 듯한 VR(가상현실), walk-through가 대신한다.

이러한 프레젠테이션과 커뮤니케이션을 위한 디지털 건축도구와 더불어, BIM(Building Information Modeling)이라는 3차원 디지털 건축모델이 단순한 기하학적인 형태를 넘어서 다양한 객체정보를 담게 된다. BIM을 통해서 Cad는 단순한 도면을 그리기 위한 도구에서 견적, 설계오류 및 간섭체크, 시공성 검사 등 과거에 분야별로 분리되어 다루어졌던 건물정보가 3차원 모델과 결합되어 더욱 쉽고 효과적으로 다루어지기 시작했다. 또한 BIM을 통해 한 가지 도면을 여러 사람이 동시에 작업할 수 있으며, 한 장의 도면에서만 수정을 하면 다른 도면들도 이에 맞게 자동으로 수정되는 등 건축분야에 BIM의 기능과 활용범위는 점차로 확대되고 있다.

그림 4-8 | Google SKETCHUP의 walk-through 애니메이션

3차원 모델링 기술이 발전하여 마치 실제 건물 안을 사용자가 걸어 다니며 둘러보는 것 같은 체험이 가능하게 되었다. 이 기능을 통해 사용자는 건물이 지어지기도 전에 건축에 대한 지식이 전혀 없어도 건물이 완공된 이후를 가상으로 체험할 수 있기에 디자인 단계에서 건축가와 건축주간의 의사소통에(또는 시공단계에 입주분양자를 모집할 때)아주 유용할 수 있다.

2) Design Computation

컴퓨터가 없이는 성립 자체가 불가능한 건축물들이 있다. 이러한 불가능을 가능케 하는 컴퓨터를 활용한 디자인 기법이 Design Computation이다. 컴퓨터 없이는 형태를 도면화 하지 못하는 건물설계에서부터 컴퓨터가 없이는 상상하기조차 힘든 형태를 컴퓨터 연산을 통해 창조해 나가는 기법까지 컴퓨터의 활용기법과 정도는 다르지만 모두가 Design Computation의 영역이라 할 수 있다. 전자의 대표적인 예로 프랭크 게리를 들 수 있다.

그림 4-9 | 프랭크 게리와 3d 곡선형 건축모형

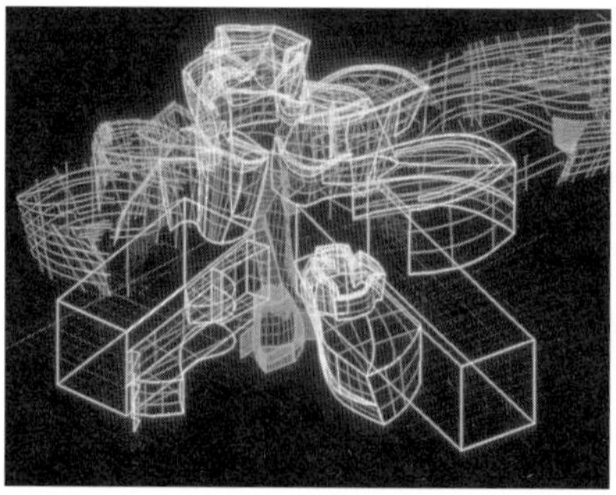

그림 4-13 | 카티아에서 본 빌바오 구겐하임 미술관(Guggenheim Bilbao Museum)

그림 4-14 | 프랭크 게리의 빌바오 구겐하임 미술관

수직 수평에 익숙해져 있는 우리의 눈에 게리의 건물은 3차원적이며 매우 현란하다. 게리는 건물의 형태를 모형을 통해서 구상하고, 이를 내시경 카메라로 모형 내부를 들여다보며 공간감과 유입되는 빛을 확인하며 형태를 잡아나간다. 모형에 의한 형태가 결정되면 카티아(Catia-항공기 제작을 위해 만들어진 3D Cad프로그램의 일종)라는 프로그램을 사용하여 역학구조계산과 외장재 설계, 축소모형 제작, 도면 생산 등을 수행한다. 카티아와 같은 모델링 어플리케이션이 없었더라면 게리의 구겐하임 미술관은 존재할 수 없었다.

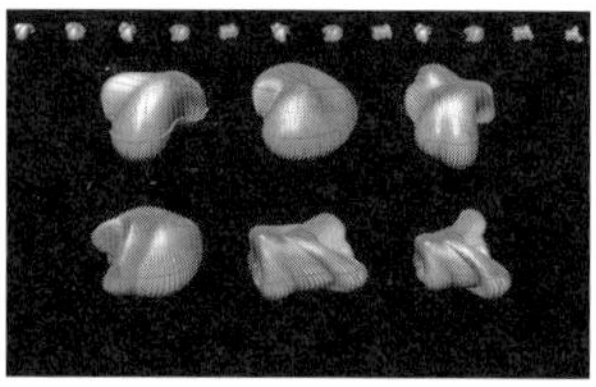

그림 4-10 | 그렉 린의 3차원 애니메이션을 이용한 형태변형 프로세스

흔히 말하는 '디지털 건축가'들이 주로 속하는 영역이 후자라고 할 수 있다. 대표적인 디지털 건축가로 그렉 린(Greg Lynn), 마르코스 노박(Marcos Novak), 유엔 스튜디오(UN STUDIO), 우스터휘우스 그룹(Oosterhuis associates), 녹스(NOX) 등을 들 수 있다.

그림 4-11 | 그렉 린의 Blobwall Pavilion

그렉 린은 Animate Form이라는 건축형태 생성 개념을 도입해 3차원 컴퓨터 애니메이션 기술을 이용한 형태의 변형을 통해 건축물의 새로운 디자인을 만들어낸다. 전통적으로 건축은 정적이고 고정된 형상이었다고 생각하는 그렉 린은 애니메이션뿐만 아니라 특수효과 소프트웨어를 사용하여 가소적(plastic)이고 가변적(flexible), 변하기 쉬운(mutable) 객체로 공간과 형상을 변형한다. 그의 작품 Port Authority Gateway(1995)를 보면 사이트를 관통하는 보행자나 자동차의 움직임들을 시뮬레이트(simulate)하여 이 흐름들을 사이트에 표현했다. 시뮬레이트된 움직임의

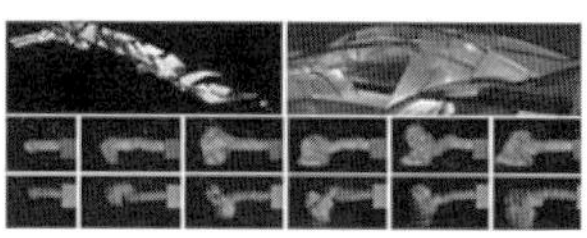

그림 4-12 | 그렉 린의 Port Authority gateway

다양한 힘들이 건축물의 형태를 만들어냈다.

마르코스 노박은 유클리드 기하학의 개념을 부정했다. 노박은 물질적 메커니즘만으로는 이해될 수 없는 다양한 공간구성 방법론과 양식이 존재한다고 믿었으며, 유클리드기하학에 의한 공간형태 결정을 비판하고, 그 사고로부터의 전환을 주장했다. 그의 작품 Data-Driven Form을 통해서 비유클리드적 공간구성의 가능성을 제시했다. 이 작품에서 노박은 보이지 않는 힘을 시각적으로 표현하고 있으며, 여러 가지 힘에 의하여 영향 받은 데이터를 근거로 형태 변형 프로세스를 제안하고 있다.

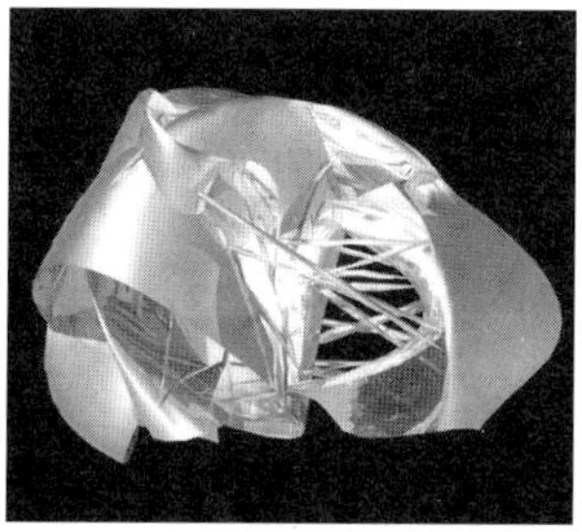

그림 4-15 | 마르코스 노박의 Data-Driven Form

그의 대표적 디자인 개념은 액상화(liquid architecture)와 트랜스 아키텍처(trans architecture)이다. 액상화란 실제의 물리공간과 사이버스페이스의 가상공간 사이에 경계는 이미 허물어졌기 때문에 두 공간을 통합하기 위하여 상반되는 것들(딱딱함 속의 부드러움, 여성성 속의 남성성, 실재와 가상)을 병합하는 것이다. 즉, 건축은 더 이상 고정적인 것이 아니라 내부와 외부공간이 마치 액체와 같은 성질의 유동적인 건축이라는 의미이다. 이러한 액상화의 개념은 다른 디지털 건축가들에게 있어서 핵심적인 담론 주제이다. 트랜스 아키텍처란 액상화를 확장시킨 개념이다. 액상화가 액체적 변환성을 관찰하는 것을 말한다면, 트랜스 아키텍처는 그 변환성의 효과를 의미한다. 즉, 정보성과 물질성, 가상성과 실재, 가능성과 실질성으로 망을 이루어 다양하게 꿰어지면서 다양한 작업을 병행하는 건축을 의미한다.

그림 4-16 | 마르코스 노박의 warp map 4d ext

우스터휘우스는 과거의 진부한 코드나 고전적 패러다임과 규칙으로는 건물형태에 대한 새로운 시도가 불가능하다고 생각한다. 건축형태의 기본요소인 육면체, 구, 원기둥, 원뿔 같은 순수기하학의 형태를 거부하고 복잡한 기하학과 인간의 행위를 병합하는 몸체 건축(body-building)을 주장했다. 그의 작품 트랜스-포트2001(Trans-Ports 2001)에서 건물은 인간의 몸처럼 실시간으로 변화한다. 이 건물은 특정 웹사이트에서 실시간 변형게임이라는 게임에 의해 정보를 받아들이고 이에 반응하여 건물의 외형과 구조가 실시간으로 변화한다.

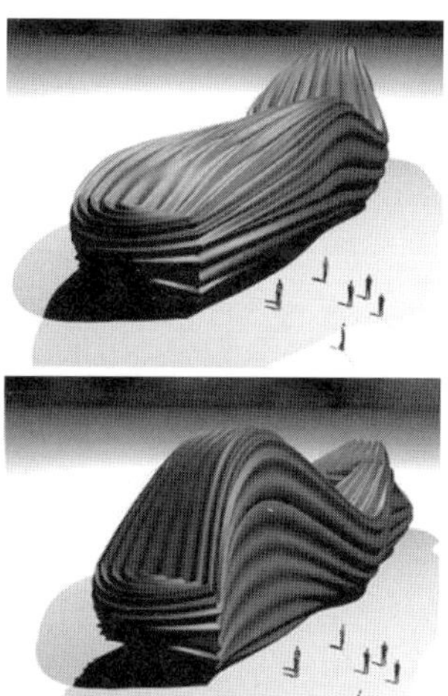

그림 4-17 | 우스터휘우스의 트랜스-포트2001

유엔 스튜디오는 컴퓨터를 이용한 다이어그램에서 건축형태를 추출한다. 그들의 작품 뫼비우스 하우스(Mobius House, 1993~1998)는 이중으로 꼬인 도넛 모양의 다이어그램이 서로 얽혀서 형태를 만든다. 이 다이어그램은 구성원의 생활패턴을 표현한 것인데, 결국 건물의 형태가 구성원의 24시간 동안의 생활을 직접적으로 반영한 것이다(김진태, 2006).

이와 같이 컴퓨터가 없었던 과거에는 생각조차 할 수 없었던 새로운 방식의 건축공간의 개념과 건축형태가 여러 디지털 건축가들에 의해 소개되고 있다.

그림 4-18 | 녹스와 우스터퓌우스의 워터 파빌리온(Water Pavilion)

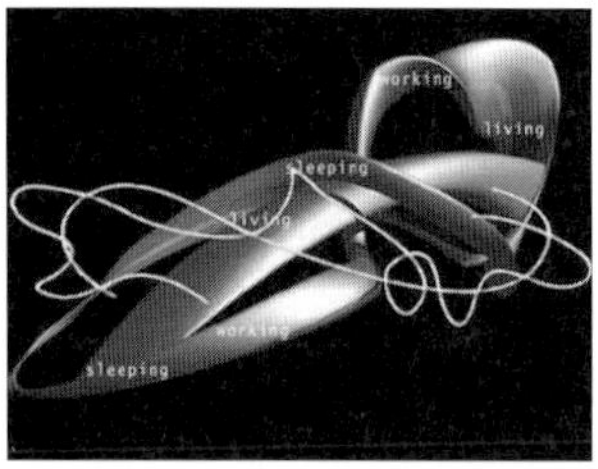

그림 4-19 | UN studio의 뫼비우스 하우스의 다이어그램

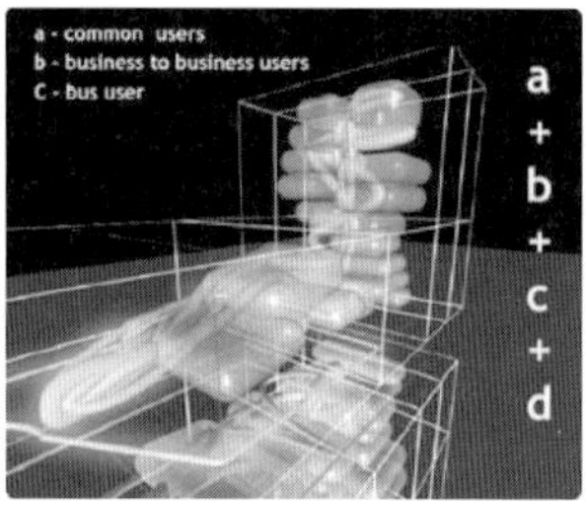

그림 4-20 | UN studio의 3차원 디지털 다이어그램

(2) 설계대상으로서의 사이버 공간

설계대상으로서의 사이버 공간은 컴퓨터 화면상의 디지털 공간, 물리공간과 디지털 기술의 접목에 의해 생성되어 인간이 그 공간의 내부에서 몸으로 체험할 수 있는 이머시브(immersive) 공간, 그리고 건축물을 미디어나 정보의 동적 매개체로 이용하여 반응하는 공간의 세 가지 범주로 구분해 볼 수 있다. 이머시브 공간과 동적 매개체로서의 반응하는 공간은 디지털 기술과 물리공간이 접목되었다는 점은 공통적이지만, 이머시브 공간이 사이버 공간과 물리공간 사이의 인간의 감각적 경계를 최소화하여 물리공간에서 가상공간을 실제와 같이 경험할 수 있도록 한다는 것에 의미가 있다면, 반응하는 공간은 건축물을 형성하는 요소인 외피, 바닥, 벽, 천장, 창, 등에 디지털 기술을 적용함으로써 전통적 건축적 기능과 더불어 동적이며 반응하는 매개체로서 공간의 기능을 확장한 것이라고 정의할 수 있다.

1) 정보공간(Information Space)

화면상의 사이버공간에서 인간은 상호교류(human-computer interaction)를 통해 필요한 정보를 얻고, 게임을 하고, 교육을 받고, 물건을 사며 서로 대화를 한다. 물리공간에서의 건축이 인간이 거주하고 활동하기 위한 공간의 구축에 있다면, 사이버 공간의 건축은 인간에게 필요한 정보의 조직과 표현 그리고 소통기법의 설계와 구축이라고 할 수 있다.

화면상의 사이버 공간은 디지털 기술 발전 초기의 코드와 텍스트 기반

그림 4-21 | 3차원 멀티미디어 콘텐츠 색인시스템의 정보 시각화(3D Multimedia Syllabus, Kyuman Song, Fuji-Xerox Palo Alto Laboratory, 2003) 컴퓨터 파일로 이루어진 다양한 종류의 멀티미디어 콘텐츠 파일의 크기, 종류, 내용의 중요도에 따라 3차원 디지털공간에 시각화함으로써 사용자가 직관적으로 전체 파일의 구성을 이해하고 쉽게 찾을 수 있는 정보 시각화 시스템

의 1차원적 환경에서 그래픽적인 2차원적 환경으로, 최근에는 3차원적이고 직관적 상호교류가 가능한 공간으로 진화되고 있다. 사이버 공간은 어떤 종류의 데이터도 표현이 가능한 다차원적 공간이다(Bertol 1997). 사이버 공간은 X, Y, Z축의 3차원 좌표계를 가지고 있으며, 다양한 기하학적 형태, 크기, 색, 텍스처, 움직임 등의 시각적인 요소를 통해 정보가 구성되고 표현된다. 전달하고자 하는 정보의 성격, 내용, 양 등에 따라 인간이 가장 직관적으로 정보를 얻고 이해할 수 있는 시각적 표현기법(Information Visualization)과 효율적인 상호교류 방식(User Interface)을 디자인하는 것은 물리세계의 건축설계 기법과 다르지 않다.

이러한 유사성으로 인해 이미 소프트웨어나 웹 사이트를 형성하는 여러 요소들이 기존 건축에서 쓰이는 언어를 쓰고 있다. 데이터의 구조는 인포메이션 아키텍처(information architecture)로 지칭하며, 이를 조직화하고 디자인하는 전문가를 인포메이션 아키텍트(information architect)라 부른다. 웹사이트를 구성하는 요소도 site, window, platform과 같은 건축언어를 쓰며 각각의 기능도 기존 건축의 그것과 다르지 않다. 이러한 디지털 공간에서의 수많은 정보를 조직화·체계화하고 인간이 쉽게 발견하고 이해할 수 있는 방식으로 시각화하며 상호 교류할 수 있는 사용자

그림 4-22 | Command Post of the Future (CPOF)의 미군 군사작전 명령시스템의 3차원 정보 시각화(General Dynamics C4 Viz)

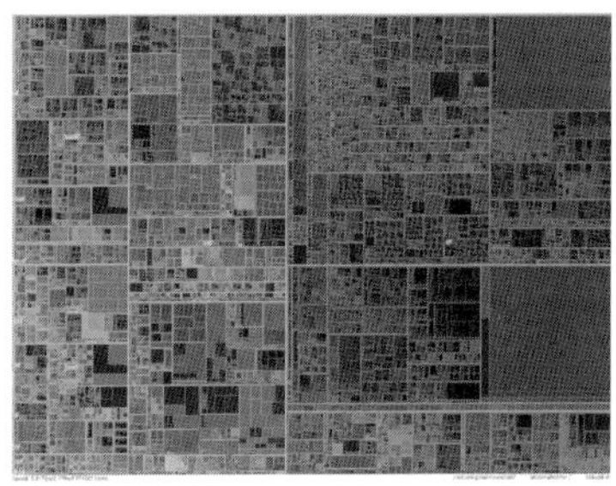

그림 4-23 | Fekete, J.-D., Plaisant, C. Interactive Information Visualization of a Million Items, Proceedings of IEEE Symposium on Information Visualization 2002 (InfoVis 2002), Boston, USA, Octobre 2002. treemap을 이용하여 컴퓨터 파일 백만 개를 조직화하여 표현하는 정보 시각화 시스템

환경을 설계하는 일은, 지금까지 3차원 공간을 다루어 온 건축가가 다루어야 할 새로운 영역이다. 건축가는 이러한 새로운 공간의 개념을 정립하고 조직화하면서 환경을 창조하고 구축해야 하는 새로운 사명을 가지게 되었다.

2) 이머시브 공간(immersive space)

이머시브 테크놀로지는 영상을 보는 사람을 체험적으로 그 안에 삽입하는 기술을 의미하며, 이러한 기술과 결합된 공간을 이머시브 공간이라고 지칭한다. 이머시브 공간구축 기술의 대표적인 예로는 가상현실(VR: virtual reality)과 증강현실(augmented reality)이 있다. 가상현실 기술이 발달함에 따라 가상세계와 현실세계를 구분하기 어려울 정도에 이르렀다. 현실공간과 가상공간이 완전히 양분되어 있던 종전과는 다르게 현실도 가상도 아닌 중간적 성격의 공간들의 양상이 보이기 시작했다.

폴 밀그람(Paul Milgram)과 후미오 키시노(Fumio Kishino)는 이러한 차원들을 다음 다이어그램과 같이 정의하고 현실과 가상의 애매한 경계를 Mixed Reality라고 명명했다. 완전한 가상환경(virtual environment)의 대표적 예로써 첫 장에서 언급한 CAVE를 들 수 있다. CAVE는 큐브형의 방에 사용자가 들어가 체험하게 된다. 이 방에는 고해상도 프로젝터를 설치하여 모든 면에 이미지를 투사하게 되고 사용자는 특수안경을 쓴 상태에서 2D가 아닌 3D이미지를 볼 수 있다. 사용자의 움직임은 센서를 통해 측정되고 사용자의 움직임에 따라서 이미지뿐만 아니라 소리까지 변화하게 된다. 결국 사용자는 자신의 움직임에 연동되는 3D 이미지와 3D 사운드를 체험하게 되어 높은 몰입도를 갖게 된다.

그림 4-24 | 가상성의 연속체(Virtuality Continuum), 폴 밀그람, 후미오 카시노

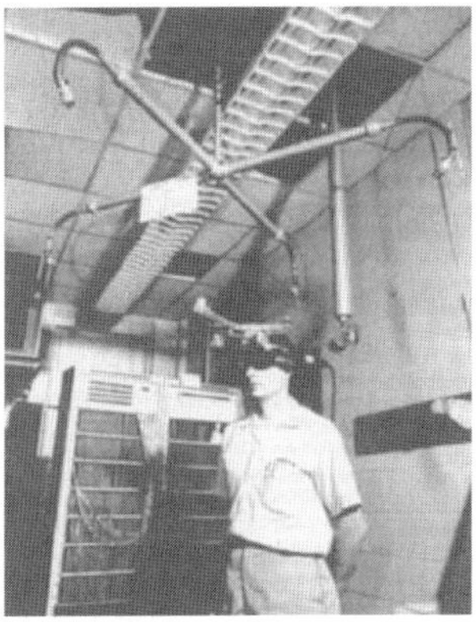

그림 4-25 | 설리반의 HMD(Head Mounted Distpay)

초창기의 HMD는 너무 무거워 벽에 매달아야 사람이 사용 가능할 정도였다.

그림 4-26 | CAVE 시연 모습

그림 4-27 | 아이펫(소니 컴퓨터 엔터테인먼트 런던 스튜디오)

증강현실(augmented reality)은 이미 우리에게 단순한 오락의 의미를 넘어서 생활정보, 교육용 소프트웨어, 예술의 한 분야로 발전해 가고 있다. 최근 증강현실을 이용한 게임 소프트웨어들이 많이 나오고 있는데, 소니 플레이스테이션의 아이 펫(eye pet)은 그 한 예이다. 카메라와 연동되어 사용자의 동작이나 환경에 따라 원숭이처럼 생긴 전자 애완동물과 다양한 인터랙션을 즐길 수 있다. 또한 소리에도 반응하고 사용자가 종이에 그림을 그리면 그 그림을 인식하여 애완동물이 따라 그리기까지 한다(조재준 외 3, 2009).

아이폰의 어플리케이션 중 하나인 Sekai Camera Demo버전을 예로 들 수 있다. 아이폰을 들고 돌아다니면서 근처의 음식점의 메뉴를 확인할 수도 있고, 특정 장소에 대한 자신의 멘트를 달아 놓을 수 있다. 이러한 모든 정보들은 웹 서버에 저장되고 다른 사용자들과 공유하게 된다. 나중에 다른 사용자가 Sekai를 실행시킨 상태에서 그 장소를 카메라에 비추면 그곳에 다른 사용자들이 등록해 놓은 이미지나 텍스트 등을 볼 수 있다.

증강현실의 교육 분야의 사례로는 Metaio사의 3D인터액티브라는 소프트웨어를 들 수 있다. 이는 평범한 책 한 권에 적용해 인쇄 혹은 출판물에서 구현될 수 없는 다양한 방식으로 사용자가 원하는 생생한 정보를 제공하는 소프트웨어이다. 컴퓨터에 설치된 웹 카메라를 향해 책을 펼치면 모니터에 보이는 책 위로 3D 오브젝트가 나타난다. 이 오브젝트는 사용

그림 4-28 | Sekai Camera 시연 모습

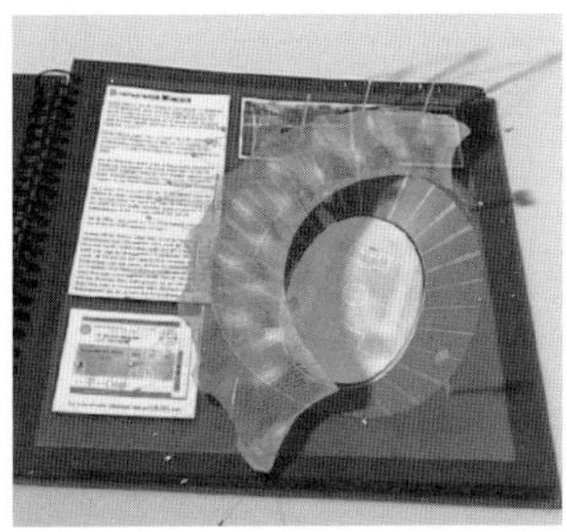

그림 4-29 | Metaio사의 3D 인터랙티브

용자가 원하는 방향으로 돌려가며 확인 가능하며 확대·축소도 가능하다. 소리가 들리기도 하며 영상으로 재생도 가능하다(조재준 외3, 2009).

3) 반응하는 공간(responsive space)

불리반트(Bullivant)는 반응하는 공간이란 사이버 공간처럼 전적으로 컴퓨터에 의한 디스플레이상의 가상공간이 아니라 물리공간과 사이버 공간의 접점이라고 정의하였다. 기존의 정적이고 고정된 건축공간은 디지털 기술과의 접목을 통해 인간, 환경과 상호교류하고 반응하는 동적인 공간으로 변해가고 있다. 이러한 공간은 건축적 공간으로서의 역할뿐 아니라 실시간 정보의 매개체, 전달장치, 사용자 인터페이스로 활용되어 건축적 환경을 변화시키거나 환경에 반응하여 인간의 흥미를 유발시키고 감성을 자극한다.

최근 들어, 이러한 '반응하는 건축'은 여러 건축가에 의해 실험되고 구현되어지고 있다. 도요이토에 의해 1986년에 구현된 일본 요코하마의 'Tower of Wind'는 건물의 표피를 정보표현 도구로써 이용하여 주변 환경변화에 반응하도록 하였다. 이 건축물의 외피는 주변 바람의 속도와 방향을 감지하여 외피의 다채로운 빛으로 표현한다. UN Studio는 서울의 갤러리아 백화점의 콘크리트로 된 기존 건물외피에 4,330개의 특수 처리된 포일이 부착된 샌드블라스트 유리디스크를 설치하고, 뒷면에 특수 조명을 설치하여 빛으로 시시각각 다채로운 이미지를 연출한다.

디코이(Decoi)의 에지스 하이포써피스(Aegis Hyposurface)는 896개의 자동밸브를 가진 피스톤이 스크린(벽)을 이루는 각각의 금속조각을 움직이게 하여 입체적인 면을 연출한다. 벽 표면의 변화는 어떠한 디지털 입력에도 반응할 수 있기 때문에 벽면 앞의 사람의 움직임, 소리의 변화나 인터넷 데이터 등 다양한 데이터를 형상화시켜 역동적으로 표현할 수 있다. 이와 같이 물리공간을 형성하는 요소와 디지털 기술과의 결합을 통해, 건축물은 동결되어 있는 구조물이 아닌 인간과 환경에 역동적으로 반응하고 시시각각 변화하는 정보의 매개체로서의 기능을 가지게 되었다.

그림 4-30 | 도요이토의 Tower of Wind

그림 4-31 | 서울 갤러리아 백화점

그림 4-32 | dECOI의 에지스 하이포써피스(Aegis Hyposurface)

4-2 유동적 공간

우주에서 바라본 지구의 모습은 푸른 액상의 유동적 구체의 형상을 하고 있다. 이것은 이 지구의 모든 구성체들이 고형같이 보이는 대륙들일지라도 실제로는 끊임없이 유동하는 액상의 물질들로 이루어졌음을 의미한다. 다시 말하면, 이 지구상의 모든 물질들은 시간의 흐름 속에서 지속적으로 변화하고 움직이는 유동적 상태로 존재한다고 할 수 있다. 거대한

그림 4-33 | 유동적 액체로 가득 찬 지구

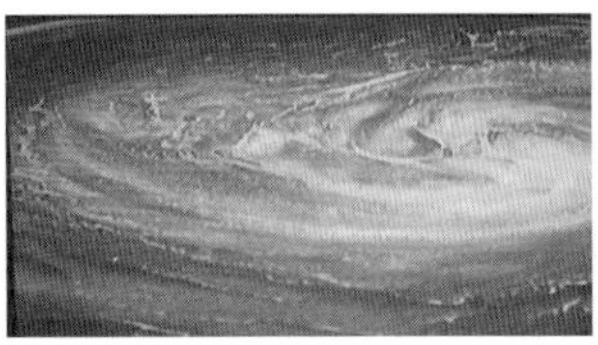

그림 4-34 | 솔라리스의 바다

지구는 미세한 생물체들로부터 운동하는 원자와 분자들에 이르기까지 거대한 유기적 집합체로 이루어진 것이다. 이는 이 지구가 마치 살아있는 생명체와 같이 총체적인 유기체의 상태로 존재함을 의미한다. 그리고 이러한 유동성은 무엇보다도 시간 속에서 만들어지는 것이라 할 수 있다. 생명체의 탄생에서부터 새로운 종들의 탄생, 새로운 형태들의 발생에 이르기까지 이 우주 그리고 이 지구상에서 모든 새로운 사물의 탄생과 발생은 모두 이러한 유동성으로부터 나온다.

폴란드 작가 스타니스와프 렘(Stanislaw Lem)의 SF 소설 〈솔라리스〉(Solaris, 1961)는 모든 사물이 이러한 유동성으로부터 만들어진다는 사실을 극명하게 보여준다. 이 소설에서 외계의 행성에 존재하는 거대한 유동성의 액체 바다는 물리적 원소들뿐만이 아니라 생명체의 정신까지도 새롭게 결합해 만들어내는 '새로운 -되기'의 원천이기 때문이다. 솔라리스의 바다-거대한 유동체-는 생물체로부터 인공적 사물들, 건축물 그리고 대지 자체에 이르기까지 모든 것을 그대로 복제해 만들어 내는 모든 만물의 발생 근원이다. 여기서 생물과 무생물의 경계는 존재하지 않는다. 그리고 이러한 발생들은 시간의 흐름으로부터 만들어진다.

20세기 이래 공간의 개념 역시 시간의 개념과 분리되어 생각할 수 없었듯이, 이제 중요한 것은 공간이라는 3차원적 개념보다는 그러한 공간을 존재하게 만드는 시간의 개념이다.

4-2-1 시간의 재발견

플라톤으로부터 데카르트, 뉴턴에 이르기까지 영원불멸의 무한한 균등질적 공간이라는 개념은 19세기 중반 이래 다양한 과학적 발견들로 인해 새로운 개념으로 바뀌기 시작했다. 열역학과 전자기 역학, 상대성 이론, 양자역학 등이 공간과 시간의 새로운 개념들을 제시한 것이다. 이것들은 사물을 최초로 시간 속의 연속체나 연속적 집약운동, 혹은 변화의 매체로 인식하도록 해주었다. 무엇보다도 뉴턴 식의 기계론적 우주가 내포하고 있던 '가역적' 시간의 무한성은 19세기 초부터 열역학의 도입, 즉 에너지의 흐름 방향을 하나의 방향으로 규제하는 열역학 제2법칙으로 인해 도전을 받게 된 것이다.

마이어와 헬름홀츠가 확립한 열역학 제1법칙이 하나의 닫힌 계 내에서 어떤 물리적, 화학적 변화가 일어나더라도 그 계 내의 전체 에너지양은 일정하다는 에너지 보존의 법칙을 말해주었다면, 사디 카르노와 클라우지우스, 윌리엄 톰슨 등이 확립한 열역학 제2법칙은 시간이 가역적이지 않고 미래를 향한 하나의 방향만을 가진다는 시간의 비가역성을 입증했다. 물론 현대적 관점에서 이것은 시간이 무조건적으로 비가역적인 것만은 아니며, 적어도 닫혀진 계 내에서는 가역적 시간도 적용될 수 있지만, 나머지 대부분의 우주에서는 비가역적 시간이 적용된다는 것이다. 또한 열역학 제2법칙이 말하는 시간의 흐름에 따른 엔트로피의 증가, 즉 무질서도의 증가 역시 평형으로부터 멀리 떨어진 비평형상태에서는 오히려 열린 무산구조 속에서 새로운 질서를 만들어내기도 한다는 것이 밝혀졌다. 즉, 혼돈의 가장자리에서는 새로운 질서가 탄생한다는 혼돈(chaos) 이론이 바로 이것이다. 결과적으로 이 우주는 엔트로피의 증가에 의해 결국 열적 사망으로 끝나는 것이 아니라 예측이 불가능한 새로운 무산구조들이 끊임없이 출현하는 것이며, 그러므로 지속적으로 새로운 형태의 발생과 생명체의 출현 같은 진화가 계속되는 것이다. 결국 모든 변화에서 무엇보다도 중요한 것은 시간이라는 것이 열역학으로 인해 입증된 것이다.

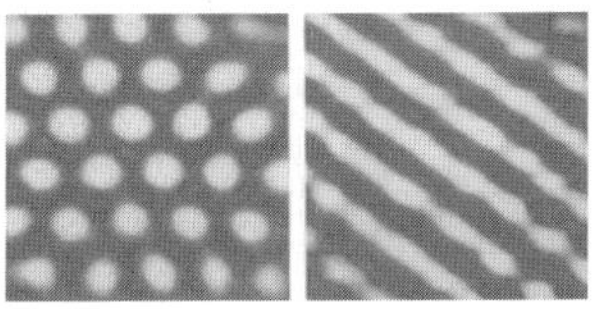

그림 4-35 | 일정한 온도에서 육각형 형상의 패턴을 보이다가 온도의 변화에 따라 줄무늬 패턴을 보이는 무산구조

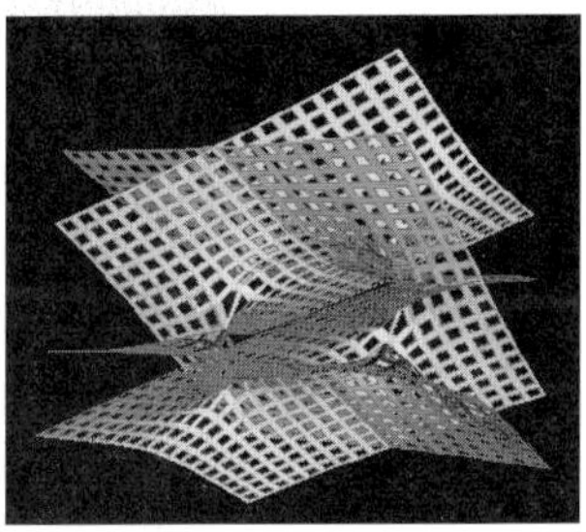

그림 4-36 | 리만 기하학의 공간

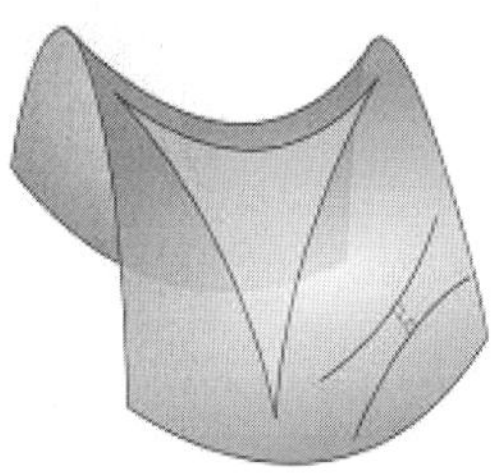

그림 4-37 | 로바체프스키의 쌍곡면 공간

마찬가지로 아인슈타인의 상대성 이론 역시 시간과 공간이 서로 분리될 수 없는 상대적인 것이라는 것을 입증해 주었으며, 시간이 공간의 움직임에 따라 다르게 진행한다고 말했다. 이것은 나아가 중력장의 효과가 시공간을 휘게 만들어 물체의 운동에까지 영향을 미친다는 것을 의미했다. 이로 인해 20세기와 함께 무한히 크고 영원히 존재하는 3차원적 유클리드 공간에 고루 퍼져 있는 뉴턴 식의 우주 모형은 4차원식의 우주 모형들, 즉 4차원의 시공 연속체를 주장한 민코프스키의 모델, 혹은 n차원 연속다양체로 타원형 공간을 말한 리만 기하학의 공간, 그리고 로바체프스키가 주장한 쌍곡면 공간 등 다양한 새로운 기하학적 형태들로 대체된 것이다. 그리고 이러한 모든 다양한 공간들을 가능하게 만든 요인은

바로 또 하나의 새로운 차원인 시간이었다. 그로 인해 20세기의 시작과 함께 모든 과학과 예술에서 중요한 개념으로 떠오른 것은 시간이며, 모든 예술에서도 역시 중요한 것은 이러한 시간을 어떻게 표현하는가의 문제였다.

4-2-2 형태의 발생과 수학적 모델들

건축에서 형태는 무엇보다 중요한 요소이며, 실제로 모든 대상은 나름의 형태들로 이루어진다. 이러한 형태에 대한 철학적, 과학적 개념 역시 19세기 중반이라는 시기에 급격한 변화를 맞이한다. 19세기까지만 하더라도 건축에서 형태는 영원불멸의 가치를 지닌 것으로, 플라톤이 형태를 초월적이고 원형적인 형상인 이데아의 불완전한 반영이라 말한 것을 신인동형설적으로 해석하여 신의 완전한 재현으로서의 비례체계를 모든 형태의 근본원리로 생각했기 때문이다.

플라톤과 함께 형태에 대해 또 하나의 이론을 제공했던 자는 아리스토텔레스였지만 그 역시 형태를 영원불멸한 것으로 보았다. 그의 '질료형상론'(hylomorphism)은 근대에 이르기까지 형태의 지배적 모델로 작용했는데, 이것은 수동적이고 수용적인 이 세계의 구성물질, 즉 질료(hyle)에 대해 이 세계에 이미 내재한 형태(형상, 즉 eidos)가 각인되어 실제의 형태가 만들어진다는 개념이다. 그러나 이것 역시 형태를 영원하고 고정된 것으로 보는 관점이다.

형태를 보다 유동적인 개념, 즉 시간 속에서 지속적으로 새롭게 만들어지는 관점으로 본 것은 라이프니츠이다. 그의 단자론(monadology)에서 하나로 마름질된 단순 실체로서의 단자, 즉 모나드는 형태와 그 형태가 만들어지는 법칙까지를 모두 포함하는 개념으로, 모나드에게 일어나는 각각의 사건들이자 변양태들을 의미하는 수많은 빈위들(attributs)로 주름 잡힌 모나드는 각각의 빈위들로서의 주름들이 펼쳐짐으로써 각각의 다른 형태들이 만들어지는 것이다. 이것은 시간 속에서 지속적으로 변화되어 나타나는 형태의 발생을 의미한다. 그러므로 형태는 정지상태가 아니라 일종의 흐름(flux)으로 나타난다. 다시 말해 이것은 시간 속에서 지속적으로 운동을 하는 미립자로서의 사물을 의미하는 것으로, 지속적으로 질적 변화를 하는 형태를 가리키게 된다.

형태를 보다 구체적으로 시간 속에서 운동하고 변화하는 질적 변화로 생각한 것은 베르그송(Henri Bergson)의 철학과 앙리 푸앵카레(Henri Poincaré)가 도입한 위상기하학(topology)에 의해서였다. 베르그송은 형태를 지속적 분화에 의한 질적 변화로 보았고, 푸앵카레는 계 자체의 진화 속으로 실제의 불연속을 도입하는 변형적 사건들을 기하학적으로 도해하는 위상기하학을 만들어냈기 때문이다.

푸앵카레가 19세기 말 도입한 위상기하학은 일명 '고무막 위의 기하학'이라고도 불리는데, 이는 도형이나 입체를 유연한 고무막을 늘이거나 구부리는 것같이 찢지 않고 연속적으로 변형시켰을 때 변하지 않는 추상적 성질을 연구하는 것으로, 선, 면, 입체 등을 점들의 집합으로 파악하는 기하학이다. 다시 말해 이것은 도형의 크기나 길이, 모양들의 양적인 것 대신 점, 선, 면들의 서로 연결된 관계를 파악하는 질적 기하학에 해당한다. 그러므로 위상기하학은 공간의 이러한 추상적 연결관계를 연구하는 것으로, 특정한 예외적 기하학을 선형적으로 다루며 형태를 고정된 영원불변의 정형으로 파악할 수밖에 없는 유클리드기하학과는 달리, 다양한 비선형적 흐름들로 표현되는 운동들의 양태들에 의해 나타나는 복잡하고 유동적인 실제적 형태의 표현에서는 필수적인 도구라고 할 수 있을 것이다.

예를 들어 위상기하학적 다양성 속에서 주어진 도해들은 공간의 특별한 특이점들(singularities)에 의해 결정되는데, 여기서 특이점이란 단순히 양적이나 선형적인 발전이 갑자기 어떤 임계점에서 질적 양상의 변화, 즉 이질적 형태가 갑자기 나타나고 하나의 점이 자신을 도해하는데 실패하게 되는 급변(catastrophe)이 일어나는 어떤 연속적 과정 내의 점들을 의미한다. 이를 테면 물이 얼음으로 변하고, 얼음이 다시 물로 변하는 섭씨 0도나 이 물이 다시 수증기로 변하는 섭씨 100도, 혹은 안개 속에서 무지개가 나타나고 철판에 자기가 나타나는 순간들, 무지개가 나타나는 순간들이 바로 이러한 특이점들에 해당한다. 다시 말해 얼음이나 물, 자기력, 난반사 등은 모두 일종의 형태이며, 이것들 모두는 특이점들로부터 탄생되는 것이므로 모든 새로운 형태의 발생은 바로 이러한 특이점의 순간으로부터 만들어진다 할 수 있다. 그리고 이러한 특이점들에 의해 도해되는 일련의 형태들을 다루는 것이 바로 위상기하학인 것이다.

위상기하학이 다루는 특이성들은 몇 가지의 역학적 요소들로 표현될 수 있는데, 이 요소들은 끌개(attractor)와 밀치개(repellor)란 요소들(그림 4-38로 환원될 수 있다. 여기서 끌개는 점들을 안정된 궤도로 끌어당기는 점으로, 안정된 상태에 있는 점들인데 반해 일시적 상태이며 불안정한 상태의 점들은 일종의 배척자로서의 밀치개이다. 그러므로 이런 끌개와 밀치개들은 역학적으로 일종의 방향과 힘을 가진 벡터들인 셈이다. 다시 말해 모든 형태들은 이런 다양한 끌개와 밀치개들의 역학적 관계들로 조합될 수 있다고 할 수 있다. 이를테면 모든 형태를 만드는 기본요소인 표면은 바로 이러한 두 개의 끌개들 사이의 경계영역에서 나타나는 밀치개들에 의해 만들어지는 분할면, 다시 말하자면 일종의 초곡면(hypersurface)으로 이루어진다고 할 수 있다. 결과적으로 볼 때 유동적 공간을 이루는 이러한 유동적 형태들은 기본적으로 이러한 초곡면들로 이루어진 공간들이며, 이러한 초곡면을 형태적으로 표현하는 도구가 바로 위상기하학인 셈이다.

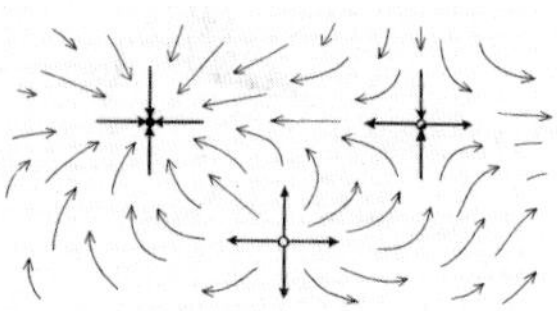

그림 4-38 | 점끌개, 점밀치개, 안점

그런데 19세기 말 위상기하학이 도입되기 전에도 형태를 기하학의 수학적 모델로 다룬 사례들이 역시 존재한다. 이런 예는 19세기 초의 프랑스 생물학자 조프루아 생틸레르(Geoffroy Saint' Hilaire)의 생물학적 유비 개념으로까지 거슬러 올라갈 수 있다. 생틸레르의 유비 개념은 상이한 종들의 위상구조가 넓은 안목에서는 통합될 수도 있다는 생각이다. 이것은 다양한 생명체들의 기본 도안이 많은 유사성을 띠며, 모든 생명체를 어떤 원형의 변형으로 볼 수 있다는 개념이다. 예를 들어 생틸레르는 "척추동물에서 연체동물로 가는 경우에 척추동물의 등뼈 양 끝부분을 갖다 붙여 머리를 발쪽으로 가져가고 골반을 목덜미 쪽으로 가져가기만 하면 된다"고 접어넣기 식의 유비와 상동 관계를 설명했다. 이것은 사영 기하학의 역위(inversion)를 이용한 것으로, 이러한 생물학적 역위 역시 바로

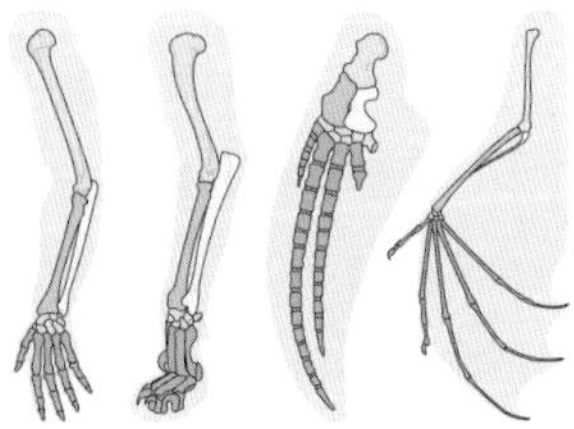

그림 4-39 | 상동의 개념

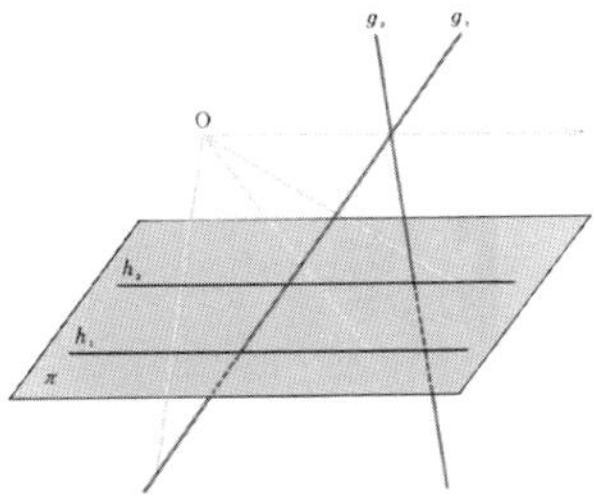

그림 4-40 | 사영기하학

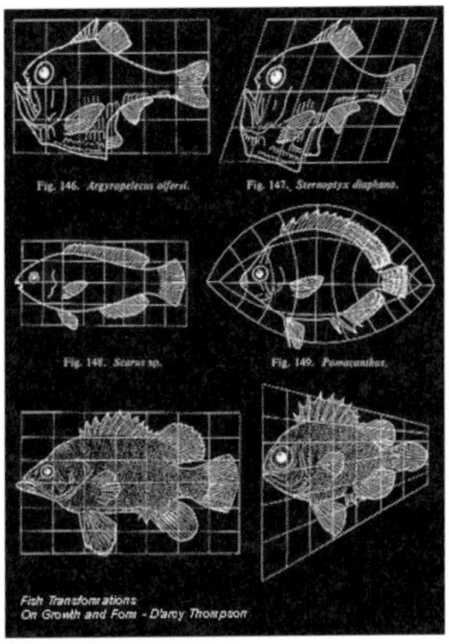

그림 4-41 | 다르시 톰슨의 좌표변형

그림 4-42 | 다르시 톰슨, 개구리로부터 아폴로까지의 변형

위상기하학적 변형에 해당하는 말이다.

이는 동시대의 보다 경직된 기능주의적 생물학자인 조르주 퀴비에의 비판을 불러 일으켰는데, 실제적으로 퀴비에가 각각의 유기체는 환원 불가능한 축으로서의 유형이 있다고 믿어 기관들의 유사성이나 형태들의 상사성만으로 기관들을 분류하고 유형화하여 유클리드 공간 속에서만 숙고했다면, 생틸레르는 위상기하학적으로 사유했다고도 볼 수 있을 것이다.

생물학적으로 유비와 상동은 생물체 각 부위 형태의 패턴을 연결하는 메타패턴의 개념으로 생각할 수 있는데, 크기와 양을 넘어서는 생물체 형태의 패턴을 좌표상의 기하학으로 표현하고 그것을 좌표적 변형을 통해 형태 변형을 시도한 것은 20세기 초 영국의 생물학자 다르시 톰슨(D'Arcy Thompson) 역시 마찬가지이다. 그는 〈성장과 형태에 관하여(On Growth and Form, 1917)〉라는 책에서 데카르트의 직교 좌표상에 그려진 형태를 좌표의 수학적 조작에 의해 변형시킴으로써 형태의 차이를 수학적 변형으로 설명하며, 형태의 차이가 양적, 패턴의 변형에 의해 이루어졌음을 보여주었다. 그러므로 그 유명한 '개구리로부터 아폴로까지의 변형의 연속적인 진화적 변화'가 가능하게 되는 것이다. 이 과정은 그래픽에서 이용하는 '모핑'(morphing)과정과 흡사한 것으로, 한편으로는 위상기하학적 변형에 해당하는 것이기 때문이다. 이것은 또한 형태가 고정된 것이 아니라 외부의 다양한 힘들의 매개변수를 내부화함으로써 연속적으로 변형될 수 있음을 의미하며, 형태의 위상기하학적 변형을 예견한 것이라 할 수 있다. 실제로 현대의 다양하게 굴곡지고 유동적으로 휘어진 건축물의 형태는 다양한 외적 힘들의 매개변수 변화를 통한 이러한 위상기하학적 형태 변형방식의 발전된 예라고 할 수 있을 것이다.

4-2-3 형태의 발생과 급변

형태의 발생은 자체 계 내로 새로운 불연속성의 침입에 의해 만들어지는 특이점의 순간에 만들어지는 것으로, 이런 불연속적 변화를 우리는

‘급변’(catastrophe)이라 부른다. 이것은 하나의 계 내에서 위치 에너지나 기울기 같은 차이들의 전반적 분배를 함으로써 무엇인가를 변화시킨다는 열역학 법칙으로도 설명이 가능하다. 끌개나 밀치개 같은 점들의 군집은 계 내의 전위차를 결정하며, 그럼으로써 다양한 운동들이 생기는 것이기 때문이다. 그리고 이러한 불안정성들과 이들이 계 내로 끌어들이는 급격한 변화들이 바로 급변이며, 이런 급변을 통해 새로운 형태가 발생하는 것이다.

하나의 형태를 발생시키는 급변의 상황을 위상기하학적으로 설명한 대표적 예는 르네 톰(René Thom)의 급변론에서 찾아볼 수 있다. 그의 급변론에서 형태는 어떤 계에 불연속점들이 분포되어 있는 구조로, 그는 자신의 책 〈구조적 안정성과 형태발생(Stabilité structurelle et morphogénèse, 1972)〉에서 모든 형태를 끌개로 표현한 수학적 모델을 제시하며, 형태의 발생을 최초의 형태를 나타내는 끌개가 소멸하며 최종적인 끌개로 재현된 형태들로 교체되는 과정이라 주장했다. 그는 비가 눈으로 변하고, 알이 올챙이가 되고, 개구리가 되는 등의 모든 연속적 형태변형을 형태발생, 혹은 형태변이라 부르며, 이것들은 모두 급변, 즉 하나의 계 내의 불연속의 도입에 의해 나타난다고 말했다. 이것으로 우리는 형태가 새롭게 만들어진다는 것은 유동성 속에서 급변에 의해 형태가 새롭게 변형되는 것임을 알 수 있다. 그러므로 형태는 사실상 시간 속의 특별한 점에서의 하나의 계의 상태로 정의된 것으로, 절대적인 것이 아니라 한 계의 진화 속에서 구조적으로 안정된 순간들이지만, 그러한 형태들의 발생은 구조적 불안정성의 순간들, 즉 급변의 순간들로부터 나타난다고 할 수 있다.

그럼으로써 다양한 역동적 힘들이 작용하는 표면상에서 하나의 계는 급변의 정점에서 예견할 수 없는 방향으로 접히고 휘어지게 된다. 다시 말하자면 급변은 특이성의 지역 내에서만 일어날 수 있는데, 주름의 급변에서는 새로운 끌개와 그것의 유역이 갑자기 나타나며, 그것은 하나의 점 밀치개에 의해 분할되는 두 개의 끌개를 가지는데 그 사이의 분할면이 바로 초곡면인 셈이다. 결과적으로 급변은 다양한 끌개와 밀치개들을 만들어내어 끌개들의 영역인 유역들 사이의 경계인 다양한 분할면과 초곡면

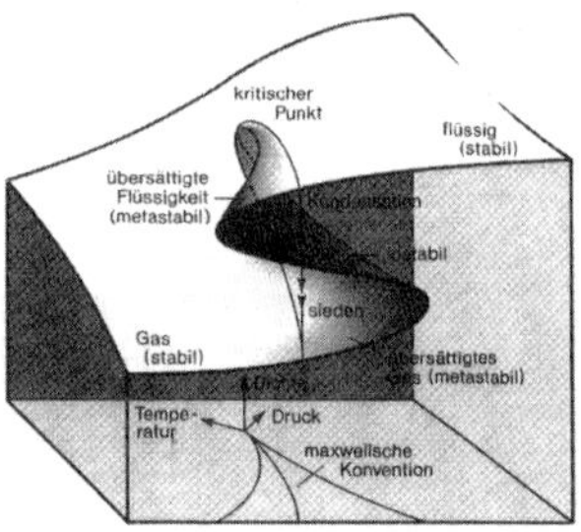

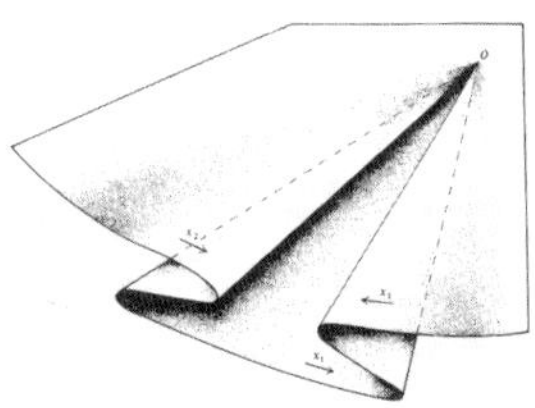

그림 4-43 | 급변의 공간

들을 만들어낸다. 그리고 이러한 분할면과 초곡면들이 새로운 형태와 공간들을 만들어내는 것이다.

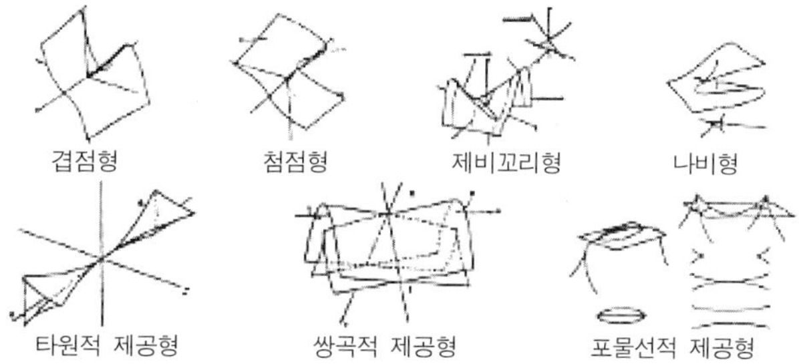

그림 4-44 | 르네 톰의 7가지 급변 모델

4-2-4 운동과 생성

플라톤과 아리스토텔레스는 형태를 영원불변의 것으로 보았듯이, 그러한 형태를 만들어내는 운동 역시 최종적으로는 하나의 목표에 도달하여 멈추어버리는 것으로 생각했다. 아리스토텔레스에 의하면 운동은 '가능태(dynamis)가 현실태(energeia)로 변하는 과정'인데, 이러한 가능태가 현실태로 이행되는 것 자체가 운동이었다. 이를테면 그의 질료형상론에서 보듯이, 질료는 자신에 형상을 수용할 수 있는 가능태이며, 가능태로서의 질료가 최종 목표(telos)를 향해 완성태이자 현실태인 형상으로 이행하는 것이 바로 운동인 것이다. 그러므로 그에게 운동은 최종 목표로 가는 과정이며, 운동의 마지막 순간에 고정불변의 상태로 되는 것이다. 그러나 이것은 절대공간 내의 절대정지를 의미하며, 20세기 초부터 새롭게 변화된 상대적 공간과 시간의 관점에서는 전적으로 틀린 개념으로 된다.

결과적으로 이러한 고대의 시간과 운동의 개념에 철학적으로 근본적인 변화를 가져온 자는 베르그송이다. 그에게 단순한 공간의 이동은 움직이지 않는 순간이나 특정한 위치에 추상적인 연속 개념만을 추가한 것으로, '공간 속의 위치나 정지된 단편들만으로는 운동을 재구성할 수 없었다.' 그는 자신의 책 〈창조적 진화(L'Evolution créatrice, 1907)〉에서 음조가 멜로디 속에 녹아들듯, 이전의 상태가 다른 것 속으로 침투하고 녹아들거나 용해되며, 물질적 세계는 하나의 단일적 흐름, 흐름의 연속, 즉 '-되기'(becoming)로 용해된다고 주장했다. 이것이 바로 그의 유명한 '지속(durée)'의 개념이다.

그에 의하면 지속은 항상 본성상의 차이들의 총합이자 다양성이다. 또한 본성상의 차이는 지속 속에만 존재한다. 이건 바로 시간을 의미한다. 이에 비하면 베르그송에게 공간이란 단지 정도상의 차이들의 총합일 뿐이다. 즉, 운동은 시간들 사이의 질적 차이인 지속 속에서만 발생하며, 지속의 움직일 수 있는 단편들로, 운동은 지속 자체, 혹은 전체 속의 변화를 의미하는 것이다. 베르그송은 공간과 시간이 본질적으로 다른 두 가지 유형의 다양체(multiplicité)라고 말한다. 이를테면 공간은 수로 표시될 수 있는 양적 다양성을 가지며, 공간의 차이가 양적 정도의 증감을 나타낸다면 시간은 양적으로 분해될 수 없고, 내적이고 유기적인 질적 다양성을 가지며 본성상의 질적 차이를 가지게 된다. 그러므로 공간과 시간 속에서의 운동이란 단순한 양적 운동만이 아니라 공간적, 시간적, 우주 전체의 전체적 관계의 변화를 함축한다. 베르그송은 운동과 지속에 대해 다음과 같이 말한다.

"운동은 그 자체로 복합물이다. 운동체에 의해 주파된 공간은 무한히 나뉠 수 있는 수적 다양성을 형성하며, 실재적이건 가능적이건 그 다양성의 모든 부분은 현실적이며, 다만 정도상의 차이만 날 뿐이다. 다른 한편으로 순수 운동은 변질이며, 잠재적이고 질적인 다양성이며, 발걸음으로 나누어지는 아킬레스의 경주로와 같지만, 그것은 나누어질 때마다 본성상의 변화를 하게 되는 다양체이다... 지속으로서의 운동 속에서 우리가 시간의 본성을 탐구할수록 우리는 지속이 새로운 것의 연속적인 생성을 의미한다는 것을 알게 된다."

이는 곧 운동이 지속 속에서 전체의 질적 변화를 수반함을 나타내며, 이 전체는 잠재성을 지니고 열린 채, 항상 변화하는 본성을 가지고 새로운 어떤 것을 발생시키는 것임을 의미한다. 다시 말해 운동은 새로운 것을 생성시키는 근본적 요인이다. 곧 새로운 생성은 공간과 시간 속에서 시간의 흐름에 따라 특정의 어떤 공간(장소)에서 특정한 방식으로 하게 되는 운동을 통해 만들어지는 것이다. 여기서 공간과 시간은, 베르그송의 이론을 충실히 발전시킨 프랑스의 철학자 질 들뢰즈(Gilles Deleuze)의 용어를 빌자면, 모든 잠재성들이 내재해 있는 일종의 다양체이며, 특정의 공간은 모든 잠재성들이 고르게 펼쳐져 있는 '내재성의 판(plan de immanence)', 혹은 '일관성의 표면(plan de consistence)으로 불리게 된다. 그리고 생성은 이러한 일관성의 표면(내재성의 판, 혹은 고른판) 위에서 무작위로 브라운 운동을 한다고 가정되는 다양한 입자들이 특정한 강밀도와 벡터를 가지고 운동(재단되고 교차되는)을 함으로써 새롭게 배치되어 나타나는 것이다.

다시 말해 물질은 무한한 가능성의 내재성의 표면 위에서 운동을 통해 질적 변화와 새로운 발생, 즉 생성을 하는 것이 가능하게 된다. 즉, 변화는 곧 시간을 관철하는 물질의 흐름으로서의 운동인 것이다. 그러므로 운동은 결국 충만한 (가상의) 내재성의 표면 위에서 잠재태가 현실태로 되는 과정이라 말할 수 있을 것이다. 그리고 이러한 운동들은 대부분의 경우에 유클리드기하학이 전제하는 특정한 기하학적 궤적을 따르는 대신, 비선형적이고 무작위적인 유동적 기하학, 즉 위상기하학이 다루는 부드럽게 휘어지고 굴곡지는 다양한 유동성의 공간적 궤적을 따르게 된다고 보아야 할 것이다.

4-2-5 네트워크 공간

그림 4-45 | 공중도시, 요나 프리드만

유동적 운동을 하는 공간에 대한 건축적 예는 실제로 이미 1950년대 후반부터 등장하기 시작했다. CIAM의 해체와 함께 새롭게 등장한 팀텐(Team X)이나 GEAM은 도시와 건축의 성장과 이동성(mobility) 등을 주제로 건축에 도로를 포함시킨다든가 공중에 도시 골조를 세우고 자유롭게 이동할 수 있는 공중도시 등의 다양한 실험을 보여주었으며, 일본의 메타볼리스트들이나 영국의 아키그램 등은 1960년대 초부터 거대한 메가스트럭처 속에서 건물들을 캡슐과 같이 플럭 인시키며 소비하는 이동성

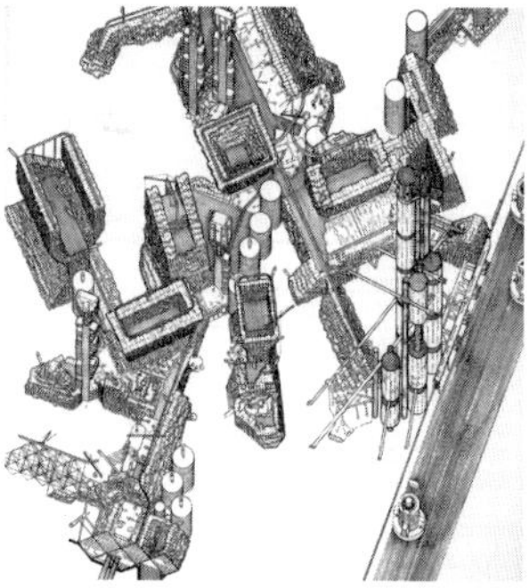

그림 4-46 | 플럭 인 시티, 피터 쿡

을 실험하고, 심지어는 건축 자체를 의복이나 자동차와 같은 개념으로 유목적으로 이동하는 수단으로 보여주는 실험들까지 보여 주었다. 나아가 오스트리아의 코프 히멜블라우나 하우스-루커 컴패니, 프랑스의 유토피 그룹은 공기 구조식의 실험적 건축을 통해 자유롭게 이동시킬 수 있는 건축물을 선보였다.

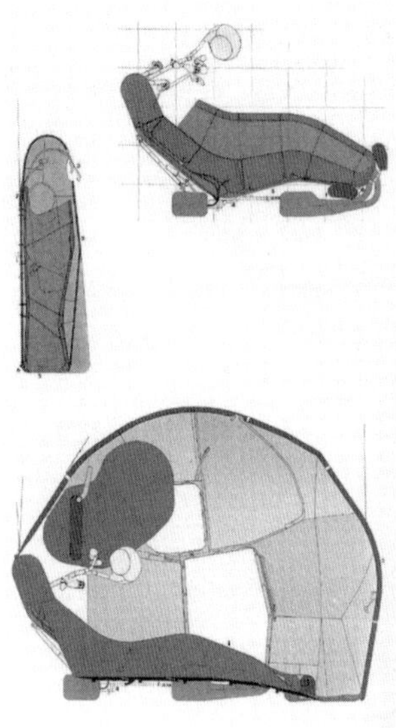

그림 4-47 | 쿠쉬클, 마이클 웹

그림 4-48 | 오아시스 7번, 하우스-루커 컴패니

그러나 건축의 자유로운 유동에 관한 더욱 급진적인 실험은 벅민스터 풀러(Buckminster Fuller)와 미래학자 마샬 맥루한(Marshall McLuhan), 도시 건축학자인 독시아디스(Constantinos A. Doxiadis) 등이 주장했던 네트워크로서의 건축에 대한 실험이었다. 1960년대를 통해 주장되었던 건축에서의 네트워크에 대한 열정은 컴퓨터와 전자적인 네트워크상에서의 무작위적 흐름을 건축에 도입하려 한 시도였다. 이것은 도시와 건축을 신체의 보철적 확장으로서 생물학적으로 진화하는 전자들의 네트워크로 이해하자는 주장이었기 때문이다. 네트워크 건축에 대한 최초의 시작은 벅민스터 풀러에 의해 이미 1930년대부터 전화 네트워크를 건축적 네트

그림 4-49 | 뉴 헬라스호 선상의 델로스 회합에서의 벅민스터 풀러와 마샬 맥루한, 1963년 7월

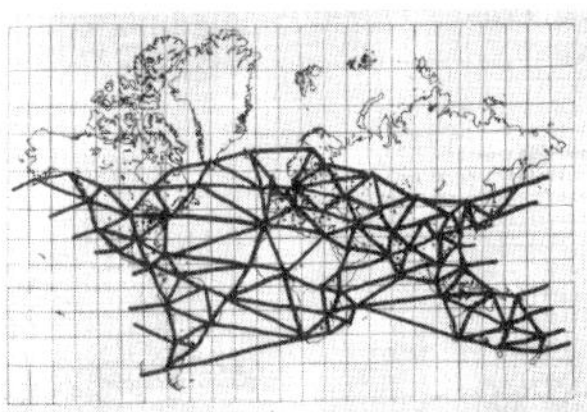

그림 4-50 | 미래의 항공 네트워크, 독시아디스

워크로 응용하려는 개념으로부터 시작되었으나, 후에 이에 동조한 마샬 맥루한과 독시아디스가 풀러와 함께 1963년 7월 그리스 섬들을 여행하는 선박을 타고 32명의 지식인들과 함께 인간 거주지의 진화에 대한 세미나를 개최한 델로스 회합을 통해 구체적으로 발전되었다. 마샬 맥루한은 전자를 생물학적이며 특별한 효과를 지닌 유기적 시스템으로 보고, 기술의 진화가 인간 신체의 진화로 되며, 의사소통의 네트워크들이 신체의 보철적 확장으로 된다고 보았다. 그리고 이것들 모두가 새로운 신체의 부분으로서 새로운 유기체이자 새로운 공간체계, 나아가 새로운 건축을 설정할 것이라 믿었다.

독시아디스 역시 모든 곳으로 확장되는 유동적 생물 형태적 성장으로 전 지구를 덮는 단일의 거대 도시를 생각했으며, 이 모두가 거대한 네트워크로 연결될 것이라 예견했다. 그에게 거주지와 도시는 연속적으로 진화하는 유기체로, 생물학적인 동시에 기술적인 것이었으므로 가장 중요한 것은 시간의 차원이었다. 그러므로 독시아디스에게 도시의 실제적 차원은 공간이라기보다는 시간의 차원으로, 도시는 형태보다는 발전의 궤적으로 이해되어야 했다. 또한 도시는 이러한 발전 궤적들에 의한 수많은 네트워크들의 중첩으로 이해되고, 도시의 성장은 네트워크식 운동의 확장이었다고 할 수 있다. 예를 들어 독시아디스가 발간한 '에키스틱스' 1970년 5월호에는 "기계적인 것으로부터 전자적 환경으로 완전히 이동하며, 생물학적 진화를 하는 전자적 네트워크로서의 새로운 도시"가 언급되었다. 이것은 결과적으로 건축과 도시, 전자적 네트워크, 인간 신체를 동일한 것으로 본 관점이었다고 할 수 있다.

4-2-6 보철장치로서의 사이보그 공간

유동적 공간의 실험은 건축공간을 생물체와 같이 유기적인 공간으로 이해하고 건축을 일종의 신체적 보철장치와 같이 실험한 예들에서도 나타난다. 르 코르뷔지에의 '살기 위한 기계'에서 기계와 오브제들이 육체에 봉사를 하기 위한 것으로 나타났다면, 현대의 사이버네틱스와 생체기

그림 4-51 | 캡 스트리트 계획, 스코피디오

술의 발전 속에서 유기적인 것과 비유기적인 것 사이의 경계는 더욱 모호해졌다고 할 수 있다. 그러므로 현대의 기술적으로 확장된 사이보그식 건축에서는 기계장치들이 유기적 형상과 기능을 가지고 육체가 기계에 의해 침략되고, 돌연변이로 재형성되며, 공간이 그 자체로서 내부와 외부, 시각적, 심리적, 물리적으로 혼동을 하게 되는 차원을 취하게 된다. 이것의 대표적인 예는 딜러 + 스코피디오(Diller + Scofidio)의 작품들에서 찾을 수 있다. 이들의 캡 스트리트(Capp street)계획(With Drawing Room, 1987)에서 주택 내의 모든 부재와 가구들은 무용성의 기능을 위해 각종 보철장치들로 보정되어 있으며, 의자 역시 사용자의 신체에 메시지를 새겨 넣도록 고안된 '글쓰는 기계'로 변형됨으로써 건축물 자체는 일종의 사이보그와 같은 장치로 된다. 이 공간 속에서 수직으로부터 수평으로 옮겨진 TV 스크린은 관습적 시각 대신 그것을 대체하는 거울 속에서 반영이 되며, 편안함을 주기 위해 존재했던 의자들은 거꾸로 육체를 공격하기 위해 잘려진다. 그러므로 이것들은 '살기 위한 기계'의 오브제들과 같이 봉사를 하거나 종속을 위한 주체로 남지 않고, 독립되었던 육체들과 혼합되며 육체에 대해 저항하고, 그것을 사용하는 사이보그와 같이 그들 자신이 사용자를 기계로 만든다.

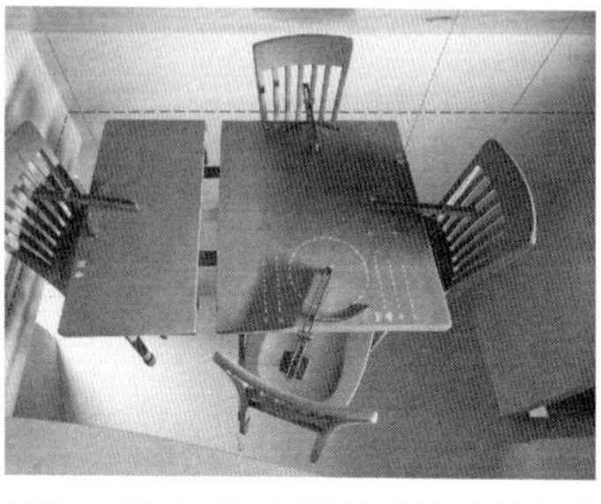

그림 4-52 | 캡 스트리트 계획, 공중에 매달려 보철장치로 먹게 되는 식탁, 스코피디오

그림 4-53 | 캡 스트리트 계획, 보철장치가 달린 의자, 스코피디오

그림 4-54 | 캡 스트리트 계획, 다양한 보철장치의 가구, 스코피디오

마찬가지로 뉴욕의 현대미술관에 설치되었던 '패러-사이트'(Para-Site, 1989)는 감시 카메라와 모니터를 이용하여 관람객들과 건축물 사이에 감시와 처벌, 관음증적 쾌락 모두를 동시에 제공하도록 계획된 일종의 사이보그 건축이다. 이 작품에서 비디오카메라와 3개의 모니터, 거울 등의 오브제는 스크린과 카메라, 관찰자와 관찰되는 자에 의해 설정되는 시각적 네트워크 속에서 수많은 유사 시각들을 통해 시각의 주체와 객체 사이의 경계를 모호하게 만듦으로써 가상 신호들의 사이보그적 시선을 설정한다. 여기서 물리적 공간의 의미는 변화되어 전통적 방과 가구가 무의미하게 되며, 벽들은 관찰자들의 시선을 생물체와 같이 반영한다. 이것은 기계적 객체가 유기적 주체 사이에서 설정된 사이보그적 네트워크라 할 수 있다.

4-2-7 리좀적 공간

그림 4-55 | 뉴 바빌론 전경, 콘스탄트 니우벤하우스

땅 속 줄기를 지칭하는 리좀(rhizome)은 무작위적이며 불규칙한 네트워크 속에서 자유롭게 연결되는 구조를 의미한다. 1960년대 초 네트워크에 대한 열정 속에서 나타난 콘스탄트 니우벤하우스(Constant Nieuwenhuys)의 뉴 바빌론 계획은 기존의 모든 정주적 건축을 포기하고, 이동

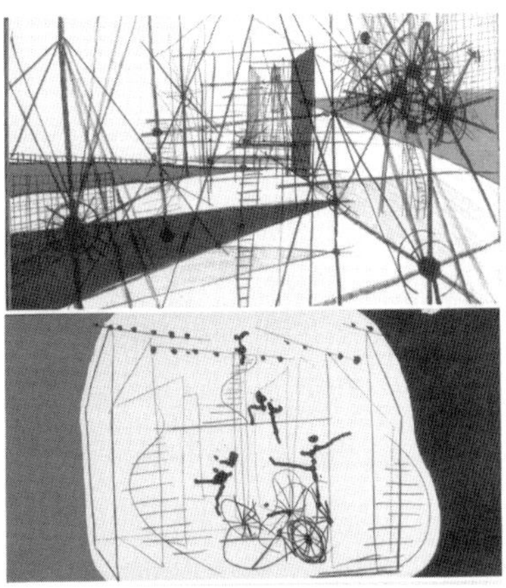

그림 4-56 | 바빌론 속의 미로적 유희

그림 4-57 | 뉴 바빌론 내의 이동식 사다리 미로 속을 탈영토화 운동하는 호모 루덴스들

그림 4-58 | 쥐시에 도서관계획, 1992

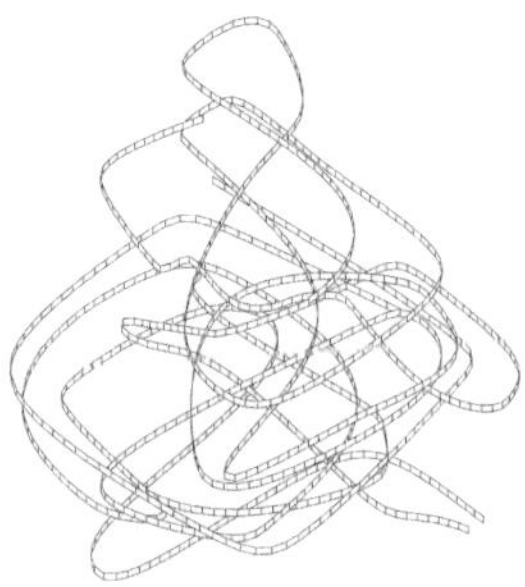

그림 4-59 | 쥐시에 도서관의 보행궤적

그림 4-60 | 렘 콜하스, 쥐시에 도서관의 종이와 같이 자유롭게 휘어지고 접혀지는 바닥 슬래브들

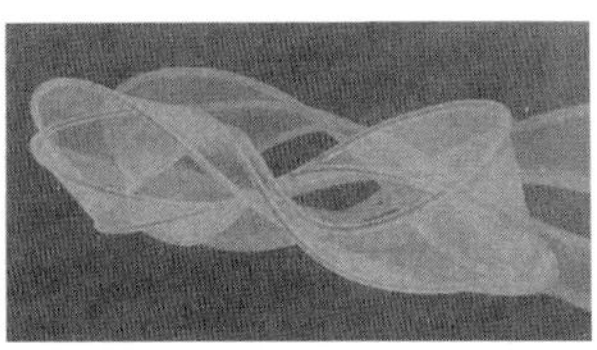

그림 4-61 | 뫼비우스 띠

가능하며 불확정적인 네트워크식 구조체로 된 도시이다. 기존의 도시 위에 임시적 가구조물로 세워진 이 뉴 바빌론은 미리 계획된 구조들에 의해 결정되지 않고 비정형적이며, 레저와 위락을 위한 불확정적 부지 내에서 미래의 인간 유형인 유희적 인간, 즉 호모 루덴스(Homo Ludens)들이 일시적인 유목적 유희를 하며 불확정적 미로 속에서 자유롭게 이동해 나가는 공간이다. 이 네트워크 같은 시스템은 지구상의 모든 표면을 덮을 수 있으며, 거주자들은 원할 때마다 다양한 빛, 음향, 색채, 환기, 재질, 습도, 온도들로 자신의 공간을 구축할 수 있으며, 이동식 바닥, 칸막이벽, 램프, 사다리, 브리지, 계단들이 미로와 같이 형성되는 공간이다. 이 뉴 바빌론의 미로 속에서 미래의 유희 인간들은 리좀식의 불확정적 경로를 자유롭게 이동하게 된다.

리좀식의 불확정적 경로는 미로 외에도 건물 내·외부의 동선에 무작위적인 보행궤적을 도입함으로써도 만들어진다. 렘 콜하스(Rem Koolhaas)의 쥐시에 도서관 계획(1993)은 무목적의 배회동선을 하나의 보행궤적으로 내외부의 동선에 도입한다. 이 건물은 3차원의 네트워크이자 무한한 연결이 모든 흐름을 흡수하는 구조로, 64m 높이의 일정한 간격의 기둥과 코어, 표피의 단순한 육면체 내부에서 종이와 같이 자유롭게 휘어지고 접혀지는 바닥 슬래브들이 지상에서부터 최상층까지 무작위적으로 이어지고 연결되는 형상을 취함으로써 리좀과 같이 다양한 지점들과 무작위적으로 계속 연결되는 공간을 만들어낸다. 렘 콜하스는 이 건물에서 무작위적으로 움직이는 궤적과 하강방향으로 향하는 벡터를 건축적 동선으로 설정하여 그것을 바닥 평면과 단면의 형태로 디자인했다. 이 도서관 내에서 경로들은 연속적으로 변형되는 단면의 건축적 산책로로서, 리좀과 같이 다중적 지점에서 연결이 되며, 순환이 일어나게 된다. 그러므로 방문객들은 무목적의 보행궤적을 따라 램프로서의 바닥과 에스컬레이터, 엘리베이터 등의 동선을 자유롭게 이용하게 된다.

유동적 동선의 또 다른 극단적 예는 뫼비우스의 띠나 클라인 병과 같은 위상기하학적 형상을 도입해 끝없이 이어지고 연속되는 불확정 경로의 동선을 만들어내는 경우이다. 벤 반 베어켈의 뫼비우스 주택(1997)은

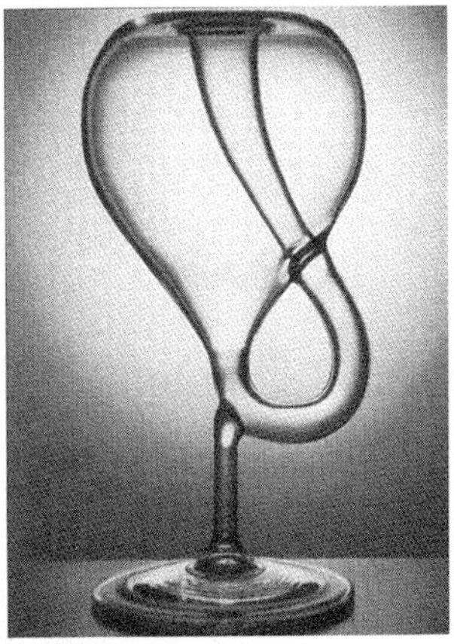

그림 4-62 | 클라인 병

그림 4-65 | 암스테르담 미래주택, 벤 반 베어켈, 2003

독자적 궤적을 가지면서도 일련의 순간들을 공유하며, 일련의 지점들에서는 역할이 전도되는 2개의 경로를 도입해 뫼비우스의 띠와 같이 내부가 외부로 되고, 역으로 파사드가 내부 벽으로 되고 유리와 콘크리트가 모든 방향의 변화에 따라 장소를 바꾸는 유동적 동선을 표현했다. 그의 아른헴 역사는 클라인 병의 다이어그램을 이용해 유동적 보행동선과 다른 교통 동선들의 상호교차를 허용한 결과이다.

그림 4-63 | 뫼비우스 주택, 벤 반 베어켈

그림 4-64 | 아른헴 역사, 벤 반 베어켈

클라인 병의 모델은 그의 암스테르담 미래주택(2003)에도 적용되어 표면을 자신들에게 다시 접어 넣어 수평의 동선이 수직적으로 연속적으로 바뀌게 만든다. 여기서는 내부의 공간에도 이러한 법칙이 적용되어 천창이 아트리움으로, 아트리움이 입구 로비로 연결됨으로써 내벽이 외부 표피로 변형되는 과정을 거치게 된다.

4-2-8 상호행위적 변형의 공간

현대의 발전된 정보와 전자적 혁명 속에서 매끄러운 유동적 공간은 건물 자체의 디지털 환경이 물리적 환경 속으로 통합되고, 물리적 영역과 가상영역이 혼합됨으로써 더욱 활성화될 수 있다. 건축학자 올레 부만(Ole Bouman)은 이것을 다음과 같이 몇 가지의 방법들로 설명한다. 첫째, 건물의 파사드와 벽체를 움직이는 전자 이미지로 활성화시키는 것, 둘째, 건물이 상호작용하도록 센서들을 도입해 사용자가 그것을 활성화시키는 것, 셋째, 상호작용하는 터미널로서의 컴퓨터 건물을 다른 유사한

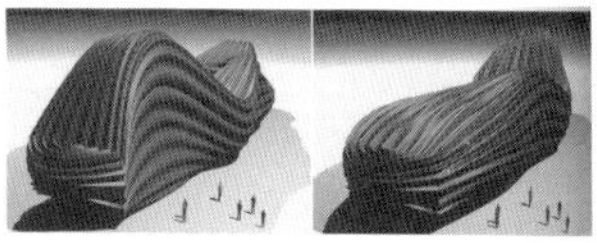

그림 4-66 | 트랜스포트의 변형된 외관들, 카스 오스터 하우스, 2001

그림 4-67 | 트랜스포트 실내, 카스 오스터 하우스, 2001

그림 4-68 | 헤트 발코프 미술관, 벤 반 베어켈, 1999

그림 4-69 | Aegis Hypo-surface, 데코이, 2000

물리적 환경과 가상의 온라인 네트워크에 연결하는 것. 이런 방식들은 사용자와 건물과의 상호행위에 의해 건물과 환경, 사용자 자신이 상호변형되는 방식을 의미한다.

카스 오스터하우스(Kas Oosterhuis)와 올레 부만이 디자인한 트랜스-포트(Trans-Ports, 2001)는 탄소섬유로 된 공기구조식 프레임과 방수처리된 고무피막이 인터넷의 실시간 진화 게임과 항구의 외부환경 조건들에 따라 미리 프로그램된 컴퓨터 소프트웨어에 의해 빛과 음향, 건물의 형상, 내부의 환경 등의 변화와 함께 건물의 형태를 유연하게 변형시킨다. 나아가 항구의 결정적 지점들에서 원격조종되는 카메라들은 이 건물의 내부와 외부에 설치된 데이터-프로젝트들에 온라인으로 전송되어 항구의 다양한 이미지들을 가상의 창에 투사시키도록 된다.

벤 반 베어켈과 카롤리네 보스가 디자인한 나이메겐 헤트 발코프 미술관 역시 방문객들의 예견된 운동에 따라 변하는 물결 모양의 굴곡진 천장을 보여준다. 마찬가지로 데코이(dECOi)의 아에지스 하이포 월(2000)은 방문객의 운동과 소리, 빛 등 환경의 변화에 따라 표피가 변화하는 유동적 공간을 보여준다.

상호행위에 의한 변형은 건물 자체의 형태 대신 건물 내 환경의 변화를 유도하는 방식으로 나타나기도 한다. 이것은 방문객의 운동에 따라 건물 내·외부의 지정된 장소들에 미리 설치된 각종 센서들의 작용에 의해 음향과 조명, 시각환경 등이 변화하는 방식이다. 이는 물리적 환경과 가상세계의 환경을 통합해 유동적인 액상 건축을 시도하려는 최근의 디지털 건축가들이 자주 사용하는 방식이다. NOX의 라스 스파우브룩(Lars Spuybroek)이 디자인한 소노 주택(2004)은 방문객의 운동과 흐름, 위치에 따라 건물에 부착된 23개의 센서가 20개의 스피커를 통해 24시간 변화하는 음향을 전달한다. 그의 V2 랩 건물(1998) 역시 전 세계의 다른 도시 이미지들이 전송되어 내부에서 일하는 사람들의 모습과 대비되어 계속 다른 이미지들로 나타난다. 그의 D-타워(2004)는 물리적 건물인 12m 높이의 타워와 질문지, 웹사이트로 구성되어, 웹사이트는 선택된 주민들의 질문에 대한 답들을 시각적으로 보여주는데, 이 선택은 5만 명 인

그림 4-70 | 소노 주택, 라스 스파우브룩, 2004

그림 4-71 | V2 Lab 파사드, 라스 스파우브룩, 1998

그림 4-72 | D-타워 주간모습, 라스 스파우브룩, 2004

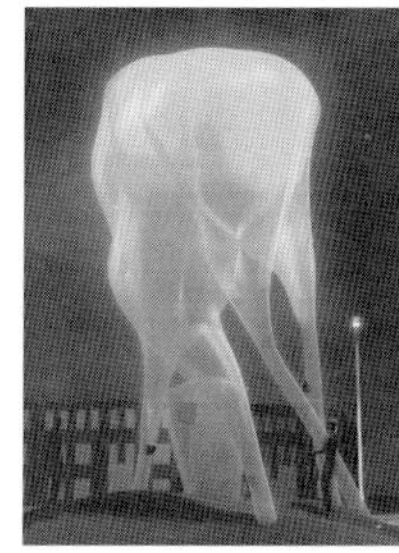

그림 4-73 | D-타워 야간모습, 라스 스파우브룩, 2004

구의 지형과 문화인류적 특성을 반영하며 매 6개월마다 반복된다. 결과적으로 증오와 사랑, 행복, 공포 등 매일의 네 가지 감정들은 녹색과 적색, 청색과 황색으로 각각 재현되어 LED 조명에 의해 건물을 밝히게 됨으로써 매일의 각각의 우세한 감정들을 실시간의 색채로 반영하게 된다.

라스 스파우브룩이 디자인한 넬트예 얀스의 담수 전시관(1997)은 16개 박판들로 된 전시몰 속에서 다른 형태의 실제 물을 가진 설치물들이 물, 구름 등의 다양한 이미지의 비디오와 음향, 조명들과 혼합되어 17개의 센서에 의해 방문객들의 운동에 따라 다른 음향과 조명, 시각환경으로 반응하고, 그 영향에 따라 다르게 활성화된 방문객 각자의 신체리듬들은 다시 각자의 운동양태에 따라 건물의 환경과 형태에 영향을 주는 상호변형 방식을 따르게 된다.

그림 4-74 | 담수 전시관 실내, 라스 스파우브룩, 1997

그림 4-75 | 염수 파빌리온 실내, 카스 오스터 하우스

카스 오스터 하우스의 염수 전시관(1997) 역시 방문객들, 외부의 날씨와 바다 수위의 변화에 따라 알고리즘적으로 반응하는 중앙컴퓨터에 의해 안개와 비, 파도 등에 둘러싸인 다중적 색채의 섬유질 렌즈와 다중매체의 스피커들이 변화된 환경을 조성하는 한편, 상부의 부풀림식 에어백은 중앙컴퓨터에 의해 임의적으로 확대되거나 축소됨으로써 파노라마식 창을 개폐하는 상호반응식 변형을 보여주는 예이다. 이 모든 예들은 발전된 컴퓨터 기술과 프로그램이 필수적 도구이며, 그러한 기술을 이용해 유동적 공간을 표현한 대표적 사례들이라 할 수 있을 것이다.

4-3 인지 불가능한 무한반복 및 확장적 공간

4-3-1 무한확장 공간의 기본배경

(1) 수직적 무한확장 공간과 수평적 무한확장 공간

똑같은 규격의 제품이 공장에서 생산되면서 끊임없이 쏟아져 나오는 것과 컴퓨터로 파일과 정보가 무한반복 생산되는 상황은 자본주의의 발전과 기술과학의 발전이 만들어놓은 가장 특징적인 양상이다. 현대 건축공간에서 이러한 현상은 개인의 선호와는 관계없이 하나의 사회적 현상이 되었으며 건축공간적인 측면에서도 매우 중요한 변화로 나타나고 있다.

산업혁명이 진행되면서 현대건축을 특징짓는 요소들 중 사회적 영향력의 면에 있어서 두 가지 특징적인 요소는 돔이노 구조의 변형적인 요소들로부터 나오게 되었다. 기존에는 벽이 힘을 지탱하는 조적조의 내력벽을 이용했기 때문에 벽에 창문을 마음대로 뚫을 수가 없었고 자유로운 평면을 만들기 힘들었다. 르 코르뷔지에(Le Corbusier)는 철근콘크리트의 장점을 이용하여 기둥-슬래브로 이루어진 구조시스템을 제안했고, 이러한 시스템의 장점을 살려 5가지의 특징적인 현대건축의 요소를 주창했다. 이른바 근대건축 5원칙이다. 이것의 의미는 슬래브를 받쳐주는 내력벽이 사라지고 기둥만으로도 공간이 유지되면서 수평적인 부분에 있어서 유연한 칸막이식의 벽을 사용하여 다양한 프로그램을 소화할 수 있게 되었다는 점이다. 이러한 시스템은 수직 및 수평적 무한확장 공간의 원형이 되었다. 오늘날 이러한 형식은 뉴욕의 마천루 숲과 대형 쇼핑몰들의 구조적 기초원칙으로 작용하였다.

확장공간의 첫 번째 유형은 도심의 고층건물의 프로토타입(Prototype)에 의한 무한수직적 확장공간을 통해 나타나는 수직상승의 욕망을 구현하는 오피스 건물군이다. 뉴욕과 홍콩 등 오늘날 대규모 메트로폴리스에서 흔히 볼 수 있는 마천루의 원형은 역시 돔이노 구조와 합리적인 설비재료 등의 발전과 함께 지가가 높은 지역에서 최소한의 체면적을 유지하

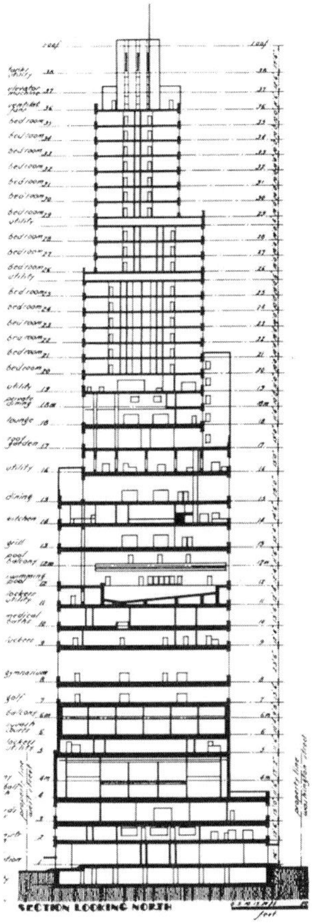

그림 4-76 | 다운타운 헬스클럽 마천루 단면

면서 최대의 공간을 사용할 수 있는 방법론으로 진화하였다. 최소한의 체면적을 유지하면서 최대의 공간을 사용할 수 있다는 의미는 효율적인 구조재와 설비 그리고 외피에 들어가는 재료들을 최소화하고 효율화시키면서 동시에 최대의 공간을 사용할 수 있다는 의미이다. 이것은 수직적인 건물유형의 기능적이고 경제적인 공간의 기본형을 창조한 것이다. 수직적 마천루의 건축공간의 특징은 프로토타입이 무한적으로 확장되고 증식되면서 균일한 공간들이 끊임없이 수직으로 증식되기 때문에 공간의 미학이나 공간의 질을 고려하기보다는 균일한 공간이 무한확장되면서 프로그램의 다양성을 통해 균일한 공간의 단점을 보완하는 방향으로 진화하게 되었다. 무성격한 공간들의 증식으로 인해 공간을 인지하는 것은 결국 건축물 속에 배치되는 프로그램이나 프로그램에 따른 인테리어 디자인으로 인지되는 경우가 많다.

두 번째는 수평확장적 공간이 있다. 이러한 공간은 오늘날 대규모 소비를 가능하게 하는 상업적 공간의 원형이 되었다. 프로토타입이 되는 기준층이 마련된 이후 수직적으로 무한증식되는 공간과 비슷한 면이 있지만, 그러한 유형과는 건축적 특성에 있어서 여러 가지 다른 면을 보이고 있다. 이러한 건축물들은 대조적으로 수평확장적 공간유형이 나타나기 시작했다. 오늘날 대규모 쇼핑몰, 쇼핑센터 그리고 공항 및 터미널 공간 등은 인간이 한눈에 건물의 외관과 내부공간을 인지할 수 없을 정도로 대규모화되었다. 어느 공간을 가더라도 똑같은 모듈의 공간들이 수평적으로 무한확장되면서 특성이 없는 공간이 펼쳐진다. 공간의 특성을 인지할 수 있는 것은 각 공간을 점유하고 있는 프로그램에 따르게 된다.

(2) 수평적 확장의 프로토타입

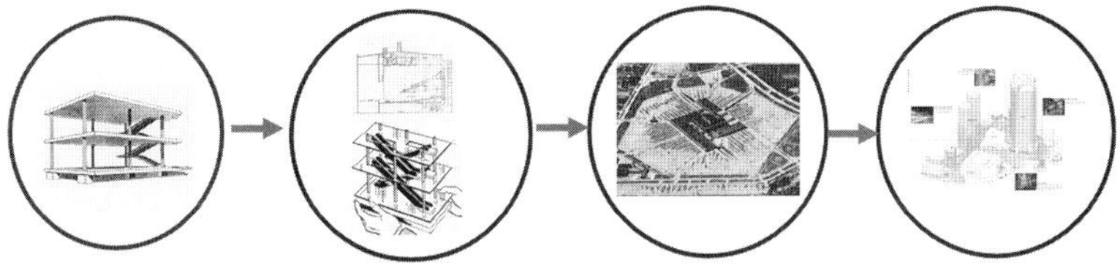

그림 4-77 | 쇼핑몰의 발전의 이론과정

건축사에서 마천루는 도미노시스템의 수직적 무한확장과 엘리베이터, 설비시스템, 구조기술, 새로운 재료 등의 결합이 가져온 새로운 건축적 혁명이었다. 프로토타입 평면은 무한확장의 가능성을 부여하였다. 수평으로 확장하기에는 한계가 있기 때문에 자연스럽게 프로그램을 수직적으로 배치함으로써 자체의 한계를 넘어설 수 있는 가능성을 제시하였다. 쇼핑몰의 각론은 돔이노 시스템의 수평적 무한확장으로 생각할 수 있다. 그것은 수평확장과 페디스트리언 지대, 에스컬레이터, 공조시스템의 결합이 가져온 마천루와 같은 혁명적 공간으로 진화했다. 이러한 공간은 수평적 확장이 자유로운 만큼 광대하게 펼쳐진 공간에 원하는 만큼의 프로그램들이 통째로 흡수할 수 있게 되었다.

그림 4-78 | 1930년대 미국 교외의 스프롤 현상

대규모 쇼핑몰이 처음 나타나기 시작한 것은 1930년대 미국 교외지역의 지가가 싼 대지를 이용하여 구축되기 시작하면서부터이다. 쇼핑몰의 공간은 주변지역과는 완전히 분리된 채, 섬과 같은 존재로 남게 된다. 내부에는 주변지역에서 필요한 모든 것이 구비되어 있고 경계가 모호한 대규모 공간이 형성된다. 이 공간은 모두가 같은 모듈의 균질한 공간으로 구성되어 있다. 이 공간 속에는 모든 것이 포함될 수 있는 가능성을 포함하고 있다. 그 거대한 공간은 어떠한 프로그램이든 삼킬 수 있다. 이른바 정크 스페이스의 개념이 나타나고 있다.[43] 이러한 공간에서는 어떠한 프로그램도 수용될 수 있다. 또한 프로그램이나 자신의 의도에 따라 시나리오성을 가지고 이동할 수 있다. 경계가 무한히 확장되면서 의도에 따라 가변적으로 공간을 사용할 수 있다. 이른바 경계가 해체되는 무한공간, 시간을 초월하고 공간을 초월하는 프로토타입 플랜[44]이 되는 것이다.

---

43) 결정할 수 없는 무한한 프로그램의 가능성이 있는 균질한 끝이 없는 공간이 나오게 되었다. 끊임없는 연속성의 공간, 그것이 바로 정크 스페이스이다. 이곳은 항상 내부이다. 균질한 공간, 균질한 공간을 끊임없이 가능하게 하는 스프링클러, 에스컬레이터, 공조체제 등은 이러한 공간을 가능하게 하는 설비체계이며, 페디스트리언 지대와 코트는 이러한 공간을 싫증나지 않게 만드는 보완적 요소가 되고 있다. 이러한 균질의 공간을 렘콜하스는 정크 스페이스라고 말하고 있다. 근대화가 남긴 부산물의 뜻을 담고 있다.

44) 마천루의 프로토타입 플랜의 공간은 지가가 높은 도심지 내에서 토지효율을 높이기 위한 방책이었다. 도미노 이론으로 대표되는 르 코르뷔지에의 개념은 그의 작품 빌라 사보아에서 명백하게 그가 주창한 국제주의 건축의 5원칙의 기본개념이 되었다. Mall에 있어서 특히 주목하게 되는 부분은 자유로운 평면과 건축적 산책로를 우선 들 수 있다.

그림 4-79 | 쇼핑몰의 각론적 구성방식

수평적 공간의 확장을 가져오기 위해서는 쇼핑몰에서 몇 가지의 요소가 필수적이다. 계속되는 연속성을 위해 수평 엘리베이터인 에스컬레이터와 무빙워크가 있어야 하며, 오랜 시간 연속적으로 돌아다니기 위해서는 쾌적한 실내환경을 만들어야 하므로 공조시스템이 발달되어야 한다. 또한 수평적으로 무한확장되는 공간을 걷게 되면 피곤해지므로 적절하게 쉴 수 있는 보행자 지대와 코트가 필요하게 된다. 이 요소들이 충족되면 어떠한 프로그램이라도 삽입시킬 수 있는 경계해체의 공간이 완성되게 된다.[45] 공간적 경계해체는 바로 이러한 무한확장의 공간적 구성과 프로그램의 관계 속에 발전되어 왔다.

(3) 자본의 발전과 무한확장 공간의 발전

건축공간은 시대의 산물이며 그 시대의 정치, 사회, 문화 전반에 관련된 내용에 영향을 받게 마련이다. 공산주의가 몰락하고 자본주의가 득세하고 있는 현대의 모든 공간들은 자본의 논리에 의해 많은 부분들이 결정된다. 과학의 발전과 도시의 발전, 건축기술의 발전 등은 모두가 자본의 발전과 축적, 좀 더 빨라지는 순환주기와 밀접한 관련이 있다. 오늘날 자본주의 시스템에서 유연성이 증대되는 현상(구조, 표현 모두)은 효율성과 통제성을 강화하기 위한 자체의 진화과정이었다. 생산구조의 변화는 소비구조의 변화와 연동하여 상호 영향을 주고받으며 진화하였다.

자본주의 체계 하에서 공간구조의 발전 역사는 전통적으로 공권력을 행사하는 시설 외에는 상업적 프로그램의 삽입과 밀접한 관련이 있으며 상업공간의 발전사라고 할 수 있다. 오히려 현재는 공권력에 속하던 시설마저 민영화의 추세로 돌아서면서 상업적 요소가 삽입되어 쇼핑몰화되어

기본 구조체가 재료와 구법의 발달로 간단히 해결됨에 따라 경량 칸막이로 자유롭게 공간을 구획하여 사용 가능한 자유를 얻었다는 데에 그 의미가 있었다. 또한 옥상정원의 존재는 건축적 산책로를 결부시켜 생각하게 만드는데, 이러한 공간의 자유로운 사용가운데 끊임없는 연속성의 공간을 만들어낼 수 있는 가능성을 제시한 것이었다.

45) 무한확장의 경계가 해체되는 현상은 유연성으로 달리 이야기할 수 있으며, 이것은 효과적 통제 속에 생산을 늘려가는 생산통제의 진화와 함께 궁극적인 수준까지 소비를 늘리고 소비중심의 생활에 길들여질 수 있는 효율적 통제의 공간을 만들기 위한 내외부의 인지와 경계가 불명확한 경계해체의 공간이 되고 있다.

가고 있다. 수직적 경계의 확장사례는 도심지 내에 흔히 볼 수 있는 사무소 건축에서 보이는 바와 같이 사업주체의 욕망이 물성화된 것으로 볼 수 있다. 즉, 생산과 소비가 동시에 일어날 수 있는 공간구조가 발명된 것이었다. 한편으로 수평적 Mall은 대량소비를 위한 각론이 방법론적으로 완성된 것이었다. 생산과 소비의 안정적 순환과 가속화를 위한 공간과 직접적으로 관련을 맺게 되어 있다.

생산구조의 변화에 따른 공간구조의 변화와 함께 소비공간의 구조 역시 가장 민감하게 변화되었다. 원활한 생산과 안정적으로 대규모 집합 소비를 꾀할 수 있는 공간이 필요함에 따라 상업공간의 표현요소와 공간적 요소 역시 발 빠르게 변화해왔다. 이러한 시각에서 쇼핑몰이 탄생하고 쇼핑몰화 되어 가는 과정 역시 생산과 소비를 더욱 안정적이고 효율적으로 진화시키기 위한 방법론이 계속해서 진화해 나가는 것으로 생각할 수 있다.

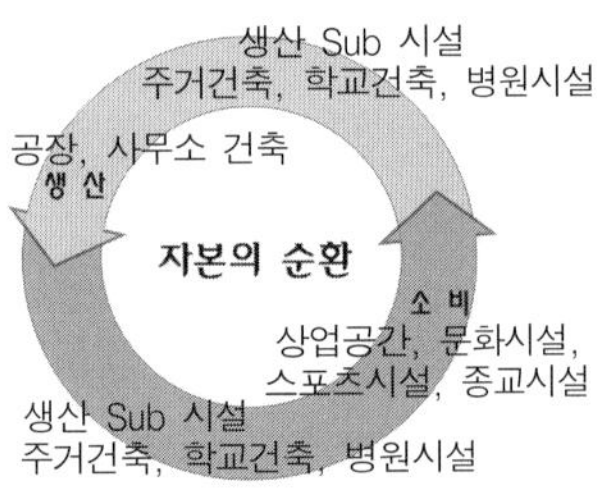

그림 4-80 | 자본순환주기에 따른 각론시설 분류

경제적인 측면에서 건축을 각론적으로 살펴보면 생산을 수행하는 건축(공장, 사무소)과 생산을 돕는 시설(주거건축, 학교건축, 병원시설 등등)과 소비시설(상업시설, 문화시설, 스포츠시설)등이 있다. 문화시설과 스포츠시설, 종교시설은 생산을 위한 휴식과 여가를 위한 시설이기도 하므로 생산 보조시설로 볼 수 있지만, 한편으로 현재의 삶에 있어서 모든 원동력이 자본에 의해 움직이는 과정에서는 이러한 시설들도 사실상 소비수행의 시설들이며, 이것들은 Guild체계의 수공업적 생산체계로부터 현재의 대규모 산업구조에 이르는 구조 자체가 자본의 효율적 순환을 위한 공간구조의 진화과정이었기 때문에 소비공간의 변화에 대한 고찰은 현대 자본주의 체계상의 공간구조가 어떤 방식으로 구성되는지 알 수 있는 단서가 된다.

4-3-2 수평적 무한확장 공간의 발전과정

(1) 아케이드에서부터 백화점과 쇼핑몰의 변화과정

산업혁명 이후 새로운 상업공간의 가능성을 보여준 것은 1851년 영국

그림 4-81 | 19세기 아케이드 상가의 모습

만국박람회의 수정궁이었다. 철과 유리로 구축된 1851년 런던 세계 산업박람회의 수정궁은 불확정적 공간의 경계를 형성했다. 불확정적인 공간경계의 형성은 철과 유리로 인해 형성되는 외부적 공간감과 수정궁 내부에 설치된 외부요소들 때문이었다. 또한 내·외부의 전도로 발생하는 공간의 이중적 성격이 부여되었다. 이러한 이중적 성격의 애매함이 공간구조부분의 경계해체 현상으로 간주할 수 있으며 도시풍경을 공간 안으로 끌어들인 효과를 만들어낸다. 19세기 시민들은 빛이 충만하게 산란되어 마치 비물질화된 듯한 수정궁의 공간을 통해 외부공간처럼 끝없이 펼쳐지는 공간의 무한성을 경험하고 인식했다. 이 건물의 역사적 의미는 근대적 합리주의, 건설비용의 최소화, 건설과정의 합리화에 있었다. 이런 요소들이 중요한 점은 당시의 철과 유리로 대표되는 산업화와 함께 상업화된 공간의 시초를 이루면서 새로운 소비유형과 유흥의 공간을 구축했다는 점뿐만 아니라, 심리적 부분에 있어서도 시스템화된 것에 그 의의가 있다.[46)]

17~18세기 걸쳐 거래의 규모가 커지고 교역이 활발해지면서 전문적인 상점과 함께 커다란 유리의 사용으로 인해 가로를 향한 전면적 개방의 시기로 접어들었다. 즉, 상점이 단순히 상품의 교환뿐만 아니라 사회적 교류와 여흥을 위한 장소의 역할까지 수행하기 시작했다는 점이다. 아케이드 가로는 가이스트(Geist)에 따르면 문화적·산업적 발전의 시기에 존재한 한 사회의 특수한 필요와 욕망에 반응하기 위한 새로운 발명품이었으며, 이 욕망이란 상품에 대한 생산과 소비의 충족이었다.

46) 부재의 모듈화, 표준화, 프리패브 시스템, 조직적 공사관리, 경량화, 조립의 기계화 등 현대적 건설기법, 주조소에서 대량으로 생산, 현장에서 볼트로 조립된 철제 프레임과 기둥, 대들보로 만들어지고, 공장에서 제조된 유리판들은 조립하여 완성되었다. 광대한 내부공간(길이 약 565m, 74320m^2)의 건물은 박람회 이후 해체되어 런던 외곽에 있는 시든햄에 다시 세워졌다. 찬사로 제거하지 않고 해체해서 런던 외곽에 있는 시든햄에 다시 세워졌다.

표 4-1 • 아케이드, 백화점, 쇼핑몰의 변화와 특성분석

구분	아케이드	백화점	쇼핑몰
시대 생산방식	길드에서 대량생산으로	산업혁명 이후 대량생산	대량생산, 집합적 소비
고객 수용방법	직접적 배제의 전략	간접적 배제의 전략 (간접적 암시)	적극적 수용의 전략
구매욕구	구체적 구매의욕	구체적 구매의욕	비구체적-충동구매 자극
주 고객층	소수 특정 상류층	중상층 위주, 일반 개방(간접 배제)	중산층 이하
매장의 크기	적절매장과 쇼윈도	최소화 복도, 조망의 최소화	넓은 매장과 휴식공간
건축적 구성	입구부터 배제의 장치작용	폐쇄적 단위매장 암시적 위계의 영역성	매장 및 테넌트 유입장치 (박물관 미술관의 구성요소)
입지특성	전통상업가로	도심 CBD내	교외간선도로변 도심지
건축적 특성	분할된 내부연결 (협소한 사적도로 의미) 내외부전도(경계해체)	소규모 고급화 거리(명품코너)	쇼핑몰 각론 완성, Junk Space화

아케이드는 '구매의 극장' 혹은 '자본주의의 신전'에 비유할 수 있으며 만보객을 위한 무대이면서 극장이었다. 아케이드에서는 사회적 격리가 엄연히 존재했으며, 사회적 빈곤으로부터의 격리도 역시 제공하는 장소였다.[47] 이곳에 포함된 상점들은 각자의 상품만을 판매하는 독립적인 상점들과 전문점들로 구성되어 있었다. 이러한 상점들은 당시에도 막강한 영향력을 행사하고 있었던 길드(guild)체제에 의해 지배되었다.

19세기 중엽에는 백화점이 탄생했는데, 이 장소는 자체의 구매력과 가격조정 능력을 가진 새로운 근대적 소비공간으로 등장했다. 길드식 수작업에서 벗어나 공장생산에 의한 상품의 대량공급이 이루어짐에 따라 보다 효율적이고 광범위한 판매가 요구되었다. 초기의 폐쇄적 성격의 특정 계층의 전문 물품을 팔던 아케이드와는 달리, 백화점은 구매의무를 강요하지도 않았으며 또한 자유로운 출입까지를 보장했다.[48] 즉, 구매자를

47) 최윤경, 사회와 건축공간, spacetime, 2003, p.216
48) 아케이드와 백화점, 쇼핑몰로의 변화과정에서는 각각이 구매력의 증대를 통한 대량소

위한 소비공간이었다. 백화점의 내부에는 건물 전체를 가로지르는 시선의 축이나 조망이 전혀 없었으며 결과적으로는 폐쇄적인 공간을 형성했다. 부유층 백화점에서는 최소화된 복도와 폐쇄적인 단위매장 등을 통해 구체적인 구매의지의 충족과 특정 고객만을 위한 배제의 전략을 보여준다. 한편, 중·하류층 백화점은 최대한의 복도와 개방적인 단위매장을 확보함으로써 상품 진열과 비교를 통해 구매충동을 자극하기 위한 고객의 움직임을 활성화하는 '수용의 전략'을 보여준다. 20세기에 들어 60년대까지 완성된 쇼핑몰의 각론은 20년대 상점가가 밀집되어 대형 주차장을 만든 사례로부터, 고객유인 요소(magnet)를 중심으로 임대상가와 페디스트리언 지대와 코트를 배치한 조합 가운데 가장 편하게 주차장에서 매장으로 들어올 수 있는 유형에 초점을 맞추어 각론사항이 발전했다.

(2) 무한확장적 상업공간의 발전과정

현대적 쇼핑몰 건축의 유형은 자동차의 발달과 보급으로 인해 교외생활이 가능해졌던 미국의 상황으로 인해 처음 나타나기 시작했다. 1960년대 초까지 각론적 완성을 보았던 지역중심의 쇼핑몰은 돔이노 구조가 완성된 이후 수평적 확장의 발전을 거듭하여 상업공간의 근본적인 형식이 된 것이었다. 이 유형을 바탕으로 무한증식되고 자기 번식되는 수평확장의 그리드가 되었다.

그림 4-82 | 1950년대 쇼핑몰 내부 보행자가로 모습

현대적 의미의 쇼핑몰은 20세기 동안 창조된 개념과 아이디어의 발전이 일궈낸 산물이다. 이러한 공간은 현대인의 실질적인 시간을 보내는 생활의 중심지가 되고 있다. 쇼핑몰의 시초는 1920~40년대에 처음 등장했는데 당시에 쇼핑센터는 비록 단순한 구조였지만, 차를 이용하는 소비자들에겐 많은 편의를 제공했다. 소비자들이 여러 시장을 이리저리 전전할 필요 없이, 차를 한 곳에 세워 놓고 원하는 것을 쇼핑몰에서 모두 구매할 수 있는 건축적 구조로 자연스럽게 각론적 발전을 이루게 되었다.

페리의 근린지구 이론과 같은 근대적인 지역지구제 관련 시책들은 계획적이고 핵을 이룬 쇼핑몰을 선호하는 성향을 지니고 있다. 자연스럽게

비의 방향으로 진행되고 있는 것을 알 수 있다.

표 4-2 • 20~60년대 초까지의 몰의 각론 완성과정

단계	사진	다이어그램	배치도	특 징
1		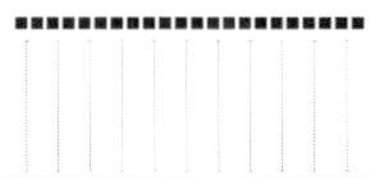	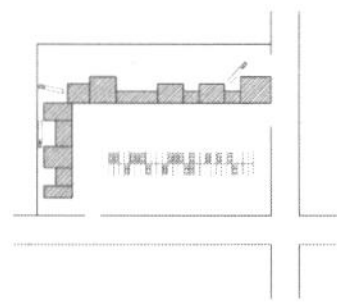	당시 진보적인 근대쇼핑센터 길가의 상점들 앞에 주차가능(1922) 초기 번화가의 주차공간
2		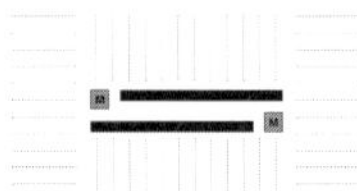	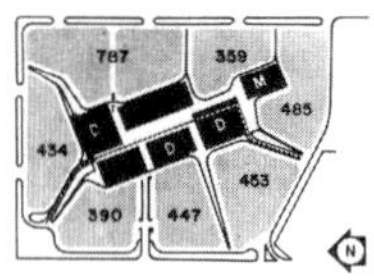	대도시의 센터와 떨어져서 거대한 주차장을 지닌 독립된 위치에 건설 Glendale 센터, Indianapolis
3		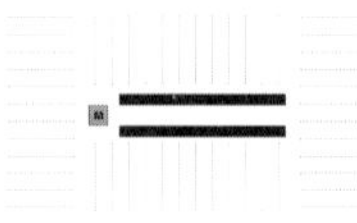	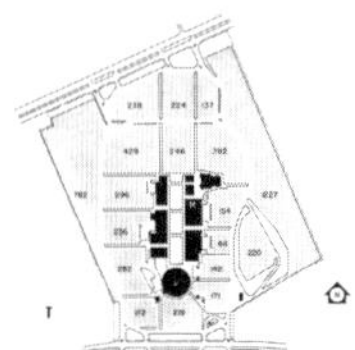	첫 번째 2층 쇼핑센터 덤벨형의 중간단계 Shopper's World, Framingham, Massachusetts
4		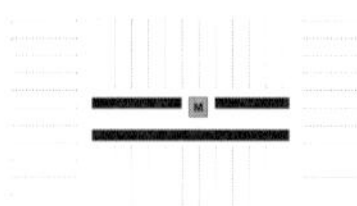	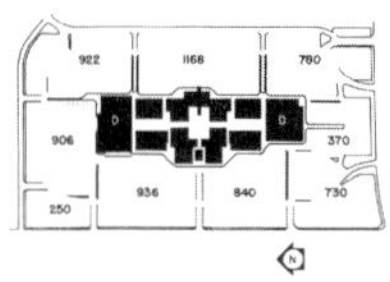	덤벨형의 기원 다른 전문상점들과 더불어 주요 백화점 포함 Northgate 센터, Seattle
5			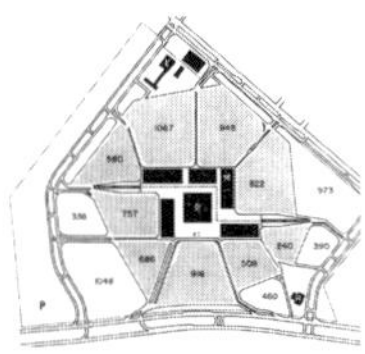	최초의 "Cluster layout" 타입 한 개의 백화점과 그 주위를 점포들이 원처럼 둘러싸고 있는 형태 Northland 센터, Detroit 근교
6			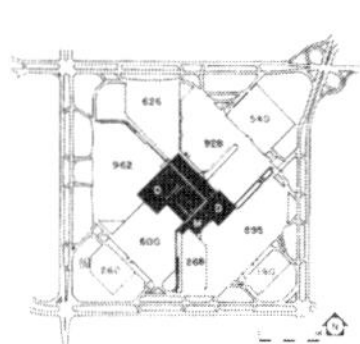	최초의 완전 밀폐된 몰 소매 쇼핑 경험 혁신, 완전한 중앙공기조화 완벽히 통제된 쇼핑환경 창출 Southdale Shopping Center, Minneapolis

도시의 교외지에서 가장 지배적인 소매형태로 밀집된 상점군이 배열되었다. 자동차의 의존도가 높아지면서 쇼핑지구에서는 보다 넓은 주차시설이 필요했고, 이는 쇼핑센터 계획에 있어서 상당한 각론적 변화로 나타났다. 이렇게 공식과 같은 각론적 형식이 형성된 것은 1920년대에 시작되어 1950년대의 광역 쇼핑몰(regional mall)의 출현으로 그 절정을 이루었다. 이것은 모던시대에 소위 상업시설에 있어서의 공통적인 형식이 출현한 것이었다. 당시 쇼핑센터는 도심이 아닌 교외의 가까운 곳에 넓은 대지를 잡고 형성하게 된다. 쇼핑센터는 구매고객에게 최대의 편의를 제공하고 상품매매의 효율을 최대로 하기 위해 상점 및 관련시설을 집단으로 계획한 상점군의 복합건물을 일컫는다.

빅터 그루엔(Victor Gruen)은 50~60년대에 많은 몰의 계획에 참여하면서 상업적으로 가장 효율적인 공간구조와 면적 및 구성을 완성한 인물이다. 많은 실험을 통하여 240m 정도가 가장 적절한 길이의 쇼핑가로가 되고, 그에 따라 공간의 구성이 변화하여 나간다는 사실을 입증해내었다. 즉, 현재의 인클로즈드 몰의 개념과 방법론을 가장 먼저 정립해냈다. 쇼핑몰의 각론상의 변화과정 중에 50년대까지의 쇼핑몰의 각론적 완성은 안정된 대량소비를 통해 생산시설과 함께 원활한 소비를 할 수 있는 자본시스템의 발전과정이라고 말할 수 있다. 이것은 다른 말로 하면 세계 어느 곳에서도 통용될 수 있는 소비공간의 법칙, 즉 소비공간의 깊은 구조를 만들어낸 것이라고 할 수 있다.

포스트포디즘은 유연적 생산구조로서, 다원화된 소비사회에 맞는 생산구조를 효율적으로 진화시키기 위해 전체적인 거대한 통제의 틀을 만들어놓고 의도되고 한정된 정도의 자유를 허락하여 생산효율을 증가시키는 방식이다. 이러한 방식은 거시적인 측면에서 보면, 더욱더 효율적으로 신체의 길들임을 가능하게 하는 통제의 방법론임을 고찰했다. 생산체계의 변화는 결국 물적 토대에 따른 진화의 과정이라고 생각할 수 있다. 마찬가지로 소비공간에 있어서도 많은 변화가 이루어졌다. 이러한 변화는 유연적 소비공간구조로 진화하면서, 궁극적으로 통제가 용이한 전체적 틀 속의 안정적이고 쾌적한 분위기 속에서 소비욕망을 키우는 공간구조로

진화한 것이었다.[49)]

70년 전후를 기준으로 물적 토대의 위기가 찾아오면서 도심재생을 위한 페스티벌 마켓, 수직 몰, 엔터테인먼트 몰 등의 다양한 요소들이 첨가된 테마형 쇼핑몰 등이 우리 생활의 중심이 되었다. 다양한 시설과 복합되며 몰화 되는 건물에는 기존에 가지지 못했던 더욱 다원적인 건축적, 프로그램적 진화가 일어나게 된다.

(3) 70년대 이후의 몰(mall)화 과정

그림 4-83 | 쇼핑몰과 사이공간

몰의 각론적 완성 이후 1972년까지 쇼핑센터는 개수가 급속도로 늘게 된다. 물적 토대의 시기인 1970년대 이후 한 단지 안에는 몰의 기능에 소매기능, 사무기능, 숙박기능 등을 결합한 혼합용도센터(mixed-use center)가 1969년 휴스턴 교외지에 갤러리아(Galleria)가 생기면서 시작되었다. 1970년에는 매사추세츠 주의 보스턴에 패너이 홀 마켓플레이스는 미국 최초의 페스티벌 마켓플레이스가 오픈했다. 문제점이 있는 도심 시장을 활성화시키는 계획은 식료품과 전문점에 초점을 맞추었다. 같은 계획이 볼티모어, 뉴욕, 마이애미 등지에서 경쟁하듯 생겨났다.

다층 몰(vertical mall)의 형태로 몰의 개념을 택한 것은 1976년 시카고의 노스 미시건 애비뉴에 있는 워터 타워 플레이스가 그 효시였다. 워터 타워 7개 층의 소매활동에는 백화점과 전문점들이 포함된다. 이들은 에스컬레이터와 유리창으로 된 엘리베이터로 연결되어 각층 모두에서 안뜰의 중앙공지를 내다볼 수 있다. 이러한 몰은 주택, 사무실, 숙박공간 등도 포함하고 있는 혼합용도의 단지로 되어 있다. 또한 상점과 호텔, 사무실, 아파트, 주차장 등의 시설들로 복합화되어 있다.

지역중심의 몰이 지역의 문화와 여가생활의 중심이 되면서 소비생활에 익숙해지게 되었다. 이러한 몰은 사유의 토지에 자율적 통제가 가능하게 되는 상업적 시스템이었다. 또한 몰의 각론 중 페디스트리언 지대는 아케

---

49) 이러한 깊은 구조 자체는 그 자체로 완전함을 갖추었으며, 지역생활의 중심적 공간이 되었으나 커뮤니티가 일어나는 공간은 아니었으며, 단순히 소비생활에 길들여지며 오랜 시간을 보내는 장소였을 뿐이다.

이드 이후의 각론적 발달이 지속된 것이다. 페디스트리언 지대의 적절한 크기와 임대매장의 조합이 조금이라도 관련된 공간이라면 무엇이나 현대 건축공간의 기본이 되고 있다. 이것은 적절한 자율적 통제의 시스템을 발명한 것이었다. 이러한 현상은 전통적으로 지역중심의 쇼핑몰이 아닌 다양한 시설들에 쇼핑몰의 각론적 요소가 삽입되어 변종적인 쇼핑몰화가

표 4-3 • 모던 시기의 몰의 유형 발전과정

구분	A	B	C	범례	
배치도	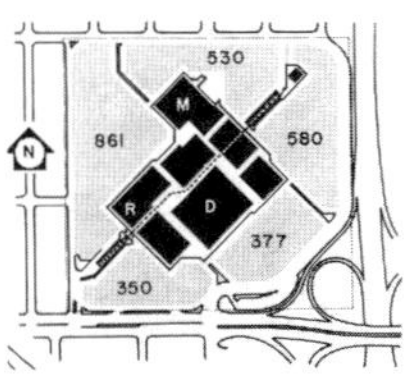	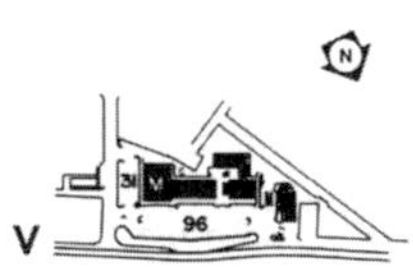	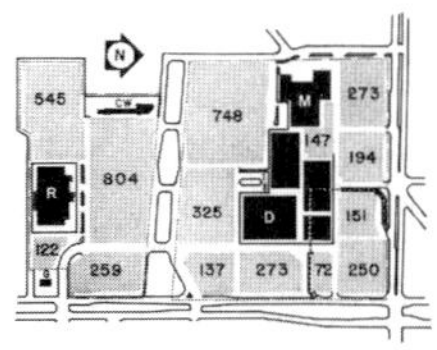	 D M B	주차 건물 공원 백화점 마켓 버스터미널
이름	Waialae Shopping Center	The Boadwalk	South Bay Center	O	오피스빌딩
위치	Honolulu, Hawaii	Tiburon, California	Redondo Beach, California	E	전기, 공기조화
건축가	Victor Gruen Associates	Hohn Lord King	A. Quincey Jones, Frederic Emmos, Victorgruen	C •••	서비스 코트 트럭용 도로

표 4-4 • 70년대 이후 진화된 몰의 유형

구분	A	B	C	범례	
배치도	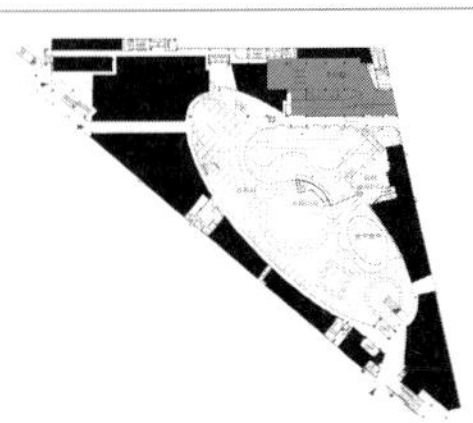	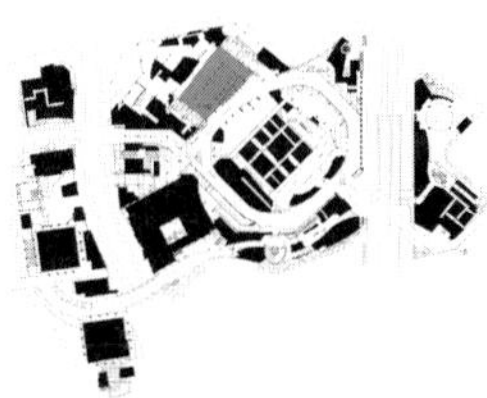	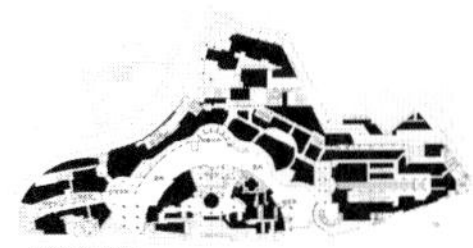	 D M B	주차 건물 공원 백화점 마켓 버스터미널
이름	라구아빌딩	롯폰기 힐스	커넬시티 하카다	O	오피스빌딩
위치	도쿄도 분쿄우구, 일본	도쿄도 미나토구, 일본	후쿠오카, 일본	E	전기, 공기조화
건축가	다케나카 공무점	모리빌딩, 이리에미쯔타쿠 설계사무소, Kohn Pederesen Fox Associates	The Jerde Partnership Inc. 후쿠오카지소, 후지타, 닛켄설계	C ••	서비스 코트 트럭용 도로

진행되면서 더욱 심화되고 있다.

미국에서 50년대에 완성된 쇼핑몰의 각론적 사항이 70년대 이후 각종 이벤트적인 요소들이 첨가되고 공공과 민간이 합작하는 경향이 강화되면서 공권력에 해당되는 요소가 몰 내부나 내부가로에 배치되며, 적절하게 공동화 현상을 막기 위한 주거지 및 호텔을 배치시킴으로써 자율적 통제의 방향으로 나아가고 있다.

그림 4-84 | 일본의 복합상업 쇼핑몰의 건축물군의 전경

미국이나 일본의 경우를 보면 국민소득이 1만불 시점에 쇼핑몰이 도입되기 시작하여 국민소득 2만불 시점에 쇼핑몰이 주도적인 업태로 성장하게 된다. 21세기에 들어서면서 개발영역도 확대되어 독립형 복합상업시설과 역사권역형 복합상업시설이 개발되기 시작해 더욱 확산되고 있다. 상업시설의 집객력을 강화하기 위하여 문화 테마공간, 멀티플렉스 등 엔터테인먼트형 시설과 융합하여 복합화되는 경향을 보이고 있다.

그림 4-85 | 라스베이거스의 보행자 가로의 전경

대형상업시설이 신설되거나 리모델링할 경우 근간 멀티플렉스 극장을 유치하려는 경향이 뚜렷하게 나타나고 있으며, 패밀리레스토랑 및 커피전문점을 유치하여 집객효과를 꾀하고 있다. 일단 엔터테인먼트 시설이 건물에 복합적으로 구성될 때 유동인구가 늘어나고 상권이 확대된다고 생각하고 있다.[50] 일본 쇼핑센터 협회에서는 쇼핑센터를 다음과 같이 정의한다. 쇼핑센터란 하나의 단위이며 계획, 개발, 소유 관리, 운영되는 상업, 서비스 시설의 집합체로서 주차장을 갖추고 있는 것을 말한다. 그 입지와 규모에 맞게 구성하고 선택의 다양성, 편리성, 쾌적성, 오락성 등을 제공하는 등 생활자의 요구에 대응하는 커뮤니티 시설로써 도시기능의 일익을 담당하는 것이다.[51]

---

50) 쇼핑몰의 기능적 특징으로는 ① 디벨로퍼가 계획, 개발 운영하는 소매업, 음식업, 서비스업의 집단적 상업시설일 것(계획적 집적) ② 디벨로퍼와 에이전트가 공존공영의 이념을 바탕으로 장기번영을 목표로 공동활동을 하고 있는 것(공동활동), ③ 생활자 및 마켓 지향을 근원으로 생활자에게 높은 만족을 제공하기 위해 운영관리를 하고 있을 것(통일적 운영), ④ 키 테넌트와 전문점 그리고 전문점 상호간에 있어서 비교구매가 가능할 것(비교구매와 조정된 경합), ⑤ 매장장치와 집합장치가 일체화된 쇼핑을 위한 복합기능을 가지고 있는 것(복합성), ⑥ 부대시설로서 주차장뿐만 아니라 생활종합산업의 일환으로써 지역사회 발전에 풍요롭게 공한하고 있는 것(주차장 및 제반시설) 등이다.

51) shopping center development & case study, 이동훈, 최기호, Dianmond Consulting co, 2005, p.34

이러한 엔터테인먼트 요소들이 추가된 복합쇼핑몰은 각 지역의 중심에 위치하며 서로간의 영역에서 경쟁하면서 적절한 위치에 균형을 이루고 배치된다. 이후 테마유형 복합쇼핑몰은 테마를 강조하면서 유동인구의 유입 가능성을 높이고, 더 넓은 지역을 관장하면서 현대인의 일상생활과 더욱 밀접한 관련을 맺게 된다. 유입인구가 늘어나면 그만큼 상업적 이익이 늘어나는 것이기 때문에 안정적 소비를 원하는 자본의 특성상 이러한 유형은 전 세계로 빠르게 전파되어 나갔다.

4-3-3 보행자공간과 상업적 의도의 공간

(1) 다원적 프로그램 및 표현양상의 변화

그림 4-86 | 세운상가 재개발지구 보행자전용지대의 모습

중산층 이하의 대중들이 오랜 시간 머물면서 지역 소비생활의 중심지가 되어야 하는 쇼핑몰의 입장에서는 철저하게 대중들이 원하는 상품과 기호에 맞는 프로그램을 신속하게 충족시킬 수 있는 구조가 필요하다. 따라서 균질한 무한확장 공간에는 각 부스마다 신속하게 아이템을 변화시킬 수 있도록 조직이 개편되어 있다.[52] 또한 대중들을 오랜 시간 머무르게 하기 위해 하드웨어적인 면과 소프트웨어적인 면을 변화시켜 나가고 있다. 또한 대중 취향의 재현양식을 삽입하는 것이 중요하다.[53]

52) 강정구 외, 엔터테인먼트 요소 구분을 통한 도심 엔터테인먼트 상업시설의 공간구성에 관한 기초 연구, 대한건축학회논문집, 22권 10호(통권 216호), 2006.10, p.77

엔터테인먼트 요소			특성	종류
하드웨어 요소	배경	고정 공간	물리적 건축요소와 관계 이미지 결정 요소	건축물 외관(컬러, 형태, 재료) 조형물, 조명, 수목, 매대, 거리
	시설		프로그램화 내외부 기능 고정된 공간, 상업시설 실효기능	영화관, 수족관, 게임센터, 극장 레포츠, 테마파크, 카지노, 문화
소프트웨어 요소	이벤트	비고정 공간	집객을 위한 단기, 즉흥행사 충동구매 조장	패션쇼, 초청공연, 테마축제 신상품 홍보 바겐세일
	충동 요소		고객 충동심리 자극, 경험욕구 유발, 즉흥구매 조장	회전목마, 관람차, 유람선, 번지점프, 암벽등반 등

53) 다양한 동선체계의 교차와 공용공간에 대중에게 친밀한 기억과 관련된 요소와 패러디적인 요소, 이미지 요소 등을 삽입하거나 특징적인 경계해체적인 디자인 요소를 삽입시키면서 대중들의 취향을 만족시키는 경향으로 나타난다.

엔터테인먼트 요소가 포함된 쇼핑몰이 등장한 이래 유통업자들은 흥미로운 요소의 시설들을 삽입시키고, 가능하면 폭넓은 관객을 끌 수 있는 교통편의시설을 얻을 수 있는 입지를 선정하기 위해 모든 관심을 쏟았다. 보행자 지대나 코트와 같은 대형공간 안에서 고객들은 놀이와 가상현실 게임과 생방송, 영화, Food Court와 테마식당, 회전목마, 시각적으로 흥미를 유발시키는 상품기술 등을 사용한다. 많은 쇼핑센터들은 역시 접객 취향의 테넌트를 유치하려고 혈안을 올리고 있다.

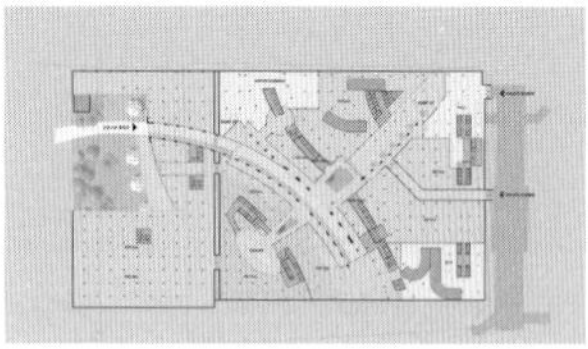

그림 4-87 | 세운상가 재개발지구 보행자전용지대의 평면 유형(계획안)

1970년대 이후 페스티벌 마켓, 수직몰의 생성, 복합이벤트 몰의 생성 등으로 건축어휘에도 상당한 변화가 일어났다. 최근의 몰은 복합적 프로그램의 통합을 통한 연속적인 공간을 수용하는 방식으로 진행되어 나가고 있나. 시적 시나리오에 의해 방문객들은 연속적인 슬래브의 겹침을 통해 다양한 사건들과 만남을 발생시키는 요소(플라자, 기념비적 계단, 공원, 카페, 상점, 실내가로 등)들을 만나게 된다. 이러한 이벤트 구조는 층 구분을 위한 수평 수직의 면들이 아니라 수직이동을 유발하는 기울어진 면이 되기도 하고, 볼륨을 구성하는 곡면이 되기도 하여, 건물의 단면이 하나의 연속된 흐름으로 형성된 자유로운 단면을 구축한다. 안·밖이라는 내·외부 통합적인 공간의 연속성과 같은 맥락이라고 할 수 있다. 또한 연속성과 끊임없는 동선, 공간의 복제를 통한 공간의 정크 스페이스와 같은 연속성은 상업공간에 있어서 필수적인 요소이다. 판의 적층과 연결, 경사짐에 의한 자유로운 단면은 위계적, 균질적인 건축공간을 이완시키며 이질적인 건축공간을 발생시키는 현대건축에서 요구되는 상업적 메커니즘을 충족시키고 있다.[54]

렘 콜하스의 실험 중 가장 중요한 성취는 이벤트들의 기하학화를 이루어내고 있다는 점이다. 그의 공간속에서는 비정형성과 실제적 변화 가능

54) 일방향적, 순차적 동선체계를 거부하는 것(브라우징(browsing) 행위의 공간적 확장)은 우연성, 비선형적, 탈위계적, 다방향적 성향이다. 이벤트 구조와 관계 깊은 건축적 개념으로 '흐름'을 들 수 있다. 흐름은 사람들의 움직임, 동선을 뜻하며, 콜하스는 사람들의 움직임인 흐름이야말로 건물을 생기 있게 하는 하부구조(infrastructure)이자 활력소이며, 건축물에 있어서 무엇보다도 중요한 것은 이러한 하부구조를 구축하는 것이라고 생각했다.

성을 주고 있다. 이벤트 구조는 사건이 발생할 수 있는 영역으로 작용하는 판으로서의 건축공간을 구축하며, 뿌리줄기와 같은 특성에 의해 통합된 공간성을 지닌 자유로운 단면을 형성함을 논할 것이다. 경사진 슬래브로 이루어지는 다채로운 공간은 본질적으로 외부 지향적이고, 공공성을 추구하는 공간으로 인식되고 있으며, 점유하는 방식에 따라 때에 따라 정해지는 조건에 따라 대응되는 변화성과 탄력성이 극대화된다.

쇼핑몰의 가장 특징적인 보행자 지대의 내부공간에서는 자연조차도 인공적으로 합성되어 쾌적하게 계획되어 있다. 쇼핑고객들은 연속적이고 경계가 해체된 끝없는 내부공간으로 흡수되는 느낌을 갖는다. 이것은 초시간적·초공간적 느낌의 공간을 만들면서 잠재적인 구매력을 극대화시킨다. 쇼핑의 네트워크 공간에서는 유연성, 유동성, 연결성 그리고 연속성의 특성이 중요하게 생각되고 있다. 이 공간에서는 계속적으로 움직이는 유연성(smoothness), 복잡성, 결정불능성을 나타낸다.

(2) 상업적 논리의 공간 각론 발전

쇼핑몰에서 코트와 보행자 지대는 쇼핑센터의 가장 특징적인 요소로, 미국의 경우 기업 경영자 측에서 고객 측에서 다 같이 그 효율성을 인정하고 있는데, 그 이유는 쇼핑몰에서 보행자 지대의 면적이 넓어짐에 따라 경영면에서의 단점을 지니고 있으나, 고객들을 오랜 시간 머물게 하면서 소비욕망을 키울 수 있으므로 결과적으로 구매력 증가를 꾀할 수 있기 때문이다.

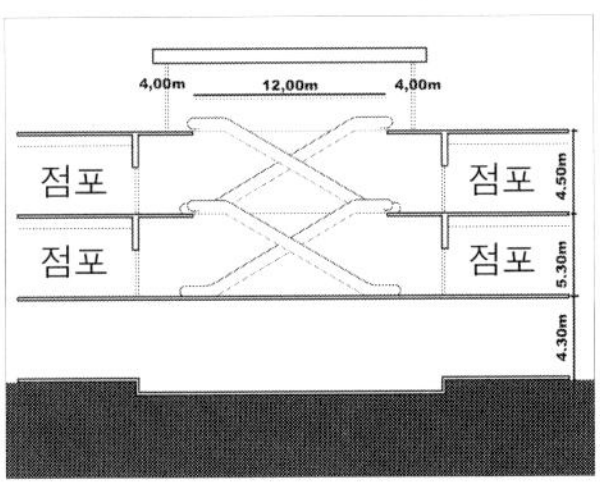

그림 4-88 | 페디스트리언 지대 각론 완성

코트는 고객에게 변화감과 다채로움, 자극과 변화와 흥미를 주며 쇼핑을 유쾌하게 할 뿐만 아니라 휴식할 수 있는 장소를 제공하여 주는 데 그 중요성이 있다. 이를 위해 분수, 연못, 조경 등이 구성요소로 쓰인다. 또한 보행자 지대에는 비례감이 잘 정리된 각기 연속된 크고 작은 공간들의 조합으로 계획되고 있다. 모던시기의 쇼핑몰에는 나무나 관엽식물이 위치하는 낮은 플랜팅 베드(planting bed) 같은 것은 사람들의 유동적(流動的) 동선에 방해가 되지 않도록 자연스럽게 설계되었다.

쇼핑몰의 각 공간의 요소들은 좀 더 잠재 소비욕망을 부추길 수 있는 적절한 크기로, 코트 그리고 임대매장 면적과 위치를 고려하게 되는 것이다. 적절한 크기와 함께 가장 인공적으로 환경 및 각종 사항을 통제 가능한 보행자 지대와의 결합의 형태가 사실은 쇼핑몰의 유형이 된다. 즉, 통제의 방법론이 되는 것이다. 오늘날, 코트 및 페디스트리언 지대의 크기는 해마다 증가하는 경향을 나타내고 있다.

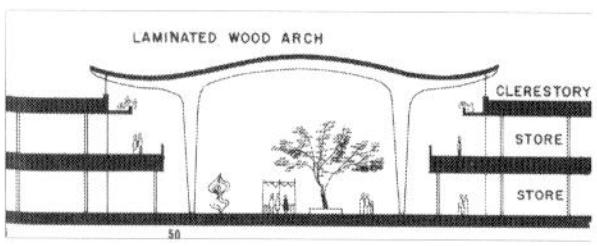

그림 4-89 | Regional Mall 단면

그림 4-89는 빅터 그루엔이 여러 가지 실험을 통해 매장과 연계된 페디스트리언 지대의 가장 적절한 폭과 길이 그리고 높이와 주차장의 연결 그리고 매력적인 공용공간을 만드는 가장 효율적인 방법론의 완성을 의미하는 단면을 선보였다. 너무 크거나 작지 않은 쾌적한 공간의 넓이를 제시한 것이다. 이곳에는 자연스럽게 동선이 연결되는 에스컬레이터와 분수와 연못, 식재를 할 수 있는 복도의 넓이와 높이를 고려한 것이었다. 각 각론적 사항은 공식화 되어 이후 폭발적으로 늘게 되는 쇼핑몰의 수요에 있어서 탄력적으로 적용할 수 있게 되었다. 빅터 그루엔은 계획적 실험을 통해서 지역 쇼핑센터가 50만 정도의 잠재 쇼핑고객이 20~30분의 자동차 운전거리 내에 위치해야 실용적이라는 사실을 알게 되었음에 대해서 언급하였다. 그러한 쇼핑센터는 건물을 둘러싸고 40에이커 이상의 주차장을 구비해야 하며, 사람들이 주차하고 입장하는 데까지 혹은 입체적 경로를 통해 들어오는 길이가 300m를 넘어서서는 안 된다는 사실을 알게 되었다.

표 4-5 • 몰의 평면각론 완성

단계	다이어그램	설명
6 단계	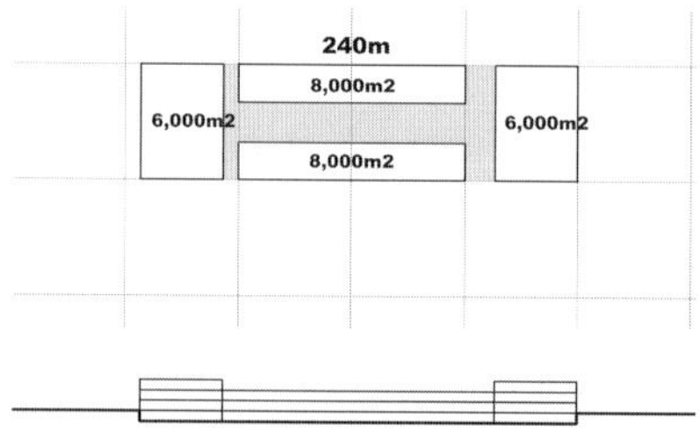	최종적으로 8,000m²의 면적은 6,000m²의 면적으로 줄어들면서 4층이 되어 최적화되는 가운데 면적과 선적 덤벨형의 구성에 있어서는 각론적 완성이 끝나게 된다.

그림 4-90 | 초기의 쇼핑몰 보행자 가로 모습

일단 몰의 매장 안으로 들어오면 다양함의 세계로 빠져든다. 몰의 240m의 선적인 페디스트리언 지대에 샘과 회전목마, 푸드 코트, 폭포 등을 만나게 된다. 그러한 유희거리들은 쇼핑경험을 싫증나지 않게 만들어주며 쇼핑의 시간을 더욱 늘리게 된다. 이것은 매우 중요한 사항이다. 쇼핑몰에 들어온 지 20분이 지나고 나면 이성적인 구매자들도 "충동구매"를 할 수 있을 정도로 이성이 어느 정도 마비되어 감정 전이(轉移)와 피곤함의 도취감에 영향을 받아 갑자기 비이성적인 결정을 내리기 시작한다. 갇혀있는 욕구불만을 분출하여 쇼핑을 하도록 몰아가게 된다. 이러한 것을 마케팅 전문용어로 "그루엔 효과(gruen effect)" 혹은 "그루엔 전이(transfer(轉移))"라고 부른다.[55]

또한 각론적 길이의 정착은 마케팅에 도움을 주는 방향으로 진화했다는 사실을 반영한다. 그루엔이 몰 안에 방문객들이 가장 오래 머물 수 있도록 하는 길이가 어느 정도일 때 가장 효율적인가를 연구했으며 적정한 모델을 개발한 것이었다. 이런 것을 위해 여러 층의 정원이 있는 아트리움 광장을 만들게 된 것이다. 그루엔은 또한 2층에 애써 올라야 하는 수고를 덜기 위해 스킵플로어(skip floor) 형태의 엇갈린 층의 주차장을 만듦으로써 건축 각론적으로 문제를 해결했다. 이렇게 해서 활성화된 2층으로 인해 더욱 구매력을 높여 쇼핑몰의 재정에 도움을 주었으며, 또한 공기조화방식에도 효율성을 높여주게 되었다.

쇼핑몰은 사람이 사는 기존의 도시와는 완전히 격리된 인공의 도시이다. 마치 방대한 주차장에 의해 둘러싸인 인공의 섬과 같은 존재이다. 초공간적(transpatial)·초시간적 현상의 공간이다. 장 보드리아르는 현대사회가 노동과 생산을 강조하는 체제에서 소비 중심의 체제로 기능전환을 하였으며, 이 소비사회에서는 소비가 단순한 생산의 낭비가 아니라 자본주의 체제를 재생산하는 역할을 하게 된다고 주장하고 있다.

55) David Grahame Shane, Recombinant Urbanism, 2005, p.97

4-3-4 무한확장 공간의 사회적 의미

(1) 모든 공간의 쇼핑몰화 현상

건축가 렘 콜하스는 현대사회의 모든 공간들이 기능을 떠나서 상업화되어 가고 있음에 대해서 고찰하고 있다. 그의 생각은 상업공간은 말할 것도 없이 공항이나 정부, 뮤지엄 등은 모두 쇼핑과 관련이 있으며, 심지어는 교회나 군대 역시 쇼핑공간과 밀접한 관련이 있다고 역설하고 있다.[56] 이러한 쇼핑적 성격이 모든 공간을 쇼핑몰화 시키고 있다고 주장하고 있으며 싱가포르와 같은 나라는 전체가 쇼핑몰이라고 생각하고 있다. 쇼핑몰화가 진행되는 가운데 시대적 상황과 맞물려 다양한 기능의 건물들의 각론들은 점진적으로, 혹은 혁명적으로 바뀌고 있으며 기능 자체가 없어져버릴 위기에 있는 것도 있다. 간과할 수 없는 사실은 이러한 기능변화의 가운데 복합화가 진행되면서 쇼핑몰화 되어 간다는 점이다.

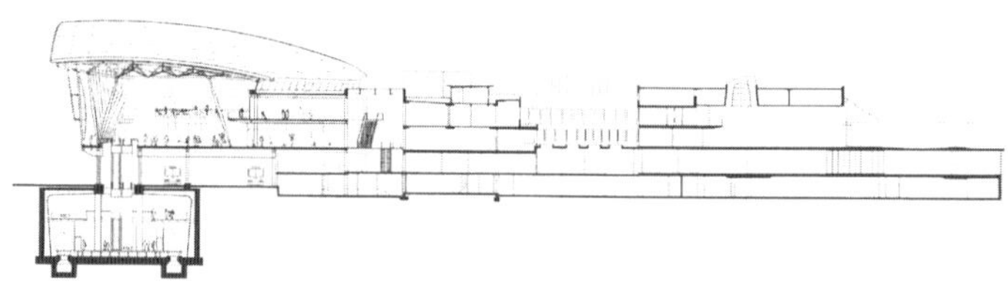

그림 4-91 | 공항의 쇼핑몰화와 각종 교통통과요소의 결합

콜하스에 의하면 쇼핑은 마지막 남겨진 공공행위의 형식이라고 주장할 만한 것이다. 점점 더 약탈적인 형식들을 통해 쇼핑은 도시생활의 거의 모든 측면들을 식민화 -심지어는 대체-할 수 있었다는 것이다. 쇼핑이라는 유연한 프로그램의 자유자재한 침투력으로 인해 역사적인 도심, 교외, 거리들 그리고 지금은 철도역, 미술관, 병원, 학교, 인터넷, 심지어 군대까지도 모두 점점 더 쇼핑의 메커니즘과 공간에 의해 결정되고 있기 때문이다. 이와 같은 시각에서 바라보면 교회가 쇼핑몰을 닮아가고 공항은 진

56) Sze Tsung Leong, Project on the City 2, Tachen, 2004, p.129

작부터 쇼핑몰이 되었으며, 미술관들마저도 살아남기 위해 쇼핑공간의 증가에 열을 올리고 있는 현실을 어렵지 않게 확인할 수 있다.57)

미디어테크와 같이 변화되어 몰화된 도서관은 엔터테인먼트의 요소가 강해지면서 학습의 역할도 햄버거를 먹어가며 재미있게 학습할 수 있는 공간들로 변해가고 있다. 이제는 근대적 공간으로 변해버린 도서관이라는 건축 각론의 한 시설은 필연적으로 대폭적인 각론상의 공간변화와 기능변화의 수순을 밟아야 할 운명이다. 현재는 정보매체를 저장하는 역할 이외에도 갤러리, 극장 등의 문화시설, 교육시설, 전시시설의 복합적 역할을 발견하게 된다. 복합적 성격의 몰화가 진행되어 나가고 있는 것이다. 이러한 상업시설은 점차 다양한 각론적 시설들이 통합되면서 거대화된 몰화로 진행되고 있다. 쇼핑몰l은 포디즘의 컨베이어 벨트로 대변되는 생산양식의 획기적 발명과 함께 나타난 시설이다. 즉, 안정되고 예측 가능한 소비를 증폭시키기 위한 각론의 깊은 구조가 만들어진 것이었으며, 이러한 양상은 계속해서 진화과정을 거치게 되었다.

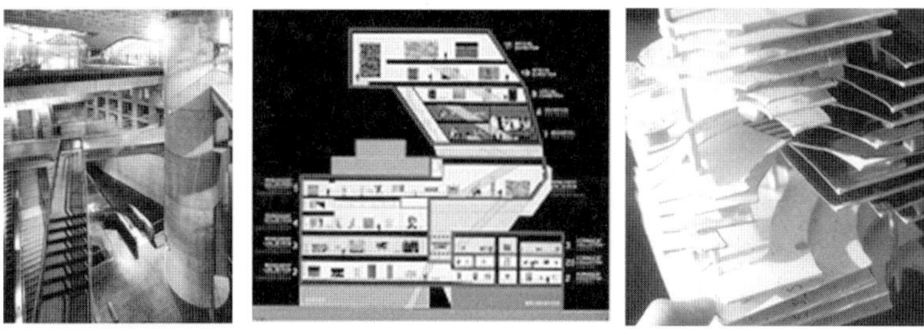

그림 4-92 | 렘 콜하스의 공간들과 공간통합적 쇼핑몰화의 사례

(2) 시공간 압착현상 가속

생산공간의 변화와 함께 소비공간의 변화의 중요한 양상인 시공간의 압착현상은 '시간에 의한 공간의 소멸' 혹은 '자본 축적을 위한 공간적 장벽이 분쇄되는 형태를 취한다.'58) 핵심적인 조건들은 철도, 자동차, 제트

57) 누적도시, 봉일범, Spacetime, 2005, p.83

58) 이것은 생산(미세한 분업, 공장합리화, 조립라인, 영토적 분업, 대도시 집적 따위의 일련의 조직), 유통 네트워크(교통 및 통신체계), 소비(가구 및 내수계획, 지역사회조

항공기, 컴퓨터 통신 등과 같은 기술혁신들이다. 이를 통해 흐름을 가속화시킴으로써 시공간의 수렴과 압착을 촉진하는데 기여한다.

한편, 공간의 압착은 이에 따라 공간의 형태, 공간의 성질, 공간의 의미를 급격히 변화시키는 효과를 수반한다. 공간을 구성하는 단위들이 일시성과 가변성을 취함으로써 이들의 '관계적 망'으로 존재하는 공간의 형식성과 방향성을 상실하게 된다. 그래서 공간은 안팎, 과거, 현재, 미래, 앞뒤 등의 구분을 잃어버린다. 자본운동의 가속화는 자본 순환영역 내에 있는 기존의 '단단한 모든 것을 녹여' 매끄러운 흐름으로 재구성하면서 달성된다. 자본순환의 가속화와 관계있는 노동과정, 기술, 상품, 소비방식, 제도, 정치, 행태, 가치, 의미 등은 기존의 형식성과 성질 면에서 보다 '유연하고 가변적인 것'으로 바뀌어간다.[59]

그러나 이러한 쇼핑몰화가 진행되는 경향으로 말미암아 전통적으로 공권력의 영역이었거나 공공영역이었던 공간들의 의미가 쇠퇴되는 단점이 나타나기 시작한다. 즉, 상업적인 공간의 성격으로 인해 자율적 통제가 강화되지만, 한정된 상업적 목적의 행위나 분위기 외에 다른 사회참여적 성격의 프로그램과 커뮤니티 활동이 끼어들어오기가 점점 힘들게 되는 경향이 나타나는 것이다.

포스트모던 시대 이후 시공간의 압착이 강화되는 현상은 공간의 축소, 해체, 통합을 불러오는 듯하면서, 그 뒤에서는 공간의 분열과 차별화, 이질화를 동시에 촉발시키고 있다. 푸코가 이야기하는 헤테로토피아적 공간은 공간의 해체가 '공간의 동질화'를 불러오는 것이 아니라, '공간의 이질적인 요소들을 병렬적으로 결합하는 현상'을 심화시킨다는 점을 상기시켜준다.[60] 그러나 이는 전체적인 통합된 통제 속에 다양함을 보여주는 쇼핑몰의 공간을 연상시킨다.

산업혁명 이후에 아케이드와 백화점이 생기고 세계박람회장 등과 함께

직, 도시에서 주거지 분화, 집합적 소비 등) 등의 공간이 효율적으로 재조직화 되는 것이다.

59) 앤디 메리필드, 매혹의 도시, 마르크스주의를 만나다. 남청수 역, 시울, 2005, p.237

60) 끊임없이 확장되는 균일한 공간 속에 다양한 프로그램들이 삽입되고 빠지게 되는 것 속에서 상업적으로 최적화되는 과정을 거듭하는 과정은 일견 관련 없는 다양성에 해당하는 내용들이 병렬적으로 배치되는 듯하게 보인다.

그림 4-93 | 중세시대 도시의 중심

정신병원 감옥, 요양소의 감시와 구금의 시설 역시 체계화되고 점차 세분화된다. 모던시대에 이르러 마천루와 하우징, 대형블록과 몰이 나타나기 시작하고 70년대 전후로 보행자 전용의 대형 몰과 메가몰 엔터테인먼트 몰, 테마파크, 교외 도시화가 이루어진다. 여기에서 시대를 특징짓는 가장 중요한 공간의 가장 중요한 시설이 변화하고 있음을 알 수 있다. 중세시대는 가장 큰 광장에는 항상 그 주위를 압도하는 중심적인 교회나 성당이 자리잡고 장원제도의 생산 및 공간구조의 시스템이 사회를 지배하던 시기였다. 오늘날은 교외도시나 중심시가지의 재생 시 중심에는 어김없이 그 지역을 특징짓는 대규모 몰이 자리잡고 있다.[61] 이른바 소비중심의 권력재편이 더욱 공고하고 대규모화되고 있다.

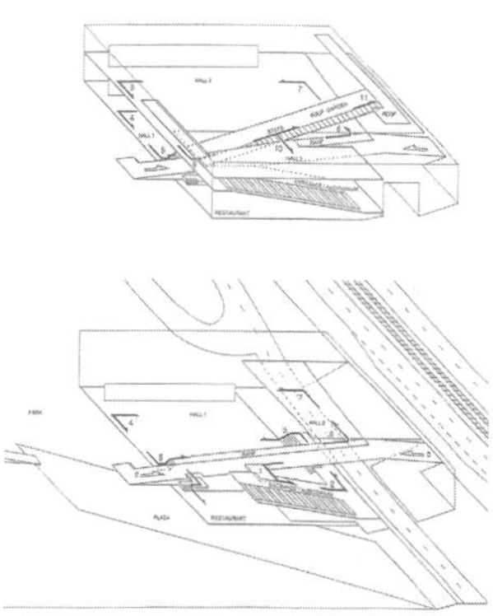

그림 4-94 | 몰화의 다이어그램

몰화된 공간의 전형을 가장 전형적으로 보여주는 사례가 콜하스의 쿤스탈이라고 할 수 있다. 그의 공간은 옆의 그림과 같이 하부를 관통하는 자동차도로의 동선체계와 기차역사와의 연계동선, 페디스트리언 지대와 같은 경사가로, 코트와 같은 개방된 미술관의 공용공간 등으로 표현되고 있다. 또한 수직적 요소를 적용하여 주거동과 결합된 메가몰의 상징적인 체계가 그대로 녹아들어가 있다. 쿤스탈에서 나타나고 있는 그의 공간 통합의지는 첫째, 각각의 중심공간은 전체공간을 지배하고 있으며 둘째, 지상층에서 최상층에 이르는 보이드 공간을 두고 있는데, 이 보이드 공간과 수직이동을 위한 계단을 통하여 관계가 생겨나고 있다.[62]

도시계획적인 스케일의 거대한 틀은 통제를 하고 나머지 한정된 부분에 혼돈을 허용하고 있는 태도가 그의 건축에 적용되고 있으며, 혼돈은

61) 렘 콜하스가 언급하는 Bigness의 개념도 사실은 도심재생의 경우 중심에 거대한 Mall화 된 복합상업시설군이 중심이 되면서, 그 공간의 이미지를 형성시키며 공간구조가 재편되는 현상의 다른 표현이라고 할 수 있다.

62) 이러한 공간에서 나타나는 특성은 1) 질서로부터 자유로움을 획득하고 있으며 질 서 있게 정돈된 공간 속에서 그는 변화하고 순환하는 동선과 유기적으로 비어있는 공간을 삽입하는 방법을 택하고 있다. 2) 경사면을 통한 공간의 연속성을 획득하고 있다. 가장 큰 유형적 특징이며, 이러한 경사면은 자연스럽게 내부공간으로 연속된 진입을 유도하고 있으며 의도적인 내부의 경사면은 수직적인 단절을 극복하고 있다. 3) 공간의 상대성을 획득하기 위하여 이원론적인 공간 -외부/내부, 공간/기능-을 극복하고 있으며, 이러한 방법은 공간의 의미를 복합화하고 내부의 공간과 외부의 공간을 상호 경험하고 느낄 수 있게 한다.

그림 4-95 | 쿤스탈의 페디스트리언 지대와 유사성

혼돈 자체가 목적이 아닌 새로운 질서의 창조를 목적으로 하고 있다. 이러한 경향은 기하학적으로 가장 순수한 질서가 형성될 때 엔트로피는 가장 작지만, 보는 이에게 즐거움이나 유쾌함이 없다는 것에서 카오스를 향한 방향성을 발견하게 된다. 이러한 성향은 바로 거시적 통제의 틀 안에서 한정된 공간에 자유와 다양성과 표현적 경향[63]을 허용하는 쇼핑몰화된 공간의 어휘와 유사함을 알 수 있다. 전체적인 큰 틀의 프레임은 격자 그리드 시스템에 의해 통제되는 가운데 보행자 지대와 코트적인 요소는 바로크적 공간구조와 같은 현란함이 자리한다.

이러한 공간들 역시 거대화, 복합화 된 몰의 공간과 어휘를 같이 하고 있다. 한편, 그의 작품 중 Jussieu 도서관에서 콜하스는 수직몰에서의 공용공간을 만드는 방법론을 차용하였는데, 이러한 공용공간은 경사진 슬래브를 연속적으로 중첩시켜 쌓는 방법론을 사용하고 있다. 이것은 하부로부터 다양한 교통동선으로 접근 가능하고 접근한 이후 몰의 공간에 들어서면 전체적 시점에서 모든 공간을 조망할 수 있는 대규모 공간과 함께 다양한 동선체계가 혼재하며 뒤얽혀 있는 공간과 마찬가지의 어휘체계를 보이게 되는 것이다. 전체적 시점에서 보이는 다양한 동선체계가 바로 이러한 상업공간의 연속성과 깊은 관련을 맺고 있다.

(3) 소비공간의 재조직화

감시와 통제는 현대성의 중심이 되는 특성이다. 포스트모던 도시에서 이 같은 현상은 점차 보편화되고 있다. 이곳에서 미학화와 상품화는 시장기제를 통해 장악된 헤게모니의 사회적 통제 앞에 소비자를 침묵하게 한다. 감시는 행정적인 면과 마찬가지로 경제적인 면에서도 점차 세계화되었다. 감시는 이제 국제 정보 네트워크의 형태로 옛날의 영토적인 경계선인 국경을 넘나든다. 보다 미묘하며 덜 강압적인 수단이 눈에 띄게 증가하고 있다. 또한 소비공간에 있어서는 쇼핑몰화가 유연하고 저항감 없이

63) 플라토닉 솔리드, 그리드 체계를 통한 근대적인 질서체계를 고의적으로 파괴한다. 기존의 질서체계가 지닌 공간의 균질성을 깨고 기둥의 간격과 방향 기울기, 단면 재료를 변화시켜 차별화하고 있다.

일상을 통제할 수 있는 시스템으로 발전하였다. 쇼핑몰이 중심이 되는 중심시가지 체계는 이러한 체계의 궁극적 구조이다. 이 같은 도시를 "요새(fortress)"에 비유하고 있다. 요새로서 도시는 중상층들이 폭력집단이나 하층집단의 침입으로부터 그들의 거주지를 철옹성 같이 지키는 '도시적 현상'을 은유한 것이다.

그림 4-96 | 몰화 현상의 다이어그램

전체적 틀 내에 한정된 공간에 다양성과 자유를 허용하는 구조가 일반화 되고 있다. 즉, 이벤트를 끼워 넣음으로써 도시 내에 활력을 유도하며, 다양한 이벤트들을 일으킬 수 있도록 건축적 장치를 고안한다. 이러한 과정이 바로 상업적인 보행자 지대(페디스트리언 지대)의 방법론과 유사하다고 할 수 있다.[64] 다음의 도표는 빅터 그루엔이 설계한 쇼핑센터의 각 층별 영역의 설정방향과 공적공간의 형성방향에 관한 단계를 보여주는 방식에 대해서 보여주고 있다. 대규모 공간이 어떤 방식으로 보행자 지대와 코트의 공용공간을 만들고 각종 기능과 임대면적이 어떻게 구성되는지를 보여준다. 문제는 이러한 공간들이 철저하게 상업적인 공간임을 확인할 수 있다.[65]

공공영역의 구조적 변동은 바로 가족과 문학적 공공영역에 기초하여 형성된 정치적 공공영역이, 거대 사업조직과 국가의 등장에 의해 본래에

64) 도심재활성화는 Mall을 중심으로 하는 통제방법론이다.
65) 도시의 센터계획, 빅터 그루엔 저, 中律原 努 역, 摩島出版會, 昭和52년, p.143

그림 4-97 | 오늘날의 쇼핑몰화 현상과 이미지

는 민주적 절차에 따라 토론이 이루어지던 곳에서 사적 이윤의 추구와 이익집단의 권리를 주장하는 상황으로 쇠락하여 가는 것을 의미한다. 예를 들어 이러한 공간에서는 쇼핑몰의 업주에게 항의하는 행위나 상업이익에 반하는 행위들은 관리인들에게 통제 받는다. 쇼핑몰의 공간은 사유영역에 속하므로 어떠한 정치적 목적의 담론과 행위도 허용되지 않는다. 이러한 상업적 공간에서는 어떠한 종류의 사회적 목적의 집회 역시 허락되지 않는다. 오직 거시적 통제 내에 상업적 구매의 자유만이 존재할 뿐이다. 이러한 영역은 진정한 의미의 공공영역이라 할 수 없다.

오늘날 쇼핑공간과 도박장에 없는 세 가지가 있다고 회자된다. 창과 시계와 거울 등이다. 안정적인 소비를 위하여 이러한 요소들은 상업건축 공간의 기본적인 되고 있다. 건물의 거대화와 필연적으로 나타나는 어두움의 공간들 그리고 소비를 극대화하기 위한 방법론들은 현대공간의 자연스런 각론으로 발전하고 있는 것이다. 현대인은 한 사람의 인지능력으로는 한눈에 모든 공간을 이해할 수 없을 정도로 거대화되고 초시간적인 상업적 공간에서 수없이 많은 프로그램에 노출되어 상업적 의도로 충만한 안정적으로 통제되는 건축공간 속에 살고 있으며, 이것이 일반화되고 있음을 일상에서 경험하고 있다.

4-4 | 건축공간의 새로운 실험적 양상

자유로운 형태와 공간 꿈틀거리는 공간의 리듬

4-4-1 형태, 공간과 시간의 탄생

건축은 형태를 통하여 공간을 창조한다. 형태는 건축에 있어서 가장 우선되어 왔던 구축의 대상이었다. 형태가 존재하지 않는다면 공간은 경계를 얻지 못하기 때문이다. 건축은 형태로서 존재하고 공간으로서 역할하는 것이다. 형태는 공간과 장소를 창조하고 경험하는 사건을 담는다. 공간은 당연히 그 안에서 경험하고 살아가는 인간에게 필요한 공간이 되어야 한다. 휴식을 취하고 외부로부터 보호받고, 저장하고 식사를 하고,

그림 4-98 | 대모스크(Great Mosque). Cordoba 스페인. 785년경. 공간은 형태로부터 조율되었다. 공간이 스스로 형태를 벗어나 건축적인 아름다움의 주체가 되는 것은 공간을 사용하는 개인이 삶과 세계의주체가 되었고 중심이 될 수 있었던 르네상스가 되어서야 가능해졌다.

자녀를 양육하고, 생리현상을 해결하고, 필요한 가구와 기구들을 수납하고, 업무를 보고, 다양한 작업을 가능하게 하는 비어 있는 장소를 만들어 내는 것이다.

그림 4-99 | Wrzburg 주교관 계단실, 발타자르 뉴만(Balthasar Neumann), 1719~1744 정적인 공간에 수직 수평으로의 이동은 공간을 분할하고 다이내믹한 방향성을 만들어내기 시작했다.

그러한 건축의 형태가 만들어내는 공간은 그 나름의 행위를 가능하게 하는 곳이다. 그곳에서 어떠한 행위를 하고 사건을 만들고 또한 기억을 남기게 된다. 기억을 통하여 인간의 행위와 사건은 시간의 인과과정을 얻게 된다. 시간은 연속된 동작과 사건의 기억으로부터 만들어지기 시작했다. 그러한 사실은 하나의 공간에서 여러 개의 사건, 여러 공간을 연속적으로 진입한다거나 여러 형태와 조망을 단계적으로 지각함으로써 강조되었다.

하나의 공간에서 여러 행위를 중복적으로 반복하는 경우에 그러한 시간성은 건축적인 것이 아니라 자연적인 것에 의존하고 있었다. 하나의 단일한 공간을 갖는 오두막에서는 시간성을 밤과 낮, 아침 점심 저녁, 봄 여름 가을 겨울, 식사시간 등으로 구분할 수밖에는 없다. 그러나 도시의

그림 4-100 | 빅토리아 갤러리(Galleria Victorio Emanuelle), 쥐세뻬 멘고니(iuseppe Mengoni), 밀라노, 1865. 노시는 통로에 의하여 연속적인 공간들로 연결되었고 공간은 분명한 거리와 시간으로 구분된 장면들과 경험을 담고 있다.

그림 4-101 | 링크드 하이브리드(Linked Hybrid), 스티븐 홀(Steven Holl), 북경, 2009. 도시의 건축물은 거대한 주거와 공간들을 하나로 묶고 지역의 문화와 삶을 변화시키고 있다. 건축은 이미 일상의 중요한 무대가 됨.

그림 4-102 | 도미노 시스템 르 코르뷔지에, 1914.

무수한 공간들은 다양한 시간성을 제공한다. 아침에 욕실에서 샤워를 하고, 주방에서 간단한 요리를 하며, 식사공간에서 식사를 하거나 거실에서 차를 마시고 엘리베이터를 타고 도시의 거리로 나간다. 거리는 블록마다 다른 투시도적 정경을 가지고 있고 일정한 시간에 회사에, 학교에 도착하게 된다. 적절하게 구분된 시간마다 맡은 바의 일과 사건들을 경험한다. 그 나름의 공간과 시간에 따라서 일과를 진행하는 것이다. 이러한 일련의 과정들은 공간과 시간의 끈을 가지고 있고 단계적인 변화와 리듬을 가지고 있다.

그러므로 형태로부터 공간을 얻고 공간에서 시간을 얻게 되었으며, 오늘날 공간과 시간은 건축적으로 과학적으로 거의 하나로 인식된다.

4-4-2 자유로운 형태, 공간, 시간에서 구조적 미, 장소, 이벤트, 경험의 감각으로

현대의 건축은 과거에 조망할 수 있었던 건축물의 모습을 넘어서고 있다. 인간이 상상할 수 있는 거의 모든 것을 실현하고 그 한계가 무엇인가에 도전하고 있다. 이 시대는 자유로운 도전의 시대이다. 형태와 공간, 시간을 표현하는데 있어서 건축적인 제약들이 사라지고 효율적인 방식들이 고안되었다. 또한 인간의 사고방식과 인식의 방법이 자유로워 짐으로써 형태를 다루는 모든 예술의 분야에서 새로운 형식과 시도들이 나타났다. 그 결과 건축에서도 자유로운 형태와 공간이 나타났다.

그러한 가능성은 철과 유리로부터 시작된 구조적인 변화로 시작되었다. 철과 유리는 나무, 석재와 벽돌이 구조적으로 지탱하고 있었던 형태를 변화시키기 시작했다. 코르뷔지에의 도미노 시스템을 시작으로 구조와 가벽 칸막이는 완전히 분리되기 시작했다. 그러면서 거대한 공간과 자유롭게 연결된 연속적 공간들이 나타났다. 그리고 구조적 가능성은 열린 공간과 투명한 유리를 통하여 중첩되고 교차되고 관입되었다.

오늘날 그러한 디자인적 제약들이 해소되면서 형태는 더 이상 2차원적인 면들의 조합이 아니라 3차원적인 자유곡면의 피복과 볼륨을 지니게

그림 4-103 | 뉴밀란 트레이드(New Milan Trade) Fair, Milan, 마시밀리아노 후크사스(Massimiliano Fuksas), 2005. 자유롭게 율동하는 구조물은 살아 있는 듯이 흘러가면서 새로운 공간을 만든다.

그림 4-104 | RCA 아키텍토스(RCA Architectos), ELS 색채 유아원(ELS Color Nursery), 바르셀로나, 2004. 투명한 스크린과 다양한 색체로 둘러싸인 공간은 긴장과 함께 즐거운 생명력을 부여한다.

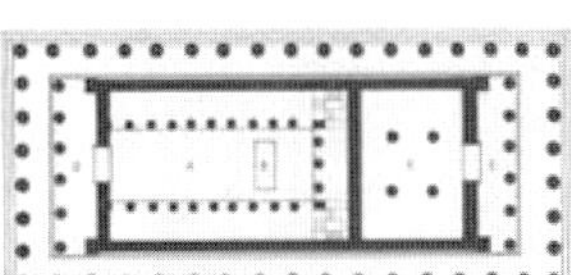

그림 4-105 | 익티노스(Iktinos), 칼리크라테스(Kallikrates), 파르테논(Parthenon), 기원전 448~432.

되었다. 당연히 그러한 공간과 형태를 지지하기 위하여 입체 트러스 구조물들이 나타났고, 그 외형을 감싸기 위하여 새로운 외피를 발전시키게 되었다. 외피는 더욱 많은 물성을 갖는 풍부한 재료를 갖게 되었고 건축물은 더 큰 표현의 영역을 얻게 되었다.

사실상 건축은 더 이상 장인적 예술이 아니라 건축 디자인으로 전환되었다. 재료는 현장에서 장인의 손으로 형태를 얻는 것이 아니라 공장에서 모듈단위로 제작되고 현장에서는 디자이너의 의도에 따라서 조립되는 것이다. 그렇게 되면서 기술과 결합된 건축재료의 발전은 곧 건축형태와 공간의 변화를 가져왔다.

사회적인 요구와 문화적인 발전에 의하여 풍부한 행위를 하는 인간들에게 더 다양한 공간이 요구되었다. 그러한 형태와 공간은 더 복잡한 사건들을 담고 여러 행위들을 가능하게 구축되었다. 우리 시대의 여러 가지 시설들과 그 시설의 공간에서는 복잡한 행위가 일어난다. 그러한 행위가 만들어내는 사건들이 각각의 공간을 더욱 의미 있게 만들고 장소를 만들어낸다. 그러한 장소는 무수한 사건, 즉 이벤트를 통하여 인간의 삶을 가치 있게 하고 살아가는 환경을 만들어낸다. 공간은 장소의 구축과 이벤트 건축의 개념으로 전환되기 시작했다.

다양한 사건으로 풍부해지는 공간은 사실 개개인이 경험을 통해 기억되고 유지되었다. 인간의 경험을 자극하고 풍요롭게 하는 것은 결국 경험의 정도라는 판단을 얻게 된다. 그러한 측면에서 감각적인 경험은 장소로서의 공간을 구축하는 중요한 요소가 되었다. 공간은 점전 많은 이벤트와 경험을 담고 그것을 분명하기 표현하기 위한 감각적인 시도들이 이루어졌다. 건축의 형태와 공간과 장소의 구축은 감각적인 재료와 표현들에 주목하였다. 색채와 질감, 시각적인 변화와 이질성, 투명성과 역동성은 그러한 자극을 위한 도구가 되었고 그러한 표현을 위한 건축 디자인의 방법들이 고안되었다.

4-4-3 공간 건축적인 자유와 가능성

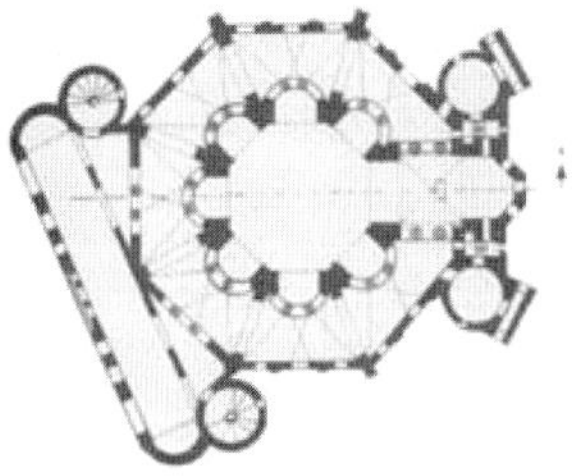

그림 4-106 | 성 비탈레(St. Vitale)성당, 526~547

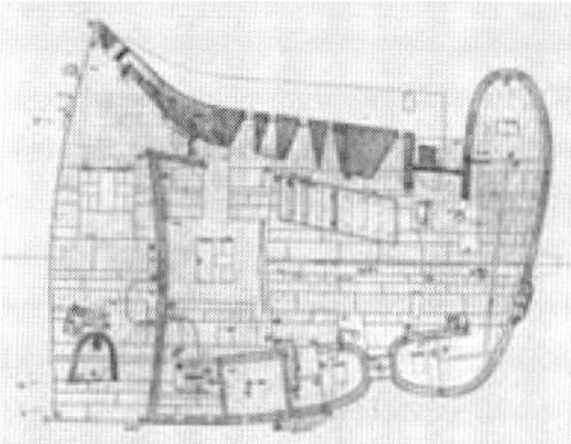

그림 4-107 | 롱샹(Ronchamp), 르코르뷔지에(Le Corbusier), 1955.

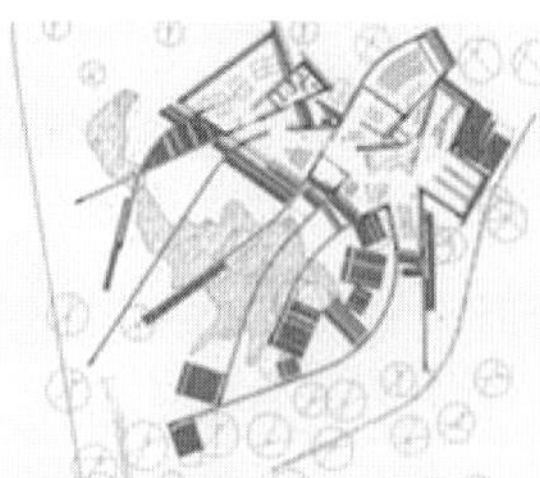

그림 4-108 | 파라폴스 공공도서관(Palapolls Public Library), 에릭 미랄레스(Enric Miralles), 바르셀로나, 2007. 시대에 따라 공간과 그 공간의 기능들은 역동적으로 변화하고 있다. 그러한 변화는 사회의 주체와 문화의 변화에 기인한다.

건축적인 자유는 건축 디자인의 자유를 의미한다기보다는 건축을 표현하고 감각하는 인간의 의식과 창조성 그리고 그 안에서 삶을 유지하는 인간정신의 자유를 가져왔다. 공간구조의 분화와 변화들은 그 시대의 계층의 의식 변화에 의한 것이다. 건축공간의 분화는 그 공간을 필요로 하는 기능들이 분화되었다는 것이며, 그 기능을 누리고 활용하는 인간의 활동이 분화되었다는 것을 의미한다. 그러한 인간행위의 분화는 의식에 있어서 전환을 바탕으로 한다. 고대로부터 중세에 이르기까지 인간은 신분제도와 강력한 계층에 의하여 역할과 삶의 방식을 구속받아 왔다. 인간이 스스로를 가장 중요한 삶의 주인공으로 여기고, 그들이 스스로 창조하는 삶의 내용들을 중요하게 여기기 전까지 건축은 소수 권력의 주체들을 위한 것이었다.

그러므로 고전적 건축의 가치는 공간의 분화보다는 형태가 가진 강력한 힘에 의존하고 있었다. 스스로를 그러한 제도로부터 해방시키고 산업혁명과 민주주의를 통하여 인간 스스로를 자유롭게 하기 전까지 건축공간도 자유로운 것일 수 없었다. 근본적으로 건축은 예술작품처럼 인간과 소통한다. 그 소통하기 위한 건축 의도와 디자인, 기능과 가치는 인간이 가진 삶과 의식을 표현하는 것이다. 따라서 건축적인 자유는 인간의 가진 삶의 제약들을 극복한 결과이다. 인간이 가진 사고의 제약, 제도와 문화의 제약, 예술적 경계의 한계, 표현을 위한 기술의 한계, 문화적 제약들을 벗어나면서 얻게 되는 인간 자신의 자유이다. 건축공간이 갖는 자유로움은 인간이 살아가는 폭을 자유롭게 개방시키는 과정이라고 할 수 있다.

필연적으로 건축공간은 인간의 삶과 존재, 살아가는 방식과 문화를 담고 표현한다. 건축은 무엇보다도 인간사회의 문화를 가장 잘 반영한다고 볼 수 있다. 그렇기 때문에 건축은 강력한 통제의 수단이고 권력의 도구이며 인간이 자신을 위하여 삶을 구축하는 근거가 된다. 인간이 살아가는 무대를 건축하고 그곳에서 일상의 내용들을 반복하기 때문이다. 베르사유궁의 모습은 전제정치의 강력한 왕권과 귀족사회를 반영한다. 그리고 우

그림 4-109 | 파라폴스 공공도서관(Palapolls Public Library), 에릭 미랄레스(Enric Miralles), 바르셀로나, 2007. 여러 가지 재료와 자유롭게 설정된 공간의 위계 그리고 부재들과 형태들이 갖는 역동적인 리듬은 공간을 더욱 생기 있게 하고 그곳에서 가능한 행위에 활동을 지탱한다.

리 시대의 아파트는 현대사회를 사는 시민들의 평균적인 삶의 모습을 보여준다. 그러므로 도시 내의 자유롭게 들어선 새로운 건축물과 그 공간은 인간이 누리는 도시적 삶의 자유로움과 그 자유로움으로 얻을 수 있는 삶을 제안하게 된다.

그림 4-110 | 동대문 역사문화 플리자, 자하 하디드(Zaha Hadid)

건축적인 자유는 이 시대의 건축가들이 얻고자 하는 삶의 표현이고 그들이 누리고자 하는 자유로운 정신이고, 또한 그곳을 사용하는 사람들이 가지게 되는 문화적인 시도이다. 그러므로 누구나 크고 많은 것을 담고 가족과의 여러 활동을 가능하게 하는 넓고 충분한 공간을 얻고자 한다. 또한 그와는 정반대로 단일한 기능의 공간들은 더욱 작게 쪼개지고 획일화된다. 노래방, 비디오방, 고시방은 극단적으로 단일화된 공간이고 그 안에서 가능한 행위 역시 매우 단일하다.

교정시설과 학교, 병원의 경우는 각각의 수용자의 구분에 따라서 확연하게 구분된 공간을 갖는다. 그러므로 그 안에서 개인은 자신이 거주할 수 있는 공간을 분명하게 제한받는다. 그러한 건축물은 개인의 의식과 제

그림 4-111 | 연작판화. 지오반니 바티스타 피라네지, 동굴연작(Giovanni Battista Piranesi, Carceri Plate, 1744. 피라네지의 환상의 감옥은 구조적인 기능을 갖고 있으면서도 공간의 역동성과 비현실적인 감각을 하나로 연출해내고 있다. 공간의 추상성과 다감각성을 드러내면서 감옥이라는 권력적 소재를 기계적으로 표현하고 있다.

그림 4-112 | 익스피리언스 뮤직 프로젝트(Experience Music Project), 프랭크 로이드 라이트(Frank O. Gehry), 시애틀, 2000. 꿈틀거리듯 펼쳐진 진입구의 외벽과 명암을 가진 매스는 살아 있는 듯이 주변공간과 소통한다. 매끈한 수직벽체가 아닌 아유로 주변의 공간은 정확한 경계와 구조를 얻지는 못하지만 그 안에 있는 사람들과 감정을 나누고 시각적인 판단을 불러온다. 그러므로 이 주변에 있는 사람들은 이 공간만의 특별한 경험을 가지게 되고 기억에 남는 것이다. 그것은 이 건축물에 오는 모든 사람들에게 중요한 요소가 된다. 기억 속에서 오랫동안 자극하는 이 건축물의 형태는 진정 살아있는 것이 된다.

약을 가하고 심한 경우 의식을 바꾸어 놓을 수도 있다. 교정시설의 독방은 매우 좁고 한정된 공간에서 한정된 형태의 행위만을 가능하게 함으로써 개인의 의식을 통제한다. 그러한 매우 단순한 행위와 경험은 그 공간에 거주하는 개인의 시간과 공간을 통제하여 시간의 감각, 공간의 감각, 개인의 경험, 경험이 갖는 기억까지 단순하게 함으로써 삶을 축소시키고 한 개인의 존재도 축소시킨다. 결국 인간의 정신을 축소시켜 버리는 것이다.

그러므로 공간은 인간의 삶에서 매우 중요한 요소이고 인간답게 되기 위한 무대이다. 그러한 건축적인 자유를 얻고 가능성을 연다는 것은 우리가 일상적으로 살아가는 삶 전제를 고양시키고 풍요롭게 하는 중요한 실마리임에 틀림이 없다. 건축적으로 자유롭다는 것은 바로 인간이 가진 본래의 모습을 더 깨닫고 알게 되는 것이다. 그리고 인간이 가장 인간답게 되고 스스로 훌륭하다고 생각하는 삶과 가치가 무엇인가를 알고 표현하는 방식을 얻는 과정이다. 그렇기에 건축은 언제나 문화의 중심에 있는 것이다.

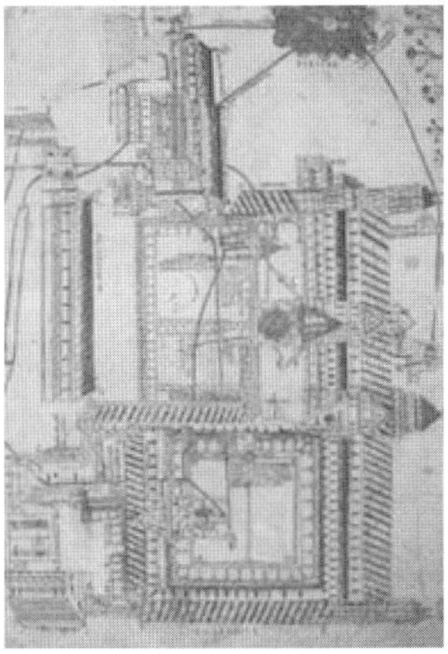

그림 4-113 | 영국 켄터키 기독교회(Kenterbury Christ Church) 수도원의 급수계획과 하수계획 도면. 1150년경.

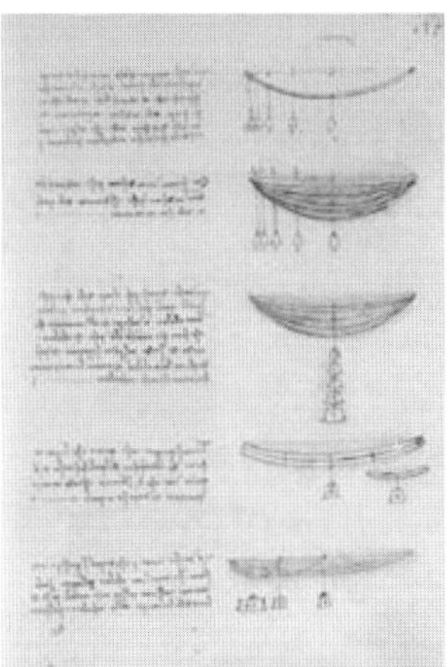

그림 4-114 | 하중에 따른 보의 변형을 보여주는 그림, 레오나르도 다빈치(Leonardo Da Vinci). 보의 두께와 길이에 따른 변형을 연구하고 있다.

4-4-4 기술의 발전으로 인한 공간의 확대

인간이 꿈꾸는 공간이 구체적으로 실현되기 위하여 공간을 상상하고 그것을 표현하고 표현한 바를 건축이라는 형태로 기호화할 수 있어야 한다. 그리고 그 기호화한 대상을 모델 혹은 가시적인 도구로 평가할 수 있어야 하며, 실제 시공할 수 있어야 하는 것이다. 그렇기에 기술의 발전이라 함은 실제로 스케치와 같은 표현방식, 건축도면의 작성, 모델링의 방식, 건축재료의 가공, 시공상의 방법들을 모두 포함한다.

건축물을 실제로 시공하는 문제는 충분히 적합한 재료를 가공할 수 있는 산업사회의 기술과 그 기술을 활용할 수 있는 시장의 수요에 의하여 가능해졌다. 100년 전에만 하더라도 지금은 흔한 철골구조물을 찾아본다는 것은 거의 불가능했다. 그것은 그 유용함을 활용할 수 있는 기술과 함께 건축적인 해석에 의하여 발전시켜온 인간의 노력이고 동시에 그러한 건축자재를 활용하고 구축할 수 있는 건설업무의 규모가 성장했기 때문이다. 단 한 채의 집이나 다리를 짓기 위하여 오늘날과 같은 진보된 건설자재의 생산과 시공방식이 생겨날 수는 없는 것이다.

1900년대 들어서 건축공학은 새로운 국면에 접어들었다. 재료의 물성을 연구하는 것이었는데 단순히 건축재료를 얻는 것뿐만 아니라 토양의 거동과 역학적인 운동을 연구함으로써 지반과 기초의 안정성을 높일 수 있었다. 유체 역학을 통한 건축물이 갖게 되는 풍력과 저항을 계산하게 되었으며 최소의 부재로 지지할 수 있는 시스템을 고안할 수 있게 되었다.

재료가 갖는 공학적인 특성을 고려하고 생산의 가능성을 진단할 수 있었으며, 그렇게 생산된 재료들은 다양한 구조적인 하중들에 적절한가를 판단할 수 있게 되었다. 또 디자인의 기준과 규칙들은 그러한 건축자재의 최소한계를 결정하기 시작했다. 그러한 기준에 따라 재료를 생산하고 디자인 방식들을 발전시켜 나갔다. 기둥, 보, 마루, 벽체, 난간, 손잡이 등의 모든 건축부분들은 필요한 공간적인 치수와 함께 시공상의 문제와 구조적인 문제를 해결하기 위한 기준들을 통해 통제되기 시작했다. 법규,

그림 4-115 | 런던 피카딜리(Ritz Hotel), 스벤 빌란더(Sven Bylander) 1906. 런던에서 최초로 모든 구조재를 철골구조물로 세웠다. 구조기술자는 스웨덴의 스벤 빌란더였다. 구조기준은 이미 미국에서 표준화된 것을 도입하였고 외피는 석조마감을 하였다.

그림 4-116 | 로스마난세리스 레스토랑(Los Manantiales Restaurant), 펠릭스 칸델라(Felix Candela), 멕시코, 1958. 유연하게 흐르는 3차원의 쌍곡포물면은 철근콘크리트로 세워졌다.

그림 4-117 | Orvieto 비행기 경납고, 루이지 네르비(Pier Luigi Nervi),1936. 쉘구조와 트러스의 결합

기준, 통칙, 제도 등으로 그러한 표준화가 가속화되었다.

철재 부재가 가지는 장점은 유연한 거동이 가능하다는 것이었다. 견고하게 고정된 구조체와 재료는 종종 환경의 변화와 충격에 쉽게 파괴되지만 스틸의 경우 인장과 수축을 통하여 저항하고 변형을 극복할 수 있다는 장점을 지니고 있었다. 그 때문에 철재 구조물은 대공간의 구조부재로서 더욱 크게 활용되기 시작했다. 그러한 스트레스에 저항할 수 있는 힘의 부하와 여건을 해석하는 공학적 뒷받침이 있었기에 가능한 것이었다.

쉘 구조물은 거대한 공간을 덮는 단일한 자유곡선 면들이 수직으로는 하중을 지면에 전달하고 수평으로 전달되는 힘에 저항하는 시스템을 가진다. 이러한 구조시스템은 새로운 형태와 공간을 창조하기 시작했다. 초기의 형태는 매우 단일한 형태를 지니고 있었으나 콘크리트 재료를 활용하는 기술과 그 구조적 해석이 가능해지자 대단위의 시설들에 새로운 공간들을 창조하기 시작했다.

쉘의 형태는 콘크리트뿐 아니라 모듈을 가진 입체 트러스의 형상으로 대체되기도 했다. 사실상 입체 트러스는 형태적인 변화를 수용할 수 있는 가장 적절한 구조시스템이다. 고안된 건축적인 공간을 지지하고 둘러싸기 위하여 수직수평이 아닌 입체적인 부재를 따라 힘을 전달하는 방식이기 때문이고 모듈을 갖는 마감재를 부착하는 방식으로 건축적인 형태를 구체화할 수 있었다.

그러면서 좀 더 진보된 형태의 건축물이 나타나기도 했다. 그것은 공기막구조, 막구조, 현수구조 등이다. 건축물의 역학적인 거동을 분명하게 해석할 수 있게 되면서 건축재료의 선택과 구조적인 디자인은 새로운 가능성을 개척하기 시작했다. 부재와 건축물에 거동에 저항하는 하중을 미리 부여함으로써 균형을 이루는 방식을 선택하기 시작했다. 그것을 프리스트레스(prestress) 방식이라고 부른다. 새로운 구조적 재료들이 제한되었고 기존의 방식들이 결합되어 통합적인 디자인이 고안되었다. 입체 트러스와 막구조가 결합되거나 현수구조와 트러스구조가 결합되고 쉘구조와 현수구조가 결합되었다.

철재 부재의 발전은 콘크리트의 인장강도를 획기적으로 증대시키고 세

그림 4-118 | 로마 Palazzo dello Sport, 루이지 네르비(Pier Luigi Nervi), 1960.

그림 4-119 | 브릭 브리덴 필드하우스(Brick Breeden Fieldhouse), 목재를 얇게 켜 본드로 붙인 집성목으로 100미터에 이르는 거대한 돔을 만들었다.

부적인 디테일을 통한 미학적인 구조물을 만들어낼 수 있게 했다. 물론 공학적인 발전에 힘입은 것이며 종종 역동적인 형태를 위하여 생명체의 형태와 아름다움을 차용하기도 하였다. 새의 날개, 곤충의 뼈대, 조개류의 석회질 구조, 동물의 뼈대, 근육의 형상 등이 정적이고 수직수평의 구조적 윤곽들을 갖던 건축물을 더욱 역동적이며 변화무쌍한 외형을 갖게 만들었다.

거대한 건축물의 구조적인 문제가 점차 해결되면서 빛의 유입과 환경에 대처할 수 있는 마감재료가 문제시 되었다. 이들 재료들은 구조체를 감싸는 외피의 개념을 만들었다. 건축물은 이제 뼈대와 피복의 두 가지 중요한 기능이 결합된 시스템이 된 것이다. 이러한 진보는 오늘날 건축물이 조립공정을 통하여 구축될 수 있게 한 근본적인 이유가 된다. 물론 이러한 시도가 만들어낸 공간들은 초창기의 경우는 매우 획일적이고 기능적인 것이 사실이다. 그러한 공간이 요구하는 방식은 단일한 업무형태였기 때문이다. 그러나 오늘날 이러한 기술은 인간의 감각과 감정의 해방과 동시에 새로운 표현의 도구가 되었다.

그림 4-120 | 밀레니엄 돔, 리차드 로저스(Richard Rogers), 1999. 거대한 막구조의 돔은 12개의 100미터높이의 트러스위에서 끌어당겨져 있다.

그림 4-121 | 시애틀 라이브러리(Seattle Library), 렘 콜하스 (Rem Koolhaas), 2004.

4-4-5 디자인 통제방식의 발전 디지털 디자인 소프트웨어와 컴퓨터

오늘날의 복잡하고도 역동적인 건축물의 통합적인 디자인이 가능하게 된 것은 그러한 디자인이 갖는 형태적이고 구조적인 문제들 뿐 아니라 재료적인 문제와 건축시공상의 문제를 쉽게 접근하고 통제할 수 있기 때문이다. 무엇보다도 그러한 문제를 직접 당면하여 해결하는 것이 아니라 미리 모델링하고 시뮬레이션할 수 있게 된 탓이다. 그러므로 디자인을 통제할 수 있고 시공하기 전에 미리 전체를 가늠하고 시각적으로 확인할 수 있는 수단들이 건축을 발전시켜온 원동력이 될 수 있었다. 초기에 건축물을 스케치를 통해서 발전시켜 온 이후에 투상도, 엑소노메트릭, 투시도를 통해서 더욱 직접적으로 건축물을 조율할 수 있게 되었다.

흔히 우리가 사용하고 있는 배치도, 평면도, 입면도, 단면도 등은 정투상법에 의한 건축물의 해체도인 셈이다. 이러한 방식은 3차원적인 입체의 외관과 정확한 치수를 상대적으로 파악하는데 매우 유리한 방식이다. 그러나 실제로 투상법에 의한 건축 도면은 우리가 시각적으로 실제와 같은 방식으로 느끼기에 쉽지 않다. 그러한 투상도면을 통해 입체적인 공간을 연상한다는 것은 건축적인 훈련이 필요하며 특수한 경우에 세부적인 디테일을 통제하기 쉽지 않다. 그러므로 투시도가 고안된 이후 공간은 근본적으로 변화하기 시작한 것이다. 일단 투시도는 그 시점을 가진 개인의 위치가 결정되고, 또 어디서 어떻게 바라볼 것인가와 어떠한 이동경로를 선택할 것인가와 같은 문제를 낳는다.

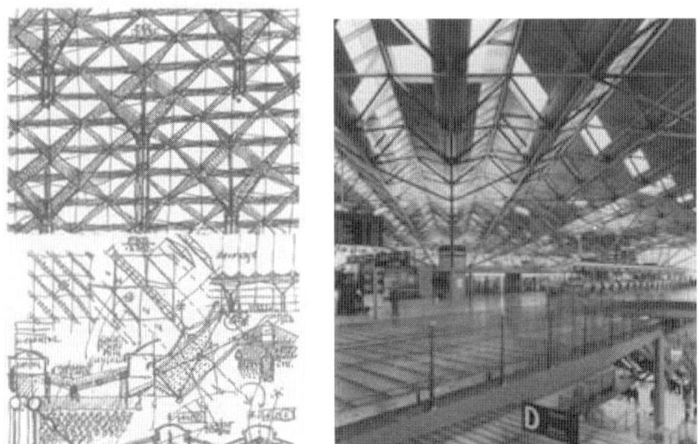

그림 4-122 | 쾰른 본 에어포트(Cologne Bonn Airport), 머피 얀(Murphy Jahn), 2002. 건축 디자인을 구상하고 실현하는 일은 디자이너가 가진 상상을 가시적으로 표현하고 시공 가능하게 구체적인 재료와 디테일을 결정해야 한다. 그러한 과정은 스케치와 도면의 작성, 모델링을 통해서 진행된다.

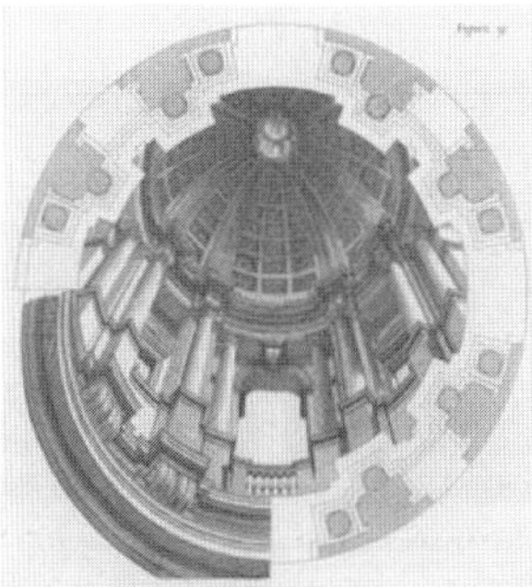

그림 4-123 | 안드레아 포조(Andrea Pozzo), 로마의 돔 계획에 관한 투시도, 1694. 투시도는 구축되기 이전에 관찰자의 시점에서 바라보는 공간의 구조를 2차원적으로 시각화할 수 있었다.

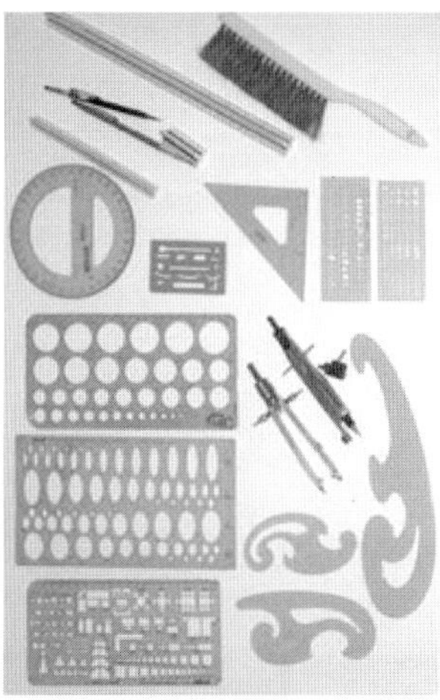

그림 4-124 | 핸드 드로잉을 위한 제도용구들

자연히 투시도는 건축물의 형상과 공간을 3차원적으로 통제하는 유리한 방식이 되었지만 동시에 그러한 실질적인 공간을 인식하는 개개인의 인간의 시각과 주체적인 관찰방식도 중요한 문제로 나타났다. 그리하여 건축물은 어떠한 개인의 경험이 중요해질 수밖에 없었고, 건축물이 어떻게 보이느냐보다는 건축물은 누구에게 어떻게 보여지는가가 문제시 되었다. 그렇게 되면서 투시도는 새로운 관점을 낳았다. 물론 그것만으로는 모든 것을 얻을 수는 없었다. 투시도 역시 수평선, 지평선, 시점의 높이와 폭, 소실점의 위치 등에 따라서 결정되는 수직적인 좌표체계 내에서 구체화되었기 때문이다.

그러한 방식의 형태는 근본적으로 형태를 만들어내고 이해하는데 수직 수평이라는 인식을 벗어날 수 없었다. 그것을 가능하게 한 것은 물론 미학적·철학적으로 새로운 인식과 견해가 정립되어야만 했지만, 사선과 곡선이 갖는 자유와 이탈 그리고 운동감은 건축에 천천히 수용되기 시작했다. 이제 건축물은 해체되고 비틀리고 찢어지고 접히고 휘어지기 시작했다. 그러나 이러한 건축적인 표현의 방식들을 표현하는데 있어서 2차원적인 평면으로서의 투상법과 투시도는 한계를 지니고 있었다. 그러므로 3차원적인 표현방식과 변형의 방식들이 필요했다. 2차원적인 도면에서 그려낼 수 있는 선과 면 그리고 여러 선이 교차해서 표현해 내는 3차원적인 표현은 한계가 있었던 것이다. 그것은 새로운 축으로 건축물을 늘이고 회전시키고 말아 올리는 듯한 작업들을 소화해 낼 수 없었다. 그것을 가능하게 하는 것은 3차원적인 모델링이었고 컴퓨터와 소프트웨어에 의해서 현실이 되었다.

많은 건축가들이 그들의 형태적인 도전을 위하여 나름의 3차원 모델링 프로그램을 선택해서 사용한다. 이들 프로그램의 장점은 건축물의 형태를 2차원이 아닌 3차원의 공간에서 만지고 조정한다는 것이다. 그렇게 함으로써 기존의 2차원적인 접근방식들은 구시대의 유물이 되었다. 모더니즘의 대가들이 자신들의 디자인을 구체화하기 위하여 한 장의 투시도로서 형태의 아름다움과 질서를 표현하던 시기는 사라졌다. 이제 공간은 완전히 3차원 속에서 조정되고 조율되는 것이다. 필요한 2차원 투영도면은 3

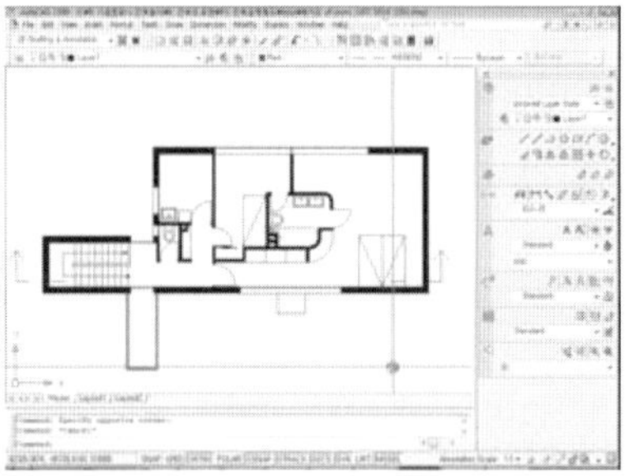

Auto Cad

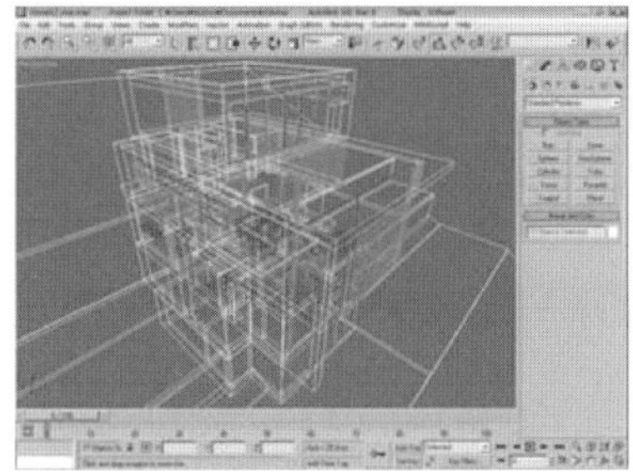

3D Studio Max

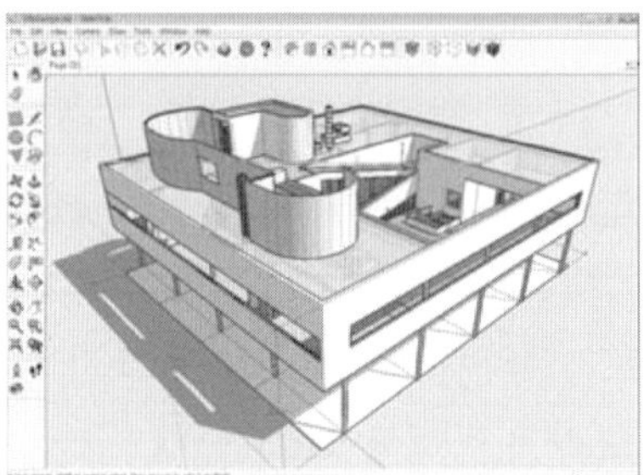

SketchUp

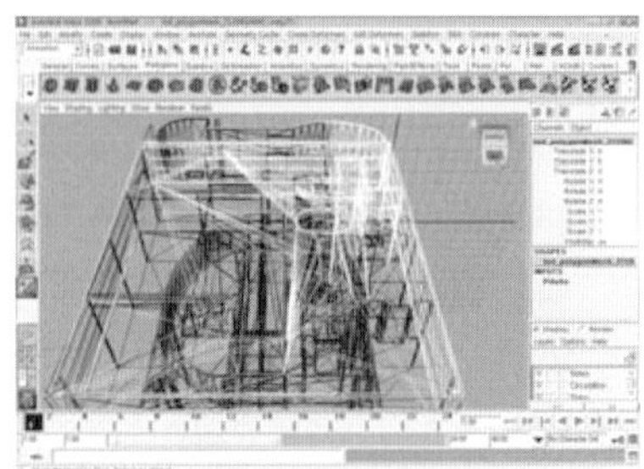

Maya

그림 4-125 | 컴퓨터를 이용한 디지털 아키텍처는 컴퓨터가 연산하는 구조적인 해석과 자유로운 형태 변형을 통하여 작업이 가능하다. 물론 형태가 가지는 함수값은 변수에 의하여 데이터로 제시될 수 있다. 면, 모서리, 볼륨을 잡아 늘이거나 누르거나 휘감거나 뽑아내고 휘고 접는 다양한 명령어를 통하여 작업한다. 그러므로 이미 2차원적인 형태조작과 어휘, 평면적 미학적 질서는 무의미한 공간이 생겨난다.

그림 4-126 | 디즈니 홀(Walt Disney Concert Hall), 프랭크 게리(Frank O. Gehry)

그림 4-127 | Nuragic 현대미술관(Nuragic and Contemporary Art Museum), 자하 하디드(Zaha Hadid)

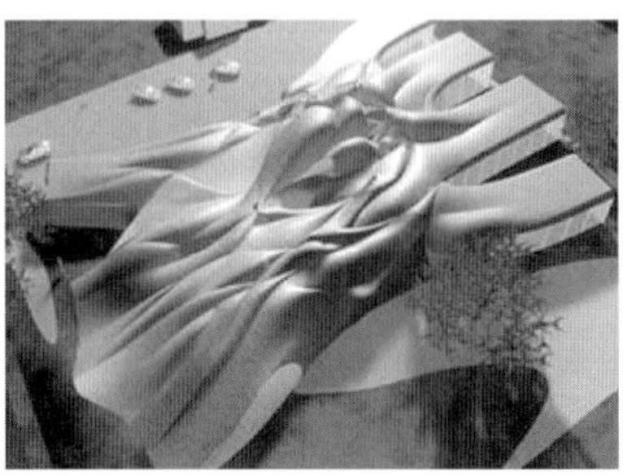

그림 4-128 | 소프트 오피스(Soft Office), 녹스(Nox), 2003

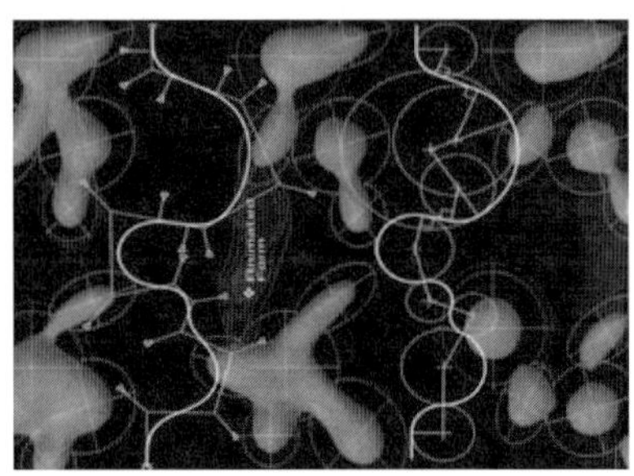

그림 4-129 | 에니메이티드 폼, 그레그 린(Greg Lyn), 블랍. 2003

차원의 형상을 자르면 그만이었다.

그렇게 되자 3차원 공간에서의 운동은 자연스럽게 시간성을 획득했다. 과거의 경우 시간성은 수많은 투시도의 연속적인 전개, 공간의 변화에 따른 단면도의 연속적인 전개, 특별한 동선을 제시하고, 시간을 암시하는 사건과 형태적 다이어그램을 통해서 보여주어야만 했다. 그러나 컴퓨터 프로그램은 그러한 과정들을 하나의 가상적 공간으로 시각화할 수 있었다. 이러한 과정에 의하여 건축물은 현실과 같은 공간적인 여건을 미리 확인하고 조정되었다. 또한 시간성은 마치 일상처럼 자연스러운 것이 되었다.

대표적인 프로그램은 오토데스크 사의 오토캐드이다. 그밖에 3차원적인 형태 조정을 더 쉽게 만든 알리아스를 비롯한 3D Max, Maya, Form-Z, Rhino, sketchup 등이 사용되는데, 모두 3차원의 공간에서 형태를 조작하고 형태의 재질과 특성을 부여하여 시각화하고 더욱 현실적으로 보이기 위한 투시도를 작성하거나 일정한 시점의 변화를 따라서 보이게 되는 연속적인 장면들의 동영상을 제작할 수 있게 고안되어 있다.

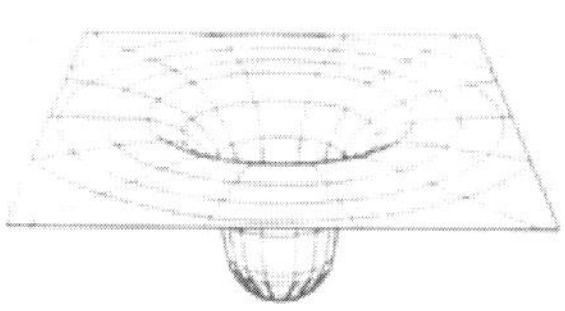

그림 4-130 | 아인슈타인에 따르면 물체가 육중할수록 공간에서 야기하는 함몰은 커지고 중력의 힘도 커진다고 보았다. 그러한 사실은 형태가 주변공간에 미치는 힘과 영향력을 가시화하였다. 힘은 공간과 지각에 중요한 테마가 되었다.

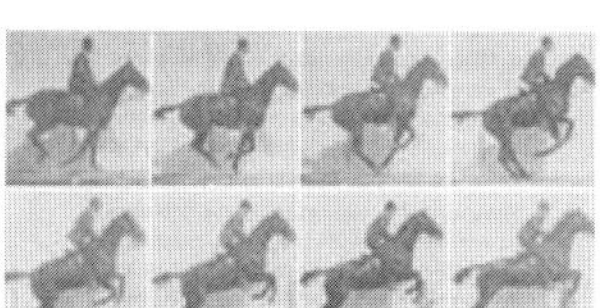

그림 4-131 | 달리는 말의 기록, 머이브리지. 형태가 갖는 시간적인 변화는 역동적인 효과와 감각 가능한 시간과 힘을 나타냈다. 순차적인 시간을 연상할 수 있고 형태는 다양한 시점과 움직임을 공간속에서 표현할 수 있다는 시각이 생겼다.

4-4-6 새로운 운동감과 시각의 변화

과학적으로 공간은 균질한 유클리드적 공간이며 시간은 평활하게 순차적으로 흐르는 것이었다. 시간과 공간은 리만의 기하학과 아인슈타인의 상대성 이론을 통하여 굴곡되고 변화한다는 것을 인정하게 된다. 이제 시간은 모든 존재에서 상대적으로 흐르는 것이고 공간은 새로운 사회적 관계에서도 파생된다는 것을 확인하게 되었다. 새로운 교통수단은 공간의 영역을 시각과 인식의 영역 밖에서 지도와 기호적 세계로 확대하였다. 우리가 공간으로 확인하고 파악할 수 있는 대상은 몸으로 확인하는 주변의 장소가 아니라 짐작하고 이해하는 인식적인 가상의 공간으로 확대되기 시작했다.

시간을 구체화하기 위한 노력들은 사진을 통해 촉발되었다. 시간의 기원을 찾고 그 변화를 남기기 위한 머이브리지(Muybridge)는 말이 달리는 모습을 연속적으로 기록하였다. 그것은 어떠한 행위와 사건을 고정시킨 연속적인 시간 기록이 되었다. 시간은 운동의 조작들을 기록하고 또 그 과정은 동적인 변화와 형태적인 흔적을 낳았다. 그렇게 되면서 많은 예술가들이 그러한 시간성에 근거한 역동적 형태를 탐구하였다. 이제 시간의 순차적 변화를 넘어서 시점의 변화를 기록하고자 한 것이다. 그것은 입체파의 복수시점이 되었다.

그렇게 되면서 단일한 연속이 아니라 하나의 흐름으로서 시간 속에 존재하는 사물들이 중요해진 것이다. 운동은 시간과 공간의 본질적인 힘이 되었다. 사물들이 서로 침투하고 섞이고 변화하는 것이 본질이 되었다.

시간의 흐름은 의식의 흐름을 추적하기 시작했다. 형태는 궁극적으로 그것을 파악하는 인간의 의식 속에 유지되는 것이기 때문이었다. 꿈과 환상 속에서 달리의 그림 속에서 시간은 녹아 흐르고 잠들고 변화하고 기억과 형태를 바꾸기 시작했다. 소설들은 과거를 회상하고 동시에 현재와 미래의 사건을 겹치게 만들고 두 시간의 동시성을 창조했다. 이제 자연스러운 사건의 연쇄가 아닌 의식을 통한 역동적인 사건의 변화가 모든 예술을 점령하기 시작했다. 또한 시간과 공간, 시각과 청각, 질감이 하나로 혼합되었다. 음악은 회화처럼 장면을 그리고자 노력하고, 회화는 아름다운 선율과 시간을 그려내고자 했다. 이제 예술 장르를 지켜주던 다양한 감각적인 수단들은 공유되었다.

그림 4-132 | 공간은 시간성에 의하여 측정되고 운동과 경험을 연상시키고 흔적을 만들어냈다. 그러므로 명암의 변화는 리듬과 지나가는 동적인 시점들을 포함하는 운동이 될 수 있으며 변화의 언어를 갖게 되었다. 형태는 단순한 2차원적 사태가 아니라 깊이와 폭 그리고 시간을 갖는 공간으로서 가시화되었다.

그러면서 운동감은 속도의 개념을 만들었다. 어떠한 상대적인 변화의 차이와 그 과정이 그려내는 사건들에서 새로운 미학을 발견하였다. 사회는 더 빠른 것이 무엇인가를 찾고 있었고 문화는 그것이 가져온 파급효과의 충격을 예술로 변화시키고 있었다. 운동의 에너지와 속도는 음악의 리듬과 템포를 낳았고 예술의 현실을 넘어서게 만들었다. 새로운 형태와 공간들이 잇달아 생겨났다. 중심과 주변, 위계, 수직수평적 체계, 유클리드적 경계는 사라지고 새로운 공간은 나름의 언어들 탄생시켜 가시화하였다. 정적인 것, 장식적인 것, 부차적인 것은 모두 금기시된 것이다.

시간을 다루는 의식을 가장 크게 변화시킨 것은 영화산업이었다. 우리들 누구도 정면으로 달려오는 스크린의 자동차에 놀라지 않는다. 몽타주와 페이드 아웃, 연속된 시간의 단절, 과거의 회상도 익숙한 것이다. 슬로우 모션과 변형의 과정도 익숙한 것이 되었다. 그러면서 우리가 바라보는 세계의 미학도 변화하기 시작했다.

4-4-7 예술분야에서 형태감각의 변화 비정형적 건축공간의 변화와 확대

그림 4-133 | 계단을 내려가는 나부, 마르셀 뒤샹, 1912. 형태는 시간을 분해하여 흔적들을 남기고 그 흔적은 힘과 운동을 그려낸다. 동시에 그러한 궤적들은 공간을 변화시키고 시각적인 인식도 변화시켰다.

그림 4-134 | 기타를 든 남자, 브라크. 는 해체되어 이미 원래의 모습은 없다. 속에서 분해된 부분의 요소들은 다양한 들로 확대된다. 형태의 흔적을 넘어서 운 는 관찰자의 시선도 함께 해체될 수 있

건축은 예술의 분야들과 함께 움직여 변화했다. 과학, 미술, 음악, 영화에서의 시간과 운동이 가져온 시각적 변화와 그 영향들 그리고 형태적인 변화를 수용하면서 건축은 새로운 공간의 변화를 겪는다. 형태는 다양한 운동감을 수용하고 확정된 시선들의 단계를 통하여 분명한 흔적을 찾아 나갔다. 그것은 바로 속도감이며 강력한 힘이 된다. 인간의 신체를 통하여 변형되기 시작한 움직임들은 역동적인 형태를 넘어서 공간과 시간의 경계를 만들어내고 그 안에서 일어나는 여러 가지 감각들을 자극한다.

오브제들은 추상적인 형태 속에서 기하학적인 변화를 추구했다. 구상적인 형태들은 추상적인 형태가 갖는 다양한 면과 선, 곡률과 그 곡률의 변화, 속도와 가속도, 움직임의 윤곽을 통해 3차적인 궤적을 만들어냈다. 그래서 그 형태는 본질적인 역동성과 에너지를 가지며 자신만의 볼륨이 드러내는 질감을 표현할 수 있었다. 형태는 어떠한 실재하는 무엇을 본 뜬 것이 아니라 추상적인 요소를 통하여 의미를 드러내는 장(field)이 되었다.

작가들은 분명하게 깨닫고 있었다. 이들이 작업하는 대상은 한정된 형태가 아니라 형태가 갖는 비어있는 공간과의 대화이고 면들이 포획하고 윤곽을 지키는 경계와 울타리였다. 비어있는 공간들은 형태를 감싸고 다듬고 그림자를 만들어내는 것이다. 그리고 공간 안에 지각 가능한 운동의 흔적들을 남기고 그것은 인간의 감정과 의식에 영향을 미치는 것이었다.

선들은 이제 자신만의 힘을 얻어 변화하고, 움직이고, 달려지고, 꺾이고, 질주하고, 교차하기 시작했다. 그러한 선들이 모여서 어떠한 한정된 면을 만드는가 하면 형태의 힘을 돌출시켜 아름다운 역동성을 만들어냈다. 그것은 새로운 미학이었다. 지금까지는 밝혀지지 않았거나 혹은 관심 없이 망각된 세계였다. 칸딘스키를 비롯한 초현실주의적 작가들은 그

그림 4-135 | 공간에 있어서 연속선의 독특한 형상, 보초니, 1913. 운동은 공간 안에서 속도감을 만들고 형태에 근육이 갖는 힘을 연상시켰다. 절대적 운동과 상대적인 운동은 시각적인 형상과 연상 사이에 역동적인 흔적을 남겼다. 움직임의 감각은 형태에 주변의 형상을 끌어들이고 기하학적 형태에 외적으로 가해지는 힘과 저항하려는 신체의 비틀린 자세를 연속적으로 암시한다. 정지된 형상은 공간에서의 움직임과 시간을 표현할 수 있었다.

그림 4-136 | 스티비 엘러 댄스시티어터, 굴드 에반스, 2003. 형상은 점진적으로 파괴되고 율동하고 움직임과 방향을 갖는다. 그것은 율동이 갖는 리듬이고 본질적인 흔적들이다. 그래서 이 극장 안에서 이루어지는 율동을 상징한다.

러한 세계를 탐구했고 그것을 이론으로 남겼다. 사실상 이러한 역동적인 선들은 곧 건축의 구조적인 형태가 되거나 외피를 이루게 되었다. 아름다운 선이 남기는 흔적과 감각적 미학들은 건축물을 이루는 본질이 되었고 그것은 건축물 내에서 중요한 표현의 요체가 된 것이다.

움직임, 속도, 공간의 힘들, 선의 방향성, 번져가는 밀도의 변화, 진동, 리듬은 모두 궤적을 남긴다. 그것은 가상적인 형상이고 윤곽이다. 그러한 윤곽들은 새로운 힘을 낳았다. 또한 우리가 알지 못하는 가상적 세계의 실마리, 엔트로피, 불확정성의 원리, 프랙탈기하학의 궤적, 다수의 밀도와 중첩, 운동감의 역학적 법칙들이 새로운 형상들에 주목하게 만들었다. 그것이 실상은 불안과 동요, 불확정적이고 가변적인 세계의 모습이며 현재의 균형은 그러한 세계의 평균이고 흔적이며 변화라는 것을 인식하게 해 주었다. 이제 형태는 운동이고 윤곽이며 방향성이 만들어내는 또 다른 힘으로 작용하기 시작했다.

운동과 힘의 추적, 형태가 갖는 질감과 힘, 무게감과 비어있는 공간의

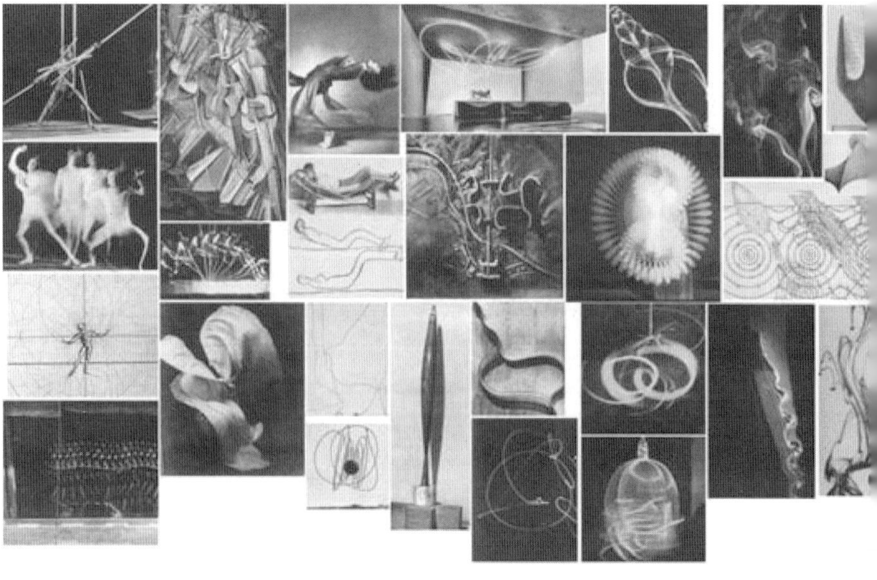

소통, 선의 움직임과 역동성, 운동의 흔적과 궤적, 흔들림 등은 건축의 형태에 수용되었다. 그것은 유연한 형태를 만들어내고 형태의 흔들림, 리듬, 비선형적 볼륨, 자유운동하는 포물면, 겹치는 흔적들, 선들과 면들의 움직임으로 나타났다. 그러면서 건축물은 서서히 살아있는 생명체의 힘을 수용하기 시작한 것이다. 동시에 공간은 정적으로 한정된 것이 아니라 그러한 형태의 요소들과 호흡하면서 꿈틀거리기 시작했다. 공간의 명암과 한계의 변화, 방향성과 흔적들, 볼륨의 변화는 비어있는 장소들에 리듬을 부여하는 것이다. 그것이 건축물을 단순히 변형시키는 것이라 살아 있게 하고 그 건축물이 영향을 미치고 위요하고 가리고 담고 있는 공간들에 생명력을 부여하는 것이다. 그러한 형상들을 건축 디자인에 수용하는 것은 건축물이 가지고 있는 가능성을 확대하는 것이다. 건축물이 더욱 예술로서의 가치와 감각을 풍부하게 지니고, 그 안에 살고 관찰하는 모든 이에게 삶의 감각이 풍부하다는 것을 일깨워주는 것이다.

분명하게 말할 수 있는 것은 그것은 2차원적인 조정과 통제를 통해서

생겨난 형태가 아니다. 그것은 새로운 형태이고 그러한 차원을 벗어난 자유로운 형태의 공간이다. 그렇기 때문에 그 형태는 공간적으로 인지되고 주변을 새롭게 변화시킨다. 이러한 변화는 생명력을 부여하는 것이다. 힘과 운동감을 부여하고 주변에 파동을 만들어 흔적을 펼치는 것이다. 이들은 궤적을 통하여 정적으로 멈추지 않는 영향력을 만들어 낸다. 그것이 자유로운 형태와 공간이 중요하고 의미 있는 이유이다. 그리고 그러한 감각은 우리가 경험하는 공간의 사건들을 더 풍부하게 하고 기억하도록 한다. 그렇게 됨으로써 그 안에서 무엇인가의 시간은 우리가 살아가고 행위하고 존재하는데 기여하는 것이다. 오늘날 새로운 건축물이 의도하는 바는 그러한 소통에 근거한다. 이 시대의 새롭게 여겨지는 형태와 공간은

실상 오랫동안 연구하고 실험된 다양한 감각들에 기초한다. 그러한 감각은 과학적이고 미학적이며 심리학적인 자유로부터 시작되었고, 이제 건축적인 자유가 되었다.

4-4-8 자유로운 공간의 언어

우리 시대의 언어는 모더니즘이 구축한 건축의 언어와는 다른 건축언어를 얻게 되었다. 그것은 건축을 이해하고 디자인하고 통제하는 방식의 차이이고 컴퓨터를 이용한 3차원적 건축 시스템의 결과이며 시간과 공간의 중첩, 속도, 운동감, 흔적, 방향성을 수용한 결과이다.

어떠한 역동성 그리고 형태가 가지고 있는 연관된 정보는 다중적이며 자유롭다. 이 정보들이 가진 유연한 체계는 직선적인 경계가 아니며 요소의 구성도 아니다. 또한 전통적인 구조적 해결도 아니다. 이 형상들은 전체적이고 유기적이며 통합적인 결과로서 나타났다. 점성적이고 탈구조적이며 리좀적이고 하이브리드적이다. 고전적인 건축형태와 공간의 언어들(classical language)은 다차원적 형상과 구체화 혹은 비유클리드적 공간의 형태와 언어들로 치환되고 있는 것이다.

모더니즘까지의 건축언어

Form	Figure-Background
Line	Mass
Dot	Space
Medium	Structure
Shape	Volume
Pictorial	Tension
Shape	Color
Emphasis	Solid
Perspective	Order
Gestalt	Poetic
Harmony	Rule
Balance	Decoration
Pattern	Disposition
Repetition	Distribution
Rhythm	Mysticism
Scale	•
Symmetry	•
Unity	•
Variety	•

우리 시대의 건축언어

Topological	Coiling
Blobs	Organic
Flows	Hyperbolic
Heteropia	Moebius
Loop	Projective
Solenoid	Viscous
Diginature	Braids
Ecological	Chains
Trajectory	Fingers
Deformation	Folding
No-form	Unfolding
Genetic	Metamorphosis
Nomadic	Hybrid
Tele ~	Domino
Landscape	Dice
Datascape	Mikado
Hyper ~	Fractal
Inter ~	Rhyzomatic
Ubiquitous	Hybrid

그림 4-137 | 메이소노 모리 장례식장, 도요 이토, 2006. 열동적인 자유곡선이 쉘을 이루며 넓은 공간을 덮고 흐른다. 유연한 선들은 기둥과 함께 하나가 되어 반죽을 주무르듯 만들어졌다.

그림 4-138 | 콜린 퓨리너(Collin Fouriner. Kunsthaus Graz), 피터 쿡(Peter Cook), 2003. 거대한 몸통은 마치 숨쉬듯 꿈틀거린다. 하나하나의 조명은 그 숨구멍처럼 부드럽게 흐르는 표현에 생명력을 불어넣는다.

그러한 건축은 하나의 연속적인 흐름과 형상의 변형과 팽창 축소 등의 변화를 담고 있다. 의학적이고 생물학적인 그리고 기술적이고 과학적인 단계들이 표현되기도 한다. 그것을 실현시킨 것은 바로 컴퓨터 소프트웨

그림 4-139 | 뉴틀링 리디직 (Neutelings Riedijk), 2003~06, 네덜란드 음악 시각협회(Netherlands Institute for Sound and Vision)

어에 의한 것이다. 유동적인 시각적 변형은 형태학적 연구를 심화시켰다. 그리고 그것은 우리 시대의 다양한 표현에 내재하고 있는 의미들을 구성한다. 그것은 다차원적인 기하학을 형성하였다. 또 표피의 다차원적 형태 변형, 즉 신체의 유기적인 조직의 변화를 추적할 수 있게 되었다. 이 형상적인 변화는 평면으로부터 입체로, 볼륨을 지닌 관계의 변화이며 공간과 융기의 변화, 선으로부터 장으로, 기하학적인 영역의 넓이와 형상의 이동을 반영하고 표면과 내재된 실체를 유동적인 변화의 단계로의 구축이다. 건축에서의 변형은 분명 도구적 차원으로부터 시작되었다. 해체주의 건축가들은 건축의 형상을 바꾸고자 노력하였다. 그들이 제시한 세계는 직선으로 가득 찬 세계가 아니라 자유로운 곡선으로 이루어진 유동적인 건축물이 된 것이다.

그림 4-140 | 바다조즈 컨퍼런스 센 (Badajoz Conference Center and Auditorium, Spain), 셀가스카노(Selgascano), 2006

4-4-9 공간의 다감각성

우리 시대를 감각적, 다감각적으로 이름 하는 것은 인간의 이성으로부터 감성으로, 무의식과 자아와 의지로부터 새로운 경험과 체험을 구체화하고 존재적인 여건을 확대한다는 믿음으로부터 시작된 것이다. 건축이 형태적 구축으로부터 공간으로 그리고 시간의 개입과 장소의 주장, 실존적 공간과 이벤트적 공간으로 변화하면서 그러한 경험과 체험, 기억을 강화하고 발생시키는 근본적인 시작으로서 감각이 중시되고 있는 것이다. 동시에 감각은 세계를 파악하고 이해하는 새로운 척도가 될 수 있었다. 도시와 건축의 과학적 측면들이 가진 다감각성은 우리가 할 수 있는 모든 감정과 감각을 전달하는 수단들과 방식을 통하여 가능한 풍부하고 복합적인 상태를 창조하였다. 향기, 소리, 빛, 그림자, 촉감, 공감각 등이다.

감각이 만들어내는 이미지가 가진 힘은, 그리고 그 이미지의 상징적인 표현은 도시계획적 측면의 공간과 건축의 공간에 깊게 밀착되어 있고 그 상태는 어떠한 의도에 의하여 제한되고 시각적으로 인지 가능한 세계로 축소된다. 어떠한 열망의 지형선을 따라 그려진 건축이 존재할 수 있으며 그것은 우리의 감각과 즐거움의 건축을 추상화하는 것이다. 새로운 감각은 상업적이고 자본주의적인 건축의 특성과 결합되어 새로운 세계의 이미지를 창조하고 있다. 바로 순종적인 상태이며 자기충족적인 특성이며 근본적으로 자기 설명적인 건축이다.

4-4-10 공간의 투명성과 비물질성

그림 4-141 | ING 빌딩(ING Head Office), 에릭 반 에게랏(Erick van Egeraat), 2004

그림 4-142 | 센다이 미디어텍(Sendai Mediatheque), 도요 이토, 2001

건축재료와 형태 그리고 본질적인 구조가 가진 물성은 건축물을 드러내는 강력한 이미지이고 감각이다. 오늘날 건축적인 변형은 건축재료의 물성을 변화시키고자 하며, 그것으로부터 건축적 공간과 형태를 새로이 규정하려는 시도를 낳았다. 중력감을 이기고 떠 있는 부유하는 매스, 바람처럼 가벼운 표피, 극한의 시각적·공간적 투명성과 경쾌함이 추구되었다. 그로부터 건축물 자체와 표면은 비물질화되었다. 그러한 표현은 투명성과 가벼운 구조물과 형태, 표면의 색채와 디자인을 바꾸어 놓았고 그것은 새로운 형태의 창조이며 동시에 건축에 있어서 기하학적 변형을 유도하였다. 우리 시대 거의 모든 건축가들이 의도하는 바는 재료의 물성을 새로이 조명하고 건축공간의 규정에 활용하고자 하는 것이다. 그러한 경쾌함과 투명성에 반하여 더욱 육중한 부피와 표면을 부각시키고자 하는 시도가 함께 생겨난 것도 간과할 수 없다.

거칠고 값싼 재료와 새로운 재료의 활용, 새로운 형태, 새로운 이미지, 충격은 건축의 형태와 외피를 바꾸어 놓았다. 다양한 시도가 물질적 체계의 이미지를 변화시킴으로써 기존의 인식과 형식이 강제된 것이고 절대적이 아님을 드러내고 있다. 그러한 비물질화는 우리 주변의 재료적인 변화, 공간적인 변화, 가상적 공간, 네트워크, 애니메이션, 시뮬레이션 등은 보이지 않았던 세계를 가시화하면서 동시에 존재하는 물리적 세계가 비물질화하는데 영향을 미치며, 비물질화된(dematerilaized) 공간은 중력의 방향과 에너지 형태적 제한을 넘어서 존재하게 되고 우리의 상상력 안에서 많은 것을 실체화하고 있는 것이다.

그림 4-143 | SUS 컴퍼니 하우징(SUS Company Housing for Fukushima Branch), 도요 이토, 2004 ~

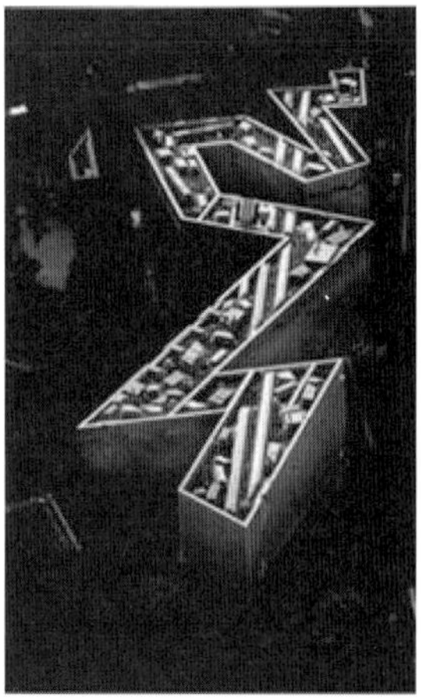

그림 4-144 | 유태 뮤지엄(Jew Museum), 다니엘 리베스킨트(Dai Libeskind), 베를린

그림 4-145 | BMW 전시장(BMW WELT), 쿠프 힘멜블라우(Coop Himmelblau), 2001~7

4-4-11 공간의 연속적 형태와 변형의 가능성

한정되지 않는 공간적인 지평과 형태적인 자유, 흐르는 듯한 형태와 윤곽의 연속은 공간과 시간의 경계를 가로지르고 오늘날 시공간적 질서와 연쇄적인 단계들의 이해를 구체화한다. 형태적인 관심은 상호작용과 힘의 연속적인 균형 그리고 체험과 움직임, 동선의 궤적과 형태적인 역동성을 넘어서 살아있는 듯한 생명체의 움직임을 형상화한다. 이러한 형태적인 조작은 도구의 통제방식에 영향을 받는데, 비정형적인 형태를 받아들이는 사회적인 태도와 비정형적 형태의 가능성, 무질서, 혼란이 생산하는 새로운 방식의 질서에 가치를 두기 때문이다. 다양한 건축적 요소들은 분산분포, 다양성, 확산, 복합, 혼합이라는 새로운 관계의 정위에 의하여 구축되고 있고, 그것은 작용하는 무엇인가에 의하여 그 무엇인가를 확인할 수 있는 힘과 형태의 연속적인 결과를 생산하는 것이다.

유클리드기하학의 단편적인 매스의 구성에서 벗어난 현대건축의 무한한 가능성이고 감각적인 단서가 된다. 형태는 그 변형과 질서를 움직이며 균형을 잡고 그 균형은 우리들에게 감정을 일으키고 의미를 생성한다. 선은 춤을 추는 것이다. 세계를 파악하고 지각하는 방식들의 경계는 이제는 선이 자리잡고 있으며 의식적인 한계를 구축한다. 그 패턴의 추상화된 이미지는 무수한 선들의 춤을 그리고 있는 것이다. 우리가 감각하는 아름다운 형태의 경계와 움직임도 선으로 환원될 수 있고 그 선의 궤적은 건축디자인의 근본적인 수렴선이다.

4-4-12 율동하는 표면과 꿈틀거리는 공간

춤추는 선들은 면을 담는다. 주름 잡히고 꺾이고, 굽혀지고, 말려지고, 가늘어지고, 펼쳐지고, 감아지는 수많은 과정에 의하여 면은 자신의 독특한 힘을 부여하고 그것을 긴장과 스트레스로 담게 된다. 그 면의 그림자와 색채와 질감에 의하여 영역과 한계를 이해하게 되고 동시에 그 안에서 명확한 경계와 반작용도 느끼게 된다. 표면은 이제 대화하는 얼굴이고 거대한 힘을 담은 볼륨의 외피가 된다. 형태적인 조작은 건축물의 내적인 구조와 외피의 일체성을 강조하거나 분리시킨다. 면들은 쌓이기도 하고 겹쳐지고 서로 관통하거나 교차한다. 그렇게 되면서 깊이와 개방, 확장과 축소, 폐쇄를 만들어낸다.

그림 4-146 | 쉐젠 뮤지엄(Shenzhen Museum of Contemporary Architecture), 에멀전트(Emergent), 2007

모더니즘의 백색의 표현, 유리의 표면은 춤을 추고 움직이기 시작했고 그것은 우리 시대의 작용과 의미들을 생산하였으며, 구체화된 인식과 형태적 감각을 발전시켜 왔음을 증명하는 것이다. 건축물은 점점 살아있는 것이 되고 감각의 대상이 되면서 도시는 격렬한 감각의 전쟁터가 되었다. 콘크리트와 철골, 유리의 구조물은 유연하고 부드럽게 반응하여 투명하고, 유연하고, 늘어나고, 움직이는 새로운 대상이 된 것이다. 동시에 수천 년 간 오직 조형적 예술만이 누려온 상상의 형태와 관계를 건축이 표현하고 끌어안게 된 것이다. 인간의 삶과 도시의 생활이 역동적이고 변화무쌍하고 다양한 관계에서 상호작용하듯이 건축물도 그 안에서 스스로의 가능성을 얻게 된 것이다. 이 도시의 건축물은 모두 살아 있으며 자신의 의지와 힘을 드러내는 조형물이며 중력에 저항하며 힘겹게 서있는 구조물이 아니라 춤추고 꿈틀거리고 뻗어 나가는 매력적인 힘의 결정체이다.

그림 4-147 | Magma Arts and Congress Center, 메니스 아키텍토스(Menis Arquitectos), 1998~2005

그림 4-148 | City of Fashion and Design, 야콥 멕파렌(Jakob+Macfarlane), 2007~8

4-4-13 공간의 박동 . . . . . . 살아 있는 리듬들

공간은 이제 기능을 위한 한정된 공간이거나 한정된 영역을 드러내는 물리적 범위를 의미하지 않는다. 공간은 신체로부터 시작된 동작들로 이루어진 사건들의 경험이고 그 안에서 이해하고 감각하는 모든 내용들로 규정되는 시간적인 흔적이 된다. 공간을 갖는다는 것은 내가 보고 듣고 이해하고 판단하고 행동할 수 있는 의식적인 영역을 설정하는 것이고 그 안에서 인간이 스스로를 유지시키는 모든 과정들을 포함한다. 따라서 건축적 공간은 단순히 비어 있는 곳이 아니다. 공간이 어떻게 감각되는지 그리고 인식되는지, 어떻게 활용되는가는 그 공간의 구체적인 경험이 결정한다. 그러한 경험을 꾸미기 위한 모든 방식들에 의하여 공간은 다르게 변화한다.

공간이 더욱 직접적으로 감각되고 인식되기 위하여 스스로 소통할 수 있는 방식들을 얻게 됨으로써 마치 대화하고 이야기하며 의존할 수 있는 대상으로 전환된다. 그러한 공간은 살아 있는 공간이 된다. 그 공간은 정

그림 4-149 | DG 뱅크(DG Bank, Berlin), 프랭크 게리(Frank O Gehry), 2001.

그림 4-150 | 스코티시 파라먼트(Scottish Parliament), 에릭 미랄레스(Enric Miralles), 에든버러, 2004

그림 4-151 | 프로토타입 거주 프로젝트(Prototype Dwelling APTM Project), S & Aa, 스페인, 2007

그림 4-152 | 빌바오 구겐하임 미술관 Guggenheim Museum, Bilbao, 프랭크 게리, 1997

적이지 않고 자극하며 행동을 유발하고 감정을 변화시킨다. 그러므로 공간에는 활달한 리듬이 존재한다. 변화의 패턴들은 추상적인 흔적과 그 힘의 시작과 방향, 기하학적인 질서를 지닌다. 그러한 변화의 감각은 음악이 되고 경험을 이루고 기억 속에 저장된다. 그러한 공간이 더욱 삶을 윤택하게 만든다. 오늘날 역동적인 공간들은 그러한 삶의 과정들을 이끌어내고 공간의 내용들과 결합된다. 한편으로 이 도시와 건축물에서 살아가는 개개인을 더욱 활기차게 하고 감각과 감정이 충만한 삶을 유지하도록 돕는 것이다.

자유로운 건축공간은 자유로운 인간의 의식과 감정을 표현하는 것이다. 그리고 자유롭고 풍부한 삶을 위하여 인간이 경주한 노력의 결과이다.

참고문헌

1. 김진태, 「디지털 건축에서 나타난 비유클리드 기하체계에 관한 연구」, 2006.
2. 김희주, 「디지털(digital) 건축(architecture)에 의한 공간디자인 형태특성에 관한 연구」, 2003.
3. 마뉴엘 카스텔, 최병두 역, 정보도시, 한울, 2003.
4. 미셸 푸코, 감시와 처벌, 나남출판, 2003.
5. 미셸 푸코, 이규현 역, 광기의 역사, 나남신서, 2003.
6. 박성혁, 「'뉴미디어'의 원리를 통한 사이버건축의 유형에 관한 연구」, 2006.
7. 에드워드 소야, 이무용 역, 공간과 비판사회이론, 시각과 언어, 1997.
8. 위키백과, http://www.wikipedia.org/
   http://www.getconnectedtoday.com/ko/history
9. 유동운, 경제진화론, 선학사, 2000 조명래, 현대사회의 도시론, 한울, 2001.
10. 조재준, 조옥희, 유길상, 이원형, 「증강현실 기술을 통한 홀로그래픽 이미지 구현」, 2009.
11. 차은주, 「디지털 공간에 나타난 노마드적 표현 특성에 관한 연구」, 2007
12. 팀 홀, 현대도시의 변화와 정책, 푸른길, 1999.
13. David Grahame Shane, Recombinant Urbanism, MIT Press, 2005.
14. Daniela Bertol, David Foell, [Designing digital space: an architect's guide to virtual reality], 1997, John Wiley and Sons
15. Leslie Fairweather & Sean McConville, Prision Architecture, Architectural Press, 2003.
16. Michael Benedikt, [Cyberspace: First Steps], 1991 , MIT Press
17. Norman Johnson, Form of Constraint, University of Illinois Press, 2000.
18. Peter Charles Dransnow, Correctional Facility Design and Detailing, Mcgraw-hill, 1998.
19. Todd S. Phillips/ Michael a. Griebel, Building Type Basics For Justice Facilities, John & Sons, Ind., 2003.
20. Victor Gruen and L. Smith, Shopping towns USA: The Planning of shopping centers, New York Press, 1960.
21. Victor Gruen, Regional Shopping Centers adn Civilian Defense, Simon and Schuster, 1951.
22. Victor Gruen, The Heart of Our Cities, New York Press, 1964

23. William Gibson, [Neuromancer], 1984, Ace Books
24. William J. Mitchell, [City of bits: space, place, and the infobahn], 1996, MIT Press

〉〉 찾아보기

(ㄱ)

(ㄴ)

(ㄷ)

(ㄹ)

(ㅁ)

(ㅂ)

(ㅅ)

(ㅇ)

(ㅈ)

(ㅊ)

(ㅋ)

(ㅌ)

(ㅍ)

(ㅎ)

(기타)

건축텍스트북 시리즈

건축공간론

2010년 4월 12일 1판 1쇄 인쇄
2010년 4월 17일 1판 1쇄 발행

저 자 사단법인 대한건축학회
발행인 강해작
발행처 기문당
주 소 서울시 성동구 공명길39
(왕십리동 966-22)
전 화 02)2295-6171(代)~5
팩 스 02)2296-8188
출판등록 1976. 10. 7 (1-44)
홈페이지 http : // 기문당
http : // www.kimoondang.com
ISBN 978-89-6225-248-4 93540
정 가 22,000원